现代电机调速技术
——电子智能化电动机

周道齐　编著
陈伯时　审

机械工业出版社

本书系统地介绍现代电机调速技术，包括各类交流电动机和电子换向直流电动机的调速系统。本书提出三个新的观点：其一，按现代电机调速技术发展的实际情况，应当将电动机和控制系统组合在一起进行整体分析和生产；其二，使用电子换向器代替机械换向器构成电子换向直流电动机；其三，使用坐标变换技术和电子换向技术将交、直流两类电动机相互进行等效，建立适用于全部电机的"电机统一理论"。

本书可供电气自动化专业的工程师、研究人员进行项目研究时作为参考，也可作为高校电气自动化专业教师、研究生以及高年级本科生在进行教与学时的参考书。

图书在版编目（CIP）数据

现代电机调速技术：电子智能化电动机/周道齐编著 . —2 版 . —北京：机械工业出版社，2020.6
ISBN 978-7-111-65020-1

Ⅰ . ①现… Ⅱ . ①周… Ⅲ . ①电机–调速 Ⅳ . ①TM301.2

中国版本图书馆 CIP 数据核字（2020）第 039865 号

机械工业出版社（北京市百万庄大街 22 号　邮政编码 100037）
策划编辑：王　欢　责任编辑：王　欢
责任校对：张晓蓉　封面设计：陈　沛
责任印制：张　博
三河市宏达印刷有限公司印刷
2020 年 6 月第 2 版第 1 次印刷
184mm×260mm · 20.5 印张 · 509 千字
0001—2500 册
标准书号：ISBN 978-7-111-65020-1
定价：69.00 元

电话服务　　　　　　　　　网络服务
客服电话：010-88361066　　机 工 官 网：www.cmpbook.com
　　　　　010-88379833　　机 工 官 博：weibo.com/cmp1952
　　　　　010-68326294　　金 书 网：www.golden-book.com
封底无防伪标均为盗版　　机工教育服务网：www.cmpedu.com

序

常用的有关电机原理的书籍都是由变压器和三大电机（直流电机、交流异步电机、交流同步电机）的内容组成的，在电路、电磁感应、机电能量变换理论的基础上，从各自的具体结构出发，分别阐述其工作原理、运行特性和应用领域。长期以来，国内外很多学者不满足于这种就事论事的分析方法，希望从更高的角度建立统一的电机理论。纵观已发表的论述，主要是在以下三个方面实现了各种电机理论和实践的统一：

1）利用坐标变换，建立不同相数交流绕组磁链和直流绕组磁链的等效关系，实现定子磁链和转子磁链的统一描述，并在此基础上找到交流电机和直流电机数学模型的等效关系，构成堪与直流调速系统媲美的交流电机矢量控制系统，实现交直流电机统一的控制方法。

2）根据机电能量变换原理，建立了各种电机统一的电磁转矩表达式，从而实现了不同类型的转矩控制。

3）采用电力电子逆变器和转子位置检测器构成的电子换向器，来代替直流电机由换向片和电刷组成的机械换向器，实现了梯形波永磁交流同步电动机和无刷直流电动机的统一。

但是，由于逆变器一般是三相的，相当于每对极只有 6 个换向片，纹波较大，造成转矩脉动，调速性能尚不如一般直流电动机。采用正弦波永磁同步电动机和转子位置检测器实现按转子磁链定向控制，可以获得很宽的调速范围，但又有其他方面的缺点。

周道齐研究员这本《现代电机调速技术——电子智能化电动机》详尽地论述了电机调速技术，介绍了现有的统一电机理论与实践。更针对常用无刷直流电动机的缺点，提出采用与机械换向器的换向片数相应的多相电力电子换向电机，可以减小纹波，提高调速性能，命名为"电子换向直流电动机"或称"电子换向永磁多相同步电动机"，并在此基础上发展为基于统一电机理论的"电子智能化电动机"，具有一定创新性。

预祝周研究员进一步将此创见（已获国家实用新型专利）付诸实践，在应用中取得成功，为现代电机调速事业的发展做出贡献。如果有读者阅读以后感觉有兴趣，愿意共同进行探索与开发，参与新型调速电动机的创造，更是电机发展中的幸事。

2020 年 1 月 8 日

前　　言

随着电力电子和数字控制技术的发展，现代电机的调速技术已经从直流调速扩展到交流调速，这种态势从目前企业的新设备和学术期刊及发表的文献资料中可以充分反映出来。直流调速和随动系统仅在简单的小功率装置中还有部分应用。因此，从事电动机自动控制的工程技术人员，当前的主要工作就是要对交流调速系统进行全面的研究和理解。

由于历史的原因，有关电动机及其调速技术的教材基本上都是按经典的直流系统、交流系统分别叙述的。而且，由于直流调速系统结构简单，其分析和设计方法至今还是交流调速系统分析和设计的基础，所以论述电机控制理论的书籍仍经常从直流调速系统入手，然后再讨论交流调速系统。与此同时，有学者着力将交、直流各型电机的工作原理与应用理论进行统一，建立"电机统一理论"。早期的典型例子，如英国学者阿德金斯（B. Adkins）的著作《交流电机统一理论在实际问题上的应用》，是针对不同类型交流电机进行研究的，还没有直接涉及传统的直流电机。阿德金斯理论是基于著名的 Kron 双轴原型电机模型，应用坐标变换这个数学工具，把各种三相的交流电机都等效成直角坐标下的两相交流电机，从而把它们基本工作原理统一到同一个模式，完成了对各类交流电动机的统一理论。

近年来，矢量变换技术在交流电动机调速技术中得到充分应用。通过矢量变换，可以先把直角坐标下的两相电机各个变量的空间矢量变换到同步旋转的 d-q 坐标上，并进行转子磁场定向，然后通过对电动机电流中的转矩分量和励磁分量分别进行控制，就可以把它等效成为一台直流电动机。这样一来，从侧面为交、直流两类电机的运行进行统一分析奠定了基础。

另外，传统的直流电动机，由于换向器和电刷的特殊结构，如果想把它直接纳入电机的统一理论似有一定困难。但是，如果借助微处理器技术和电力电子器件，就有可能把直流电动机的传统机械换向器改造成多相或三相的电子换向器，使之成为电子换向的现代直流电动机。经过我们的分析研究，它也可以等效为交流电动机（直流电动机的电枢电路内流的就是交流电流，这在电机学中是常识）。

具体来说，借助电力电子、微处理器技术，d-q 坐标变换（早期 Kron 称作原型双轴电机理论）及使用电子换向器代替机械换向器，交、直流电动机实质上是可以等效的，它们的分析理论自然也是可以互通的。换句话说，原有的"交流电（动）机的统一理论"，经过研究和发展，如我们用电子换向器对传统直流电动机的改造，能制成现代（电子换向）直流电动机。那么，通过互相可以等效，以及全部使用旋转磁场定、转子相互吸引的描述（见本书 2.1 节和 10.1 节），交、直流两类电动机的工作原理和运行分析是完全可以进行统一的，可建立完整的"电动机的统一理论"。在电力电子技术和计算机技术普及的今天，从理论和实践上去完成这一工作，已经没有问题。

当然，要理解并完成这个"统一"，还需对直流电动机和交流电动机都认真、仔细地进行分析和研究。为此，作者根据近 30 年电动机调速技术发展的趋势，首先对三相交流电动机的现代调速技术进行全面仔细的梳理；然后又对传统直流电动机使用电力电子（器件）换向器取代机械式换向器进行了深入的探讨，开发出了新型的电子换向直流电动机；在此基础上，提出交、直流电动机调速技术的"融合"，即外直内交电动机调速的方案——三相电子换向直流电动机调速系统。

作者认真地阅读了有关参考资料，再综合本人多年从事研究工作的经验和认知，在本书第11章和第12章正式提出了"电机统一理论与实践"。如前所述，该电机统一理论是以双轴电机理论为基础，以坐标转换为工具，再加入现代控制中的新技术，包括电子电路技术和计算机控制技术等，组成的电机带调速系统操作平台和软件方案的具体的"统一"电机学说。在此统一理论的基础上，作者提出了实践方案，即以"微处理器电子控制器＋电力电子变换器＋电动机"构成的"电子智能化电动机"，希望提供一个新的思路与同行们进行探讨。由于本书内容涵盖了已经很成熟的现代交流调速技术，又包括作者自己研究的电子换向直流调速系统，提出了组建新的现代直流调速技术的主要方案和方法；并在"电机统一理论"的支持下，力图组成现代电机的统一调速系统，所以本书书名定为《现代电机调速技术——电子智能化电动机》。这也是本书从动笔到完成的目的和过程。为了便于读者回顾电动机工作原理和特性等基础知识，在论述各种调速技术之前，本书第2章介绍了传统电动机的基本工作原理。

鉴于大学教材中对电动机调述技术的讲解多偏重于概念和原理，从学科的分类上也比较复杂和分散，学生学习和应用起来总感到比较抽象，所以，作为补充，本书从研究工作和现场工作的角度出发，对教材涉及的概念和内容进行了细化，希望可以帮助当前正在进行这方面实际工作的同志，也希望本书能起到具体参考资料的作用，这也是作者撰写这本书的目的之一。

本书第9章中所述技术已成功注册我国实用新型专利。

本书可供电气自动化专业的工程师、研究人员进行项目研究时作为参考，也可作为高校电气自动化专业教师、研究生以及高年级本科生在进行教与学时的参考书。

限于作者的学识和条件，本书有不少不到之处甚至是错误，尚望读者斧正！

本书在编写过程中，得到上海大学陈伯时教授和东北大学刘宗富教授的严谨指导。特别是陈伯时教授，亲自对本书做了全面而细微的审核，使本书的质量得到极大的提高。为此，作者向两位师长表示衷心的感谢和敬意！此外，还得到很多同行的热情帮助和鼓励，他们是北京航空航天大学赵元康教授，上海交通大学陈敏逊教授，贵州大学吴浩烈教授、谢宗安教授和黄明琪教授，武汉科技大学梁润生教授和闻传信教授，沈阳工业大学王成元教授，东北大学田志芬教授和汪林教授。没有他们的帮助和鼓励，本书是很难编写完成的，作者对他们表示最为真诚的感谢！

周道齐　贵州科学院新技术研究所

目　　录

第1章 概 论

按传统概念电机是发电机和电动机的统称，可以分成交流电机和直流电机两大类。交流电机按结构形式和工作原理又可分为同步电机和异步电机，按电源相数还可以分为单相电机和三相电机。直流电机按结构形式和工作原理也可以分为并励式电机、串励式电机、复励式电机等。此外，还有一些特殊结构和用途的电机，如交流整流子电机、交（直）流伺服电机、力矩电机、步进电机等。其中有的已经不再使用，有的只在有限范围内使用，而它们的结构形式和工作原理也都基本上可以归到上述分类范围中去。

如果从电机的用途和工作范围来看，当前常用的发电机主要是三相同步发电机，其功率最高可达数十万千瓦，用于各大型的火力、水力或核电站，是全球电力的最主要供应者，只有少量小功率三相同步发电机作为备用电源应用于工厂、企业等。电动机则以大大小小不同的功率应用于方方面面，大中功率电动机多用于生产工厂和企业；而小功率电动机则多为一般民用产品，如家用电器。电动机目前是电气传动的关键部件，其特点是控制方便、高效环保。只要有合适的电源，基本上都可以用它来取代其他形式能源的动力机械，是当今世界上应用最广的动力执行单元。

20世纪50年代以前，受技术条件的限制，交流电动机基本上只作为一种简单的动力执行单元，以恒定或接近恒定不变的速度运行。这一方面是由于当时许多生产机械只有这种简单的工作要求，另一方面则主要是由于交流电动机本身的限制。其简单可行的调速方法很少，在很大程度上限制了这种优秀的动力执行单元充分发挥其潜在性能。而直流电动机则多用于各种可调速、可灵活控制的场合。直到20世纪70年代以后，随着半导体技术的飞速发展，各种新型的电力电子器件和微电子器件先后问世，尤以微处理器的出现并与现代自动控制技术相结合，使各种电动机的调速技术获得了扎实的物质基础。于是各种各样的交流电动机调速系统纷纷出现，应用于各类生产机械和加工线上，大大提高了产品质量和生产效率。有些电动机调速系统实现了微型化而用在千家万户的家用电器中，满足了人们的生活需要，而且实现了高效节能。从此，交流电动机调速系统开始逐步取代直流电动机调速系统。

电子电路和微处理器所组成的各类调速装置虽然能完成电动机的调速任务，但很长时间以来它们与电动机是分开的两个独立单元。一般来说，电动机由电机制造厂商专门制造，调速装置则由另外的电气控制设备厂商生产，两者之间的技术配合往往需要电气传动设计部门来总体设计。随着技术的进步，越来越多的生产机械都需要调速，以便满足工艺过程的要求、提高生产效率、实现节能降耗。生产制造者也希望把电动机和它的调速控制装置合二为一，由一家厂商整体生产。这样既可以全面集成电气传动技术，又可以紧缩尺寸、降低生产成本。现代的电子技术和微处理器技术已经发展到这样的程度，使整个控制装置体积不大，甚至可以嵌入到电动机结构中去，成为一个既有动力执行能力又有智能控制能力的电气传动执行机器。此外，用电力电子器件和微处理器还可以从结构上把直流电动机笨重的不可靠的部件——机械换向器，改造成电子换向器，从而使电动机在结构上更加紧凑，并且可靠性更高、性能更良好、价格更低廉。

基于上述情况和思路，在本书的叙述中，首先分析了交流和直流电动机的运行原理。具体

1

来说，先分别分析了现有的交流、直流电动机（包括电子换向）的工作原理，所使用的方法与传统稍有不同——全部都采用定子旋转磁场吸引并拖着转子磁极转动的原理。在介绍交、直电动机的现代调速方面，则是先介绍了交流调速技术，再介绍以电子换向为核心的直流调速技术。在这个过程中，着重介绍了现代调速技术中的坐标变换原理和方法，为之后论述的交流电动机等效成为直流电动机的内容打下基础，应用电子换向技术可在旋转磁场吸引转子的理论下把直流电动机等值成为交流电动机。总而言之，应用坐标变换技术和电子换向技术，可以将交、直流两类电动机等值，从而建立它们之间的统一理论，为本书最后提出的"电动机统一理论"埋下伏笔。要实现性能优越的交、直流电动机现代调速技术，必须采用微处理器和电力电子器件，把它们和电动机组合起来组成具有先进性能的调速系统。所以，本书在介绍交流电动机变压变频调速，特别是矢量变换调速系统和直接转矩调速系统时，便对电力电子整流桥、逆变桥、各调节环节、微处理器直至控制软件的逻辑流程图全面地进行了分析和介绍。其目的就是让读者认识到，现代电机的调速系统已经逐渐发展成为一个整体，不应再是分离的状态，认识到这一点，才能使调速系统的工作性能达到最优。总之，首先从理论上将交、直电动机的分析方法统一起来，使读者对现代电机与调速系统有更深入的认识，然后在实践上提出把电动机及其调速系统统一到一起，使整个调速系统实现一体化设计和制造，使性价比达到最佳。这种电动机和调速装置一体化的新型结构，我们称其为"电子智能化电动机"。简言之，微处理器（CPU）+电力电子器件+电动机=电子智能化电动机。这就是我们提出来的一体化新概念。

由于电动机的电磁结构和工作原理目前尚无根本性变化，所以本书仍按结构形式和电流种类对电动机进行分类，即分为直流电动机和交流电动机两大类。然而，现在在直流电动机所用的直流电流，几乎都是从交流电源经过整流器获得的，而在电枢绕组中实际流过的电流也是交变的。所以，从某种意义上说，现在的电动机又都是交流电动机。只不过了叙述和理解的方便，我们先按原有的分类来进行讲解，到最后再使用"电动机统一理论"把它们进行适当的"统一"，作为一种新电动机（即"电子智能化电动机"）来论述。

本书的叙述顺序都是按这样的思路确定的。此外，在分别论述各类电动机的运行原理和方法时，除介绍当前的发展状态之外，还对所涉及的公式和参数进行了详细的推导和介绍，希望对读者有所帮助。

顺便说明一下，本书各章的内容都建立在认为读者已经学习过电机学、电力拖动基础、电力拖动自动控制、电子电路、微型计算机基础等课程的前提下，所以本书对传统交、直电动机的工作原理和运行模式只作简单叙述。要再说明的是，本书对当前应用广泛的交流调速技术进行了详细的阐述，目的是让读者有一个全面而扎实的了解和掌握，为后面引入"电动机统一理论"做铺垫；接着，专门集中在一个新问题——电子换向直流电动机的结构与调速系统，并在交、直流电动机的有机结合与改进的基础上，提出建立三相制电子换向直流电动机调速系统，用以实现现代直流调速技术，并建立可以统领交、直流电动机运行机制的统一理论，即建立全面的"电动机统一理论"。

由于本书涵盖了交、直流两类现代电机的调速系统，故书主书名定为《现代电机调速技术》。此外，本书还在"电动机统一理论"的引导下，将各类电动机和它们的调速系统统一到一个以微处理器为中心的控制平台——电子智能电动机的微控制系统之上，开发出具有调速嵌入功能的"电子智能化电动机"，因此本书的副书名取为《电子智能化电动机》。即书名全称为《现代电机调速技术——电子智能化电动机》。

第2章 传统电动机的
基本工作原理

　　传统的直流电动机和交流电动机是在不同的技术条件下先后发明的，它们有不同的结构和工作原理，因而拥有不同的特性和性能。但它们都是电动机，具有共同的电磁学理论基础，也具有同样的将电能转化为机械能的功能。因而，随着科学技术的发展，就有了统一成"电子智能化电动机"理论的可能。然而它们毕竟源于不同的技术条件，所以应先简述不同电动机的工作原理，作为之后研究统一理论的基础。

2.1　传统直流电动机的工作原理

2.1.1　传统直流电动机的基本结构和主要特点

　　学习过电机学的读者知道，传统直流电动机的主要结构包括转子、定子等。定子上有由直流电流励磁的或永久磁铁构成的磁极，它们在定子和转子铁心及气隙中产生恒定不变的磁通。转子上则在铁心槽内安置了封闭的分布式的整距（或短距）绕组，其整体称作电枢，电枢的绕组元件则通过换向器的换向片和电刷接到电源的端子上。当电源端子接通直流电压时，在电枢绕组元件的导体中就流过直流电流，于是基于"载流导体在磁场中受力"的原理，便产生使转子旋转的转矩。按照安倍左手定则，可以很容易地确定绕组元件的受力方向，如图2-1所示（图中所示为一对极的电动机）。

　　显然，力 f 会在电枢上产生同一方向的转矩，使电枢顺转矩方向旋转起来。电枢的旋转使绕组元件发生移动，它会从 N 极下转动到 S 极下，其受力方向将会反向。为保证受力方向不变，从而保证转子的转向不变，就必须使绕组元件中的电流在元件经过 N、S 交界面处，即通称的几何中线处，马上换向。为此，把电刷放在此处，就能保证绕组元件经过此处时电流自动换向。

　　此外，当电枢绕组旋转起来后，绕组元件将会切割所在处的磁力线，从而在元件中感应出电动势，利用弗莱明右手定则可以确定该电动势的方向，如图2-2所示。

　　电动势恰好与电流的方向相反，是阻碍电流流过的，所以称为"反电动势"。但是，由于外加电源电压高于反电动势，所以可以让电流通过且方向不变，从而继续推动电枢按原方向旋转。在电流克服反电动势的过程中，完成电能向机械能的转换。在这一转换过程中，机械式换向器和电刷是必不可少的，没有它就不可能保证元件电流的换向和转矩方向，就完不成电能向机械能的转换，这是传统直流电动机工作的主要特点。

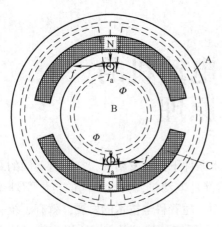

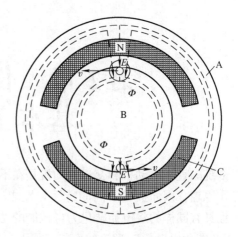

图 2-1 直流电动机的工作原理图
A—磁轭 B—转子 C—磁极 (N、S)
Φ—磁通 I_a—电枢电流 f—导体所受的力

图 2-2 电枢产生感应电动势的原理图
A—磁轭 B—转子 C—磁极 (N、S) Φ—磁通
E—感应电动势 v—电枢导体旋转的线速度

2.1.2 传统直流电动机的理论分析

1. 直流电动机的原理电路

若将上述原理用电路图的形式表现出来，可以获得图 2-3 所示的直流电动机的电路原理图。

2. 直流电动机的电压平衡方程式

针对图 2-3 所示的电路原理图，按照基尔霍夫第二定律，可以得出如下的直流电动机电枢回路的电压平衡方程：

$$U = E + IR_a \tag{2-1}$$

又

$$I = \frac{U + (-E)}{R_a}$$

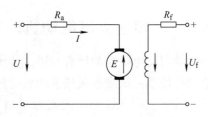

图 2-3 直流电动机的电路原理图
U—电枢供电电压 I—电枢电流
E—反电动势 R_a—电枢绕组电阻
R_f—励磁绕组电阻 U_f—励磁电压

3. 电磁转矩和电动势

根据载流导体在磁场中受力的原理，按照电动力学中的电磁力定律，直流电动机电枢所产生的电磁转矩为

$$T = K_T \Phi I \tag{2-2}$$

式中，$K_T = \dfrac{pN}{2\pi a}$，为电动机的转矩结构系数。其中，p 为极对数；N 为电枢直径；a 为电枢支路对数。按照电磁感应定律，E 为

$$E = K_E \Phi n \tag{2-3}$$

式中，$K_E = \dfrac{pN}{60a}$，为电动机的电动势结构系数，其中的参数意义同前。

4. 转速和机械特性

将上述转矩和电动势的方程式式(2-2) 和式(2-3) 代入电压平衡方程式式(2-1) 中，可得转速为

$$n = \frac{U}{K_E \Phi} - \frac{R_a}{K_E K_T \Phi^2} T \tag{2-4}$$

当电压 U、磁通 Φ 及各参数都一定时，转速与转矩呈线性关系，称为机械特性，如图 2-4 所示。

机械特性曲线表明，电动机的转速随转矩的增加而线性下降，若输出转矩增大（即负载越重），电动机的转速自然降低。当电动机轴上的负载转矩为 T_L（包括电动机本身的摩擦和风阻损耗所消耗的转矩）时，电动机将在图中的点 M 处稳定运行。当 $T_L = 0$ 时，$n = n_0$，称为理想空载转速，因为这时不仅不带负载，电动机轴上也没有摩擦、风阻等损耗转矩，故只是理想的情况。将 $T = 0$ 代入式(2-4)，得

$$n_0 = \frac{U}{K_E \Phi} \qquad (2\text{-}5)$$

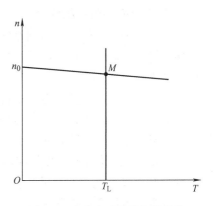

图 2-4　直流电动机的机械特性

T_L—负载转矩　n_0—理想空载转速

2.1.3　传统直流电动机的调速方法

从式(2-4) 可以看出，传统直流电动机的调速方法有下述三种。

1. 电枢回路串接电阻调速

保持电压 U、磁通 Φ 都为额定值，在电枢回路中串入电阻 R，则理想空载转速 n_0 不变，而机械特性变软，电阻 R 越大（$R_2 > R_1$）则特性越软，这样可以从额定转速往下调节，如图 2-5 所示。电枢串接电阻的机械特性方程为

$$n = \frac{U}{K_E \Phi} - \frac{R_a + R}{K_E K_T \Phi^2} T \qquad (2\text{-}6)$$

这种调速方法简单，但调速范围窄，在电阻上的能量消耗大，仅用于较小功率的电动机。

2. 弱磁调速

保持电压 U 为额定值，电枢回路电阻不变，调节励磁电流以改变磁通。若增强磁通，将导致磁路饱和，因此一般只能减弱磁通，从额定转速往上调节，而机械特性斜率增大，如图 2-6 所示。此方法用于恒功率负载，受到转子机械强度和轴承耐磨的限制，升速范围不大。

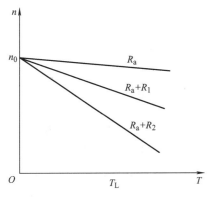

图 2-5　电枢回路串接电阻调速特性

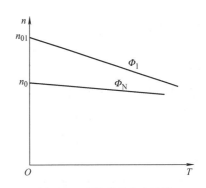

图 2-6　减弱磁通升速特性

3. 降低电枢供电电压调速

保持磁通为额定值，电枢回路电阻不变，从额定电压值往下调节，可使机械特性向下均匀平移，得到不同的转速，如图 2-7 所示。这种方法调速范围宽，能连续平滑调速，是恒转矩负载主要的调速方式。

现在，串接电阻调速已经很少应用，调节电枢电压是直流电动机调速的主要方法，减弱磁通只是在调压的基础上实现一定范围内的升速。调节电压的设备早期曾采用直流发电机-电动机系统，利用改变发电机励磁来调节供给电动机的电压。自从电力电子技术兴起以后，直流发电机的机组逐渐被静止式的晶闸管可控整流装置取代。交流变频调速技术发展成熟以后，又逐渐淘汰晶闸管－电动机直流调速系统。至今仍旧采用直流调速的场合就只用电力电子开关器件组成的脉宽调制（Pulse-Width Modulation，PWM）变流器了。

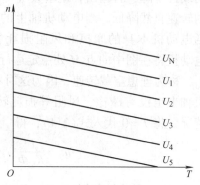

图 2-7　降低电枢电压调速特性

2.1.4　传统直流电动机的四象限运行状态

本章 2.1.2 节讨论的机械特性，是电动机在 $n-T$ 坐标平面上的工作特性，这里的转速 n 和转矩 T 都是正值。实际电力传动的 n 和 T 都可能具有负值，即反转和制动的状态。这时的 $n-T$ 坐标平面应按正、负坐标值划分成 4 个象限，在每个象限中都可能具有稳定运行的状态，如图 2-8 所示。下面作简单介绍。

1. 电动状态

当电动机产生的电磁转矩 T 与负载转矩 T_L 相等时，电动机将稳定运行在机械特性与负载特性的交点 M 上，运行状态是图 2-8 所示的状态特性 1，这是第 I 象限的电动状态。转速和转矩的正方向规定为，当转速 n 为正值时，顺着 $+n$ 方向的电磁转矩 T 为正，而反 $+n$ 方向的负载转矩 T_L 为正。

2. 回馈发电制动状态

假设此例对象为电动车。当电动机拖动车辆在平地上行驶或者爬坡时，电动机的电磁转矩和负载转矩的方向均为正，在

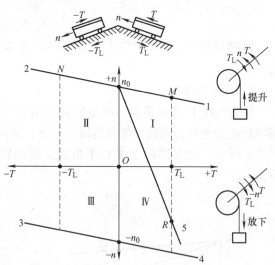

图 2-8　直流电动机的四象限稳定运行状态

第 I 象限工作。如果车辆下坡，由车辆重力产生的负载转矩方向与行进方向相同了，按规定则 T_L 为负。此时两转矩同向相加，克服车轮的摩擦后，多出来的动态转矩使电动机加速，直至 $n > n_0$，电动机产生的电动势 E 将会大于外加电压 U，从而使电枢电流反向，进入发电状态。此时，电动机的电磁转矩也会因电枢电流的反向而变为负值，机械特性过 n_0 后延长到第 II 象限的状态特性 2，直到与 $-T_L$ 相交于图 2-8 所示的点 N。此时，电动机产生的反向

转矩 $-T$ 与车辆下坡转矩 $-T_L$ 相等，电动机将以高速稳定运行。此时，电磁转矩所起的是制动作用，限制下滑车辆进一步加速，将车辆的势能转换成电能，反馈回电网，故名为回馈发电制动状态。

3. 反转电动状态

如果电枢供电电压 U 的极性与正转时相反，则运行转矩和转速都反向，反转电动状态机械特性为图 2-8 所示的状态特性 3，位于第Ⅲ象限。

4. 反转回馈发电制动状态

电动机反转运行时，若负载为下坡的电车，则和正转时相似，反向转速（n 为负）将超过 $-n_0$ 而进入第Ⅳ象限，运行于特性 4，实现发电制动，回馈电网。

5. 倒拉反接制动状态

这种运行状态发生在类似主动负载（如吊车放下重物）的情况下，这时负载会主动下降，希望电动机起制动作用以限制下降的速度。这时，首先将电动机按提升方向（正向）接电，并在电枢中串入大电阻，使机械特性变陡。此时，打开抱闸后电动机所产生的正向提升转矩较小，抵不过下降方向（反向）的重物负载转矩，于是在重物的反向转矩作用下，迫使电动机反转，沿着很陡的机械特性穿过转矩坐标轴从第Ⅰ象限直入第Ⅳ象限，最终稳定运行在状态特性 5 的点 R，如图 2-8 所示。此时，电动机实际已经进入反向发电状态，只不过所产生的电能不是回馈到电源，而是消耗在电阻上而已，电动机本身相对于下放的重物呈倒拉制动的状态。

2.1.5　传统直流电动机的动态过程和动态数学模型

一般来说，电动机的工作应当包括起动、稳定运行、调速、制动和停车。其中，稳定运行和与主动负载相平衡的制动运行都属于稳定的工作状态，起动、制动和停车是由静到动或相反的动态过程，调速也是两个稳定运行状态之间的动态过程。动态过程的规律须用动态方程式来描述。

1. 起动

如果给直流电动机直接加上全电压起动，则冲击电流很大，首先会烧坏电刷和换向器。一般直流电动机正常起动时，应限制电枢电流平均值为 $1.5 \sim 2 I_N$（I_N 是电动机的额定电流）。为此，可在电枢回路中串入多级电阻，在升速过程中逐级切除。这种起动方式具有起动时间较长的缺点，多用于中、轻型负载。

在调压调速系统中，电枢不外接电阻，而用自动控制电流的方法直接加电压起动，利用 PI 或 PID 调节器来调节起动电流。这种方式多用于要求快速起制动的场合，如带重载的轧钢机、要求灵活起制动和正反向运转的伺服系统等。

2. 能耗制动

对电动机的停车过程没有特殊要求时，可以直接断电自由停车。如果要快速停车，就得采取措施使电动机产生反方向的电磁转矩，产生制动作用。常用的制动方法有能耗制动和反接制动。

采用能耗制动时，将电动机电枢两端的电源切断，接到电阻 R_d 上，以 $U=0$、$R=R_d$ 代入式(2-6)，可得

$$n = -\frac{R_a + R_d}{K_E K_T \Phi^2} T \qquad (2\text{-}7)$$

这就是能耗制动特性方程。在 $n-T$ 坐标系中,能耗制动特性是第Ⅱ象限中通过坐标原点的直线,如图2-9所示。

如果制动前电动机处于机械特性点 M,切断电源后,电枢电流迅速降为零,转矩就自然为零,但由于运动系统的惯性作用,转速不会立即变化。如果忽略电动机的电磁过渡过程,可认为在电路的切换过程中转速完全不变,则工作点从图2-9所示的点 M 平移到能耗制动特性点 S 上。此时,电枢绕组中的反电动势在通过 R_d 的闭合回路中产生反向电流,电磁转矩随之反向,与负载转矩共同产生制动作用,使电动机转子迅速停下来,达到电气制动的目的。在制动过程中,工作点从点 S 沿着制动特性下降到原点 O,如果所带负载是反抗性的,运动系统即在点 O 停机。制动时,运动系统的动能变换成电能,消耗在电枢回路电阻中,故称作能耗制动,或称动力制动。

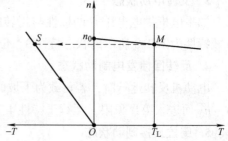

图2-9 能耗制动特性和制动过程

能耗制动的优点是运动系统在制动后自然停车、无须其他操作;缺点是转速较低时制动转矩也很小、制动的尾声可能拖得比较长。

3. 反接制动

当负载需要立即快速停车时,需要比能耗制动更大的反向制动转矩,可以将电动机电源反接,同时串接较大的电阻 R_f,以限制制动电流。在式(2-6)中,将电枢电压换成 $-U$,并令 $R = R_f$,得反接制动特性方程式:

$$n = -\frac{U}{K_E \Phi} - \frac{R_a + R_f}{K_E K_T \Phi^2} T \qquad (2\text{-}8)$$

第Ⅱ象限中的反接制动特性如图2-10所示。

如果制动前电动机在机械特性点 M 上运行,反接制动后,如忽略电动机的电磁过渡过程,则工作点从点 M 平移到第Ⅱ象限反接制动特性上的点 Q,电动机的制动转矩和负载转矩共同使运动系统很快减速。这时,当转速快降到零时,必须马上切断电源,同时将抱闸合上,电动机才会立即停车。否则,电动机将带着负载反向旋转,这一般是不允许的。反接制动的优点是,停车快;缺点是,需要设置专门的控制电路以便在转速接近零时迅速切断电源。

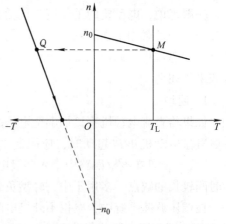

图2-10 反接制动特性和制动过程

4. 动态过程和动态数学模型

在前面讨论制动动态过程时,先忽略电动机的电磁动态过程,只考虑电力传动系统的运动过程,可用运动方程式表达如下:

$$T - T_L = J \frac{d\omega}{dt} \qquad (2\text{-}9)$$

式中,T 和 T_L 分别为电磁转矩和负载转矩(N·m);J 为电动机轴上总转矩惯量(kg·m²);

ω 为电动机的角速度（rad/s），在工程计算中常用线转速 n（r/min），有

$$\omega = \frac{2\pi n}{60} \tag{2-10}$$

实际上，在起动与制动中切换电路时，电枢电感还引起电磁过渡过程，则动态电压平衡方程式为

$$U = E + IR_a + L_a \frac{dI}{dt} \tag{2-11}$$

或写为

$$U = E + R_a\left(I + T_1 \frac{dI}{dt}\right) \tag{2-12}$$

式中，T_1 为电枢回路电磁时间常数（s），$T_1 = \dfrac{L_a}{R_a}$。

将式（2-12）的动态电压平衡方程和式（2-9）的运动方程结合一起，代入电动势公式式（2-3）和转矩公式式（2-2），并定义 T_m 为电力传动系统的机电时间常数（s），则有

$$T_m = \frac{\pi R_a J}{30 K_E K_T \Phi^2}$$

得到直流电动机动态过程应当遵循的物理规律的数学描述，称作动态数学模型：

$$U = K_E \Phi n + R_a\left(I + T_1 \frac{dI}{dt}\right) = \frac{30}{\pi} K_E \Phi \omega + R_a\left(I + T_1 \frac{dI}{dt}\right)$$

$$= \frac{R_a J}{K_T \Phi T_m} \omega + R_a\left(I + T_1 \frac{dI}{dt}\right) \tag{2-13}$$

再将电磁转矩 $T = K_T \Phi I$ 代入式（2-9），有

$$I - \frac{T_L}{K_T \Phi} = \frac{J}{K_T \Phi} \frac{d\omega}{dt} \tag{2-14}$$

上述两式中的磁通 Φ 和其他参数一般情况下均为常量，故动态数学模型可写成如下的 2 维线性状态方程：

$$\frac{dI}{dt} = -\frac{1}{T_1} I - \frac{J}{K_T \Phi T_m T_1} \omega + \frac{1}{R_a T_1} U \tag{2-15}$$

$$\frac{d\omega}{dt} = \frac{K_T \Phi}{J} I - \frac{T_L}{J} \tag{2-16}$$

式中，I 和 ω 为状态变量；U 和 T_L 为输入变量。

由上述方程式可见，除弱磁调速系统以外，当磁通 Φ 恒定时，直流电动机的动态数学模型是线性的，可以采用线性调节器实现闭环控制，从而获得优良的控制性能。

2.2　传统交流电动机的工作原理

2.2.1　交流电动机的旋转磁场

顾名思义，交流电动机采用三相交流电源供电（少数小功率电动机可以是单相的），因此它所产生的交变磁场与直流磁场有显著的不同。交变磁场是由三相平衡的正弦变化电流通

入三相对称的分布绕组所产生的合成磁场，是一个"在空间和时间上都在变化的磁场"，合成的效果相当于磁场沿着气隙按绕组的 U—V—W 相序方向旋转，所以称作旋转磁场。具体来说，它是一个"在（气隙）空间上呈正弦分布，而在任一点上又随时间作正弦变化的磁场"，如图 2-11a ~ f 所示。

图 2-11 所示的磁场分布是一对极的展开磁通分布。在任何固定的时刻，磁通沿气隙呈正弦分布，而随着时间的变化，此分布的幅值又随时间按正弦规律变化，即 N→S→N→S→…图中的箭头长度表示该时刻正弦量的最大振幅，向上表示 N，向下表示 S。

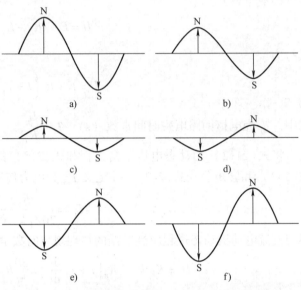

图 2-11　交流电动机气隙磁场的分布与变化

这种在时空上均呈正弦变化的磁场可以采用空间矢量来表示，如图 2-12 所示。图中，每一个空间矢量都是一个定幅长的按一定方向旋转的矢量，每个矢量都位于正弦分布最大值的位置，其幅值是最大时刻的幅值。矢量各个瞬间的具体幅值可取其在空间坐标纵（直）轴上的投影（即 $\varPhi_\beta = \varPhi_m \sin\theta = \varPhi_m \sin\omega t$），或者取其在空间坐标横轴上的投影（即 $\varPhi_\alpha = \varPhi_m \cos\theta = \varPhi_m \cos\omega t$），转向则由电流的相序来决定。

根据转子的不同结构，交流电动机有异步（感应）交流电动机和交流同步电动机之分，下面将分别叙述。由于它们的定子绕组是一样的，因此其旋转磁场的本质相同。可以认为交流电动机是在转子上设置了"相应"的磁极，以便让"定子磁场拖着转子磁场跑"。意思是说，由定子三相绕组所产生旋转磁场的 N 极吸引着转子的 S 极，而定子旋转磁场的 S 极吸引着转子的 N 极。于是，看不见的定子旋转磁场就吸引着转子旋转起来，这就是传统交流电动机的基本工作原理。

同步电动机的转子有明显的磁极，跟着定子旋转磁场跑；异步机的转子虽无明显的磁极，但有相应的闭合绕组，在受到定子磁场的切割后，会产生感应电动势，然后产生电流和磁动势，形

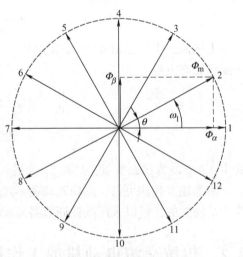

图 2-12　交流电动机气隙旋转磁场
在不同瞬间的空间矢量

成与定子相似的隐形旋转磁场，再跟着定子磁场同步跑，有关同步的问题将在异步电动机原理一节加以证明。

2.2.2　交流同步电动机的原理和特性

1. 基本结构和工作原理

根据电机学知道，同步电动机的结构是，定子铁心中嵌有三相对称的定子绕组，转子上有与定子磁场极对数相同的 N、S 磁极，磁极的绕组通过集电环引入直流励磁电流，产生定向的磁通，或者用磁性材料制成永磁磁极。当向定子绕组施加三相对称电压时，如前所述，电动机的定子上将会产生一个按正弦分布、依相序方向旋转的旋转磁场，与之对应，在转子上有极对数相同的磁极。于是，定子的隐形磁极 N 便会吸引着转子的实体磁极 S，使转子顺着定子磁场旋转的方向旋转起来，这就是交流同步电动机的基本工作原理，可形象地如图 2-13 所示。

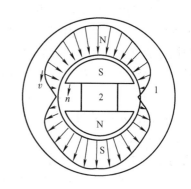

图 2-13　交流同步电动机的结构示意图
1—电动机的定子　2—电动机的转子
N、S—磁极　v—定子磁场旋
转的线速度　n—转子转速

接电源起动时，同步电动机定子旋转磁场很快就以同步转速旋转，而实体的转子具有质量惯性，转子的转速只能一步一步地上升，不可能马上达到定子磁场旋转的速度，这样就会产生差速失步。这样，当定子的 N 极飞快过去后，转子 S 极刚一起动，定子 S 极即刻来到，它会对转子的 S 极起排斥作用，导致转子产生来回振荡。因此，同步电动机本身不会产生方向相同的稳定起动转矩，转子无法起动。为解决这一问题，可以在转子上另加一套类似异步电动机笼形绕组那样的装置，称为同步机的异步起动绕组。顾名思义，它的作用就是让同步电动机在起动之初产生稳定的异步转矩，帮助转子先自行起动，这种方式称作同步电动机的异步起动。具体操作过程：转子励磁绕组先不接电（并要与一个阻值为励磁线组 10 倍左右的电阻相连），而是让定子绕组先接电，即先进行异步起动；然后，当转子速度上升到同步速度 n_1 的 70% ~ 80% 时，转子绕组断开所接电阻后突然通入励磁电流，让转子磁极突现，它就会受定子磁场强力的吸引，使转子进一步升速，实现与定子磁场同步，从而完成起动过程。当电动机完成稳定同步运行之后，其转子的转速 n 将永远等于定子旋转磁场的转速 n_1，故称其为同步电动机。

有一点需要说明，当电动机转子带上负载之后，转子磁极的轴线会滞后定子磁场轴线一定的角度 β（β 称为功角或转矩角），使电磁转矩加大，以保持转速同步。如果负载过重，β 会超过设计的允许值（一般为 30°左右），则电动机的稳定状态将崩溃，使转子的转速突然下降，称为失步。

2. 特性

同步电动机的转速表达式为

$$n = n_1 = \frac{60f_1}{p} \tag{2-17}$$

式中，f_1 为定子电压的频率；p 为定子磁场的极对数。

以一对极的同步电动机为例，当其直接接到通常的工业电源上时，由于频率固定在 50Hz，故转子转速恒定为 3000r/min。

同步电动机的机械特性如图 2-14 所示。

传统的同步电动机，如果不改变极对数或电源频率，是不能调速的。极对数在结构固定后难以改变，而一般交流电网的频率也固定不变，所以，以前所用的同步电动机都是不调速的。直到 20 世纪 70 年代，由于电力电子技术的发展，出现了可以将工频变换成任意频率的变频器，同步电动机才能进行调速。关于同步电动机变频调速技术的内容将在后面的有关章节详述。

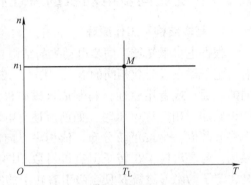

图 2-14　同步电动机的机械特性
T_L—负载转矩　n_1—定子磁场同步转速

3. 应用

传统的同步电动机多用于不需要调速的机械上，如大型水泵、风机、空气压缩机等，同时可用调励磁的办法将同步电动机的功率因数由滞后调到 1.0，甚至超前，用以改善电网的功率因数。除此以外，以一般工业设备很少采用同步电动机传动。

自从电力电子变压变频技术获得广泛应用以后，情况就大不相同了。由于转子具有直流励磁，而不是仅靠定子磁场感应电动势，同步电动机变频调速的性能优于异步电动机变频调速，因此应用很广，特别是在高性能调速系统中。例如，家用电器的变频节能调速、数控机床用伺服系统、轨道交通牵引电机调速、轧钢机与卷扬机传动，乃至大型船舶的电力推进，都越来越多地采用同步电动机。

2.2.3　交流异步电动机的原理和特性

1. 基本结构和工作原理

异步电动机的结构与同步电动机的结构相比较，其定子结构一样、转子结构不同。异步电动机的转子一般分为两种：一种是三相绕线型结构，另一种是笼型结构。现以三相笼型转子结构为例来说明交流异步电动机的工作原理，如图 2-15 所示。

如图 2-15 所示，当定子旋转磁场逆时针方向旋转时，它会因切割转子三线绕组 $a-x$、$b-y$、$c-z$，而在其中分别感应出三相电动势。正如在直流电动机中发生的情况那样，感应电动势的方向可用右手定则依速度相对方向来确定——a 进 x 出、y 进 b 出、z 进 c 出。由于转子三相绕组是闭合的，因此就在绕组中产生三

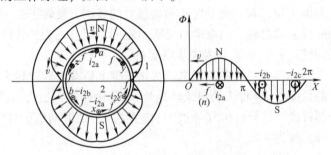

图 2-15　交流异步电动机的结构示意及工作原理
1—电动机定子　2—电动机转子　N、S—定子旋转磁场磁极
v—定子磁场旋转的线速度　f—转子绕组导体所受的力　n—转子转速

相对称电流——$+i_{2a}$、$-\frac{1}{2}i_{2b}$、$-\frac{1}{2}i_{2c}$，它们之间互差 120°（电角度）。按传统的说法，转子电流因处于定子磁场中而受力，力 f 的方向可用左手定则来确定，如图 2-15 所示。各绕组导体所产生的电磁转矩方向恰与定子旋转磁场方向相同，也为逆时针方向，这样电动机的

转子便会旋转起来。

若从旋转磁场的角度来看，三相转子电流也会在转子铁心中产生转子旋转磁场，它的转向依转子绕组相序为逆时针，转速则由转、定子之间相对速度而定。

若定子旋转磁场转速为 n_1，转子转速为 n，则转子旋转磁场转速 n_2 将为两者之差，即

$$n_2 = n_1 - n \tag{2-18}$$

将 n_2 与 n_1 之比定义为转差率 $s = \dfrac{n_2}{n_1}$，则有关系式 $n_2 = sn_1$，用频率表示则为 $f_2 = sf_1$。将此关系式代入式（2-18），可以得到转子转速的另一表达式：

$$n = n_1 - n_2 = n_1 - sn_1 = (1 - s)n_1 \tag{2-19}$$

显然，$s \neq 0$，因为，如果 $s = 0$，则 $n = n_1$，转子绕组导体与定子磁场之间便失去切割关系，也就不会在转子绕组导体中感应出电动势和电流，从而失去产生转子转矩的源泉。所以说，存在转差率 s 是异步电动机运行的必要条件，即转子转速永远要低于定子旋转磁场转速，两者不能同步，所以才叫作异步电动机。此外，鉴于转子电流是由定子磁场感应而来的，所以也称为感应电动机。

如前所述，转子旋转磁场相对于转子实体的转速是 $n_2 = sn_1$，且与 n 的方向相同，故转子旋转磁场相对于定子空间的转速就是 $n + n_2 = n_1$，和定子旋转磁场的转速完全相同。或者说，转子磁场和定子磁场在空间同步，相当于被定子磁场吸住，跟着定子磁场一齐旋转，也就是"定子磁场拖着转子磁场跑"，和前面在讲旋转磁场时的说法相符。但是，当负载增大后，转子与定子之间不像同步电动机那样通过功角 β 进行调节，而是通过转差 s 的变化来调节，以保持两个磁场间的同步。

2. 等效电路

异步电动机定、转子一相绕组经过折算后的等效电路如图 2-16 所示，它属于一般常用的 T 形等效电路。其中，转子参数和参量均乘以相应的折算系数 K，如 $I_2' = \dfrac{1}{K_i}I_2$、$E_2' = K_e E_2$。

电流折算系数 $K_i = \dfrac{m_1 W_1 K_{Z1}}{m_2 W_2 K_{Z2}}$，电动势折算系数

$K_e = \dfrac{W_1 K_{Z1}}{W_2 K_{Z2}}$。其中，$W_1$ 为定子一相绕组的总匝

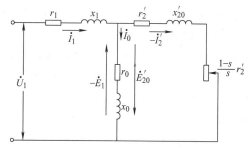

图 2-16 异步电动机定、转子一相绕组经过折算后的等效电路

数；W_2 为转子一相绕组的总匝数；K_{Z1} 为定子一相绕组的绕组结构系数；K_{Z2} 为转子一相绕组的绕组结构系数。至于电阻和电抗的折算公式，则为 $r_2' = k_e k_i r_2$、$x_{20}' = k_e k_i x_{20}$。

3. 定、转子绕组的电压、电流平衡方程

根据上述等效电路，可以写出下列电压和电流的时间相量平衡方程：

定子电压

$$\dot{U}_1 = -\dot{E}_1 + \dot{I}_1 r_1 + j\dot{I}_1 x_1, \tag{2-20}$$

转子电压

$$\dot{E}_{20}' = \dot{I}_2' r_2' + j\dot{I}_2' x_{20}' + \dot{I}_2' \frac{1-s}{s} r_2' \tag{2-21}$$

$$\dot{E}_{20}' = \dot{E}_1 \tag{2-22}$$

电流
$$\dot{I}_1 = \dot{I}_0 + (-\dot{I}_2)$$
(2-23)

其中，定子和转子的漏抗 x_1 和 x'_{20} 为

$$x_1 = \omega_1 L_1, x'_{20} = \omega_1 L'_2$$

并且认为 L_1 和 L_2 均为常数。

在转子电压平衡方程式中的 $\frac{1-s}{s} r'_2$ 项是随 s 变化的，它以与转子电阻相关的形式代表电动机的负载。

应当指出，传统交流电动机的电压平衡方程式中，对电抗部分的非线性量都进行了线性化处理。实际上，电抗中除不经气隙的漏抗部分可以认为是常数外，经过气隙的互感中的大部分是变化的，它们与定、转子之间的相对位置 θ 角有关，不同时间 θ 不一样；另外，它还和电动机的速度 ω 有关，称为旋转电抗，是时间的函数。因此，与之相应的电势平衡方程就会是一个非线性方程，解起来非常复杂和困难。在经典理论中，一般都将磁链中不变的部分用漏抗来表示，而将磁链中变化的部分用反电动势 $-\dot{E}'_{20}$ 来表示，而 $\dot{E}'_{20}$ 只和转速 n 呈正比，是线性关系的，从而实现了这部分电抗的线性化。对调速性能要求不高的情况基本上，这种处理与实际相距不大，可以使用；但是，当调速系统动态特性要求较高时，如一些实时要求高鲁棒性、高精确位置的控制系统，完全不考虑调速系统实际存在的非线性，就会产生严重的偏差问题和稳定性问题。在这种情况下，就需要启用如微偏线性化、非线性动态补偿、非线性前置反馈及非线性解耦等方法来进行系统处理。如果读者有这种需要，可以参阅相关参考文献，这里就不具体讨论了。

4. 时间相量图

根据电动机的定、转子电压、电流平衡方程，可以在时间复平面上画出电动机的相量图，如图 2-17 所示。

在相量图中，定、转子之间的电磁联系表达得十分明确：由于两者的紧密联系，只要转子侧发生变化，如负载增加，马上会通过转子电流的升高使定子电流跟着增加，以便从电源中吸取更多的电能，使之转换成机械能去供负载使用，反之亦然。具体变化过程如下：当负载转矩 $T_L \uparrow$ 时，使得电动机的电磁转矩 $T < T_L$，因而转子转速 $n \downarrow \to s \uparrow$，从而使等效电路中的 $\frac{1-s}{s} r'_2 \downarrow$，使 $I_2 \uparrow \to I_1 \uparrow \to T \uparrow$，恢复稳定运行。上述联系对交流电动机的运行非常重要，定转子两边是一体的，切不可分开来看，这一点对使用者来说要切记！

5. 磁动势及其空间矢量

交流电动机的定子电流是三相电流，在三相对称绕组中分别产生 3 个空间相位互相差 120°（电角度）的脉动磁动势。在本章 2.2.1 节中已经表明，这 3 个磁动势合成起来，在定子气隙中产生呈正弦分布、沿气隙旋转的磁动势。该旋转磁动势产生的磁通通过气

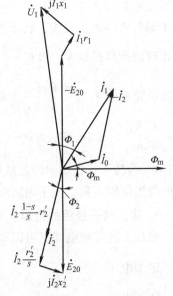

图 2-17 异步电动机时间相量图

隙到达转子，从而在转子绕组中产生感应电动势，产生感应电流；转子电流在磁场中又会受力，从而产生转矩，推动转子旋转起来，这和直流电动机的情况是一样的。

理论上对脉动磁动势如何合成旋转磁动势的分析过程，在电机学中已有详尽介绍，这里不再重复，只着重说明合成旋转磁动势的空间矢量表示法，以便为以后要讲述的现代电机控制理论打好基础。

三相合成旋转磁动势的表达式为

$$F_{(x,t)} = 1.35 \frac{W_1 K_{Z1}}{p} I_1 \sin\left(\omega t - \frac{x}{\tau}\pi\right) \qquad (2\text{-}24)$$

式中，W_1 为定子相绕组串联总匝数；p 为极对数；K_{Z1} 为定子绕组结构系数；τ 为定子极距。

式(2-24) 表明，合成旋转磁动势是随时间呈正弦变化的，同时也是在空间上呈正弦分布的，因此它也可以用一个空间矢量来描述，如图 2-18 所示。

图中，矢量 f 为三相合成旋转磁动势，它以角速度 ω 按电流相序方向逆时针旋转。投影到空间复平面的二相直角坐标 α、β 上时，旋转矢量 f 的分量为

$$f_\alpha = f\cos\theta = f\cos\omega t \qquad (2\text{-}25)$$
$$f_\beta = f\sin\theta = f\sin\omega t \qquad (2\text{-}26)$$

式中，f_α 和 f_β 为空间位置在 α 和 β 坐标轴上、时间上为余弦/正弦变化的磁动势脉动空间矢量。

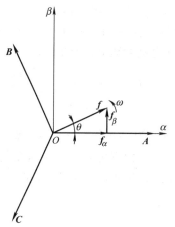

图 2-18　合成旋转磁动势（磁场）空间
矢量 f 的瞬间位置

A、B、C—三相磁动势的空间坐标轴线

α、β—空间复平面的坐标轴线

6. 电压和电流空间矢量的概念

电动机的电压和电流是时间相量，这是毫无疑问的。但是，在现代电机控制理论中，它们都还被赋予"空间矢量"的定义。关于这个"赋予"是如何进行的，将在本书第 5 章详细介绍，这里先简单说明电压和电流为什么也可以被当作空间矢量。

按照电动机定子和转子电流的物理含意，它们都是时间的函数，只能用时间相量来表示。但是，在现代电机与控制理论中，按照电流所流过的绕组位置，又定义了电流的空间矢量。这可用电流和磁动势的关系来解释：磁动势等于匝数乘以电流，对于集中绕组来说匝数是常数，对于分布绕组只需再乘以绕组系数，因此磁动势与电流是呈成正比的。为了分析方便起见，可用电流来代表磁动势，磁动势是由绕组位置决定的空间矢量，代表磁动势的电流也就可以按所流过绕组的位置赋予空间矢量的定义了。

同理，电压本来只是时间相量，也可以按照电压所施加绕组的位置而定义电压的空间矢量。

7. 转矩、转速和机械特性

在电机学中，异步电动机电磁转矩的一般公式为

$$T = K_T \Phi_m I_2' \cos\varphi \qquad (2\text{-}27)$$

将图 2-17 所示的时间相量图和图 2-18 所示的空间矢量图合在一起，使磁链相量和磁通矢量重合，并设定为 α 轴，就得到包括电流和磁通在内的时空矢量图，如图 2-19 所示。

由图 2-19 中转子磁通和气隙磁通之间的相位关系，得

$$\Phi_2 = \Phi_\mathrm{m}\cos\varphi_2 \qquad (2\text{-}28)$$

将式(2-28)代入式(2-27)，可得全转子量表示的转矩公式：

$$T = K_\mathrm{T}\Phi_2 I_2' \qquad (2\text{-}29)$$

该公式在以后有很大的用处。

前面在异步电动机工作原理中已经定义了转差率 s，实际运行中 $s \neq 0$，而是在 0 与 1 之间变化。在起动瞬间，$n=0$，即 $s=1$，如果将转子卡住不动，谓之"堵转"，电流将很大，可达额定电流的 $4\sim7$ 倍，长期这样工作是不允许的，只能在起动过程短时通过。当 $s=0$ 时，$n=n_1$，即同步转速，又称理想空载速度。在实际工作的额定状态下，$s=0.01\sim0.05$。

从电机学知道，异步电动机的机械特性方程为

$$T = \frac{3pU_1^2 r_2'}{s\omega_1\left[\left(r_1 + \dfrac{r_2'}{s}\right)^2 + \omega_1^2\left(L_1 + L_2'\right)^2\right]} \qquad (2\text{-}30)$$

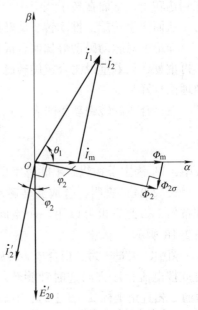

图 2-19 异步电动机电流和磁通的时空矢量图

图 2-20 所示的特性曲线 1 就是按式(2-30)描绘的自然特性。由图可见，当转速变化时，转矩有一个最大值 T_MAX，或称临界转矩 T_CR，可由特性方程求导得出。将式(2-30)对 s 求导，并令 $\mathrm{d}T/\mathrm{d}s = 0$，则对应于临界转矩的临界转差率 s_CR 为

$$s_\mathrm{CR} = \frac{r_2'}{\sqrt{r_1^2 + \omega_1^2\left(L_1 + L_2'\right)}} \qquad (2\text{-}31)$$

而临界转矩为

$$T_\mathrm{CR} = \frac{3pU_1^2}{2\omega_1\left[r_1 + \sqrt{r_1^2 + \omega_1^2\left(L_1 + L_2'\right)}\,\right]} \qquad (2\text{-}32)$$

如用转差率 s 代表转速，则机械特性方程式也可表示为

$$T = \frac{2T_\mathrm{CR}}{\dfrac{s_\mathrm{CR}}{s} + \dfrac{s}{s_\mathrm{CR}}} \qquad (2\text{-}33)$$

一般临界转矩 T_CR 为额定转矩 T_N 的 $1.6\sim2.3$ 倍，临界转差率 $s_\mathrm{CR} = 0.2\sim0.3$。

图 2-20 中，曲线 1 为自然特性；曲线 2 为人工特性（转子串电阻）；曲线 3 为人工特性（定子降电压）；曲线 4 为人工特性（变频）。

在自然特性的 $s=0\sim s_\mathrm{CR}$ 阶段，如负载增大，使转速 $n\downarrow$，而 $s\uparrow$，则 $T\uparrow$，达到新的平衡，是特性的稳定运行阶段。在超过临界点的 $s=s_\mathrm{CR}\sim1$ 阶段，情况相反，当负载转矩增大使转速下降时，曲线的转矩 T 反而下降，则电动机将拖不动负载，使转速进一步下降，直至电动机堵转停车。故此段不能稳定运行，只是起动或停车过程中的过渡阶段。

如在转子绕组回路中串入电阻，即增大 r_2'，由式(2-31)和式(2-32)可知，s_CR 降低而 T_CR 不变，得图 2-20 所示的曲线 2，可在电动机起动过程中抑制起动电流而增大起动转矩。

当外加电压 U_1 降低时，T_{CR} 与 U_1^2 呈正比减小，而 s_{CR} 不变，如图 2-20 所示的曲线 3，可用于降压调速、软起动、减压节能等场合。

在变频调速中，机械特性的理想空载转速（同步转速）点 n_1 将随频率 f_1 的变化而变化，如降速时，$f_1 \downarrow$ 则 $n_1 \downarrow$，机械特性平行下移，如图 2-20 所示的曲线 4。由于在变频调速中往往要求 $\dfrac{U}{f}$ 为常数，以保证磁通恒定；于是当 f_1 降低时，要求电压 U_1 也要跟着降低，这样会使 T_{CR} 下降。因此，在低速区，为

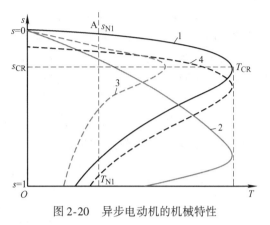

图 2-20　异步电动机的机械特性

了使 T_{CR} 尽量大些以保持电动机的带载能力，应该让 U_1 降低的程度比频率 f_1 降得少一些。

8. 异步电动机的起动、调速、停车与制动

从电机学知道，传统的笼型异步电动机有两种起动方式。对于中、大功率和重载起动的电动机常采用减压起动的方式包括，全压下在定子绕组中串接多级电阻或电抗再逐级切除的起动方式；正常△联结的电动机利用转换开关进行丫/△切换的起动方式，其目的都是既保证足够大的起动转矩，又限制起动电流不致过大（一般取平均起动电流为 $1.5 \sim 2$ 倍的 I_N）。对于较小功率、轻载起动的电动机，可以直接加全压起动，此时瞬间起动电流可达 $5 \sim 7$ 倍的 I_N，但起动转矩却不一定很大（因为功率因数较低）。

至于绕线转子异步电动机，多采用在定子全压下，在转子回路中串接电阻或频敏变阻器来限制起动电流的方法进行起动。

传统交流异步电动机的调速方式有 4 种，这可从如下的转子转速方程式反映出来：

$$n = (1-s) \qquad n_1 = (1-s)\frac{60f_1}{p} \qquad (2\text{-}34)$$

第一种是串接电阻或电抗调速。笼型转子电动机在定子电路中串接电阻或电抗，绕线型转子电动机在转子电路中串接电阻，可使机械特性变软。利用与负载曲线的交点不同，得到不同的转速，从而实现从额定转速往下调速，属于调节 s 的方法。这种方法操作简单，但损耗较大。

第二种是调节定子电压调速，也属于调节 s 的方法。从机械特性上可以看出，调压时电动机的临界转差率不变，调速范围很窄，而临界转矩会大大下降，因此仅用于较小功率电动机轻载调速。

第三种是变压变频调速，属于式（2-34）中调节 f_1 的方法。同时改变供电电源的电压 U_1 和频率 f_1，机械特性可以上下平移，故调速范围较宽，且损耗不大，系统效率高，是一种较好的调速方法，这是本书研究的重点。

第四种是变极对数 p 调速。利用转换开关改变定子相绕组的接线方式，从而改变定子的极对数，获得有级的转速调节，其方法简单，但由于变极对数只能实现有级调速，应用范围有限。

此外，笼型转子异步电动机还可通过电磁转差离合器进行调速，绕线型转子异步电动机还可在转子回路中串入同频电动势调速，叫作串级调速。

传统异步电动机的停车方式有两种：一种是在经过电气制动后立即使用电磁抱闸，使电动机快速停车；另一种是最简单的直接断电，使电动机自由停车。

需要电气制动时，应使电动机产生反方向的制动电磁转矩，以加快减速。与直流电动机的制动方法相似，也可分为再生发电制动、能耗制动、直接反接制动、倒拉反接制动4种。其接线方式可参阅相关电机学教科书中相应的内容。四象限的工作情况与本章2.1.4节中直流电动机的四象限运行状态相似，读者可自行分析。

9. 异步电动机的动态数学模型

$$\frac{\mathrm{d}\boldsymbol{i}}{\mathrm{d}t} = -\boldsymbol{L}^{-1}\left(\boldsymbol{R} + \omega\frac{\partial\boldsymbol{L}}{\partial\theta}\right)\boldsymbol{i} + \boldsymbol{L}^{-1}\boldsymbol{u} \tag{2-35}$$

$$\frac{\mathrm{d}\omega}{\mathrm{d}t} = \frac{p^2}{2J}\boldsymbol{i}^{\mathrm{T}}\frac{\partial\boldsymbol{L}}{\partial\theta}\boldsymbol{i} - \frac{p}{J}T_{\mathrm{L}} \tag{2-36}$$

$$\frac{\mathrm{d}\theta}{\mathrm{d}t} = \omega \tag{2-37}$$

式中，$\boldsymbol{i}^{\mathrm{T}} = \begin{bmatrix}\boldsymbol{i}_1^{\mathrm{T}} & \boldsymbol{i}_2^{\mathrm{T}}\end{bmatrix} = \begin{bmatrix}i_A & i_B & i_C & i_a & i_b & i_c\end{bmatrix}$，为定子、转子电流向量矩阵 $\boldsymbol{i}$ 的转置。

由于 $\boldsymbol{L}$ 包括了多个互感和自感，使交流异步电动机的状态方程组中含有多维变量。其中的互感又与定子、转子之间相对位置 θ 有关，是时间的函数，这就使方程组具有非线性的性质。此外，式(2-35)和式(2-36)中又都含有状态变量的乘积，也是非线性的。因此，异步电动机的动态数学模型是多变量、非线性的。

2.3 现代电子技术对传统电动机理论和实践的推动与影响

在传统电动机领域，直流电动机虽然调速性能好，但其机械整流器的结构复杂、造价高，负载大时会产生火花，容量受限，可靠性也受影响；交流电动机结构简单、造价低廉、使用可靠，颇受用户青睐，虽然也有多种交流调速方法，可是除变压变频调速外，其他方法的调速性能都不理想、调速范围不宽、效率不高，一直难与直流调速系统相抗衡。变压变频调速虽有较好的性能，但传统的调速装置是变频机组，设备比较复杂，难以推广。这些都是传统电动机应用中一直存在的问题。

随着时代的前进，生产机械的实际需要不断发展，对电动机调速技术的要求越来越高，如调速范围、精度、实时性、可靠性及性价比等，所有这些要求都期待着新的调速与控制技术的诞生。

20世纪60年代，出现了电力电子功率器件，从而开发出晶闸管可控整流器，更新了直流调速装置，继而又研制出电力电子变频器，逐渐改变交流电动机调速技术的面貌。从此，应用电动机的电气传动系统进入一个崭新的时代。20世纪70年代以来，随着微电子技术（特别是微处理器）的迅速进步，以及计算机控制技术的普及，开发出了各种高性能交流调速系统的控制器，开始逐步实现交流调速取代直流调速的局面，小到家电、大到轧钢机各领域几乎都是如此。面对这种实际情况，电气工程技术界的同仁必须对交、直流两种电动机的运行方式，从理论上进行深入细致地分析研究，在实践上提出新的调速方法，才能适应这一新的局面。为此，本书第3～8章将介绍现代常用的电力电子变压变频器和数字控制的交流电动机调速系统。

在现代交流调速技术中，主要是以旋转磁场和坐标变换为理论基础，建立交流电动机的动态数学模型，提出了矢量控制、直接转矩控制等控制方法。此外，还仿照直流电动机的形式研制出了"无刷直流电动机"。至于直流调速的应用，虽然在很多领域内被淘汰，似乎已经奄奄一息，但是只要仔细分析一下直流电动机的结构，就可发现，限制直流电动机的关键——换向器，还是可以改造的，可以用电子换向器来替代机械换向器，可以取得同样良好的调速性能（见本书第 9、10 章）。不但如此，甚至可以将交、直流电动机的调速方法相组合，既使用交流电动机的简单结构，又采用直流调速技术中的直接调压方法，获得优良的调速品质。所有这一切，在现代电力电子技术、电子信息技术发达的今天，利用各种技术的交叉组合，构成一个优良品质的电动机调速系统已非难事。

　　实现上述成果的前提是，既必须掌握交、直流两类电动机结构和工作原理，又必须不断学习电力电子、微电子和计算机软及硬件的新知识，才有可能对传统电动机进行全面的改造。为此，作者从研究和设计的角度出发，对交、直流两类电动机的传统和现代调速方法进行了全面的梳理和仔细的分析，并在此基础上提出自己的见解，供读者参阅。除此以外，作者也提出了新的观点，那就是可以建立以"微处理器 + 电力电子变换器 + 电动机"有机结合的新型"电子智能化电动机"。为此，作者还提出了电动机运行的统一理论与实践方案，具体内容见本书第 11 章和第 12 章。

第3章 交流异步电动机的变频变压调速

3.1 异步电动机变频变压调速对电压的要求

本书 2.2 节介绍过，异步电动机变频变压调速由于调速范围宽、系统效率高、带恒转矩负载时转差 s 不变（即转差功率不变），属于非常经济的调速方式，故成为首选的交流调速方法。

采用变频变压调速，有一个重要的条件必须满足，那就是必须设法保持电动机的定子与转子间气隙磁通不变。这是因为，如果磁通变小，显然会严重削弱电动机的输出转矩和功率，还会对电动机磁性材料造成浪费；而磁通变大，则容易引起磁路饱和、磁阻增大，从而使励磁电流增加、铁损增大，使电动机的运行效率下降，严重时有可能使电动机因过热而损坏。

根据电机学知道，气隙磁通与它在定子绕组中感应的电动势有如下关系：

$$E_1 = 4.44 K_{Z1} f_1 W_1 \Phi_m \tag{3-1}$$

如欲保持气隙磁通不变，必然要求 $\dfrac{E_1}{f_1}$ 为常数，即

$$\frac{E_1}{f_1} = 4.44 K_{Z1} W_1 \Phi_m = K_{E1} \Phi_m \tag{3-2}$$

也就是说，要求定子感应电动势 E_1 与频率 f_1 之比保持不变。而定子感应电动势 E_1 与外加相电压 U_1 之间相差的主要是定子绕组的漏磁阻抗压降，当定子电动势较高时，可以忽略定子阻抗压降，因此可认为 $E_1 \approx U_1$。上述要求便变成定子外加相电压 U_1 与频率 f_1 之比保持不变，即

$$\frac{U_1}{f_1} = 常数 \tag{3-3}$$

这是变频变压调速普遍应遵守的规律，即在变频的同时一定要按比例调压。正因为如此，一般又称变频变压调速为恒压频比调速。

应该指出的是，上述要求在额定频率以下相当一段范围内是适用的，而在频率过低和超过额定频率时，情况将会有一些变化：

1）频率较低时，由于电压也很低，相比之下，定子阻抗压降不能忽略不计。这时，为了保证气隙磁通仍能保持不变，应该将相电压 U_1 提高一些，以补偿定子阻抗压降的影响。至于提高多少，须视负载的轻重而定，原则上负载重则多提高，轻则少提高。最好制订一条补偿曲线，依线补偿效果更好。

2）当高于额定频率时，由于提高电源电压 U_1 不方便也不合适，因此只能保持电压恒定不变，随着 f_1 的升高，迫使气隙磁通 Φ_m 下降，相当于直流电动机处于弱磁升速状态。Φ_m 的下降会导致转矩下降，升速是困难的，只有在负载也同时减轻的情况下，才有进一步升速的可能，即变频升速只能用于恒功率负载。

异步电动机恒压频比变频调速控制特性如图 3-1 所示。

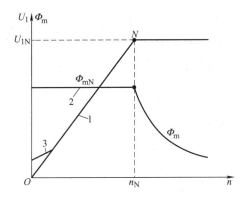

图 3-1　异步电动机恒压频比变频调速控制特性
1—调频时相电压变化遵循的轨迹曲线　2—调频时气隙磁通变化的轨迹曲线
3—低速调频时相电压补偿的轨迹曲线　N—额定工作点

3.2　异步电动机恒压频比调速时的机械特性

根据电机学知道，异步电动机的转矩公式为本书第 2 章式(2-30)，也可改写为

$$T = \frac{3pU_1^2 \dfrac{r_2'}{s}}{2\pi f_1\left[\left(r_1 + \dfrac{r_2'}{s}\right)^2 + (x_1 + x_{20}')^2\right]} \tag{3-4}$$

式中的分子、分母同乘以 s^2，则式(3-4)变为

$$T = \frac{3pU_1^2 s r_2'}{2\pi f_1\left[(sr_1 + r_2')^2 + s^2(x_1 + x_{20}')^2\right]} \tag{3-5}$$

当 s 很小时，如 0 到额定转差率 s_N 之间，式(3-5)的分母中带 s 的项可以忽略不计，变为

$$T = \frac{3pU_1^2 s r_2'}{2\pi f_1 r_2'^2} = \frac{3pU_1^2}{2\pi f_1 r_2'} s \tag{3-6}$$

在电压 U_1 和频率 f_1 一定、电动机参数也一定的条件下，转矩 T 便与转差率 s 呈正比，即线性关系。因此，在电动机的机械特性 $T = f(s)$ 中，s 在 $0 \sim s_N$ 之间是一条直线。

当 s 增大到 $s = 1$ 附近时，在式(3-5)分母中，由于电机绕组的电阻一般都比电抗小得多，可忽略只含电阻的 $r_2'^2$ 项，以及含电阻和 s 一次方的 $2sr_1r_2'$ 项，则式(3-5)变为

$$T = \frac{3pU_1^2 s r_2'}{2\pi f_1\left[s^2 r_1^2 + s^2(x_1 + x_{20}')^2\right]} = \frac{3pU_1^2 r_2'}{2\pi f_1 s\left[r_1^2 + (x_1 + x_{20}')^2\right]} \tag{3-7}$$

这时，在电压 U_1 和频率 f_1 一定、电动机参数一定的条件下，转矩 T 便与转差率 s 呈反比，两者呈非线性关系，即呈对称于原点 O 的双曲线关系，是双曲线的右侧的一段。

至于介于上述两种情况之间，即从 $s = s_N$ 到 $s = 1$ 附近之间的过渡段，则是一个从直线经过 T_{CR} 转弯与双曲线圆滑过渡的一段曲线。将上述 3 种情况组合起来得到完整的恒压频比调速时异步电动机的机械特性，如图 3-2 所示。

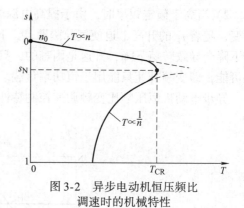

图 3-2　异步电动机恒压频比调速时的机械特性

在恒压频比调速时，异步电动机的机械特性曲线将随频率 f_1 的变化而平行移动。当 f_1 从额定值 f_{1N} 往下调时，机械特性向下平移。其中，同步（理想空载）转速随 f_1 下降，临界转矩 T_{CR} 将因电压 U_1 的下降而要降低得稍多一些，这是因 $T_{CR} \propto U_1^2$ 的缘故。尤其是在低频段，定子压降影响较大的情况下，U_1 必须采用适当补偿来提高，图 3-3 所示的虚线表示的就是这种情况。当 f_1 从额定值 f_{1N} 往上调时，机械特性向上平移。其中，同步（理想空载）转速随 f_1 而增大，临界转矩 T_{CR} 确因电压 U_1 不能上升以致使气隙磁通无法保持不变，只好下降，从而使 T_{CR} 随着降低。在机械特性向上平移过程中，T_{CR} 逐渐回缩。图 3-3 所示为异步电动机恒压频比调速时的机械特性簇。其中的 f_{1N} 往下调适用于恒转矩调速，往上调只适用于恒功率调速。

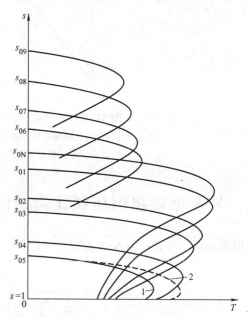

图 3-3　异步电动机恒压频比变频调速时的机械特性簇
1—恒压频比向下调低速时的机械特性曲线　2—恒压频比向下调低速时进行电压补偿后的机械特性曲线　s_{0N}—额定理想空载转速的情况　$s_{01} \sim s_{05}$—恒压频比向下调时的理想空载转速的情况　$s_{06} \sim s_{09}$—恒压弱磁向上调时的理想空载转速的情况

3.3　保持磁通恒定的三种情况

3.3.1　异步电动机的等效电路和与不同磁通对应的感应电动势

电动机的等效电路在本书第 2 章已经介绍过，这里把它再提出来是为了介绍 3 种感应电动势：定子全磁通 Φ_1 在定子一相绕组中的感应电动势，气隙磁通 Φ_m 在定子一相绕组中的感应电动势，转子全磁通 Φ_2 在转子一相绕组中感应电动势（折算到定子值）。下面就把等效电路画出来，并标出 3 个感应电动势。

异步电动机的感应电动势与磁通的对应关系如下：

$$E_1 = 4.44 K_{Z1} f_1 W_1 \Phi_1 \tag{3-8}$$

$$E'_{20} = 4.44 K_{Z1} f_1 W_1 \Phi_m \tag{3-9}$$

$$E''_{20} = 4.44 K_{Z1} f_1 W_1 \Phi_2 \tag{3-10}$$

式中，Φ_1 为定子全磁通；Φ_m 为气隙磁通；Φ_2 为转子全磁通。

与图 3-3 所示特性对应的异步电动机的全相量图如图 3-5 所示。

如图 3-5 所示，定子全磁通为气隙磁通与定子漏磁通的相量和，转子全磁通为气隙磁通与转子漏磁通的相量和。各磁通又与各自的感应电动势互差 90°。其中，$\dot{\Phi}_m$ 对应 $\dot{E}'_{20}$、$\dot{\Phi}_1$ 对应 $\dot{E}_1$（即图中的 $\dot{U}_1 - \dot{I}_1 r_1$）、$\dot{\Phi}_2$ 对应 $\dot{E}''_{20}$（即图中的 $\dot{U}'_2$）。

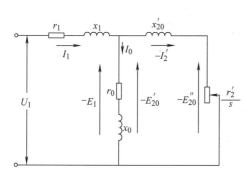

图 3-4 异步电动机的等效电路与对应的感应电动势
E_1—定子全感应电动势
E'_{20}—气隙磁势在定子绕组中的感应电动势
E''_{20}—转子全感应电动势（折算值）

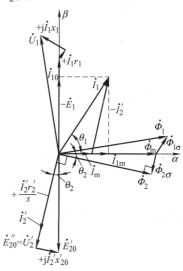

图 3-5 异步电动机的全相量图

3.3.2 异步电动机对应不同磁通保持恒值时的机械特性

1. E_1/f_1 为常数，即定子全磁通恒值时异步电动机的机械特性

如图 3-3 所示，U_1 忽略阻抗压降（非常小）后相电压对应的电动势就是 E_1，因此可以认为 $E_1 \approx U_1$。它所对应的机械特性就是 3.2 节中的恒压频调速下（即 U_1/f_1 为常数）时异步电动机的机械特性，如图 3-6 曲线 1 所示。此时，电动机的临界转差 s_{CR} 和临界转矩 T_{CR} 由对式（3-7）求导并取 0 求得：

$$s_{CR} = \frac{r'_2}{(x_1 + x'_{20})} = \frac{r'_2}{\omega(L_1 + L'_{20})}$$

$$T_{CR} = \frac{3}{2} p \left(\frac{E_1}{\omega_1}\right)^2 \frac{1}{L_1 + L'_{20}}$$

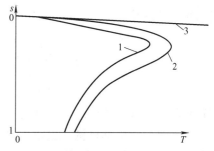

图 3-6 异步电动机对应不同磁通保持恒值时的机械特性

$$U_1 \approx E_1$$

具体推导过程可参考本书附录 A。

2. E'_{20}/f_1 为常数，即气隙磁通恒值时异步电动机的机械特性

同样，如图 3-3 所示，如果要求保持 E'_{20}/f_1 为常数，势必还要克服定子电抗 x_1 上的压降，如果相电压 U_1 仍按原来比例进行调整，必然不能保证 E'_{20}/f_1 为常数，因此只有将 U_1 提高一些以补偿 x_1 上的压降，才能保持 E'_{20}/f_1 为常数；同样条件下提高 U_1 将会使电动机的 T_{CR} 高于曲线 1（$T_{CR} \propto U_1^2$），如图 3-5 曲线 2 所示，并能在调速过程中始终保持不变。可通过下列推导来进行证明。

由等效电路可得

$$I'_2 = \frac{E'_{20}}{\sqrt{\left(\dfrac{r'_2}{s}\right)^2 + (\omega_1^2 L'^2_{20})^2}} \tag{3-11}$$

将它代入转矩公式，有

$$T = 3p \left(\frac{E'_{20}}{\omega_1}\right)^2 \frac{s\omega_1 r'_2}{r'^2_2 + s^2\omega_1^2 L'^2_{20}} \tag{3-12}$$

对上式求导（具体推导见本书附录 A），并令 $\mathrm{d}T/\mathrm{d}s = 0$，便可求得此时的临界转差率为

$$s_{CR} = \frac{r'_2}{\omega_1 L'_{20}} \tag{3-13}$$

代入转矩公式，经整理可得到此时的临界转矩为

$$T_{CR} = \frac{3}{2}p \left(\frac{E'_{20}}{\omega_1}\right)^2 \frac{1}{L'_{20}} \tag{3-14}$$

由此可见，只要保持 E'_{20}/ω_1 不变，则电动机的临界转矩 T_{CR} 也就保持不变，这就是保持气隙磁通不变进行变频调速的优点。此种情况下，机械特性中的 s_{CR} 和 T_{CR} 均会因分母略为减小（少了 L_1）而稍微增大，这样一来，特性曲线会向外略为延伸，呈曲线 2 的状态，结果是使调速范围有所加大。

3. E''_{20}/f_1 为常数，即转子全磁通恒值时异步电动机的机械特性

如图 3-3 所示，容易求出此时的转子电流为

$$I'_2 = \frac{E''_{20}}{\dfrac{r'_2}{s}} = \frac{E''_{20}}{r'_2}s \tag{3-15}$$

代入转矩公式得

$$T = \frac{3pE''^2_{20}\dfrac{r'_2}{s}}{\omega_1 \left(\dfrac{r'_2}{s}\right)^2} = 3p\left(\frac{E'_{20}}{\omega_1}\right)^2 \frac{s\omega_1}{r'_2} = 3p\left(\frac{E'_{20}}{\omega_1}\right)^2 \frac{\omega_1}{r'_2}s \tag{3-16}$$

即转矩与转差成正比。此时，机械特性变成一条直线，即曲线 3，犹如直流电动机的机械特性一样，是交流电动机调速追求的理想状态。保持转子全磁通为恒值必须要测出它的具体（或近似）数值，一般的测量技术（还包括定子电压补偿技术）都比较困难，只有在近年发展起来的矢量变换调速技术中才得以实现。人们把异步电动机的电流分解成了转矩分量和励

磁分量，于是，控制后者不变就可以达到保持转子全磁通为恒值的目的，从而实现异步电动机与直流电动机一样的机械特性，这是异步电动机变频调速的最高境界，具体的分析见本书第 6 章的叙述。

应当指出，第一种方式比较简单，但调速效果要差一些，适用于轻载负荷。第二和第三种方式要麻烦一些，即要求检测 Φ_m 或 Φ_2，以便知道当要求它们不变时，相电压 U_1 应加大补偿到什么程度，然后应用相应调节环节予以保证，从而达到最佳的调速效果，适用于中、重载负荷。

3.4　变频装置（变频器）的形式

3.4.1　转动型变频装置——变频机组

早期进行变频调速时，使用的是变频机组，用直流电动机来带动同步发电机，调节直流电动机的转速使同步发电机的电压、频率发生改变，这种方式只能用于集体传动，如轧机的前后辊道、传动带运输机等。

3.4.2　静止型变频装置

单机采用变频调速是近几十年来的事，采用的变频电源则是以电力电子器件为基础的开关型变频装置，典型的有全控三相桥式电路变频器。它通过控制桥臂器件的开关频率，来改变所接电动机的供电频率，从而对电动机进行调速。

当前用得非常普遍的电力电子变频器是交-直-交型变频器。它由工频三相交流电压经整流变成直流电压，然后再用三相桥式全控电力电子逆变器，将直流电压变换成频率可变的三相交流电压，用来对单个的交流电动机进行供电，调节其频率就可以调节电动机的转速。由于此类电力电子变频器是处于无转动的静止状态下工作的，故称为静止型变频装置。

随着电力电子器件的迅速发展，以它们为桥臂的三相桥式整流器和逆变器逐渐取代了转动型的变频机组，形成三相交流-整流-直流-逆变-三相变频交流的交-直-交静止型变频装置。由于其中间加进了整流成直流这一环节，一般称此种为间接（交-直-交）变频装置，是目前应用得最多的静止型变频装置。其中的逆变器多采用三相全控桥式电路组成的脉冲宽度调制（Pulse Width Modulation，PWM，简称脉宽调制）器。此外，还有一种不要中间直流环节，即三相交流-三相变频交流的交-交静止型变频装置，一般称为直接（交-交）变频装置，多用于大容量传动系统。

3.4.3　电压源型变频器和电流源型变频器

静止型交-直-交变频装置又有电压源型变频器和电流源型变频器之分，区分的根据就是所用的储能元件或称滤波元件的不同，前者用电容，后者用电抗。

采用储能元件的理由：由于交流电动机（尤其是异步电动机）一般都属于感性负载，因此，当采用静止型交-直-交变频器向交流电动机供电时，必有无功功率，这需要可以缓冲无功功率的元件。然而，逆变桥没有存储无功功率的功能，因此只好在两者之间的直流环节中，增放一个无功功率的元件。

能够储存无功功率的电、磁元件有两种：一种是储存电能的电容器，另一种是储存磁能的电抗器。如果采用大电容器来缓冲无功功率，则构成电压源型变频器，其特点是输入的直流电压不能突变；如果采用大电抗器来缓冲无功功率，则构成电流源型变频器，其特点是流过的直流电流不能突变。图 3-7a 所示为电压源型变频器，图 3-7b 所示为电流源型变频器。

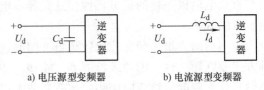

a) 电压源型变频器   b) 电流源型变频器

图 3-7　电压源型变频器和电流源型变频器示意图

存储无功功率的元件可起到滤波的作用，减少高次谐波对电动机和电网的影响。

3.4.4　交-直-交静止型变频器输入电压的改变方式

由于恒压频比调速在变频的同时需要变压，下面介绍交-直-交静止型变频器输入电压改变的方式。交-直-交静止型变频器输入电压变压的方式如图 3-8 所示。

1. 前级整流器调压

如图 3-8a 所示，前级整流器采用三相全控桥对三相工频电压进行整流，调节桥臂通断比就可以改变输出直流电压的大小。桥臂器件可采用晶闸管（Silicon Controlled Rectifier，SCR）或绝缘栅双极型晶体管（Insulated Gate Bipolar Transistor，IGBT）。相应的控制方法略有不同，但效果都是一样的，应属于占空比调节；输出的电压不连续、有波动，需要进行滤波。

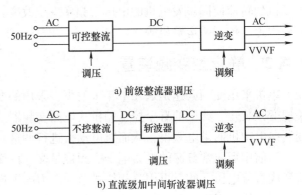

a) 前级整流器调压

b) 直流级加中间斩波器调压

2. 直流级加中间斩波器调压

如图 3-8b 所示，前级整流器采用三相不控桥对三相工频电压进行整流，输出不变的直流电压；然后再加一个直

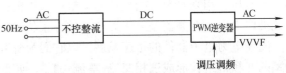

c) 直接在PWM逆变器中进行PWM变压

图 3-8　交-直-交静止型变频器输入电压变压的方式

流斩波器，由它进行占空比调节。其作用与上述方法同，但因省去了全控桥器件，只加一个斩波器件，费用要少许多，比较适用于中、小容量调速装置。

3. 直接在 PWM 的逆变器中进行 PWM 变压

如图 3-8c 所示，前级整流器采用三相不控桥对三相工频电压进行整流，输出不变的直流电压；然后，再利用 PWM 调节脉宽的作用，改变组成波形的脉冲的宽度，也是进行占空比调节，从而达到调节交流输出电压的目的，相当于交流占空比调节。PWM 技术，既可用调节桥臂器件导通的基本频率 f_1，达到调频的目的；又可以控制脉冲宽度进行电压的占空比，达到调压的目的。这种方法可一举两得，是一种比较好的调节方法。不过，这种方法在控制信号方面要复杂得多，并要因调并方式有一些差异，需要使用者在设计时多加考虑。它适合各种容量的调速系统，尤适用于大容量、要求高的场合。

下面将对当前应用得较多的 PWM 变频器进行详细介绍，其他两种方式从略，读者如有需要可参阅相关资料。

3.4.5　两类变频器的性能与应用

采用不同的无功功率元件造成两类变频器在性能上出现很大的差异，主要表现有如下几点。

1. 回路构成上的特点

电压型变频器因并联大电容器滤波，直流电压比较平直，属低内阻抗的恒压电源，故将具有这种电压源的变频器称为电压型变频器。电流型变频器则因串联大电感器滤波，直流电流比较平直，属高内阻抗的恒流电源，故将具有这种电流源的变频器称为电流型变频器。此外，电压型变频器因为反馈无功功率时电流要反向，所以开关器件两端需要反接二极管。电流型变频器因为反馈无功功率时直流电流并不反向，因此不必像电压源逆变电路那样要给开关器件反接二极管。

2. 输出波形的特点

电压型变频器的电压波形为矩形波或阶梯形波，电流波形近似正弦波（有较大的谐波分量）。电流型变频器的电流波形为矩形波或阶梯波，电压波形近似正弦波。

3. 动态响应的特点

电流型变频器由于电压可以迅速改变，所以动态响应比较快。电压型变频器则因电容对电压的钳制作用，动态响应自然要差得多。

4. 应用场合

这两种类型的变频器，由于结构和性能上的差异，使得电压型变频器的电压不易变向，不利于电动机的反向制动，不便进行四象限工作，但其低内阻和恒压的特点很适合多台电动机同时运转的场合，故一般常用做集体传动的变频电源。此外，由于并联的电容器加大了系统的时间常数，使输出电压对控制作用的反应迟缓，故电压型变频器的动态响应要差得多。对单台电动机的控制而言，它仅用于不要求快速反应及不要求可逆的传动装置。

而电流型变频器则刚好相反，由于电压不被钳制，可以瞬间反向。例如，当突然降低变频器的频率，而电动机由于惯性转速尚未立即降低时，会因 $n_1 < n$ 而出现电动机感应电动势反向，此时，再通过改变控制信号、调节桥臂导通时间，将逆变器运行于整流状态，并使整流器运行于逆变状态。这样，在电流方向不变的条件下，电动机将工作在发电状态，可以实现电动机的再生发电制动，能量将由电动机向电网进行反馈。同样，由于电压可以瞬间反向，电动机还可以进行反接制动。由此可见，电动机的四象限工作很容易利用电流型变频器来实现，故它十分适合要求快速制动和要求可逆的传动装置。

3.4.6　六拍式交 – 直 – 交脉宽调制变频器

采用三相全控桥式电路时，可以使用调节桥臂导通时间来调节通过的电压矩形波（即脉冲）的宽度，进行 PWM。由于直流电压是一个定值，只有调节脉冲的宽度，才能改变全控桥输出的交流电压幅值。此外，由于要输出三相交流电压，逆变桥还要在各个桥臂的导通上进行一定的次序安排，以满足以下几点要求：

1）要能构成 $\pm 180°$ 的阶梯波（近似正弦波）。

2）相位上，必须保证三相之间互差120°。

3）导通时间上，即一个臂导通连续导通时间，可分为180°和120°两种。

4）同一时间内，每一个桥的上、下臂只能有一个臂导通，另一个臂必须关断，否则会造成短路。

5）在同一周期内，可以调节桥臂控制信号的宽度（时间），用以调节输出电压的大小。

1. PWM 逆变器的连接示意图

为了方便对桥臂的通断状态进行表达，一般采用以上臂导通为1、下臂导通为0来进行描述。那么，图3-9所示为100，如果下一次B相切换则为110，如此逐个按相序切换下去，1个循环周期会有6次，也称六拍。六拍的顺序为100、110、010、011、001、101。这种切换方式的变频器称为"六拍式 PWM 变频器"。

2. 桥臂开关器件通、断规则

为了使三相电路的负荷（如电动机的定子绕组）均有电流流过，在上臂一相导通的同时，另外两相的下臂必须导通，如图3-9所示，即 VT_1、VT_6、VT_2 导通，VT_3、VT_5、VT_4 关断，从而形成三相电流关系 $\dot{I}_A = -(\dot{I}_B + \dot{I}_C)$；然后，再规定每隔60°切换一个器件，如第二个60°将 VT_5 切换成导通（VT_2 自然先切换成关断以免短路），形

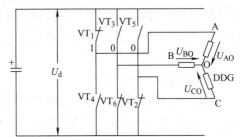

图3-9 PWM 变频器的连接示意图
VT_1、VT_3、VT_5—上臂开关器件
VT_4、VT_6、VT_2—下臂开关器件

成 VT_1、VT_6、VT_5 导通，三相电流的关系为 $\dot{I}_B = -(\dot{I}_C + \dot{I}_A)$。如此下去，可构成表3-1给出的规则。该表为180°导通型变频器开关器件的导通规律，即每个器件在1个周期时间（2π）内必须维持导通180°，称为180°导通型，也称为三三导通型。也就是说，三相桥中的器件必须有3个同时导通，使定子三相绕组得到充分利用。此外，还有120°导通型，即每次切换后只有两相导通，有一相轮空，称作二二导通型，这种方式绕组利用率要低一些。例如，无换向器直流机就用这种导通形式，是为了能形成梯形波。

表3-1 180°导通型变频器开关器件的导通规则

时 间 段	相应时间段内导通的器件					
0°~60°	VT_1				VT_5	VT_6
60°~120°	VT_1	VT_2				VT_6
120°~180°	VT_1	VT_2	VT_3			
180°~240°		VT_2	VT_3	VT_4		
240°~300°			VT_3	VT_4	VT_5	
300°~360°				VT_4	VT_5	VT_6

3. 180°导通型所获得的三相交流电压的数值

如果图3-9所示的三相桥臂按180°导通型进行切换，加在各相定子绕组上的直流电压如图3-10所示。

如图3-10所示，三相定子绕组上的相电压分别为

$$U_{AO} = +\frac{1}{3}U_d$$
$$U_{BO} = -\frac{2}{3}U_d \left.\right\} \qquad (3\text{-}17)$$
$$U_{CO} = +\frac{1}{3}U_d$$

4. 180°导通型所获得的三相交流相电压和线电压的波形

如图 3-11 所示，六拍式 PWM 变频器可以输出三相对称的交流电压，但是电压的波形为阶梯波。它除了包据正弦基波外，还会有大量高次谐波，不宜直接供交流电动机使用，必须加以改进才行。具体的措施就是采用调制技术，设置合适的载波，然后用正弦波对其进行调制，再经解调滤波，就能得到基本上以正弦波为主，仅含少量高次谐波的近似正弦波。此外，由于采用调制技术，将阶梯波中的脉冲用数倍（一般取 10 倍以上）密集脉冲来替代。这样，就使得在进行占空比调压时，可对每个小脉冲进行占空比分配，从而使得每个周期内的波形分布更为均衡，使谐波大大减少，有利于三相正弦波的形成。有关内容，将在本书第 4 章正弦波脉宽调制（Sinusoidal PWM，SPWM）部分再进行详细叙述。

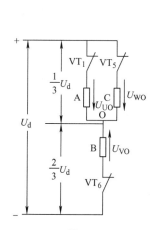

图 3-10　在 $0 \sim \frac{\pi}{3}$ 时间段内负载三相

定子绕组上的直流电压

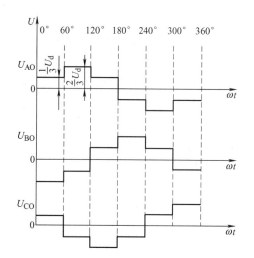

图 3-11　六拍式 PWM 变频器

输出的相电压波形

至于此时输出的三相交流线电压，如图 3-12 所示。

逆变器输出的三相交流线电压为

$$U_{AB} = U_{AO} - U_{BO}$$
$$U_{BC} = U_{BO} - U_{CO}$$
$$U_{CA} = U_{CO} - U_{AO} \qquad (3\text{-}18)$$

如图 3-11 所示，三个线电压每 60° 对应相加减，即可得出该段的幅值。也可以根据图 3-12 所示，最大幅为 U_d，最小幅值为 0，即同时并接在一起的那两相之间的线电压自然为 0。线电压的波形为与水平轴对称的矩形波，除正弦基波外，还包含大量的高次谐波，也需要改进。不过，随着相电压采用高频 PWM，波形得到改善，线电压的波形将会同时得到改善，利用本书第 5 章将要介绍的电压空间矢量脉宽调制（Space Vector PWM，SVPWM）技术，

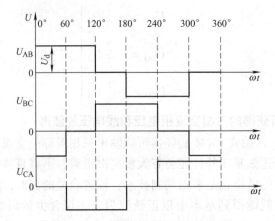

图 3-12　六拍式 PWM 变频器输出的线电压波形

三相线电压甚至可以改进成完全的正弦波。

　　虽然，六拍式 PWM 变频器结构简单，也能在一定程度上满足变压变频调速的需要，但其调速性能与之后发展出来的其他高级的 PWM 技术相比，就显得不够完美，尤其是因交流电动机的绕组分布情况特殊时。这种情况下，每个极面下有三相绕组，每相分配到的绕组数有限，分布率不高，形成的磁场阶梯较少，不利于磁场的正弦分布，当三相组成旋转磁场时会引起磁场跃动，从而使电动机的电磁转矩产生高频波动。因此，单纯的六拍式 PWM 变频器，仅在调速要求不高和小容量的情况，如风机、水泵。

　　本章的主要目的是简要介绍调频必须调压和 PWM 技术的基本概念和主要性能，因此，这里只就以六拍式 PWM 变频器为主要工具的调速系统为例，读者如需要查阅这方面更多的例子，可以考阅相关参考文献。

第4章　交流异步电动机的正弦脉宽调制（SPWM）变频调速

4.1　概述

前面曾经提到，为了改进逆变器输出的脉冲波形，必须采用正弦波对载波进行调制的办法，使得输出的脉冲波分布比较均匀，占空比调节也比较方便，从而获得使相电压近似正弦波的结果，这就是下面要介绍的正弦脉宽调制（Sinusoidal Pulse Width Modulation，SPWM）技术。

这里，按照无线电传输理论简单说明一下"调制"的5个相关技术概念。

1）调制：利用缓变信号来控制和调节高频振荡信号的某个参数（幅值、频率或者相位），使其按缓变信号的规律来变化。

2）载波信号：上面提到的高频振荡信号称为载波信号，用它来载波调制，一般载波频率为调制波的10倍或以上。这里的载波为三角波。

3）调制信号：上面提到的缓变信号称为调制信号，代表了送到电动机的电压变化的规律。这里使用的调制信号为正弦波，故缩写在PWM之前又加上了S（Sinusoidal）。

4）已调波：载波被缓变信号调制后的称为已调波。这里的已调波为矩形脉冲。

5）解调：从已调波恢复出调制信号的过程。大多数的SPWM控制中都没有这个过程，所以往往在载波单倍频或二倍频处载波会产生电磁干扰，尤其是当其与调制波的高次谐波的振幅值相重合时，所产生的高频电磁干扰振荡更甚。如果此振荡频率在数千赫兹以内，可引起刺耳尖叫声，即电磁噪声。这在家用产品中是不允许的，应设法去掉，一般可用低通滤波器加以滤除。对于要求高的还可使用随机载频法和混沌影射载频法等方法进行处理。想进一步了解的读者可查阅相关文献，这里就不赘述了。此外，在低频端，已调制波所产生的高次谐波会对电网电流、电压波形造成干扰，这在大容量电动机中应当引起重视，必要时也需采取一定的措施来加以解决。

上述调制波所产生的电磁干扰和对电网的冲击是调制技术中普遍存在的，如PWM、SPWM、SVPWM等均存在这个问题，希望读者注意。

4.2　目前最常应用的SPWM变频器的工作原理

4.2.1　传统的（自然采样法）SPWM技术

传统的（自然采样法）SPWM技术借鉴了通信技术中"调制"的概念，采用正弦波对数倍于正弦波频率的等腰三角波进行调制。其中，三角波为载波，正弦波为调制波，两者经由一个零电压比较器进行调制。这里所指的调制是指两个波形相交进行比较（见图4-1），然后按条件决定输出。图4-1中，电压变量的下标zb指载波、tz指调制波、mkt指脉控调制波。

当正弦波的瞬时值大于三角波的瞬时值时，比较器便一直输出一个恒定电压，直到正弦波的瞬值小于三角波的瞬时值时，比较器才不再输出电压，即输出电压为0。这样，便可以得到图4-1b所示的一系列同宽度的脉冲电压。之所以采用等腰三角波作为载波，是利用三角波上升与下降都是线性等梯度的这一特性：任何一个光滑的曲线与之相交时，都会得到一组等幅、脉冲宽度正比于该函数值的矩形脉冲。因此，如果用正弦波与三角波相交（即对其进行调制），就会得到一组矩形脉冲，其幅值与正弦波幅值相等，而宽度按正弦变化（见图4-1b）。所用三角波的幅值应比正弦波的幅值稍大一些，以便在正弦波幅值处截出最宽的脉冲（有脉宽和停歇时间）。上述这种只有正半波的调制方式称为单极式调制。单极式调制的负半波，则需要另加一个倒向信号。将该半波的已调制波倒相，这样才能构成一个完整的等效正弦波的脉宽调制波，如图4-2所示。

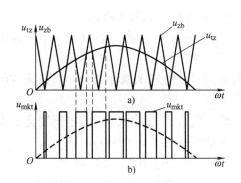

图4-1　单极式脉宽调制下控制信号波形

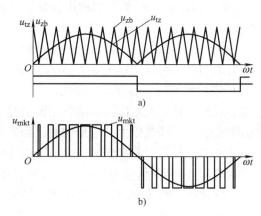

图4-2　正弦波全波脉宽调制波形

如果需要改变输出脉冲的幅值，在载波幅值和频率保持不变的情况下，只需改变调制正弦波的幅值（其结果就是，改变脉冲的宽度，调整占空比），即调压。

如果需要改变输出脉冲的频率，就需要改变调制正弦波的频率，即进行调频。当然，改变调制正弦波频率的同时，也相应改变载波（三角波）的频率，以保持一个正弦波半波中所对应的脉冲个数相同，即所谓的同步式调制。这时，$f_\triangle/f_\sim$为常数，如果此比值随正弦波频率的变化而变化，则称为异步式调制。异步式调制因缺点较多而较少采用，一般多以同步式为主，或两种混用——高频用同步式、低频用异步式。

实际中的脉宽调制都是双极性的，以便获得具有等效的正、副半波的交流电压，只需将载波和调制波均给定成双极性的即可（见图4-3）。

按照同样的方法，可以画出B相（C相）的双极性调制波形，如图4-4所示。

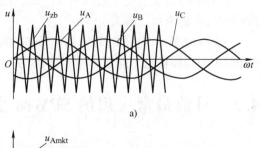

图4-3　三相中A相双极性调制波形

之所以在三相系统中采用双极性调制，也是为了对应到全桥电路中，给相应的开关功率器件提供所需的控制信号。例如，在图 4-5d 所示的三相 SPWM 主电路和图 4-6 所示的控制电路中，A 相双极性调制波的正半波将送至器件 V1 的控制极 G1，而负半波则送至器件 V4 的控制极 G4；B 相双极性调制波的正半波将送至器件 V3 的控制极 G3，而负半波则送至器件 V6 的控制极 G6；C 相双极性调制波的正半波将送至器件 V5 的控制极 G5，而负半波则送至器件 V2 的控制极 G2。

这样一来，在 SPWM 功率模块（当前主要是 IGBT 构成的全桥电路）的负载端（电动机绕组），就会得到波形完全一样的交流脉冲电压，其幅值均为 $U_d/2$。A 相绕组承受的电压为 u_{Ao}，B 相绕组承受的电压为 u_{Bo}，C 相绕组承受的电压为 u_{Co}。AB 两相承受的线电压则为 $u_{AB} = u_{Ao} - u_{Bo} = u_{Ao} + (-u_{Bo})$，如图 4-5e 所示，是一个呈正弦分布的交流脉冲电压。其幅值等于 U_d，频率则为调制波的频率，即调速所对频率。同理，BC、CA 绕组也会承受分别滞后 120° 的线电压 u_{BC} 和 u_{CA}。

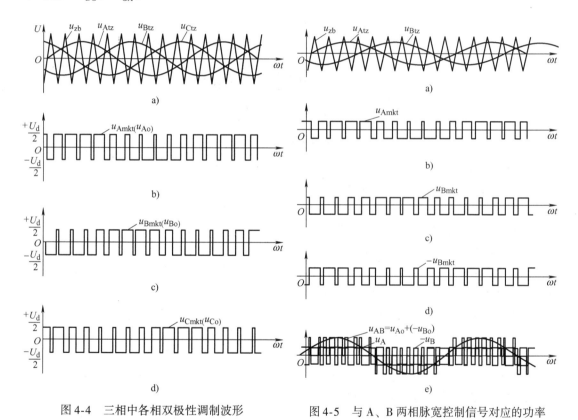

图 4-4　三相中各相双极性调制波形

图 4-5　与 A、B 两相脉宽控制信号对应的功率模块输出的 AB 两相线电压 u_{AB} 的波形

4.2.2　SPWM 技术方案和电路

三相 SPWM 控制电路框图、主电路原理图及控制电路图，如图 4-6～图 4-8 所示。

其中，正弦波和三角波均由用分立元器件组成的专门的发生器来产生。比较器采用的是零电压比较集成块。它有正、负两个输出，不需要的输出端电压可以使用钳位电路屏蔽。

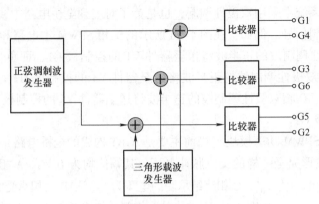

图 4-6　三相 SPWM 控制电路框图

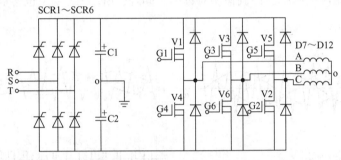

图 4-7　三相 SPWM 主电路原理图

应当指出的是，上述这些调制行为都是在 SPWM 功率模块（当前主要采用 IGBT）的控制电路（多为控制与驱动块）中进行的。如图 4-8 所示，其控制端 G1～G6 分别接到图 4-6 所示比较器的相应输出端，为防止干扰，中间采用了光耦隔离（PC817）。控制端 G1～G6 分别控制主电路中各 IGBT 的导通，使电动机的三相绕组获得所需的脉冲。当 SPWM 功率模块的控制电路输出脉宽调制电压时，功率模块将按此脉宽时间和频率进行开和关的工作，从而在整流电源直流电压的作用下，在电动机主电路流过相应频率的等效正弦波电流，从而使电动机按此相应频率所对应的同步速度运行。

当负载为恒转矩形式时，为保证电动机在变频调速状态下的设计性能不变（主要表现为气隙磁通 Φ 保持不变），要求加在电动机定子绕组上的（等效正弦波）电压的有效值 U 和频率 f 之比保持常数，即 U/f 为常数。这样，就要求在调频的同时，还要求调压（幅值），即要求调节脉冲的频率和宽度。这一要求，将由 SPWM 功率模块的控制电路的具体结构来保证。

早期的交流变频调速系统，多采用晶闸管作为功率器件，控制器件则多为晶体管和中小规模的集成电路块。这样自然会出现元器件多、电路复杂、可靠性差、造价高等一系列缺点，在一定程度上也就限制了它的推广应用。近些年来，IGBT 的出现和 CPU 的普及，从某种程度上大大解决了上述问题。这样，变频调速技术就迅速占领了中、小型电动机的调速市场，典型代表就是家用空调和冰箱行业。

关于硬件型 SPWM 控制电路及其详细的分析，一般的电力拖动自动控制系统类书籍均有叙述，读者可以学习参考。本书主要介绍全软件型的 SPWM 技术，对硬件型 SPWM 技术就介绍到此。

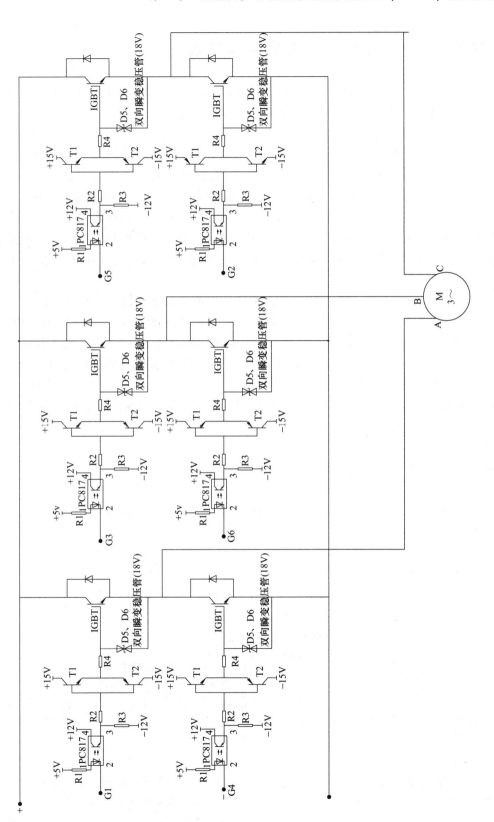

图 4-8　三相 SPWM 控制电路原理图

4.3 等效 SPWM 技术（正弦脉宽调节器）

经典的 SPWM 技术可以用全硬件来实现，也可以采用 CPU 和软件来实现。前者，由于使用的元器件较多、可靠性较差、造价较贵，应用范围受限；后者则恰好相反，造价低、可靠性高，使用的范围越来越广。

采用软件实现 SPWM，由于是基于调制概念的，因此在确定脉冲的导通和关断时，都将涉及三角波和正弦波函数的公式计算。采用自然采样法的 SPWM，会由于正弦波与三角波相交的不确定性引入超越方程，不易求解；而采用规则采样，又会因采样规则与实际采样点不完全相符，产生较大的误差。此外，这些方法还会带来计算量大、占用内存多的问题。因此，即使在当前采用 8 位或 16 位 CPU 的条件下，往往还要外加扩展单元，结果是电路复杂、造价高、运算速度下降、可靠性也下降。对于高要求的实时控制，其应用受到一定的限制。

因此，不免要回过头来思考，即从脉宽调节的基本概念出发，提出不直接走硬件"调制"的道路，而改走调制脉冲"等效"的道路，反正都是应用软件来"制造"脉宽调节，为什么非要抱着硬件调制的办法不放呢？要知道，硬件调制办法，或者早期的数字技术，尤其是在 CPU 技术尚不普及的条件下，人们不得已，只好用模拟技术来实行脉宽调节，并非是一个一成不变的办法。随着 CPU 技术的普及，硬件调制办法也走向了"软件实现"。所以，全软件实现的"等效"办法，是完全可以取代"调制"的，何况调节相应脉冲的宽度，可以使等效的正弦波的幅值发生改变，从而改变正弦交流电压的大小，这本身就是脉宽调节，和脉宽调制的作用完全一致。

下面，就来介绍这种基于"等效"的新办法，并介绍一下与之相匹配的正弦脉宽调节器（Sinusoidal Pulse Width Regulator，SPWR）。

全软件型的等效 SPWM 技术，它的根据是图 4-9 所示的脉冲波与正弦波的等效关系。

也就是说，将每一个正弦波电压的半波，等宽地分成若干段，如 12 段，再将所分割的弧形面积，用一个面积与之相等而高为某一常数的矩形面积来代替。这样一来，就可得到 12 个宽度不等而周期相同的矩形脉冲。这两者的等效关系应严格地按照上述原则进行。那么，利用这 12 个幅值相同、宽度不等的矩形脉冲，就基本上可以产生与之等效的正弦波的效果。改变矩形脉冲的振幅，就可以得到不同振幅的等效正弦波，即得到不同有效值的等效正弦波。改变矩形脉冲的频率（单位为 Hz），并始终保持 12 个脉冲组成 1 个半波，就可以改变等效正弦波的频率。由此可见，采

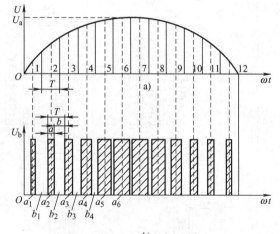

图 4-9 脉冲波与正弦波的等效关系图
（正弦波等分的等高等值图）

用等效 SPWM 技术，完全可用脉冲数字技术来代替复杂的模拟技术，达到交流可变频率的

要求，这也是目前应用很广泛的交流变频技术。

4.3.1　SPWR 的具体结构

图 4-10 和图 4-11 给出了 SPWR 原理框图和主电路原理示例。

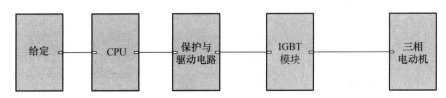

图 4-10　SPWR 原理框图

图 4-11 所示的 SPWR 电路包含了功率器件及其驱动电路（不包括保护单元）。其控制电路和图 4-6 所示的 SPWM 控制电路基本相同，只不过控制端 G1 ~ G6 分别接图 4-12 所示电路中 CPU 的输出口 P1.0 ~ P1.5。同样，为防止干扰，中间采用了光耦隔离（PC817），然后由控制软件进行控制。

电路还可采用近些年推出的智能功率模块（Intelligent Power Module，IPM）。IPM 通常包含功率器件、驱动电路、保护单元。还可以采用多个模块（如常用的 6 个）组合封装成一个整体，只留出各功率器件的直流电压输入端 N（+）、P（-），各功率器件的交流电压输出端 U、V、W 及各功率器件的控制端 C，以及各功率器件控制电源、保护采样信号的输入端。采用 IPM 来构成 SPWR 主电路，既简单又可靠，价格也比单功率模块（IGBT）加控制电路和保护单元便宜，是当前逆变器主要应用的方式。IPM 的生产厂商和型号及参数各不相同，使用者可以在有关产品目录中查到，然后根据需要进行选择。

至于各功率模块的控制电路，可由最小单片机系统组成，控制电路示例如图 4-12 所示。

图 4-12 所示电路是一个由 CPU（如 892051）为中心的单片机最小系统，可以采用红外遥控串口输入，由双工口 P1.6 输入，而对 IPM 控制端的输出则由双工 P1.0 ~ P1.5 口来完成；为防止程序跑偏，还采用了看门狗 MMX813L 作为监视单元。如果不采用红外遥控串口输入，也可以采用双工 P3（P3.0 ~ P3.5）口作为并口输入，与上位机直接相连。

4.3.2　SPWR 的控制原理

根据"等效"原理，对图 4-9 所示的正弦波与等效脉冲波进行逐段计算。之后，逐段进行对比，计算出每个脉冲波的宽度，并建立通用公式。

图 4-9 中，正弦波被分成 N（即 12）等分，然后，按所分面积对应等效一份等幅的矩形脉冲的面积。脉冲的振幅取等于正弦波幅值，以便在正弦波峰值附近截出的等效脉冲。既存在脉冲导通时间，又留有相应的停歇时间。由于导通/停歇时间是与角度有对应关系的，为了工程上的方便，下面的公式中没有严格按照物理量进行区分，如时间变量给出的单位是°或 rad，其实代表的是导通时间对应的角度。

图中有

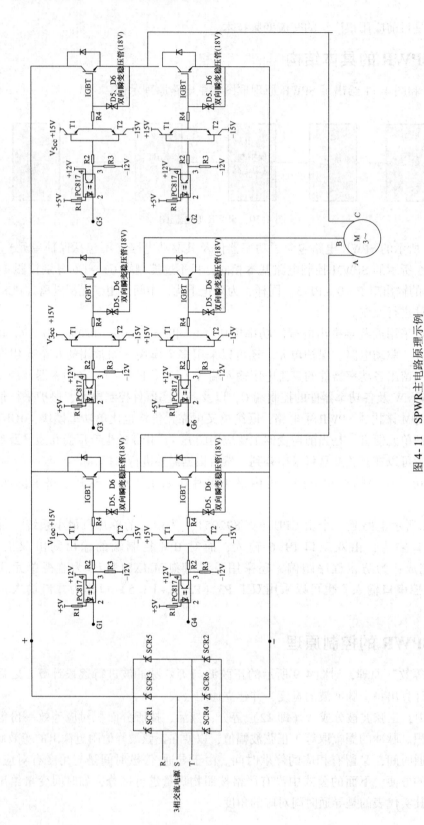

图 4-11　SPWR 主电路原理示例

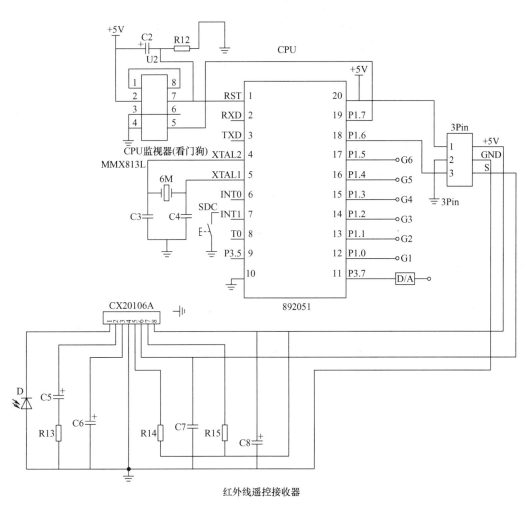

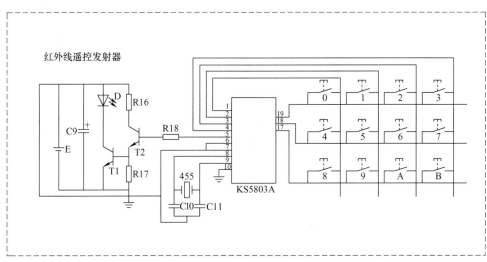

图 4-12　SPWR 的控制电路示例

$$载波比为 f_{sin}/f_{pul} = 12$$

$$脉冲周期\ T = 180°/12 = 15° = \pi/12 \approx 0.268\,\text{rad}$$

$$脉冲导通时间\ a_k\ (单位为°或\,\text{rad}),\ k = 0,\ 1,\ 2,\ 3,\ \cdots,\ 11$$

$$脉冲停歇时间\ t_{0k} = T - a_k\ (单位为°或\,\text{rad})$$

$$被截的各段正弦面积\ S_{ak} = U_{am}\int_{k\pi/12}^{(k+1)\pi/12}\sin\omega t\,\text{d}\omega t \tag{4-1}$$

式中，$k = 0,\ 1,\ 2,\ 3,\ \cdots,\ 11$。

$$各个脉冲的面积\ S_{bk} = a_k U_{bm} = a_k U_{am}\qquad (U_{bm} = U_{am}) \tag{4-2}$$

再由两块相应面积相等，有

$$S_{bk} = S_{ak}$$

即

$$a_k U_{bm} = a_k U_{am} = U_{am}\int_{k\pi/12}^{(k+1)/12}\sin(\omega t)\,\text{d}(\omega t)$$

以角度表示的每个脉冲相应的时间为

$$a_k = \int_{k\pi/12}^{(k+1)/12}\sin(\omega t)\,\text{d}(\omega t) = \cos(k\pi/12) - \cos[(k+1)\pi/12] \tag{4-3}$$

例如第一段，$k = 0$，代入后有

$$a_0 = \cos(k\pi/12) - \cos[(k+1)\pi/12]$$

$$= \cos(0\pi/12) - \cos[(0+1)\pi/12]$$

$$= \cos 0° - \cos(\pi/12)$$

$$= \cos 0° - \cos 15°$$

$$对应角度为(1 - 0.966)\,\text{rad}$$

$$= 0.034\,\text{rad}$$

$$= \frac{0.034}{\pi} \times 180°$$

$$\approx 1.948°$$

第二段，$k = 1$，代入后有

$$a_1 = \cos(k\pi/12) - \cos[(k+1)\pi/12]$$

$$= \cos(\pi/12) - \cos[(1+1)\pi/12]$$

$$= \cos 15° - \cos(2\pi/12)$$

$$= \cos 15° - \cos 30°$$

$$对应角度为(0.966 - 0.866)\,\text{rad}$$

$$= 0.1\,\text{rad}$$

$$= \frac{0.1}{\pi} \times 180°$$

$$\approx 5.73°$$

用同样的方法，可以算出第 3~12 段各脉冲导通的角度。然后，再去计算各脉冲停歇的角度，即

$$t_{0k} = T - a_k \tag{4-4}$$

如
$$t_{00} \approx 15° - 1.948° = 13.05°$$
$$t_{01} \approx 15° - 5.73° = 9.27°$$

最宽的脉冲是第 5 和第 6 个，即 $k = 5$、$k = 6$。它们导通的角度和停歇角度分别为
$$a_5 = \cos(k\pi/12) - \cos[(k+1)\pi/12]$$
$$= \cos(5\pi/12) - \cos[(5+1)\pi/12]$$
$$= \cos75° - \cos90°$$
对应角度为 $(0.2588 - 0)\,\text{rad}$
$$= 0.2588\text{rad}$$
$$= \frac{0.2588}{\pi} \times 180°$$
$$\approx 14.83°$$

则有
$$t_{05} \approx 15° - 14.83° = 0.17° \qquad t_{06} = 0.17°$$

至于各脉冲角度所对应的持续时间，则可以通过正弦波的频率或周期来进行折算。例如，$f_c = 50\text{Hz}$，其半波的周期时间为 $\frac{1}{2} \times \frac{s}{50} = 0.01\text{s} = 10\text{ms}$，那么每个脉冲的周期时间则为 $T = 15° = \frac{10}{12} \times 1\text{ms} \approx 0.84\text{ms}$。于是，便有 1° 对应 $(0.84/15)\text{ms} = 0.056\text{ms}$，对应上面的脉冲导通与停歇角度，可以折算出如下的各脉冲导通与停歇时间：

$$a_0 = 1.948 \times 0.056\text{ms} = 0.109\text{ms} \qquad t_{00} = (0.84 - 0.109)\text{ms} = 0.73\text{ms}$$
$$a_1 = 5.73 \times 0.056\text{ms} = 0.32\text{ms} \qquad t_{01} = (0.84 - 0.32)\text{ms} = 0.514\text{ms}$$
$$\vdots \qquad\qquad\qquad \vdots$$
$$a_5 = 14.83 \times 0.056\text{ms} = 0.83\text{ms} \qquad t_{05} = (0.84 - 0.83)\text{ms} = 0.01\text{ms}$$
$$a_6 = 0.83\text{ms} \qquad\qquad t_{06} = 0.01\text{ms}$$
$$\vdots \qquad\qquad\qquad \vdots$$

以上是以 50Hz 情况为例的，叙述了各段脉冲时间的计算方法。其他频率情况下的脉冲时间计算，可以按下面的 3 个通用式子进行：

$$a_k = \{\cos(k\pi/12) - \cos[(k+1)\pi/12]\} \times (180°/\pi) \times 0.056 \times 50/f \quad \text{单位为 ms} \quad (4-5)$$
$$T = (180°/12) \times 0.056 \times 50/f \qquad\qquad \text{单位为 ms} \quad (4-6)$$
$$t_{0k} = T - a_k \qquad\qquad\qquad \text{单位为 ms} \quad (4-7)$$

式中，f 为调节频率，根据调速的需要来决定；k 为正弦波被等效时分划的段数，$k = 0$，1，2，3，…，11。段数少则等效度低、谐波多；反之，则等效度高、谐波少，但计算量大，会加长控制时间，不利于实时控制，故所取数值应适当为好。例如上面的例子取 $k = 12$，为偶数，可使脉冲列对称，不含偶次谐波。当然，还可以根据期望消除有害的谐波，应用傅里叶级数分析，来决定 k 值取数，其效果如何，有待进一步分析。

关于 1° 在 50Hz 下所对应的时间的问题，可以通过以下计算得出：
$$T_{50} = 1/50 = 1000\text{ms}/50 = 20\text{ms}$$
而 T_{50} 对应 360°，所以 1° 对应的时间为
$$(1000/50)\text{ms}/360 \approx 0.056\text{ms}$$

单片机输出口控制过程

1. 一个半波中脉冲时间的确定

根据图 4-9 所示可以看出，如果将脉冲的中心轴线取在正弦波被截各段面积的中心线处，那么单片机的输出脉冲波形的正半波按以下 23 步调制：

第 1 步，从 0 开始，先停 $0.5t_{00}$（单位为 ms，下同）；

第 2 步，接着导通 a_0；

第 3 步，接着断 t_{01}；

第 4 步，接着导通 a_1；

第 5 步，接着断 t_{02}；

第 6 步，接着导通 a_2；

 ⋮

第 22 步，接着导通 a_{11}；

第 23 步，接着断 $0.5t_{011}$。

至此，仅完成了正半波的调制，它是由 P1.0 口控制 VT1 实现的。至于负半波，则是由 P1.4 口控制 VT4 实现的。当然，在电动机 A 相绕组流过正半波电流的时候，除了由 P1.0 口对 VT1 进行控制外，与此同时，也要在合适的时间内（即在 B 和 C 相的负半波时间内），由 P1.6 口对 VT6 进行控制，由 P1.2 口对 VT2 进行控制，共同完成 A 相绕组中正、负半波电流。当然，P1.6 口和 P1.2 口输出的波形必须与 P1.0 口输出波形的 0 点严格保持 120° 和 240° 的关系，具体情况要在编制控制程序时确定。

2. 三相中各相功率模块导通的次序

从图 4-9 所示可以看到，由于每个半波被分成 12 段，因此，其等效的 12 个脉冲是按左右每 6 个对称的，即 1~6 为由窄变宽，而 7~12 则刚好相反由宽变窄，且宽窄也是一一对应的。因此，只要算出 12 个脉冲的通、断时间，并遍好程序，以后便可以使用调取相应的 I/O 口输出脉冲，去控制相应的功率模块。

至于各相功率模块导通的次序，则可根据图 4-13 所示的三相相位关系确定。

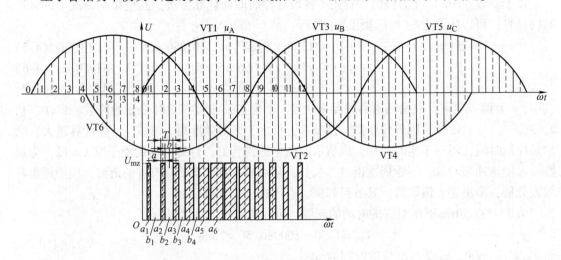

图 4-13 三相相位关系

从图 4-13 可以看出，由于负半波的等效情况与正半波完全相同，所以，各相只要按 1→12 分段取值，就可以得到所需要的脉冲。例如，对于 B 相，当 $t = 0$ 时正好是第 5 个脉冲开始，即先断 $0.5t_{04}$（单位为 ms，后同），接着导通 a_5（单位为 ms，后同），以后就接 6、7、8、9、10、11、12、1、2、…；对于 C 相，当 $t = 0$ 时正好是第 8 个脉冲开始，即先断 $0.5t_{07}$，接着导通 a_7，以后就接 9、10、11、12、1、2、…；至于 A 相，自然是从第 1 个脉冲开始，即先断 $0.5t_{00}$，接着导通 a_0，以后就接 2、3、4、5、6、…（第 1 个脉冲对应 $k = 0$，第 2 个脉冲对应 $k = 1$，以此类推）。从图 4-13 中还可以看出，当 $t = 0$ 时，应该是 VT1、VT5、VT6 同时导通，以后则接着按 VT1→VT4→VT1→VT4→…，VT5→VT2→VT5→VT2→…，VT6→VT3→VT6→VT3→…。保证正确实现这样顺序的关键，就在于 CPU 的输出口 P1.0 ~ P1.5 口均按照上述数字顺序，从 $t = 0$ 开始一直循环下去，直到停机为止。

为了进行调速，控制程序应该规定，凡从 12 单元取数后，均应乘一个系数 $F = f_c/f$，（$f_c = 50$Hz；f 为所需调速对应的频率），是以 50Hz 工频为基准的，上调 F 变小，使脉冲周期和脉冲时间缩短；下调 F 变大，使脉冲周期和脉冲时间增大。这样，对应的脉冲便可以得到相应的频率 f，实现调频的目的。由于脉冲周期和脉冲时间都是按同一比例增大或缩小的，故脉冲的占空比是保持不变的，因此，输出的等效正弦电压的有效值保持不变，仍为 $U_d/2$。这种情况是只调了频率而未调电压。

通常，对于恒转矩负载，为保持电动机的磁通恒定，就要求在调频的同时，还需要同比例地调压，即使得 U/f 为常数。因此，必须同时同比例地调节脉冲的占空比。由于比例相同，在调节时，控制程序就应该这样规定：凡从 12 个单元取数时，①周期时间均应乘一个频率系数 $F_f = f_c/f$；②脉冲导通时间均应乘一个电压系数 $F_u = F_f^2$。例如，设 $f = 100$Hz，则有 $F_f = f_c/f = 50/100 = 0.5$，即周期时间缩短 1/2，频率增加 1 倍，电动机同步速度增加 1 倍，属于上调。与此同时，脉冲导通时间则应按比例 $0.5^2 = 0.25$ 来缩短，而脉冲周期只缩短了 1/2，故脉冲的占空比会比调制前减少 1/2，从而使输出等效正弦电压的有效值也减少 1/2，即 $0.5U_d/2 = U_d/4$。这样一来，就能满足恒转矩负载的要求：

① 调速前，$U/f = (U_d/2)/f_c$，为常数。

② 调速后，$U/f = (U_d/4)/(f_c/2) = (U_d/2)/f_c$，为常数。

对于上述要求，在编写控制程序时，一定要特别注意！

上述调压的方法固然简单，但是也有一定的缺点。即当向低速调节时，由于要保持压频比为常数，在降频的同时也要求降压，而降压又是使用调占空比的办法，因此，脉冲必然会变窄，而过窄的脉冲，将会引起过多的高次谐波，从而使电动机的机械特性变坏，同时还会产生过多的热损耗，使电动机的效率降低。因此，对于较长时间工作于低速的机械负载来说，最好还是采用调频调速、SCR 调压的办法为好。这一方法也不复杂，将整流电源换成可调，只需增加少量硬件，投入较少成本；并且谐波会大大减少，调节品质会得到提高。究竟采用那种调压方案，可以进行性价比论证后再决定。

4.4　SPWR 变频调速电动机控制程序实例说明

下面给出变频程序实例，对使用单片机实现调速进行说明。

4.4.1　系统初始化

① CPU 中各输入和输出口先行置 "1"。

② 各寄存器口清 0。

4.4.2　起动前的准备

首先，要选定电动机调频、调压的方式，共分以下 3 种：

① 采用 SPWR 调频、SCR 调压的方式。它由遥控器的 "C" 键（对应 16 进制数为 06H）来选定。另外，选定两个计数器，R11（调压计数器）用来进行调压计数，数字由 1→10；R12（调频计数器）用来进行调频计数，数字由 1→10。请注意，这里 R 是指 CPU 中的计数器，不是电阻。

② 采用 SPWR 调频、电源恒压、调节脉冲占空比来调压的方式。它由遥控器 "D" 键（对应 16 进制数为 07H）来选定。另外，选定两个计数器 R21（电压计数器）和 R22（频率计数器）用来对调压和调频计数，R21 的数字为 1→10，R22 的数字为 1→10（或 30）。

③ 采用 SPWR 调频、调压的方式。它由遥控器 "T" 键（对应 16 进制数为 08H）来选定。另外，选定一个计数器 R3（频率、电压计数器）用来对调频和调压计数，数字由 1→10。

4.4.3　起动

为了使电动机以足够的起动转矩、快速地让速度从为 0 上升到最高速，无论选定那种调节方式，都应该是在电源全电压 U_d 下，从 5Hz 频率开始起动电动机。然后，按每 0.1s 升 5Hz 的速率，将电动机起动到允许的最高转速（有可能是 50Hz 对应的转速，也有可能是 150Hz 对应的转速，如在空调中要求快速升温时可事先由程序设置），从而实现 "软起动"。指令在按遥控器 "Q" 键（对应 16 进制数为 00H）后发出，输入的 P1.6 口有二进制数 0000 0000B 红外信号输入，进入 Q 子程序处理，控制整个起动过程。

1. 电压控制

程序要求起动在全电压下进行，因此，应先将调压环节的输出置于最大，使电压可以快速达到最大值 U_d。

（1）采用 SPWR 调频、SCR 调压的方式

首先就要让 SCR 的输出为最大值，即按 R11 = 10 来取对应的数，经 CPU 运算后，由 P3.7 口输出，再经 D–A 转换，送到整流器控制电路，控制 SCR 导通角，可以从 U_d 向下调节。

（2）采用 SPWR 调频、电源恒压、调节脉冲占空比来调压的方式

首先就要按 R21 = 10、R22 = 1 来取对应的数，这是对应 100% U_d、$f = 5Hz$ 时的一组数，即对应 $T_{u.f} = T_{10.1}(a_{10.1}, t_{10.1})$ 的一组数据，再由 P1.0 ~ P1.5 口根据相序要求（详细内容将在后面介绍）分别向逆变器输出控制信号，控制 IPM 功率器件的导通时间（即占空比），使逆变器输出电压 U_d 的大小发生变化，从而调节 U_d。

2. 频率逐步上升

（1）采用 SPWR 调频、SCR 调压的方式

接着，以每隔 0.1s 的速率，让 R11 = 10、R12 = 2→R11 = 10、R12 = 3→R11 = 10、R12 = 4→…→R11 = 10、R12 = 10（或 30），并将对应的数据（如 $a_{10.2}$，$t_{10.2}$；$a_{10.1}$，$t_{10.3}$；…），一组一组地由 P1.0～P1.5 口根据相序要求（详细内容将在后面介绍）分别输出，来控制 IPM 功率器件的导通频率。

（2）采用 SPWR 调频、电源恒压的方式

同样地，以每隔 0.1s 的速率，让 R21 = 10、R22 = 2→R21 = 10、R22 = 3→R21 = 10、R22 = 3→…→R21 = 10、R22 = 10（或 30），并对应各组数据（如 $a_{10.2}$，$t_{10.2}$；$a_{10.1}$，$t_{10.3}$；…），一组一组地由 P1.0～P1.5 口根据相序要求（详细内容将在后面介绍）分别输出，来控制 IPM 的导通频率。

最后，电动机将逐步地达到最高速度，从而形成冲击电流很小的"软起动"。在起动过程中，如果出现起动电流过大的情况，升级时间可比 0.1s 再长一点；如果出现起动时间过长，升级时间可比 0.1s 短一点。最佳的起动过程，可以经过数次调整、修改软件的数据来达到。

4.4.4　采用 SPWR 调频、SCR 调压方式进行调速

这里已经设置了有关的调压单元，其受控输入端经 D-A 转换器与 P3.7 口相连。

由于是按下遥控器"C"键选定的，将进入 C 子程序。

1. SPWR 调频

要降低频率，则按下遥控器"S－"键——速度降低键（对应 16 进制数为 0BH），输入端 P1.6 口有二进制数 0000 1011B 红外信号输入，每按一次，将在之前频率的基础上降低 10%（如 5Hz），则周期 T 则会在原值基础上增加标准值（50Hz 或 150Hz 所对应的 T_0）的 10%。由于周期与频率成反比关系，即双曲线关系，两者的变化是非线性的，在深度调节时两者非线性甚为显著。由于在实际操作中，频率的改变都是通过改变周期的长短来实现的，因此，这里就采用周期按线性变化来给定的办法，这样操作方便、直观，频率则自然与之成反比。深度调节时的非线性问题设计者可视情况进行适当的干预。

每按一次"S－"键，周期 T 增加 10%，即 T_0（1 + 0.1）；如按两次，则为 T_0（1 + 0.2），以此类推。至于每个脉冲的导通时间 a，自然可在原值的基础上增加 10%，即使用式(4-3)计算的各个脉冲的导通时间乘以（1 + 0.1）；按两次，则分别乘以（1 + 0.2），以此类推。各个脉冲的停歇时间 $t_{0k} = T_k - a_k$。设计者可根据工作的需要，决定所需要的速度（频率），即周期的变化，不一定采用 10%，应按实际需要选择。由于新的周期内每个脉冲的导通和停歇时间均按周期变化比例增加，而外加直流电压未变，故一个周期内的交流电压有效值不变，仍为 $U_d/\sqrt{2}$，但频率却减少了。

同理，如需提高频率，则操作遥控器按下"S＋"键［速度增加键（对应 16 进制数为 0AH）］，输入端 P1.6 口有二进制数 0000 1010B 红外信号输入。每按一次，将在原有频率的基础上增加 5Hz，周期 T 会相应缩短标准值（50Hz 或 150Hz 对应 T_0）的 10%，即 T_0（1 - 0.1）；如果按两次，则为 T_0（1 - 0.2），以此类推。而每个脉冲的导通时间 a 则在原值基础

上缩短 10%，即使用式(4-3) 计算的各个脉冲的导通时间乘以 $(1-0.1)$；按两次，则分别乘以 $(1-0.2)$，以此类推。脉冲停歇时间 $t_{0k}=T_k-a_k$。设计者可根据工作的需要，决定所需要的速度（频率）。同样，由于新的周期内每个脉冲的导通和停歇时间均按周期变化呈比例地缩短，而外加直流电压未变，故一个周期内的交流电压有效值不变，仍是 $U_d/\sqrt{2}$，但频率却增加了。

下面介绍一下具体方法。先给定一个电压（如 U_d，对应 R11 = 10），再将频率按每 5Hz 一级，从最高频率 50Hz（或 150Hz）开始，逐级下调，即按 R12 = 10（或 30）、R12 = 9（或 29）、R12 = 8（或 28）、…、R12 = 1，分 10（或 30）级。按照上面介绍的降低或提高频率的计算方法，进行半波 12 段的 T_k、a_k、t_{0k} 数值的计算。然后，将得到的 a_k、t_{0k} 数值，对应 R12 的数值，分别存储在 ROM 的第 1 区第 1 段，由高到低共计 10（或 30）个单元（每一对 R21、R22 数值对应一个单元——半波 12 段的 a_k、t_{0k}，$k=1\sim11$），每单元有 24 个数据，总共 2×12 个数据 $\times10=240$ 个数据（或 $2\times12\times30=720$）。按由高到低的顺序存储，是为了便于起动后按顺序调速取数。上述数据经 CPU 调用，由 P1.0 ~ P1.5 口分别输出对逆变桥的控制信号（电平为 0，则 IGBT 导通；电平为 1，则 IGBT 截止），输出某一频率下的脉冲，然后依三相切换程序向电动机输出三相交流电压，使电动机按变频要求运行。

注意，上述数据是全电压 U_d、不同频率（10 级）下的数据。

2. SCR 调压

要降低输出的交流电压，操作遥控器，按下 "U -" 键——电压降低键（对应 16 进制数为 0CH,），输入端 P1.6 口有二进制数 0000 1100B 红外信号输入，每按一次，电压相应减少 $10\%U_d$。如要提高电压，操作遥控器按下 "U +" 键（对应 16 进制数为 0DH,），输入端 P1.6 口有二进制数 0000 1101B 红外信号输入，每按一次，电压相应增加 $10\%U_d$。操作者可根据工作需要，决定所需要的电源电压。

下面介绍具体方法。根据 R1 内的数字来决定送那个数据，按一次 "U -" 键，R1 中的数值减 1；按一次 "U +" 键，R1 中的数值加 1。之后，根据 R1 中的数值，从 ROM 第 1 区第 2 段（10 个控制 SCR 导通状态的数据）依顺序取出对应的数据，供 CPU 进行运算，通过 P3.7 口输出，再经 D-A 转换器，送到 SCR 调压控制电路，控制其导通角，使输出交流电压的大小发生改变，其调节范围只能在 $U_d/\sqrt{2}$ 以内。

C 子程序是频、压分开独立调节的，根据负荷需要进行选定。"U" 键的操作不会影响频率的调节，它只调节整流器输出的直流电压，从而调节逆变器输出的交流电压。

4.4.5 采用 SPWR 调频、电源恒压、调节脉冲占空比调压方式进行调速

由于是按下遥控器 "D" 键选定的，将进入 D 子程序。

1. SPWR 调频

这里的原理和方法与本章 4.4.4 节中 SPWR 调频的内容基本相同。

要降低频率，操作遥控器按下 "S -" 键——速度降低键（对应 16 进制数为 0BH,），输入端 P1.6 口有二进制数 0000 1011B 红外信号输入，每按一次，将在原有频率的基础上降

低 5Hz，周期 T 为原值加上标准值（50Hz 或 150Hz 所对应的 T_0）的 10%，即 $T_0(1+0.1)$；按两次，则为 $T_0(1+0.2)$，以此类推。至于每个脉冲的导通时间 a，可在原值的基础上增加 10%，即使用式(4-3) 计算的各个脉冲的导通时间乘以（$1+0.1$）；按两次，则分别乘以（$1+0.2$），以此类推。各个脉冲的停歇时间 $t_{0k} = T_k - a_k$。可根据工作的需要，决定所需要的速度（频率）。

同理，如需提高频率，则操作遥控器按下 "S +" 键——速度提高键（对应 16 进制数为 0AH），输入端 P1.6 口有二进制数 0000 1010B 红外信号输入，每按一次，将在原有频率的基础上增加 5Hz，周期 T 相应缩短标准值（50Hz 或 150Hz 对应 T_0）的 10%，即 $T_0(1-0.1)$；按两次，则为 $T_0(1-0.2)$，以此类推。至于每个脉冲的导通时间 a，可在原值的基础上缩短 10%，即使用式(4-3) 计算的各个脉冲的导通时间乘以（$1-0.1$）；按两次，各乘以（$1-0.2$），以此类推。各个脉冲的停歇时间 $t_{0k} = T_k - a_k$。操作者可根据工作的需要，决定所需要的速度（频率）。

具体方法也基本相同。先将频率按每 5Hz 一级，逐级往上，按 R21 = 10、R22 = 1，R21 = 10、R22 = 2，R21 = 10、R22 = 3，…，R21 = 10、R22 = 10（或 30），分 10（或 30）级。按照上面讲的降低或提高频率的计算方法，进行半波 12 段 T_k、a_k、t_{0k} 数值的计算，然后将其中的 a_k、t_{0k} 数值，分别放置在 ROM 的第 2 区第 1 段，由低到高共计 10（或 30）个单元（每一对 R21、R22 数值对应一个单元——半波 12 段 a_k、t_{0k}，$k = 1 \sim 11$），每单元有 24 个数据，总共是 2×12 个数据 $\times 10 = 240$ 个数据（或 $2 \times 12 \times 30 = 720$），顺序放置，便于调取。注意，上述数据是全电压 U_d 下不同频率（10 级）的数据。

2. 电源恒压、调节脉冲占空比来调压

要降低电压，操作遥控器按下 "U –" 键——电压减少键（对应 16 进制数为 09H），输入端 P1.6 口有二进制数 0000 1001B 红外信号输入，每按一次，相应交流电压降低 10% U_d，可在某一不变频率的情况下，输出的交流电压有效值降低 10% U_d。那么，周期内各个脉冲导通的时间 a 在原值的基础上减少 10%，即各个脉冲的导通时间乘以（$1-0.1$）；按两次，则分别乘以（$1-0.2$），以此类推。各个脉冲的停歇时间为 $t_{0k} = T_k - a_k$。此时，停歇时间 t_{0k} 自然也相应地增加（T_k 不变）。

如要增加电压，操作遥控器按下 "U +" 键（对应 16 进制数为 08H,），输入端 P1.6 口有二进制数 0000 1000B 红外信号输入，每按一次，交流电压相应增加 10% U_d。那么，周期内各个脉冲导通的时间 a 分别在原值的基础上增加 10%，即分别乘以（$1+0.1$）；按两次，则分别乘以（$1+0.2$），以此类推。此时，停歇时间 $t_{0k} = T_k - a_k$。操作者可根据工作需要，决定所需要的电源电压。

请注意，上述步骤中降压是指输出的交流电压从 U_d 下降；增压则是从小于 U_d 的电压往上升，最高只能升到 U_d。

下面介绍一下具体方法。从 U_d 开始，逐级向下，即 R21 = 10、R22 = 10，R2.1 = 9、R2.2 = 10，R21 = 8、R22 = 10，…，R21 = 1、R22 = 10。按照上述的增减计算方法，分 10 级，进行半波 12 段的 T_k、a_k、t_{0k} 数值的计算，然后将其中的 a_k、t_{0k} 数值分别放置在 ROM 的第 2 区第 2 段。应当指出的是，这里描写的只是在一个频率（最高频率，相当于 T_9）下，电压调节的具体做法。此时，由高到低（因为是从 U_d 往下减压）共计 10 个单元（每一对 R21、R22 数值对应一个单元——半波 12 段的 a_k、t_{0k}，其中 $k = 1 \sim 11$），每单元有 24 个数据，共 2×12 个数据 $\times 10 = 240$ 个数据。如果频率调节量 f_n 共有 10 个，即 n 为 $0 \to 9$，那么 R21 为 $10 \to 1$、R22 为 $10 \to 1$，每一个频率下都算出相应的 a_k、t_{0k}。那么，由高到低的总数据就应该有 $10 \times (2 \times 12$ 个数据 $\times 10) = 2400$ 个数据。然后，再以由高到低的顺序，全部存储在 ROM 的第 2 区第 1 和第 2 段，以备调用。需要调速时，按由高到低的顺序取出需要的数据，通过 P1.0 ~ P1.5 口对逆变器输出控制信号，即某一频率下的脉冲数字信号，去控制逆变器的各个功率器件，使之既按脉冲宽度又按三相切换程序向电动机输出三相交流电压，从而使电动机按变频、调压要求进行运转。

D 子程序是频、压分开独立调节的，根据负荷需要进行选定。与 4.4.4 节的调压方式不同之处在于遥控器上的 "U +" 和 "U -" 键的作用不同。D 子程序是通过调节功率器件的脉冲宽度，来调节逆变器输出交流电压的大小的；而 4.4.4 节的则是通过调节整流器输出的直流电压大小，来调节逆变器输出交流电压的。

4.4.6 采用同时调频与调压方式进行调速

由于是按下遥控器 "T" 键选定的，将进入 T 子程序。

操作遥控器先按下频、压同调键 "T"（相应的 16 进制数为 08H，二进制为 0000 1000B），进入 T 子程序。

如欲降速，即降低电压的频率，可操作遥控器按下 "S -" 键——速度降低键（对应 16 进制数为 0BH），输入端 P1.6 口有二进制数 0000 1011B 红外信号输入。每按一次，将在原有频率的基础上降低一定值（如 5Hz），那么周期 T 在原值上增加标准值（50Hz 或 150Hz 所对应的 T_0）的 10%，即 $T_0 (1 + 0.1)$；按两次，则为 $T_0 (1 + 0.2)$，以此类推。在这种调速方式中，由与需要同时按同样比例调压，以保持压频比不变，故每个脉冲的导通时间 a 应在原值的基础上增加 10%，之后再增加 10%，即增加 20%。使用式(4-3) 算出的各个脉冲的导通时间分别乘以 $(1 + 0.2)$；按两次，则分别乘以 $(1 + 0.4)$，以此类推。脉冲停歇时间 $t_{0k} = T_k - a_k$。

同理，如需增加频率，则操作遥控器按下 "S +" 键——速度增加键（对应 16 进制数为 0AH），每按一次，将在原有频率的基础上增加一定数值（如 5Hz），那么周期 T 相应缩短标准值（50Hz 或 150Hz 对应 T_0）的 10%，即 $T_0 (1 - 0.1)$；按两次，则为 $T_0 (1 - 0.2)$，以此类推。由于需要保持压频比不变，必需同时按同样比例调压，故每个脉冲的导通时间 a 应在原值的基础上先减少 10%，之后再减少 10%，即减少 20%。使用式(4-3) 算出的各个脉冲的导通时间均应乘以 $(1 - 0.2)$；按两次，则各应乘上 $(1 - 0.4)$ 以此类推。脉冲停歇时间 $t_{0k} = T_k - a_k$ 由于这种调速方法可以保持压频比不变，特别适合恒转矩负载的调速。

下面介绍一下具体方法。先将频率（和电压）按每 $0.1 f_0$（与 $0.1 U_d$）为一级，从 U_d 开始，逐级向下 $R3 = 10$，$R3 = 9$，$R3 = 8$，…，$R3 = 1$。按照上述的计算方法，分 10 级，进行半波 12 段的 T_k、a_k、t_{0k} 数值的计算，然后将其中的 a_k、t_{0k} 数值分别存储在 ROM 的第 3 区。此时，由高到低共计 10 个单元（R3 每一个数值对应一个单元——半波 12 段的 a_k、t_{0k}，其中 $k = 1 \sim 11$），每单元有 24 个数据，总共 2×12 个数据 $\times 10 = 240$ 个数据。之所以采取由高到低的顺序也是考虑到，可以方便地从零起动到最高速后，再开始由高向低调速。

同样，需要调速时，上述数据可依顺序取出，经 CPU 的 P1.0～P1.5 口对逆变器输出控制信号，即某一频率下的脉冲，并按三相切换程序向电动机输出频、压比恒定的三相交流电压，使电动机按频、压比恒定的要求进行变频调速。

4.4.7　三相取数顺序

前面已经提过，当起动瞬间或者调速瞬间，即三相导通的瞬间 $t = 0$，应该是，A 相（由 P1.0 口）从 $k = 0$ 的那段取数；B 相（由 P1.5 口）从 $k = 5$ 的那段取数；C 相（由 P1.4 口）从 $k = 8$ 的那段取数。然后，再按如下顺序，各相自行不断切换：

A 相　　　VT1→VT4→VT1→VT4→…↓
　　　　　↑…←VT4←VT1←VT4←VT1←…
B 相　　　VT5→VT2→VT5→VT2→…↓
　　　　　↑…←VT2←VT5←VT2←VT5←…
C 相　　　VT6→VT3→VT6→VT3→…↓
　　　　　↑…←VT3←VT6←VT3←VT6←…

与之相对应的 CPU 的各输出端的循环工作顺序如下：

A 相　　　P1.0→P1.3→P1.0→P1.3→…↓
　　　　　↑…←P1.3←P1.0←P1.3←P1.0←…
B 相　　　P1.4→P1.1→P1.4→P1.1→…↓
　　　　　↑…←P1.1←P1.4←P1.1←P1.4←…
C 相　　　P1.5 ›P1.2 ›P1.5→P1.2→…↓
　　　　　↑…←P1.2←P1.5←P1.2←P1.5←…

每一个输出端，每次都要输出 12 段的代表 a_k、t_{0k} 的二进制数值。那么，用何种调速方式，就按该方式规定的子程序工作。

4.4.8　停车

只需按下遥控器红色的停车键 "TC"（相应的 16 进制数为 7H，二进制数为 0000 0111B），程序将 P1 口全部置 1，所有的功率单元（包括 IPM 和 SCR）都将封锁，从而使输入电源的电压和频率均为 0，电动机自由停车。如果需要实行其他形式的快速停车或反转，则需在控制电路中另加相应的环节，控制程序也随之变化。

4.5　SPWR 控制程序逻辑流程图

根据前面的说明，仿照前面主程序逻辑流程图，下面给出采用 SPWR 控制的异步电动机变频调速的主程序逻辑流程图。应当指出的是，无论采用哪种型号的微处理器（CPU），下述主程序逻辑流程图都是适用的，只是具体的指令有所不同。即，用什么 CPU，就用该 CPU 所对应的指令系统来编写。此外，当设计具体的变频调速系统时，应按实际情况作必要细化，包括硬、软件，下面的流程图主要是提供采用 SPWR 控制技术时的思路。简言之，具体问题要具体处理。

SPWR 的控制程序逻辑流程图

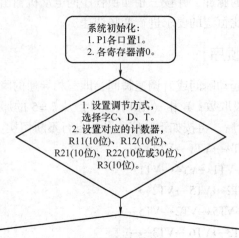

系统初始化:
1. P1各口置1。
2. 各寄存器清0。

1. 设置调节方式,
选择字C、D、T。
2. 设置对应的计数器,
R11(10位)、R12(10位)、
R21(10位)、R22(10位或30位)、
R3(10位)。

ROM分区置数(制表):

1. C程序。按每5Hz为一级,从50Hz或150Hz开始,逐级下降,按R12=10、9、8、…、1,并按C程序规定的计算方法,分别将计算出的分12段($k=0\sim11$)的a_k、t_{0k}数值,由高到低、一一对应,分别存储在ROM指定区的第1区第1段。之后,将从U_d到0分为10级,所对应的SCR控制所需的控制值,按R11=10、9、8、…、1,一一对应,分别存储在ROM指定区的第1区第2段。

2. D程序。按每0.1U_d为一级,从U_d开始,每5Hz为一级,从50Hz或150Hz开始,逐级下降,按R21=10(或30)、9(或29)、8(或29)、…、1;R22=10、9、8、…、1。之后,照D程序规定的计算方法,将计算出的分12段($k=0\sim11$)的a_k、t_{0k}数值,由高到低、一一对应,分别存储在ROM指定区的第2区第1~10段。

3. T程序。在同一U_d下,按每0.1f_c为一级,即每5Hz为一级,从50Hz或150Hz开始,逐级下降,按R3=10、9、8、…、1,并照T程序规定的计算方法,将计算出的分为12段($k=1\sim11$)的a_k、t_{0k}数值,由高到低、一一对应,存储在ROM指定区的第3区。

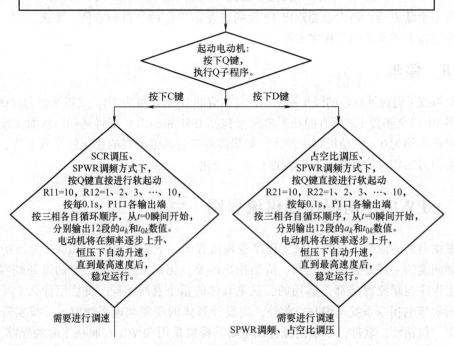

起动电动机:
按下Q键,
执行Q子程序。

按下C键   按下D键

SCR调压、
SPWR调频方式下,
按Q键直接进行软起动
R11=10,R12=1、2、3、…、10,
按每0.1s,P1口各输出端
按三相各自循环顺序,从$t=0$瞬间开始,
分别输出12段的a_k和t_{0k}数值。
电动机将在频率逐步上升、
恒压下自动升速,
直到最高速度后,
稳定运行。

占空比调压、
SPWR调频方式下,
按Q键直接进行软起动
R21=10,R22=1、2、3、…、10,
按每0.1s,P1口各输出端
按三相各自循环顺序,从$t=0$瞬间开始,
分别输出12段的a_k和t_{0k}数值。
电动机将在频率逐步上升、
恒压下自动升速,
直到最高速度后,
稳定运行。

需要进行调速

需要进行调速
SPWR调频、占空比调压

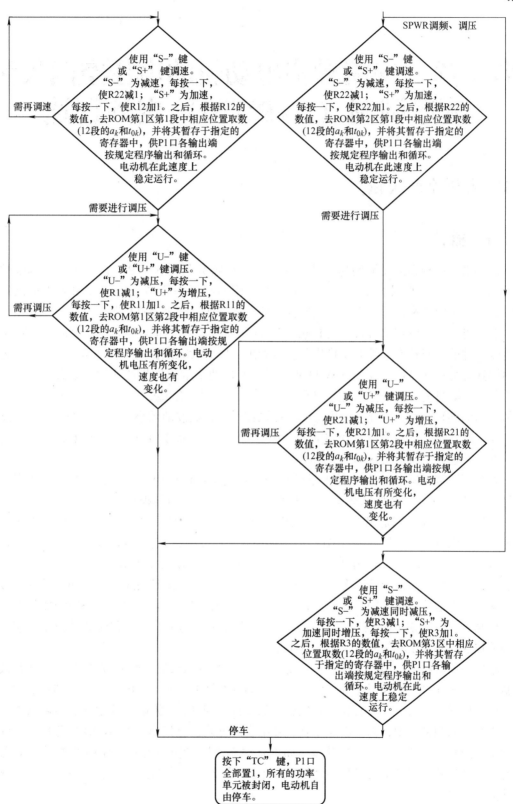

SPWR调频、调压

需再调速

使用 "S–" 键
或 "S+" 键调速。
"S–" 为减速，每按一下，
使R22减1；"S+" 为加速，
每按一下，使R12加1。之后，根据R12的
数值，去ROM第1区第1段中相应位置取数
(12段的 a_k 和 t_{0k})，并将其暂存于指定的
寄存器中，供P1口各输出端
按规定程序输出和循环。
电动机在此速度上
稳定运行。

使用 "S–" 键
或 "S+" 键调速。
"S–" 为减速，每按一下，
使R22减1；"S+" 为加速，
每按一下，使R22加1。之后，根据R22的
数值，去ROM第2区第1段中相应位置取数
(12段的 a_k 和 t_{0k})，并将其暂存于指定的
寄存器中，供P1口各输出端
按规定程序输出和循环。
电动机在此速度上
稳定运行。

需要进行调压

需要进行调压

需再调压

使用 "U–" 键
或 "U+" 键调压。
"U–" 为减压，每按一下，
使R1减1；"U+" 为增压，
每按一下，使R11加1。之后，根据R11的
数值，去ROM第1区第2段中相应位置取数
(12段的 a_k 和 t_{0k})，并将其暂存于指定的
寄存器中，供P1口各输出端按规
定程序输出和循环。电动
机电压有所变化，
速度也有
变化。

需再调压

使用 "U–"
或 "U+" 键调压。
"U–" 为减压，每按一下，
使R21减1；"U+" 为增压，
每按一下，使R21加1。之后，根据R21的
数值，去ROM第1区第2段中相应位置取数
(12段的 a_k 和 t_{0k})，并将其暂存于指定的
寄存器中，供P1口各输出端按规
定程序输出和循环。电动
机电压有所变化，
速度也有
变化。

使用 "S–"
或 "S+" 键调速。
"S–" 为减速同时减压，
每按一下，使R3减1；"S+" 为
加速同时增压，每按一下，使R3加1。
之后，根据R3的数值，去ROM第3区中相应
位置取数(12段的 a_k 和 t_{0k})，并将其暂存
于指定的寄存器中，供P1口各输
出端按规定程序输出和
循环。电动机在此
速度上稳定
运行。

停车

按下 "TC" 键，P1口
全部置1，所有的功率
单元被封闭，电动机自
由停车。

第5章 交流异步电动机的电压空间矢量脉宽调制（SVPWM）变频调速

5.1 电压空间矢量

5.1.1 概论

近年来，一种新的交流调速方法——空间矢量脉宽调制（SVPWM），正得到越来越多地应用。其主要的原因有4个：①它对直流电压的利用率要高一些，与SPWM相比约高15%；②调制中功率器件的切换次数较少，即每次只切换一个，这样就大大降低了切换的损耗；③它可以采用数字信号处理（Digital Signal Processing，DSP）技术，包括基于专用硬件的或全软件的，对功率器件的切换进行快速处理，因此大大地提高了调速速度，具有一定的实时调速能力；④是最重要的，SVPWM技术是利用两个空间矢量的线性组合合成，以获得多个等幅、渐进的辅助矢量（这些辅助矢量又称为"预期合成磁矢量"）的，从而可以得到近似圆形的旋转磁场，因此，使得电动机在调速时的转矩波动较小，电动机的动态和静态特性都比较好。正是这些优点，使得它自1983年由德国学者J. Holtz等提出来之后，迅速发展，在一定程度上有取代SPWM的趋势。

本来，脉宽调制（PWM）技术早已在交流调速中广泛应用，但是，早期由于功率开关器件（主要是SCR）的性能较差，且价格又较贵，所以应用与推广较慢。近年来，由于大功率半导体技术（特别是MOS技术）的迅速发展，使得功率器件（尤其是组件）性价比大大提高，特别具有代表性的如IGBT。由于器件开关性能的提高，使得大功率PWM技术也快速发展起来。其中较早就是SPWM技术。在此基础上，还发展出了新的SVPWM技术、矢量调节技术、直接转矩调节技术等。一系列以PWM为基础的交流调速技术，如雨后春笋般发展起来。尽管这些新技术的具体方法各有不同，但是，它们一般都会涉及SVPWM技术。所以，认真研究一下SVPWM技术各方面细节，对于下一步研究和分析矢量调节技术、直接转矩调节技术，实在是非常有意义的一件事情。

早期的调制技术，由于其控制部件是采用硬件电子电路的，使用的脉宽调节方法是载波调制（本书第4章SPWM中已有叙述），故称为脉宽调制。随着CPU和MCU芯片的快速发展，价格也越来越低廉，并有各种开发软件的支持，现在，"脉宽"的改变已经可以不再完全依靠载波调制来实现，而可以应用软、硬结合的方式，直接由CPU和MCU芯片的I/O口提供所需的脉宽。即，"调节"脉宽，而不是"调制"脉宽，尤其是应用DSP技术后更是如此。尽管如此，习惯上还是称为"脉宽调制"。据此，在本书的所有相关叙述中，一概称为脉宽调制技术。

SVPWM技术，实际上就是经过改造的PWM技术。改造的基础是高速切换的功率开关器件（IGPT 的截止频率达 20kHz）和功能强大的控制器件（如 CPU）。方法就是利用相邻的两个导通状态下的电压合成矢量（下面称为电压空间矢量），按不同比例组合切换，从而构成矢量端转动轨迹近似呈圆形（甚多边形）的旋转磁场。

因此，可以这样认为，SVPWM 技术是一种磁链跟踪技术。即，以电机绕组产生圆形旋转磁场为目的，在三相全桥可控开关主电路的支持下，利用相邻磁动势（或磁链）的空间矢量，在不同比例的线性组合下，合成多个新的辅助矢量（下面统称预期矢量）。它们等幅、顺序渐转，呈形成接近圆形的旋转磁场。而对于六拍 PWM 技术，矢量是跳跃变化的，会使空间矢量幅值发生变化（呈六边形状），具有电机转矩产生波动的缺点。故而当前，SVPWM 技术已基本取代了 PWM 技术，成为交流调速技术中的主要手段。

因为，从电机外部，磁链（或磁场）是不便测量的物理量。所以，利用磁链（在绕组中）感应电动势、电动势与电压平衡的巧妙关系，在可以不计定子阻抗的条件下，将磁链矢量转化为在外部方便测量的电压空间矢量；把研究多相磁链矢量的合成问题，转化成研究多相绕组电压空间矢量的问题。这样一来就直观多了，分析起来就方便多了。

应当指出的是，无论是电机的定子电压或是转子电压，都是时间的函数。也就是说，它们是时间（复平面上的）矢量，应当没有空间变化的问题。空间变化的问题只能磁动势（磁链或磁场——定子气隙磁通）这些物理量所要面对的。正如大家都熟知的，在多相对称绕组中流过多相对称电流时，就会在电机定子内沿处产生一个保持一定振幅的呈正弦分布的磁场，它将以流过的电流的角频率为角速度，顺绕组相序方向旋转，通常称之为电机的定子旋转磁场。电机学里提到，由于该磁场的转动，于是相对于电机定子内沿位置而言，某一处的磁场数值将既是空间的函数，又是时间的函数。也就是说，当时间一定，该磁场在空间呈正弦分布，所处位置的坐标（如极坐标）将决定该位置磁场的大小；而当位置一定，该磁场的大少又因时间的变化而发生变化。磁场之所以变化，正是由于通过的是交流电流。所以，在推导公式时，才会引出磁场的转速（角速度）恰好等于电流变化的角频率 ω，进而推出电机的磁场转速（单位为 r/min）为

$$n = \frac{60 f_c}{p} \tag{5-1}$$

式中，$f_c = \dfrac{\omega}{2\pi}$ 为电流频率；p 为电机的极对数。

因此，在下面的叙述中，对于图 5-1 所示的三相绕组的合成磁场（其中，A 相磁通轴线定在 A 相绕组的轴线上），当它旋转到某个位置（θ）时，就会把合成磁场 f 当作"空间复平面"中的旋转矢量来进行处理。其模为磁场幅值（由电流的最大值来决定），其角速度度为 ω，经过时间 t（单位为 s）后所处的位置角便为 $\theta = \omega t$。于是，遂有其在直角坐标下的投影关系，如图 5-1 所示。

其中

$$|f_\alpha| = f_\alpha = |f| \cos\omega t \tag{5-2}$$

$$|f_\beta| = f_\beta = |f| \sin\omega t \tag{5-3}$$

这样一来，磁场幅值所处的位置便又和时间有关，又是时间的函数。但是，这里指的是幅值位置（相位）和时间的关系，而不是前面提到过的定子内沿各处磁场大小和时间的关系（前者是指位置变化，后者则是指磁通大小的变化）。虽然，从计算式上来看，它们都与 ωt 有关，形式相似，但物理意义却完全不一样。简言之，所有这些概念性的东西，都应以

电机学的物理概念为准，不得因处理方法上的变化而变化，以免产生混乱。这一点请读者学习本书时加以注意。

5.1.2　空间矢量

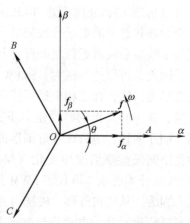

图 5-1　三相绕组的旋转磁场

在电机学中，为方便分析问题，应用了数学复平面，主要是用它来分析多相（一般实用的是三相或两相）绕组产生的磁场，采用的有极坐标和直角坐标两种形式。可把垂直于电机转轴的这个绕组切面当作复平面，这样既看起来直观，又处理起来方便。

图 5-2 中，图 a 所示为电机绕组切面图；图 b 所示为三相绕组的简化原理图，即在复平面空间互相间隔（相差）120°；图 c 所示为用矢量来表示的三相绕组的磁动势及其合成磁动势，其中各相磁动势的空间相位由代表三相绕组的矢量 **A**、**B**、**C** 决定，而大少则由绕组中流过的电流（时间函数）来决定，合成矢量则是各相矢量（按复平面方法处理）的矢量和。

由此可见，所谓电机的空间矢量，就是指电机绕组产生的定子或转子磁动势，进一步说也就是磁链。而其在空间的位置的数学表示，即是磁动势或磁链的空间矢量。

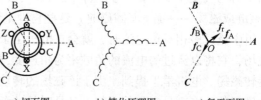

a) 切面图　　b) 简化原理图　　c) 复平面图

图 5-2　异步电动机绕组切面图、
简化原理图与复平面图

这里，由于是从工程应用的角度来讨论问题的，就不再详细地讨论和推导空间矢量的具体公式和数值了。这些内容对学过电机学的读者来说，应当是熟习的、不困难的，也很容易能从有关书籍中查到。

5.1.3　电机定转子电流的空间矢量

由于磁动势是由绕组电流和绕组匝数共同决定的，而匝数是个不变的数值，所以磁动势作为空间矢量在振幅和相位上的变化，完全可以用绕组电流的变化来表示。这样，就赋予了绕组（定子、转子）电流以"空间矢量"的性质，即认为电流也可以表示为电流空间矢量，如图 5-3 所示。

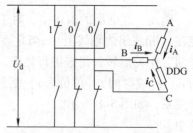

图 5-3　三相绕组的电流空间矢量

它们同样可以合成，即将三相绕组的电流抽象地合成为一个相当于只有一个绕组（可称之为单轴绕组）产生的完全等效的合成电流。如果约定等效前后电机转换的能量守恒，则可以有如下的合成电流公式：

$$\text{定子}\qquad i_1 = \sqrt{\frac{2}{3}}\,(i_{A1} + i_{B1} + i_{C1}) = \sqrt{\frac{2}{3}}\,(i_{A1} + \alpha i_{B1} + \alpha^2 i_{C1}) \tag{5-4}$$

$$\text{转子}\qquad i_2 = \sqrt{\frac{2}{3}}\,(i_{a2} + i_{b2} + i_{c2}) = \sqrt{\frac{2}{3}}\,(i_{a2} + \alpha i_{b2} + \alpha^2 i_{c2}) \tag{5-5}$$

式中，α 为复平面矢量算子，$\alpha = e^{j120°}$、$\alpha^2 = e^{j240°}$、$1 = e^{j0°}$；$\sqrt{2/3}$ 为转换系数，它是在合成矢量的基础上，为方便坐标变换而引入的一个系数。当系统遵守能量守恒原则时，对于三相对称绕组取 $\sqrt{2/3}$。

此外，还有一点需要说明，电流矢量的模长为实时瞬态值，相位为当时在空间复平面上所处的位置，并以与水平轴（即 0°）所夹角度来表示。在公式中，矢量均以黑体小写斜体字母表示，如 $\boldsymbol{i}_1$、$\boldsymbol{u}_r$；一般的交流瞬时值和标量则以小写斜体字母表示，如 i_1、u_r。

空间矢量实质上就是多相合成矢量，只不过要在其前面加上一个系数 K，表示不同情况下的合成数值。从物理意义上来说，它是描述事物的整体的。例如，由多相电流（磁动势或磁链）产生的合成矢量就是（生成的）旋转磁场（势链为 $\boldsymbol{\psi}$），它就是多相向合成量；从数学形式上说，可以使符号简化、公式简单。

作为空间矢量的定义，K 值可以任意取数，如常见的 $\sqrt{2/m}$、$2/m$、$1/\sqrt{m}$，对于三相系统来说，$m = 3$，故 K 可取 $\sqrt{2/3}$、$2/3$、$1/\sqrt{3}$。其中，$\sqrt{2/3}$ 就是遵守系统能量守恒原则下所取的值。K 的其他值，是在遵守别的原则时确定的，下面的相关分析中将陆续介绍给读者。

5.1.4　电机定转子磁链的空间矢量

磁链 $\boldsymbol{\psi} = L\boldsymbol{i}$。其中，电感 L 代表磁阻情况，在磁路不饱和时，可视为常数。这样一来，$\boldsymbol{\psi}$ 就可以用相应的绕组电流 $\boldsymbol{i}$ 来表示了。

前面已经将绕组电流空间矢量化了，当然，这里也就可以对绕组磁链空间矢量化，即绕组磁链也是空间矢量——磁链空间矢量。

5.1.5　电机定子、转子绕组的电压空间矢量

由于 $\boldsymbol{\Psi} = W\boldsymbol{\Phi}$，在 W 为一定值的条件下，$\boldsymbol{\Psi} \equiv \boldsymbol{\Phi}$。当电机定子和转子合成的气隙磁通在沿着气隙旋转时，就会在三相绕组中分别产生三相感应电动势，即

$$E = 4.44fW\boldsymbol{\Phi} \equiv \boldsymbol{\Phi} \tag{5-6}$$

自然可以想到，三相绕组的感应电动势也可以进行空间矢量化，即可以认为有电动势就有电动势空间矢量。

在电机绕组的电路稳态平衡中，绕组外加电压 $\boldsymbol{u}$ 和电动势 $\boldsymbol{e}$ 之间的关系为

$$\boldsymbol{u} = -\boldsymbol{e} + \boldsymbol{i}(r + jx) \tag{5-7}$$

如果忽略定子或转子的阻抗，那么就很容易地得到

$$\boldsymbol{u}_1 = -\boldsymbol{e}_1$$

$$\boldsymbol{u}_2 = \boldsymbol{e}_2$$

这样一来，可以很容易地通过"电动势空间矢量"引出"电压空间矢量"这个概念来。

三相绕组的外加电压是 3 个相差 120°的对称的三相电压，即 $\boldsymbol{u}_A$、$\boldsymbol{u}_B$、$\boldsymbol{u}_C$。于是，可以得到三相绕组的合成的电压空间矢量，即

$$\boldsymbol{u}_{1(2)} = \sqrt{\frac{2}{3}}(\boldsymbol{u}_A + \boldsymbol{u}_B + \boldsymbol{u}_C) = \sqrt{\frac{2}{3}}(u_A + \alpha u_B + \alpha^2 u_C) \tag{5-8}$$

式中，$\alpha = e^{j120°}$；$\sqrt{2/3}$ 为坐标变换系数。

这个结论对定子 S 和转子 R 都是成立的，对于笼型转子的电机来说，可以只研究分析

前者，而不必管后者。

　　根据上述的讨论可以看出，真正需要研究的物理量是磁动势和磁链。研究的是其运行规律，以便使其按照所需要的方式来工作。之后，通过物理量之间的关系（线性的）和变换，即由 $I \rightarrow \psi \rightarrow \Phi \rightarrow E \rightarrow U$，把 ψ 用绕组上所加的电压（直流电压通过功率开关使之变换成三相交流电压）来表示，来进行具体操作，这样做既直观又方便。事实上，电流 i 就是由电压 u 产生的，所以研究 u 的运行方式，也就研究了 i 的运行方式，即磁场的运行方式。

　　应当指出的是，上面得到的这种结论完全是工程中技术处理的一种手段，不涉及改变被研究变量的具体物理含义。但是，该方法确实可以起到模仿的作用，通过分析这些矢量的变化和状态，就可以理解和处理电机磁场的具体运行方式和状态，给研究工作和实际应用带来许多便利。

5.2　电压 SVPWM 调速的基本原理

5.2.1　主电路的结构

　　电压 SVPWM 调速主电路示例如图 5-4 所示。其中，三相全控桥式电路由整流器输出的直流电压 U_d 供电；在 3 只桥臂的中性点引出输出线，供给被控电动机的三相绕组；各功率器件的控制极则由专门的控制电路控制。该主电路与过去的六拍型逆变器的主电路基本一样，只是功率器件用的是 IGBT。

5.2.2　电压空间矢量的具体定义

　　如图 5-4 所示，三相全桥的上、下臂均是可控的功率器件，当前基本上用的是 IGBT，上、下臂每次只允许一个器件导通，另一个必须呈反相状态，上、下臂绝对不能同时导通，否则会造成直流电源短路。

　　对电路定义如下：

　　1）上臂导通为状态 1（其相连下臂必须为断开，定义为状态 0）。

　　2）下臂导通为状态 0（其相连上臂必须为断开，定义为状态 0）。

　　例如，如图 5-5 所示，该时刻状态为 100。

　　同理，三相的 6 个功率器件，按 2^3 排列组合可以构成 8 个状态，即 100、110、010、011、001、101、111、000。其中，前 6 个状态下均可以向电动机绕组输出电压，故称为电压状态；而后 2 个状态不能向电动机绕组输出电压（即全接上臂或全接下壁），故称为非电压状态，或 0 电压状态。

　　根据主电路可以看到，如果形成电压状态 100，则电动机绕组上的电压应为

$$+u_A \text{、} -u_B \text{、} -u_C$$

如果把三相绕组轴线的 X 轴相位取为 0，并把 A 相矢量的初相位也取为 0，即与 X 轴重合，按三相相序 A、B、C，再对应 100 的导通接法，便可以得到其空间电压矢量。

　　用同样的方法，可以得到出其余 5 个电压状态下（即 110、010、011、001、101）的电压空间矢量。它们共同组成了六拍型逆变器的电压空间矢量图，如图 5-6 所示。

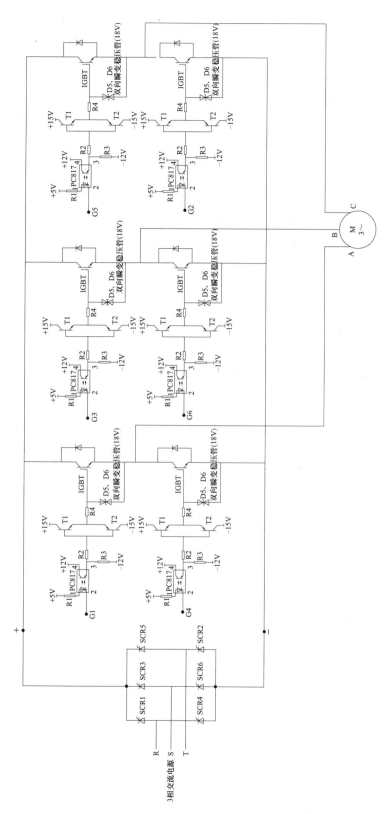

图 5-4　电压SVPWM调速主电路示例

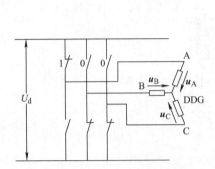

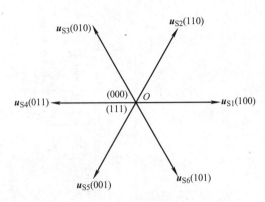

图 5-5　在直流电压下开关器件导通的状态 100　　　　图 5-6　六拍型逆变器的电压空间矢量图

其中，2 个非电压空间矢量只能为处于中心 O 的两个点。

图 5-6 中，电压空间矢量 u_S 后的数字对应其开关状态，在之后的讨论中会将两者合一使用，有时还会简化成以状态的数字来代表该状态的电压空间矢量。

图中，u_{S1}（100）相当于 +A$^\ominus$；u_{S3}（010）相当于 +B；u_{S5}（001）相当于 +C；而 u_{S2}（110），由于是 A、B 两相正向通电，C 相为反向通电，即 − C；u_{S4}（011）相当于 − A；u_{S6}（101）相当于 − B。u_{Sk} 为空间矢量，即电压空间矢量（实质上是一个磁链空间矢量）。

5.2.3　SVPWM 的具体工作过程

如前所述，SVPWM 就是要将两个相邻电压空间矢量合成一个新的辅助矢量，所以它的主要工作就是如何"合成"的问题。为此，在具体讨论之前，应先对合成过程涉及的一些规则进行定义，然后再分析合成的方法和有关参量的计算，最后再去安排如何实现。下面将一步步地进行分析和叙述。

1. SVPWM 工作规则

1）上下臂绝不可以同时导通，只能导通三相中的上臂或下臂。

2）每次只能有一个器件动作，要么在 A 相，要么在 B 相，要么在 C 相，视具体情况而定。

3）一般来说，可从空间电压矢量（100）开始进行切换，如（100）→（110），即 B 相切换到下臂关断，上臂导通，其余均不动，这相当于切换为 − B。之所以每次只切换一个器件，可以减少切换功率的损耗。

2. 六拍型 PWM 电压矢量图

如图 5-6 所示，六拍型 PWM，可构成一个六矢量的空间相差 60°的空间矢量图，当进行功率器件切换时，矢量（为方便起见，通导代码简写为 100、110 等）顺序为 100→110→010→011→001→101→100→…，每隔 60°一跳，逆时针方向旋转，从而可以获得一个六边形矢量端轨迹的旋转矢量图。

3. 六拍型 PWM 合成矢量方法存在的问题

针对上述这种六拍型 PWM 的电压空间矢量图，可以看到，如果只采用上述的六拍控制

$\ominus$　+A 代表 A 相正向通电，−A 代表 A 相反向通电。

原理，则只能获得一个变化轨迹呈六边形、六拍跳跃的旋转磁场。合成磁场之所以呈六拍跳跃旋转，是由于以下的原因（见图 5-7）：

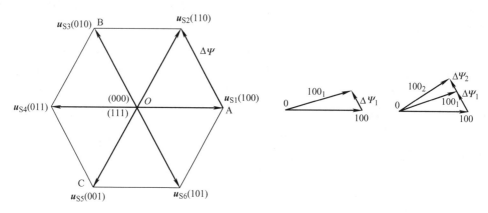

图 5-7　六拍型旋转磁场跳跃变化的情况

当从 100→110 的瞬间（切换时间以 μs 计），由于 B 相上臂导通，出现 u_{S3}，使得新的磁链 $\Delta\psi$ 参加进来。$\Delta\psi$ 的方向应为 + B，也是 u_{S3} 的方向。于是，旋转磁场矢量便会由矢量 100，瞬间加上矢量 $\Delta\psi$，变成矢量 110。这个变化很快，因为切换是瞬间完成的。尽管如此，通过电流的变化让磁链达到 $\Delta\psi$ 还是要有一定的（电磁）时间的。那么，在 $\Delta\psi$ 产生的过程（由 $0\to\Delta\psi$）中，可以看成是矢量 100 + 矢量 $\Delta\psi_1$ = 矢量 110_1；再随着 $\Delta\psi_1$ 的增大，有矢量 100_1 + 矢量 $\Delta\psi_2 = 110_2$；…；直到达到 $\Delta\psi$ 的稳定值，便有矢量 100 + 矢量 $\Delta\psi$ = 矢量 110。这个变化是直线的，如图 5-7 所示。结果发现，在这个瞬间（即所谓合成矢量旋转的一个扇区内），合成矢量会有一个最小值，即旋转到（实际上是快速跳跃）位置 100 和 110 的中间，它就是矢量变化中的最小值。即，在磁场旋转时，其振幅不是个常数，而是由大到小再到大变化的。所以说合成矢量的旋转轨迹呈正六边形，而不是圆形。

上述这种呈六边形旋转的磁场与正常的由三相对称交流电流产生的合成磁场相比，有以下几处不同：

1）外加的电压不同。前者为直流电压；后者为正弦变化的交流电压。

2）流过绕组的电流也会不同。前者为变化比较平滑的交流电流（包括大小和方向都比较平滑，由直流电压在绕组中产生的交流电流）；而后者则是按正弦规律变化的交流电流。

3）前者为人为控制功率器件通、断，来切换绕组中电流的流向与大小，因此多是不连续的；而后者则是在电压自然的变化下，电流改变自己的方向和大小，因此它的变化是连续的。

4）前者是不完全等幅、呈六边形状轨迹跳跃的旋转磁场；而后者则是完全等幅的圆形的旋转磁场。

正是由于这些不同，虽然利用电压空间矢量的规律切换可以产生旋转磁场，但这个磁场显然是很不理想的：第一，它是跳跃变化的，不是连续变化的；第二，它的振幅有波动，且此波动 1 个周期中将发生 6 次。因此，它们除了会首先影响电动机的转矩，使电动机发生抖动以外，还会在绕组感产生多个高次的奇次谐波电动势，所产生的谐波电流会引起绕组和铁心发热，形成多余的损耗。

可见，六拍式电压空间矢量切换方法虽然比较简单，但显然不够好。最好的办法是，既保持切换方法简单的优点，又能减弱其振幅变化这个缺点。那么，就有了电压SVPWM方法，即用6个电压矢量中相邻的2个，按不同的线性比例来组成若干个新的所期望的辅助合成矢量，并让其振幅保持不变。如此一来，在原有的一个扇区内（相邻电压矢量的间隔范围），就可以出现多个等分区的辅助矢量，其幅值相等并等于设计的预期值u_r。此外，在定比例时，让辅助矢量对基轴［水平X轴，即第1拍合成矢量$u_{S1}(100)$］的相角值为θ，按设计方案各分区对应相角数值都等于θ；然后再按图5-8所示的方法，一个一个地确定相邻两个电压矢量应该给出的比例分量。下面就来介绍具体的矢量合成工作。

首先，给出两个定义：对每一个预期矢量合成时，所需要的两相邻电压空间矢量（如100、110），称为主矢量；其相应的比例矢量$\left(由\theta值决定的\dfrac{T_M}{T_0}u_{S1}和\dfrac{T_L}{T_0}u_{S2}\right)$，称为矢分量。下面介绍预期矢量的具体合成方法。

图5-8中，把一个扇区划分成4等份，即方案取分区数$j=4$。这样，一个扇区内从基轴的第2主矢量（100）算起，到第2主矢量（101）之前，就有了4个等幅辅助合成矢量（下面称预期矢量），那么比六拍型的就多了4倍，6个扇区共有24个预期矢量，所形成

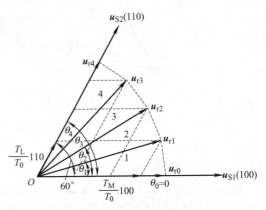

图5-8　辅助矢量u_{r1}的合成

的矢量跳变轨迹，就由六边形变成了24边的密集多边形，更接近圆形。由此看来，SVPWM技术真的可以起到追踪圆形旋转磁场的目的。显然，小区划得越密，就能获得越多的预期矢量，合成磁场就越逼近圆形。但小区数值的多少将受逆变桥功率器件切换时间的限制，因为每个小区的周期（令其为T_0），正好是预期矢量的切换周期，必须充分大于功率器件切换时间。否则，就有可能一个器件尚未关断，而另一个却已导通。此种情况若出现在同一桥臂时，会引起电源短路，这是绝对不允许的。此外，它还受到采用的功率器件的频率特性的限制，因为器件的频率特性好则价格贵，有一个价比的问题。目前，常用功率器件的频率一般为20kHz。所以，小区数的多少，只能根据实际需要，经论证后来决定，并非越多越好。1个扇区常用的小区数$j=2、4、6、8$，则1个旋转周期（6个扇区）划分为12、24、36、48小区，那么有12、24、36、48个预期矢量。

此外，曾经提到过的"特殊技术手段"将在本书第6章和第7章，即矢量变换控制调速和直接转矩控制调速的内容中详细介绍，本章将不叙述，以免给读者带来困惑。本章以介绍相邻两矢量按比例合成这种SVPWM调速技术内容为主，特此说明。

5.3　电压SVPWM技术的具体内容和处理方法

为了方便叙述，先合成其中的一个预期矢量u_{r1}，以此为例，其他的可照此处理。

如前所述，电压SVPWM的具体思路是这样的，即应用相邻的两个电压矢量，组合成一个新的某一幅值的预期合成矢量（如u_{r1}，对应θ_1），如图5-9所示。

也就是说，利用矢量 $\boldsymbol{u}_{S1}$（100）的部分导通时间（如 T_M）及矢量 $\boldsymbol{u}_{S2}$（110）的部分导通时间（如 T_L），使这两个时间基本上等于一个小区的周期 T_0（还应有一个零电压矢量时间 t_0），即

$$T_0 = T_M + T_L + t_0 \qquad (5\text{-}9)$$

T_M 和 T_L 的大小，是由小区对应的相位角 θ_i（$i = 0 \sim j$）决定的，不同的相位角有不同矢分量，即图5-9所示的 $\dfrac{T_M}{T_0}\boldsymbol{u}_{S1}$

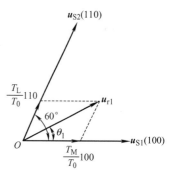

图5-9　新的某一幅值（u_{r1}）的预期合成矢量 $\boldsymbol{u}_{r1}$

与 $\dfrac{T_L}{T_0}\boldsymbol{u}_{S2}$。矢分量 $\dfrac{T_M}{T_0}\boldsymbol{u}_{S1}$ 的矢量方向与 $\boldsymbol{u}_{S1}$ 一致，即利用了主矢量 $\boldsymbol{u}_{S1}$ 同样的幅值，但导通时间短，只有 T_M，故表现出来的电压空间矢幅值就只有 u_{S1} 的 $\dfrac{T_M}{T_0}$，即 $\dfrac{T_M}{T_0}u_{S1}$；同样，矢分量 $\dfrac{T_L}{T_0}\boldsymbol{u}_{S2}$ 表现出来的电压空间矢幅值就只有 u_{S2} 的 $\dfrac{T_L}{T_0}$，即 $\dfrac{T_L}{T_0}u_{S2}$。作图时，当 $\boldsymbol{u}_r$ 和 θ 具体确定后，根据矢分量与主矢量同相的原则，可画出相应的两个矢分量来，即图5-8所示的 $\boldsymbol{u}_{S1}$ 对应的 $\dfrac{T_M}{T_0}100$ 和 $\dfrac{T_L}{T_0}110$。至于 T_M 和 T_L 数值的具体计算公式，将在下面介绍。

使用上述的方法，就可以画出每一个扇区内所有的辅助预期矢量。图5-8所示的 $\boldsymbol{u}_{r1}$、$\boldsymbol{u}_{r2}$、$\boldsymbol{u}_{r3}$、$\boldsymbol{u}_{r4}$ 为各辅助预期矢量，它们分别对应 $\theta_1 = 15°$、$\theta_2 = 30°$、$\theta_3 = 45°$、$\theta_4 = 60°$。其中，$\boldsymbol{u}_{r0} \sim \boldsymbol{u}_{r3}$ 为第Ⅰ扇区中的4个预期矢量；而 $\boldsymbol{u}_{r4}$ 则为第Ⅱ扇区中的4个预期矢量的第1个，第Ⅱ扇区中的4个预期矢量应位于类似的位置。

以上具体介绍了预期矢量合成方法，总结如下：

1）根据电动机的工作需要，确定所需的电源电压 U_d，从而确定预期矢量的幅值（具体计算将在后面讨论）。

2）再根据工作精度的需要，确定每个扇区需划分的小区数目 j，从而决定各预期矢量相位角 θ_i（$i = 0 \sim j$）。这里应该注意，每个扇区第1个预期矢量相位角 $\theta_0 = 0°$，即基准均采用该扇区的第1个主矢量的相位。这样可以简化时间公式，若均以 X 轴为准，则公式会复杂许多，不利于记忆（具体情况后述）。

3）根据小区总数 $6j$，可计算出小区的周期（即切换周期，也称采样周期）$T_0 = \dfrac{f_1}{p}\dfrac{1}{6j}$。其中，$f_1$ 为所需同步频率；p 为极对数；j 为单扇区的小区数。

4）可根据后面提供的矢分量导通时间公式，计算出 T_M 和 T_L，然后按比例画出各扇区内的每一个矢分量。

5）也可按照上面介绍的方法，利用平行原则，画出各扇区内的每一个预期矢量，以及其相应的矢分量，从而得到磁场旋转一周所需的全部预期矢量 $\boldsymbol{u}_{ri}$。其中，$i = 0 \sim (6j - 1)$。

6）在之后的讨论中，均以讨论某个预期矢量为例子，介绍如何在一个扇区内进行矢量合成的分析与计算。讨论的结果，是适合各扇区和各小区对应的预期矢量（及其相应的矢分量）的，只是要注意扇区号和小区号（可用 θ_i 来表示）。

5.4 各扇区矢分量作用时间的推导

5.4.1 主矢量与相应的矢分量应该坚持的原则

为了让 u_r 在旋转过程中保持希望的一个幅值（主要取决于电源电压 U_d），就必须保证一定的投影关系。即，当将 u_r 分别投影到 X 轴和 Y 轴上，其在 X 和 Y 轴的投影值必须与其组成的两个分量在 X 和 Y 轴上的投影值之和相等。

根据上述原则，可以通过推导求出两个矢分量的导通时间（见本书附录 B），如第 I 扇区内的两个导通时间为

$$T_{M1} = \sqrt{3}\,\frac{u_r}{U_d}T_0\sin(60° - \theta) \tag{5-10}$$

$$T_{L1} = \sqrt{3}\,\frac{u_r}{U_d}T_0\sin(\theta - 0°) \tag{5-11}$$

可以看出，不同的 θ_i 值将决定时间 T_{M1} 与 T_{L1} 的数值，也就决定了该时刻（因 $\theta_i = \omega t_i$）合成矢量 u_r 的具体位置。

为了推导导通时间的公式，还需对电压空间矢量的内涵进行一下介绍。

5.4.2 电压空间矢量的表达式

根据电机学知道，三相对称绕组瞬时产生的磁链空间矢量如果用瞬时电压空间矢量来表示，则分别为

$$\boldsymbol{u}_A = u_A e^{j0°} \qquad \boldsymbol{u}_B = u_B e^{j120°} = \alpha u_B \qquad \boldsymbol{u}_C = u_C e^{j240°} = \alpha^2 u_C$$

式中，u_A、u_B、u_C 为相电压的瞬时值。

于是，可以得到三相绕组磁链（用电压空间矢量来表示）的合成矢量为

$$\boldsymbol{u} = u_A + \alpha u_B + \alpha^2 u_C \tag{5-12}$$

这里，以绕组 A 的轴线作为 A 相空间矢量 $\boldsymbol{u}_A$ 的轴线。

按照空间矢量的定义，将合成矢量乘上一个系数 K 便是其空间矢量。对于三相系统，当需保持能量守恒进行坐标变换时，取 $K_1 = \sqrt{2/3}$（具体推导可参看本书附录 G）。于是，便得到了三相绕组的电压空间矢量为

$$\begin{aligned}\boldsymbol{u} &= K_1(u_A + \alpha u_B + \alpha^2 u_C) \\ &= \sqrt{\frac{2}{3}}(u_A + \alpha u_B + \alpha^2 u_C)\end{aligned} \tag{5-13}$$

该式与式(5-8) 一致。

5.4.3 六拍状态下的电压空间矢量

在六拍状态下，可以获得 6 个电压空间矢量（也简称电压矢量），即 $u_{S1}(100)$、$u_{S2}(110)$、$u_{S3}(010)$、$u_{S4}(011)$、$u_{S5}(001)$、$u_{S6}(101)$，这里简写为（100）、（110）、（010）、（011）、（001）、（101）。它们实质上都是一个个合成矢量。再根据它们图 5-10 所示的电压数值和相位，可以给出下述关系。

首先，根据主电路的连接情况，画出几个电压空间矢量合成时的瞬间连接电路，如 100、110、011 和 101 共 4 种状态的连接电路。之后，观察一下各相负载上承受的电压值是多少，得到串联相电压为 $2U_d/3$，并联相受压为 $U_d/3$（也可利用下面的相电压公式推导证明）。

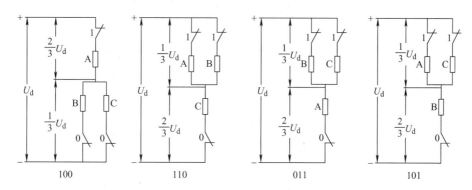

图 5-10　不同开关状态时三相绕组所承受的直流电压

对应图 5-10 所示的各开关状态下主电路的连接情况，逆变器输出电压（即绕组相电压）与开关状态的关系可用以下矩阵方程表示：

$$\begin{bmatrix} U_A \\ U_B \\ U_C \end{bmatrix} = \frac{1}{3}U_d \begin{bmatrix} 2 & -1 & -1 \\ -1 & 2 & -1 \\ -1 & -1 & 2 \end{bmatrix} \begin{bmatrix} A \\ B \\ C \end{bmatrix}$$

$$= \frac{2}{3}U_d \begin{bmatrix} 1 & -\frac{1}{2} & -\frac{1}{2} \\ -\frac{1}{2} & 1 & -\frac{1}{2} \\ -\frac{1}{2} & -\frac{1}{2} & 1 \end{bmatrix} \begin{bmatrix} A \\ B \\ C \end{bmatrix} \tag{5-14}$$

再根据 A、B、C 所处的开关状态（1 或 0），根据三相电压瞬间的相位和波形，可以计算出各相的输出电压为（此时 $A=1$、$B=0$、$C=0$）

$$u_A = \frac{2}{3}U_d\left(A - \frac{1}{2}B - \frac{1}{2}C\right) = \frac{2}{3}U_d(1-0-0)$$

$$= \frac{2}{3}U_d \tag{5-15}$$

$$u_B = \frac{2}{3}U_d\left(-\frac{1}{2}A + B - \frac{1}{2}C\right) = \frac{2}{3}U_d\left(-\frac{1}{2} - 0 - 0\right)$$

$$= -\frac{1}{3}U_d \tag{5-16}$$

$$u_C = \frac{2}{3}U_d\left(-\frac{1}{2}A - \frac{1}{2}B + C\right) = \frac{2}{3}U_d\left(-\frac{1}{2} - 0 + 0\right)$$

$$= -\frac{1}{3}U_d \tag{5-17}$$

依这种情况，可以列出各拍合成的电压空向矢量做公式为

$$(100) = u_A - \alpha u_B - \alpha^2 u_C = \frac{2}{3} U_d - \frac{\alpha}{3} U_d - \frac{\alpha^2}{3} U_d$$

$$= U_d e^{j0°} \tag{5-18}$$

$$(110) = u_A + \alpha u_B - \alpha^2 u_C = \frac{1}{3} U_d + \frac{\alpha}{3} U_d - \frac{2\alpha^2}{3} U_d$$

$$= U_d e^{j60°} \tag{5-19}$$

$$(010) = -u_A + \alpha u_B - \alpha^2 u_C = -\frac{1}{3} U_d + \frac{2\alpha}{3} U_d - \frac{\alpha^2}{3} U_d$$

$$= U_d e^{j120°} \tag{5-20}$$

$$(011) = -u_A + \alpha u_B + \alpha^2 u_C = -\frac{2}{3} U_d + \frac{\alpha}{3} U_d + \frac{\alpha^2}{3} U_d$$

$$= U_d e^{j180°} \tag{5-21}$$

$$(001) = -u_A - \alpha u_B + \alpha^2 u_C = -\frac{1}{3} U_d - \frac{\alpha}{3} U_d + \frac{2\alpha^2}{3} U_d$$

$$= U_d e^{j240°} \tag{5-22}$$

$$(101) = u_A - \alpha u_B + \alpha^2 u_C = \frac{1}{3} U_d - \frac{2\alpha}{3} U_d + \frac{\alpha^2}{3} U_d$$

$$= U_d e^{j300°} \tag{5-23}$$

上述六拍合成矢量的幅值均为 U_d，而彼此间的相位相差 $60°$，如图 5-11 所示。

这里，每拍合成矢量的幅值均为 $u_S = U_d$，仅代表三相电压在不同时刻（六拍）的合成矢量的大小；至于其空间相位，则由开关器件切换时的开关状态来决定。这六拍描述了 6 个切换瞬间合成电压矢量的大小和相位，但并非所有时间内合成电压矢量的大小和相位都是如此。某时间的各合成电压矢量，要根据三相电压的瞬时值及三相相位关系进行合成。它们均不会再处于三相坐标的位置上，而是在两拍之间。正因为如此，合成电压矢量才会依电压序号顺序方向旋转，成为旋转电压矢量（磁场）。读者有

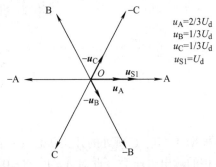

$u_A = 2/3 U_d$
$u_B = 1/3 U_d$
$u_C = 1/3 U_d$
$u_{S1} = U_d$

图 5-11　六拍状态下三相向量的合成

兴趣可自行绘制多时刻的合成矢量图，这有助于加深对空间旋转矢量的认识。至于磁场的空间分布，是呈正弦函数关系的，所以才可以使用空间旋转矢量来进行表示。

在保持系统能量守恒条件的制约下，进行坐标变换时，上述每拍合成矢量对应的电压矢量都需要在幅值前加系数 $K_1 = \sqrt{2/3} \approx 0.816$。

对于要讨论的电压 SVPWM 的预期电压矢量，如果每拍空间矢量的幅值都采用 $u_S = \sqrt{\dfrac{2}{3}} U_d$，则在合成新的预期电压矢量 $\boldsymbol{u}_r$ 时会出现 $|\boldsymbol{u}_r| > U_d$ 的情况。这是不合理的，因为预期电压矢量 $\boldsymbol{u}_r$ 代表的是旋转磁场，它所对应的磁链只能对应绕组的相电压，绕组相电压的幅值是不可能大于 U_d 的（U_d 是加在三相绕组上的线电压）。即使在正弦变化的情况下，相电压瞬时最大值也只能达线电压瞬间最大值的 $\dfrac{2}{3}$，在开关状态下的线电压瞬间最大值就是外加直流电

压 U_d。例如，（100）这一拍的瞬间，A 相为 $\frac{2}{3}U_d$，其余两相则各为 $\frac{1}{3}U_d$；切换后会降低，从 $\frac{2}{3}U_d$ 变为 $\frac{1}{3}U_d$，另外两相中有一相会增高，从 $\frac{1}{3}U_d$ 变为 $\frac{2}{3}U_d$。切换后的空间矢量大小，由切换后的电压大小来决定。

所以，在合成新的预期电压矢量 $\boldsymbol{u}_r$ 时，若以最大值的切换为例来进行讨论，所受的制约条件是预期电压矢量 $\boldsymbol{u}_r$ 的最大值不得超过 $\frac{2}{3}U_d$，其制约系数为 $K_2 = \frac{2}{3}$。只有在之后进行坐标变换时，为保持系统能量守恒才在电压矢量公式和坐标变换式之中使用系数 $K_1 = \sqrt{\frac{2}{3}} \approx$ 0.816。K_1 和 K_2 的数值是依制约条件确定的。

5.4.4　电压 SVPWM 下的预期电压空间矢量的合成

如前所述，根据 SVPWM 技术规定，为使各扇区预期合成磁场尽量接近圆形，采用控制相邻 60° 的两开关状态，让主电压矢量"部分"参与合成。现以第 I 扇区中某 θ 角下预期矢量合成（包括分解与平衡）的情况为例，来推导相应的矢分量的导通时间 T_M 和 T_L。

首先，按前面介绍的方法，画出相应的矢量图并标出直角坐标轴 α、β，如图 5-12 所示。

在第 I 扇区，如果用矢分量来组成（或表示）一个新的预期矢量 $\boldsymbol{u}_r$，它的幅值的制约值应取 $\frac{2}{3}U_d$，从下面叙述中，可以得到具体答案。

图 5-10 中，在开关状态下按矢量关系合成，可以得到合成的电压矢量的幅值。其中，$u_A = \frac{2}{3}U_d$；$u_B = -\frac{1}{3}U_d$；$u_C = -\frac{1}{3}U_d$。如果真的取 $u_S = U_d$，将会出现什么情况呢？例如，第 1 拍（100）三相合成矢量为

$$
\begin{aligned}
\boldsymbol{u}_{S1} &= \left(\frac{2}{3}U_d - \frac{\alpha}{3}U_d - \frac{\alpha^2}{3}U_d \right) \\
&= \frac{2}{3}U_d \left(1 - \frac{\alpha}{2}U_d - \frac{\alpha^2}{2}U_d \right) \\
&= \frac{2}{3}U_d \frac{3}{2}e^{j0°} \\
&= U_d e^{j0°}
\end{aligned}
\tag{5-24}
$$

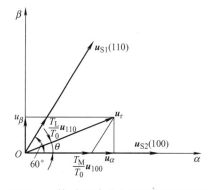

图 5-12　第 I 扇区合成矢量的分解与平衡

当需要将两个相邻的合成矢量再次进行合成时，如 $\boldsymbol{u}_{S1}$ 和 $\boldsymbol{u}_{S2}$，依图 5-11 所示的画法便会发现，所形成的新的合成矢量（也称预期矢量）$\boldsymbol{u}_r$ 会使得 $u_{S1} = 1.5U_d$，这显然是不合理的。因为，预期向量 $\boldsymbol{u}_r$ 表示的是电压空间矢量，而电压空间矢量是代表绕组磁链的，绕组磁链只能对应相电压，它的幅值不可能大于 U_d，最多只能等于 U_d。可以从式（5-24）得到启发，即将相位前的 1.5 降低为 1，则式（5-24）的结果便变成 $\frac{2}{3}U_d e^{j0°}$。再反过来利用这个结果画六拍矢量图，并用它去合成新的 SVPWM 合成矢量图，就不会出现不合理的问题了。具体来说，每拍合成矢量的幅值取 $\frac{2}{3}U_d$，并有 $u_{S1max} = u_{S2max} = u_{S3max} = \cdots = \frac{2}{3}U_d$。对于第 I 扇

区，有

$$u_{S1} = \frac{2}{3}U_d e^{j0^\circ} \qquad\qquad u_{S2} = \frac{2}{3}U_d e^{j60^\circ}$$

于是，其他各拍为

$$u_{S3} = \frac{2}{3}U_d e^{j120^\circ} \quad u_{S4} = \frac{2}{3}U_d e^{j180^\circ} \quad u_{S5} = \frac{2}{3}U_d e^{j240^\circ} \quad u_{S6} = \frac{2}{3}U_d e^{j300^\circ}$$

如果将上述关系表示在电压合成矢量图的第 I 扇区，如图 5-12 所示，便有两拍的合成电压空间矢量：

$$u_r' = \frac{2}{3}(U_d e^{j0^\circ} + U_d e^{j60^\circ}) \tag{5-25}$$

上式包括了矢量 u_{S1}（100）和 u_2（110）和 u_r'，这将使 u_r' 的幅值也超过 U_d，这也是不行的。因此，只能取（100）、（110）矢分量的"一部分"的矢量和，即按矢分量作用时间的比例取值。例如，令 T_M 为第 1 矢量的实际作用时间，T_L 为第 2 矢量的实际作用时间（两个按控制信号按顺序输出），那么，每个矢分量的作用时间比应乘以 $\frac{1}{T_0}$。这里 T_0 是从第 1 个预期矢量切换到第 2 个预期矢量的时间，也就是前面曾经提过的小区周期时间。表现在矢量方程上，上述式子中加减的矢分量便不再是全量，而是比例量，即

$$\begin{aligned}
u_r &= K_2\left(\frac{T_M}{T_0}U_d e^{j0^\circ} + \frac{T_L}{T_0}U_d e^{j60^\circ}\right) \\
&= \frac{2}{3}\left(\frac{T_M}{T_0}U_d e^{j0^\circ} + \frac{T_L}{T_0}U_d e^{j60^\circ}\right)
\end{aligned} \tag{5-26}$$

这就是在 SVPWM 技术下电压空间矢量第 I 扇区的表达式，其他扇区则可参照确定。式(5-26) 中的系数 $K_2 = \frac{2}{3}$，就是在预期电压空矢量处于合理值的前提下，每拍合成矢量 u_S 的幅值不能大于 $\frac{2}{3}U_d$ 这一条件的制约系数。

$u_r = \frac{2}{3}\left(\frac{T_M}{T_0}U_d e^{j0^\circ} + \frac{T_L}{T_0}U_d e^{j60^\circ}\right)$，考虑的是 u_r 应取合理数值，所以合成矢量前的系数 $K_2 = \frac{2}{3} \approx 0.667$。$K_2$ 小于保持能量不变下取的制约系数 $K_1 = \sqrt{\frac{2}{3}} \approx 0.816$。

式(5-26) 可以保证 u_r 取值在合理范围，但非最优。在下面的 u_r 最大值分析中，要考虑预期电压矢量 u_r 能构成近圆形的旋转磁场，并保证在矢分量作用时间 T_M 和 T_L 之外还留出必要的停歇时间 t_0，以保证开关器件的安全切换的条件下，来最终确定最优取值。这样，制约条件将再次变化，即引入系数 K_3，具体分析见本章 5.7.2 节。总之，电压空间矢量的系数在不同的制约条件下，要取不同的系数。

5.4.5 各扇区矢分量作用时间的推导

下面，采用式(5-26) 来推导电压空间矢量的作用时间。可以把它包含的矢量分别向对应的直角坐标投影。这里，以第 I 扇区为例，有

$$u_r = \frac{2}{3}\left(\frac{T_M}{T_0}U_d e^{j0^\circ} + \frac{T_L}{T_0}U_d e^{j60^\circ}\right)$$

将上式中左、右两边的矢量分别向 X 和 Y 轴投影，并按坐标方向各自对应平衡。即，合成矢量在该轴上的投影，等于两矢分量在同一轴上投影之和，从而建立起两个平衡方程式。解此方程组，便可以求出该扇区矢分量的作用时间。

　　下面，来介绍具体的计算过程。

　　先从第 I 扇区开始（以相序为逆时针方向计），此扇区相邻两矢分量为（100），（110）。

　　矢量在直角坐标上的投影分别等于两矢分量在相同轴上投影之和，即

$$X(\alpha)\text{轴}\qquad u_r\cos\theta = \frac{2}{3}U_d\frac{T_M}{T_0}\cos0° + \frac{2}{3}U_d\frac{T_L}{T_0}\cos60° \qquad (5\text{-}27)$$

$$Y(\beta)\text{轴}\qquad u_r\sin\theta = \frac{2}{3}U_d\frac{T_M}{T_0}\sin0° + \frac{2}{3}U_d\frac{T_L}{T_0}\sin60° \qquad (5\text{-}28)$$

　　先计算式(5-27)，可以得到 T_L 值。即，根据

$$u_r\sin\theta = \frac{2}{3}U_d\frac{T_L}{T_0}\sin60°$$

于是有

$$\begin{aligned}
T_L &= \frac{2}{3}T_0\frac{1}{U_d}\frac{1}{\sin60°}u_r\sin\theta \\
&= \frac{3}{2}T_0\frac{1}{U_d}\frac{2}{\sqrt{3}}u_r\sin\theta \\
&= \sqrt{3}\frac{u_r}{U_d}T_0\sin\theta \\
&= \sqrt{3}\frac{u_r}{U_d}T_0\sin(\theta - 0°)
\end{aligned} \qquad (5\text{-}29)$$

　　再将 T_L 代入式(5-26)，便可以求出 T_M，即

$$\begin{aligned}
u_r\cos\theta &= \frac{2}{3}U_d\frac{T_M}{T_0}\cos0° + \frac{2}{3}U_d\frac{1}{T_0}\cos60°\times\sqrt{3}\frac{u_r}{U_d}T_0\sin(\theta-0°) \\
&= \frac{2}{3}U_d\frac{T_M}{T_0} + \frac{2}{3}U_d\frac{1}{T_0}\frac{\sqrt{3}}{2}\frac{u_r}{U_d}T_0\sin\theta
\end{aligned}$$

移项后有

$$\begin{aligned}
\frac{2}{3}U_d\frac{T_M}{T_0} &= u_r\cos\theta - \frac{2}{3}U_d\frac{\sqrt{3}}{2}\frac{u_r}{U_d}T_0\sin\theta \\
&= u_r\cos\theta - \frac{u_r}{\sqrt{3}}\sin\theta
\end{aligned}$$

整理后得

$$\begin{aligned}
T_M &= \frac{3}{2}\frac{T_0}{U_d}\left(u_r\cos\theta - \frac{u_r}{\sqrt{3}}\sin\theta\right) \\
&= \frac{3}{2}\frac{u_r}{U_d}T_0\left(\cos\theta - \frac{1}{\sqrt{3}}\sin\theta\right) \\
&= \sqrt{3}\frac{u_r}{U_d}T_0\left(\frac{\sqrt{3}}{2}\cos\theta - \frac{1}{2}\sin\theta\right) \\
&= \sqrt{3}\frac{u_r}{U_d}T_0(\sin60°\cos\theta - \cos60°\sin\theta) \\
&= \sqrt{3}\frac{u_r}{U_d}T_0\sin(60° - \theta)
\end{aligned} \qquad (5\text{-}30)$$

同理，也很容易计算出第Ⅱ扇区的矢分量的作用时间。由于此扇区已超过60°，因此，若仍认为主矢量 $\boldsymbol{u}_r$ 与第1矢分量的角度为 θ 的话，则处于第Ⅱ扇区的主矢量 $\boldsymbol{u}_r$ 与 X 轴的角度为

$$\theta' = 60° + \theta$$

角度与矢量的关系如图5-13所示。

在这种情况下，主矢量 $\boldsymbol{u}_r$ 在直角坐标上的投影与此时的矢分量（110）、（010）的相应投影，所组成的两恒等式将为

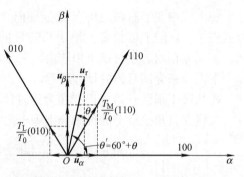

图5-13　第Ⅱ扇区合成矢量的分解与平衡

$$X(\alpha)轴 \qquad u_r\cos\theta' = \frac{2}{3}U_d\frac{T_M}{T_0}\cos60° + \frac{2}{3}U_d\frac{T_L}{T_0}\cos120° \tag{5-31}$$

$$Y(\beta)轴 \qquad u_r\sin\theta' = \frac{2}{3}U_d\frac{T_M}{T_0}\sin60° + \frac{2}{3}U_d\frac{T_L}{T_0}\sin120° \tag{5-32}$$

首先，完成正弦和余弦运算，式(5-31) 和式(5-32) 将变为

$$u_r\cos\theta' = \frac{2}{3}U_d\frac{T_M}{T_0}\times\frac{1}{2} - \frac{2}{3}U_d\frac{T_L}{T_0}\times\frac{1}{2} = \frac{1}{3}U_d\frac{T_M}{T_0} - \frac{1}{3}U_d\frac{T_L}{T_0} \tag{5-33}$$

$$u_r\sin\theta' = \frac{2}{3}U_d\frac{T_M}{T_0}\times\frac{\sqrt{3}}{2} + \frac{2}{3}U_d\frac{T_L}{T_0}\times\frac{\sqrt{3}}{2} = \frac{\sqrt{3}}{3}U_d\frac{T_M}{T_0} + \frac{\sqrt{3}}{3}U_d\frac{T_L}{T_0} \tag{5-34}$$

式(5-33) 两边乘以 $\sqrt{3}$，有

$$\sqrt{3}\,u_r\cos\theta' = \frac{\sqrt{3}}{3}U_d\frac{T_M}{T_0} - \frac{\sqrt{3}}{3}U_d\frac{T_L}{T_0} \tag{5-35}$$

将式(5-34) 和式(5-35) 相加，得

$$u_r\sin\theta' + \sqrt{3}\,u_r\cos\theta' = \frac{\sqrt{3}}{3}U_d\frac{T_M}{T_0} + \frac{\sqrt{3}}{3}U_d\frac{T_M}{T_0} = \frac{2}{3}\sqrt{3}\,U_d\frac{T_M}{T_0} = \frac{2}{\sqrt{3}}U_d\frac{T_M}{T_0}$$

即

$$u_r\sin\theta' + \sqrt{3}\,u_r\cos\theta' = \frac{2}{\sqrt{3}}U_d\frac{T_M}{T_0}$$

便可以求出

$$\begin{aligned}
T_M &= \frac{\sqrt{3}}{2}\frac{T_0}{U_d}u_r\left(\sin\theta' + \sqrt{3}\cos\theta'\right)\\
&= \sqrt{3}\frac{u_r}{U_d}T_0\left(\frac{1}{2}\sin\theta' + \frac{\sqrt{3}}{2}\cos\theta'\right)\\
&= \sqrt{3}\frac{u_r}{U_d}T_0\left(\sin120°\cos\theta' - \cos120°\sin\theta'\right)\\
&= \sqrt{3}\frac{u_r}{U_d}T_0\sin\left(120° - \theta'\right)
\end{aligned} \tag{5-36}$$

式中，$\theta' = \theta + 60°$。

再将式(5-33) 和式(5-34) 相减，得

$$u_r\sin\theta' - \sqrt{3}\,u_r\cos\theta' = \frac{\sqrt{3}}{3}U_d\frac{T_L}{T_0} + \frac{\sqrt{3}}{3}U_d\frac{T_L}{T_0} = \frac{2}{\sqrt{3}}U_d\frac{T_L}{T_0}$$

所以有

$$T_{\mathrm{L}} = \sqrt{3}\frac{u_{\mathrm{r}}}{U_{\mathrm{d}}}T_0\left(\frac{1}{2}\sin\theta' - \frac{\sqrt{3}}{2}\cos\theta'\right)$$

$$= \sqrt{3}\frac{u_{\mathrm{r}}}{U_{\mathrm{d}}}T_0\left(\cos60°\sin\theta' - \sin60°\cos\theta'\right)$$

$$= \sqrt{3}\frac{u_{\mathrm{r}}}{U_{\mathrm{d}}}T_0\sin\left(\theta' - 60°\right) \tag{5-37}$$

那么，可以得到第Ⅰ扇区的作用时间为

$$T_{\mathrm{M1}} = \sqrt{3}\frac{u_{\mathrm{r}}}{U_{\mathrm{d}}}T_0\sin\left(60° - \theta\right) \quad T_{\mathrm{L1}} = \sqrt{3}\frac{u_{\mathrm{r}}}{U_{\mathrm{d}}}T_0\sin\left(\theta - 0°\right)$$

第Ⅱ扇区的作用时间为

$$T_{\mathrm{M2}} = \sqrt{3}\frac{u_{\mathrm{r}}}{U_{\mathrm{d}}}T_0\sin\left(120° - \theta'\right) \quad T_{\mathrm{L2}} = \sqrt{3}\frac{u_{\mathrm{r}}}{U_{\mathrm{d}}}T_0\sin\left(\theta' - 60°\right) \quad \theta' = \theta + 60°$$

使用类似的方法，可以推导出其他4个扇区的作用时间。

第Ⅲ扇区为

$$T_{\mathrm{M3}} = \sqrt{3}\frac{u_{\mathrm{r}}}{U_{\mathrm{d}}}T_0\sin\left(180° - \theta'\right) \quad T_{\mathrm{L3}} = \sqrt{3}\frac{u_{\mathrm{r}}}{U_{\mathrm{d}}}T_0\sin\left(\theta' - 120°\right) \quad \theta' = \theta + 120°$$

第Ⅳ扇区为

$$T_{\mathrm{M4}} = \sqrt{3}\frac{u_{\mathrm{r}}}{U_{\mathrm{d}}}T_0\sin\left(240° - \theta'\right) \quad T_{\mathrm{L4}} = \sqrt{3}\frac{u_{\mathrm{r}}}{U_{\mathrm{d}}}T_0\sin\left(\theta' - 180°\right) \quad \theta' = \theta + 180°$$

第Ⅴ扇区为

$$T_{\mathrm{M5}} = \sqrt{3}\frac{u_{\mathrm{r}}}{U_{\mathrm{d}}}T_0\sin\left(300° - \theta'\right) \quad T_{\mathrm{L5}} = \sqrt{3}\frac{u_{\mathrm{r}}}{U_{\mathrm{d}}}T_0\sin\left(\theta' - 240°\right) \quad \theta' = \theta + 240°$$

第Ⅵ扇区为

$$T_{\mathrm{M6}} = \sqrt{3}\frac{u_{\mathrm{r}}}{U_{\mathrm{d}}}T_0\sin\left(360° - \theta'\right) \quad T_{\mathrm{L6}} = \sqrt{3}\frac{u_{\mathrm{r}}}{U_{\mathrm{d}}}T_0\sin\left(\theta' - 300°\right) \quad \theta' = \theta + 300°$$

注意，关于各扇区矢分量的导通时间的详细推导，读者可参考本书附录B。

对于上述式子，如果把θ'（θ加上相应扇区起始矢分量对X轴的夹角）代入，就可以得到作用时间。例如，对于第Ⅱ扇区，有$\theta' = \theta + 60°$，代入对应公式，便可得到

$$T_{\mathrm{M2}} = \sqrt{3}\frac{u_{\mathrm{r}}}{U_{\mathrm{d}}}T_0\sin\left(120° - \theta'\right) = \sqrt{3}\frac{u_{\mathrm{r}}}{U_{\mathrm{d}}}T_0\sin\left(120° - 60° - \theta\right)$$

$$= \sqrt{3}\frac{u_{\mathrm{r}}}{U_{\mathrm{d}}}T_0\sin\left(60° - \theta\right) \tag{5-38}$$

$$T_{\mathrm{L2}} = \sqrt{3}\frac{u_{\mathrm{r}}}{U_{\mathrm{d}}}T_0\sin\left(\theta' - 60°\right) = \sqrt{3}\frac{u_{\mathrm{r}}}{U_{\mathrm{d}}}T_0\sin\left(\theta + 60° - 60°\right)$$

$$= \sqrt{3}\frac{u_{\mathrm{r}}}{U_{\mathrm{d}}}T_0\sin\theta \tag{5-39}$$

同样地，也可以得到其他各个扇区矢分量的作用时间。无论在哪个扇区，都可以用下面两个公式来表示该扇区矢分量的作用时间：

$$T_M = \sqrt{3}\frac{u_r}{U_d}T_0\sin(60° - \theta) \tag{5-40}$$

$$T_L = \sqrt{3}\frac{u_r}{U_d}T_0\sin\theta \tag{5-41}$$

式中，θ 为主矢量 u_r 与该扇区第 1 矢分量之间的夹角。

这样，就为以后的计算提供了很大的方便，也很容易记忆。但是，一定要记住 θ 是主矢量 u_r 与该扇区第 1 矢分量之间的夹角；该扇区矢分量的作用时间，前者为第 1 矢分量的，后者为第 2 矢分量的；至于该时间是送上臂（$+T_M$ 或 $+T_L$），还是送下臂（$-T_M$ 或 $-T_L$），可在控制程序中加以规定。

这种做法的好处是，由于公式简化，在使用微处理器进行控制时，将会减少使用的字节，占用的存储单元和内存也将减少。此外，这种处理方法一般来说也不会出现什么差错，因为，组成相应扇区主矢量的矢分量都是由相差 60°的两个状态矢量的局部来组成的，一般不会用其他的相隔过远的状态矢量来组成。

5.5 SVPWM 的具体技术安排

5.5.1 通断方式

前面已经详细介绍了矢量合成的原理及其导通时间的计算过程。按照所计算的矢分量的导通时间，向功率器件的控制极提供控制信号（1、0 电平），就可以通过控制功率器件的正确通断，向三相绕组供应相应的电压，产生相应的电流，形成合成的矢分量，构成所预期的合成矢量。由于 T_M 和 T_L 是在合成矢量 u_r 振幅不变的前提下推导出来的，所以 u_r 的振幅一定是恒定的数值。

一般来说，$T_M + T_L \leqslant T_0$，两边的差值为零电压矢量时间，即 $t_0 = T_0 - (T_M + T_L)$。所以在每个小区中，每个矢分量之间均可加入时间 t_0。而且，一般将 t_0 分成两半，在 T_M 之前加 $\frac{t_0}{2}$，在 T_L 后加 $\frac{t_0}{2}$。那么，为了使得逆变器各相输出的电压波形对称，还必须把矢分量的导通时间 T_M 和 T_L，也同样分为两半。此外，为了在所有的切换过程中，只能是每次只切换一个功率器件，而不会出现需要两个同时切换的情况，就必须在安排矢分量切换顺序上采用反序的形式，即按 $\frac{T_M}{2} \rightarrow \frac{T_L}{2} \rightarrow \frac{T_L}{2} \rightarrow \frac{T_M}{2}$ 的顺序。反映到控制信号上，便得图 5-14 所示的控制信号。

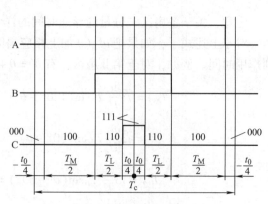

图 5-14 七段式三相的第 I 扇区中
一个小区的控制信号

图 5-14 所示的控制信号，具体是这样安排的：开始是 $-\dfrac{t_0}{4}$，接着是 $\dfrac{T_M}{2}$，再接着是 $\dfrac{T_L}{2}$；然后，在这中间加上 2 个 $\dfrac{t_0}{4}$，接下来的是 $\dfrac{T_L}{2}$，再接着是 $\dfrac{T_M}{2}$；然后，就以 $-\dfrac{t_0}{4}$ 结束。至于 $\dfrac{T_M}{2}$ 和 $\dfrac{T_L}{2}$，其实也有正、负之分，只不图 5-14 只给出了上臂信号。以电平 1 代表正，而以电平 0 代表负，1 自然送上臂，0 自然送下臂。$-\dfrac{t_0}{4}$ 和 $\dfrac{t_0}{4}$ 的规定也是这样：正为 1，送桥的上臂；负为 0，送桥的下臂。

按上述方法组成的信号波形顺序为

$$-\frac{t_0}{4} \rightarrow \frac{T_M}{2} \rightarrow \frac{T_L}{2} \rightarrow 2\frac{t_0}{4} \rightarrow \frac{T_L}{2} \rightarrow \frac{T_M}{2} \rightarrow -\frac{t_0}{4}$$

由于上述顺序按时间从左至右一共 7 段，故称为"七段式"控制波形方法。应当记住，图 5-14 给出的波形仅是一个小区对应的控制波形。在一个扇区内，有几个小区，就应当连续有几个同形式的波形，只不过因 θ 值的不同，各小区的 T_M 和 T_L 不同，从而使对应的波形宽窄不一。这一点，在将 CPU 输向信号至功率器件控制极时，要特别注意，并采用相应的解决方法。

图 5-15 给出了七段式方法合成的电压矢量，介绍了各个矢分量与其合成的预期矢量之间的关系。

应当指出的是，上述七段式方法涉及的波形均为控制信号的，不是三相电压的（它与信号送达的是上臂或是下臂有关），更不是三相电流的。在这种信号的控制之下，功率器件按规则通断，将直流电压 U_d 送至三相绕组，从而在绕组中产生了方向和大小均发生变化的交流电流，进而在对称三绕组中产生合成的旋转磁链（磁场）。

还要指出的是，图 5-14 给出的控制信号，均系上臂功率器件所需供应的控制信号；至于下臂的控制信号，则刚好相反（即上臂为 1 时，下臂必须为

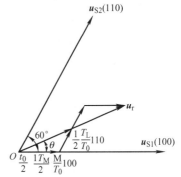

图 5-15　七段式方法合成的电压矢量

0），由另外的下臂控制电路来实现（如将上述信号通过非门来传输）。同一支路的上、下臂绝不能同时导通，否则将导致短路，这一点应在信号控制电路中使用连锁方式来保证。

5.5.2　关于各个扇区内小区控制信号的具体安排

下面，就按上述七段方法，从第 Ⅰ 扇区到第 Ⅵ 扇区，在某 θ 角下，确定三相上臂各功率器件控制极应当有的控制信号的波形（只对应某一个小区）与相应的开关状态，如图 5-16 所示。至于下臂的控制信号波形，正好与之相反，可以利用程序来实现。

如果将三相上臂控制信号的波形画到各个扇区，可得到图 5-17 所示的直观示意图。

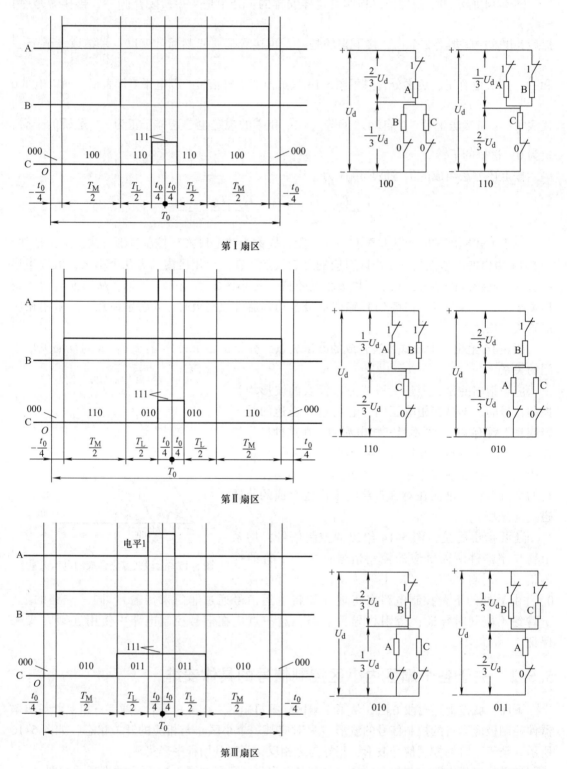

图 5-16 控制极应当供应的控制

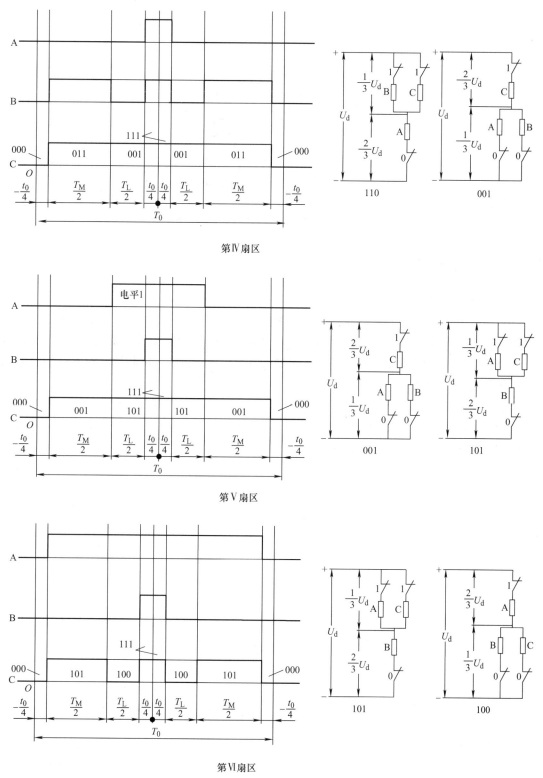

第Ⅳ扇区

第Ⅴ扇区

第Ⅵ扇区

信号的波形（与相应开关状态）

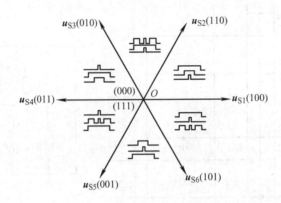

图 5-17 三相上臂控制信号的波形各扇区直观示意图

5.5.3 绕组承受的电压

本节将分扇区推导绕组相电压的公式。

必须指出的是，虽然单个绕组接的是直流电压，但是，在功率器件有规律地通断下，绕组两端所承受的电压是在方向上、时间上不断自动发生变化的，实质上变成了"交流"；而且，三相绕组之间承受的交流电压还将是对称的（相位差 120°），从而就形成了三相对称绕组产生旋转磁场的条件。

绕组相电压的波形与大小，虽不好直接求出，但可以通过所谓"伏秒平衡"的方法来求得。即，在一个扇区中，用小区导通的电压波形和时间所形成的面积，除以小区周期 T_0，便可以得到该小区内的绕组相电压值。

下面以第 I 扇区为例，推导三相相电压的公式。三相各扇区相电压公式的详细推导过程见本书附录 C。

1. A 相第 I 扇区相电压公式

由于在同一扇区中，各小区的控制波形的形式相同（由于矢分量均由相邻两主矢量组成），因此，可先以任一小区为例，推导出该小区在对应的导通时间内绕组所承受的相电压的表达式。然后，再设法推导其他小区的相电压表达式，从而建立起整个扇区内相电压的一般表达式。

图 5-18 给出了第 I 扇区内任一小区对应的三相电压波形，以及对应开关状下相绕组承受的直流电压，（100）时为 $\frac{2}{3}U_d$，而（110）时为 $\frac{1}{3}U_d$，故在整个扇区中就取直流电压的平均值，即

$$\left(\frac{2}{3}U_d + \frac{1}{3}U_d\right)\Big/ 2 = \frac{1}{2}U_d \tag{5-42}$$

从开关状态可以看出，此时 A 相相电压对应电压正方向应为正。也就是说，对应状态（100）中 1 的 T_M 应为"+"，对应状态（110）中 1 的 T_L 也应为"+"，故 A 相相电压的计算公式（导通的直流电压取平均值 $\frac{1}{2}U_d$）为

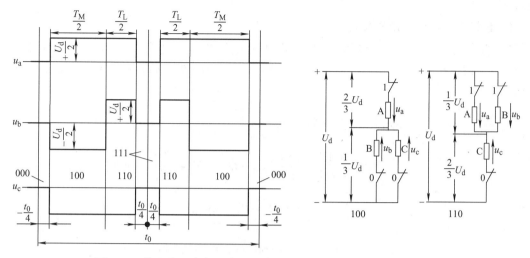

图 5-18　第 I 扇区内任一小区对应的三相电压波形及开关切换状态

$$
\begin{aligned}
u_{AO1} &= \frac{U_d}{2}(T_M + T_L)\frac{1}{T_0} \\
&= \frac{U_d}{2}\frac{1}{T_0}\left[\frac{\sqrt{3}\,u_r}{U_d}T_0\sin(60° - \theta) + \frac{\sqrt{3}\,u_r}{U_d}T_0\sin\theta\right] \\
&= \frac{\sqrt{3}}{2}u_r\left[\sin(60° - \theta) + \sin\theta\right] \\
&= \frac{\sqrt{3}}{2}u_r\left(\sin60°\cos\theta - \cos60°\sin\theta + \sin\theta\right) \\
&= \frac{\sqrt{3}}{2}u_r\left(\frac{\sqrt{3}}{2}\cos\theta - \frac{1}{2}\sin\theta + \sin\theta\right) \\
&= \frac{\sqrt{3}}{2}u_r\left(\frac{\sqrt{3}}{2}\cos\theta + \frac{1}{2}\sin\theta\right) \\
&= \frac{\sqrt{3}}{2}u_r\left(\cos30°\cos\theta + \sin30°\sin\theta + \sin\theta\right) \\
&= \frac{\sqrt{3}}{2}u_r\cos(\theta - 30°) \\
&= \frac{\sqrt{3}}{2}u_r\cos\left(\theta - \frac{\pi}{6}\right)
\end{aligned}
\tag{5-43}
$$

可以发现，小区对应的相电压表达式只与 θ 值有关，不同的小区只需将对应的 θ 值代入即可。也就是说，整个扇区内各小区的相电压表达式相同，式(5-43) 可以用来作为本扇区 A 相电压的表达式。这个结果十分重要，它表明，后序各相及其他各扇区的相电压公式的推导均可以小区为单位来进行；所得到的公式，就是该扇区对应相相电压的表达式。

为了直观地看此扇区 A 相相电压的波形，可以在方格纸上绘图，θ 按每 $5°$ 为 1 个单位，将上述公式所表示的曲线绘出（即 $0 \sim 60°$），发现它是一个以初相为 $-30°$ 的余弦曲线的一段（第 I 扇区）。

2. B 相第 I 扇区相电压公式

同理，如图 5-18 所示，此时 B 相相电压的电压方向应为负。也就是说，对应状态（100）中 0 的 T_M 应为"－"，对应状态（110）中 1 的 T_L 则应为"＋"，故 B 相相电压为

$$
\begin{aligned}
u_{BO1} &= \frac{U_d}{2}(-T_M + T_L)\frac{1}{T_0} \\
&= \frac{U_d}{2}\frac{1}{T_0}\left[-\frac{\sqrt{3}\,u_r}{U_d}T_0\sin(60°-\theta) + \frac{\sqrt{3}\,u_r}{U_d}T_0\sin\theta\right] \\
&= \frac{\sqrt{3}}{2}u_r\left[-\sin(60°-\theta) + \sin\theta\right] \\
&= \frac{\sqrt{3}}{2}u_r(\sin\theta - \sin60°\cos\theta + \cos60°\sin\theta) \\
&= \frac{\sqrt{3}}{2}u_r\left(\sin\theta - \frac{\sqrt{3}}{2}\cos\theta + \frac{1}{2}\sin\theta\right) \\
&= \frac{\sqrt{3}}{2}u_r\left(\frac{3}{2}\sin\theta - \frac{\sqrt{3}}{2}\cos\theta\right) \\
&= \frac{\sqrt{3}}{2}u_r\sqrt{3}\left(\frac{\sqrt{3}}{2}\sin\theta - \frac{1}{2}\cos\theta\right) \\
&= \frac{3}{2}u_r(\cos30°\sin\theta - \sin30°\cos\theta) \\
&= \frac{3}{2}u_r\sin(\theta - 30°) \\
&= \frac{\sqrt{3}}{2}u_r\sin\left(\theta - \frac{\pi}{6}\right)
\end{aligned}
\tag{5-44}
$$

它是一个初相为 $-30°$ 的正弦曲线的一段（第 I 扇区）。

3. C 相第 I 扇区相电压公式

此时，C 相相电压对应电压方向应为负。也就是说，对应状态（100）中 0 的 T_M 应为"－"，对应状态（110）中 0 的 T_L 应为"－"，故 C 相相电压为

$$
\begin{aligned}
u_{CO1} &= \frac{U_d}{2}(-T_M - T_L)\frac{1}{T_0} \\
&= \frac{U_d}{2}\frac{1}{T_0}\left[-\frac{\sqrt{3}\,u_r}{U_d}T_0\sin(60°-\theta) - \frac{\sqrt{3}\,u_r}{U_d}T_0\sin\theta\right] \\
&= -\frac{\sqrt{3}}{2}u_r\left[\sin(60°-\theta) + \sin\theta\right] \\
&= -\frac{\sqrt{3}}{2}u_r(\sin60°\cos\theta - \cos60°\sin\theta + \sin\theta) \\
&= -\frac{\sqrt{3}}{2}u_r\left(\frac{\sqrt{3}}{2}\cos\theta - \frac{1}{2}\sin\theta + \sin\theta\right)
\end{aligned}
$$

$$= -\frac{\sqrt{3}}{2}u_{\mathrm{r}}\left(\frac{\sqrt{3}}{2}\cos\theta + \frac{1}{2}\sin\theta\right)$$

$$= -\frac{\sqrt{3}}{2}u_{\mathrm{r}}(\cos30°\cos\theta + \sin30°\sin\theta + \sin\theta)$$

$$= -\frac{\sqrt{3}}{2}u_{\mathrm{r}}\cos(\theta - 30°)$$

$$= -\frac{\sqrt{3}}{2}u_{\mathrm{r}}\cos\left(\theta - \frac{\pi}{6}\right) \tag{5-45}$$

它是一个正好与 A 相相反的初相为 -30° 的余弦曲线的一段（第 I 扇区）。

4. 三相六扇区相电压公式

三相六扇区相电压公式见表 5-1。

表 5-1　三相六扇区相电压公式

	扇　　区					
	I	II	III	IV	V	VI
u_{AO}	$\frac{\sqrt{3}}{2}u_{\mathrm{r}}\cos\left(\theta-\frac{\pi}{6}\right)$	$\frac{3}{2}u_{\mathrm{r}}\cos\theta$	$\frac{\sqrt{3}}{2}u_{\mathrm{r}}\cos\left(\theta+\frac{\pi}{6}\right)$	$\frac{\sqrt{3}}{2}u_{\mathrm{r}}\cos\left(\theta-\frac{\pi}{6}\right)$	$\frac{3}{2}u_{\mathrm{r}}\cos\theta$	$\frac{\sqrt{3}}{2}u_{\mathrm{r}}\cos\left(\theta+\frac{\pi}{6}\right)$
u_{BO}	$\frac{3}{2}u_{\mathrm{r}}\sin\left(\theta-\frac{\pi}{6}\right)$	$\frac{\sqrt{3}}{2}u_{\mathrm{r}}\sin\theta$	$-\frac{\sqrt{3}}{2}u_{\mathrm{r}}\cos\left(\theta+\frac{\pi}{6}\right)$	$\frac{3}{2}u_{\mathrm{r}}\sin\left(\theta-\frac{\pi}{6}\right)$	$\frac{\sqrt{3}}{2}u_{\mathrm{r}}\sin\theta$	$-\frac{\sqrt{3}}{2}u_{\mathrm{r}}\cos\left(\theta+\frac{\pi}{6}\right)$
u_{CO}	$-\frac{\sqrt{3}}{2}u_{\mathrm{r}}\cos\left(\theta-\frac{\pi}{6}\right)$	$-\frac{\sqrt{3}}{2}u_{\mathrm{r}}\sin\theta$	$-\frac{\sqrt{3}}{2}u_{\mathrm{r}}\sin\left(\theta+\frac{\pi}{6}\right)$	$-\frac{\sqrt{3}}{2}u_{\mathrm{r}}\cos\left(\theta-\frac{\pi}{6}\right)$	$-\frac{\sqrt{3}}{2}u_{\mathrm{r}}\sin\theta$	$-\frac{3}{2}u_{\mathrm{r}}\sin\left(\theta+\frac{\pi}{6}\right)$

5.5.4　绕组相电压的完整公式

1. A 相相电压的完整表达式

$$u_{\mathrm{AO}} = \begin{cases} \frac{\sqrt{3}}{2}u_{\mathrm{r}}\cos\left(\theta-\frac{\pi}{6}\right) & 0 \leqslant \theta \leqslant \frac{\pi}{6} \\[2mm] \frac{3}{2}u_{\mathrm{r}}\cos\theta & \frac{\pi}{6} \leqslant \theta \leqslant \frac{2}{3}\pi \\[2mm] \frac{\sqrt{3}}{2}u_{\mathrm{r}}\cos\left(\theta+\frac{\pi}{6}\right) & \frac{2}{3}\pi \leqslant \theta \leqslant \pi \\[2mm] \frac{\sqrt{3}}{2}u_{\mathrm{r}}\cos\left(\theta-\frac{\pi}{6}\right) & \pi \leqslant \theta \leqslant \frac{4}{3}\pi \\[2mm] \frac{3}{2}u_{\mathrm{r}}\cos\theta & \frac{4}{3}\pi \leqslant \theta \leqslant \frac{5}{3}\pi \\[2mm] \frac{\sqrt{3}}{2}u_{\mathrm{r}}\cos\left(\theta+\frac{\pi}{6}\right) & \frac{5}{3}\pi \leqslant \theta \leqslant 2\pi \end{cases} \tag{5-46}$$

其中，每项只适于相应的扇区，整个公式属于区间函数，各扇区的曲线加在一起即为相电压全周期的波形，如图 5-19 所示。

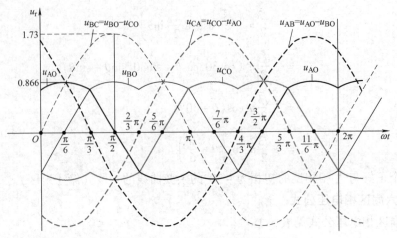

图 5-19　三相绕组电压波形图

2. B 相相电压的全表式

$$
u_{BO} = \begin{cases}
\dfrac{3}{2}u_r \sin\left(\theta - \dfrac{\pi}{6}\right) & 0 \leqslant \theta \leqslant \dfrac{\pi}{6} \\[2ex]
\dfrac{\sqrt{3}}{2}u_r \sin\theta & \dfrac{\pi}{6} \leqslant \theta \leqslant \dfrac{2}{3}\pi \\[2ex]
-\dfrac{\sqrt{3}}{2}u_r \cos\left(\theta + \dfrac{\pi}{6}\right) & \dfrac{2}{3}\pi \leqslant \theta \leqslant \pi \\[2ex]
\dfrac{3}{2}u_r \sin\left(\theta - \dfrac{\pi}{6}\right) & \pi \leqslant \theta \leqslant \dfrac{4}{3}\pi \\[2ex]
\dfrac{\sqrt{3}}{2}u_r \sin\theta & \dfrac{4}{3}\pi \leqslant \theta \leqslant \dfrac{5}{3}\pi \\[2ex]
-\dfrac{\sqrt{3}}{2}u_r \cos\left(\theta + \dfrac{\pi}{6}\right) & \dfrac{5}{3}\pi \leqslant \theta \leqslant 2\pi
\end{cases}
\tag{5-47}
$$

同样，其中每项也只适于相应的扇区，各扇区的曲线加在一起即为相电压全周期的波形，如图 5-19 所示。

3. C 相相电压的全表式

$$
u_{AO} = \begin{cases}
-\dfrac{\sqrt{3}}{2}u_r \cos\left(\theta - \dfrac{\pi}{6}\right) & 0 \leqslant \theta \leqslant \dfrac{\pi}{6} \\[2ex]
-\dfrac{\sqrt{3}}{2}u_r \sin\theta & \dfrac{2}{3}\pi \leqslant \theta \leqslant \pi \\[2ex]
-\dfrac{3}{2}u_r \sin\left(\theta + \dfrac{\pi}{6}\right) & \dfrac{4}{3}\pi \leqslant \theta \leqslant \dfrac{5}{3}\pi \\[2ex]
-\dfrac{\sqrt{3}}{2}u_r \cos\left(\theta - \dfrac{\pi}{6}\right) & \pi \leqslant \theta \leqslant \dfrac{4}{3}\pi \\[2ex]
-\dfrac{\sqrt{3}}{2}u_r \sin\theta & \dfrac{4}{3}\pi \leqslant \theta \leqslant \dfrac{5}{3}\pi \\[2ex]
-\dfrac{3}{2}u_r \sin\left(\theta + \dfrac{\pi}{6}\right) & \dfrac{5}{3}\pi \leqslant \theta \leqslant 2\pi
\end{cases}
\tag{5-48}
$$

同样，其中每项也只适于相应的扇区，各扇区的曲线加在一起即为相电压全周期的波形，如图 5-19 所示。

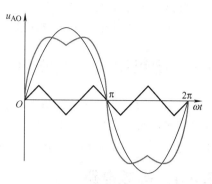

从图 5-19 所示曲线可以看出，绕组相电压是一条呈正弦（或余弦）形式变化的马鞍形曲线。它相当于是在基波的基础上叠加一个呈三角形变化的三次谐波。此外，还会发现，它们是对称的，即相位互差120°；相序也是呈顺序形式的，即 A→B→C。

这种呈正弦（或余弦）形式变化的马鞍形曲线，其分解与叠加如图 5-20 所示。

图 5-20　马鞍形波形的分解与叠加

5.5.5　绕组承受的线电压

绕组线电压可以通过 A、B、C 三相相电压逐个扇区相加求出，如 AB 线电压为

$$u_{AB} = u_{AO} + (-u_{BO}) = u_{AO} - u_{BO} \tag{5-49}$$

下面先计算一下第 I 个扇区$\left(0 \le \theta \le \dfrac{\pi}{6}\right)$的线电压：

$$
\begin{aligned}
u_{AB1} &= \frac{\sqrt{3}}{2} u_r \cos\left(\theta - \frac{\pi}{6}\right) - \frac{3}{2} u_r \sin\left(\theta - \frac{\pi}{6}\right) \\
&= \sqrt{3} u_r \left(\frac{1}{2}\cos\theta\cos30° + \frac{1}{2}\sin\theta\sin30° - \frac{\sqrt{3}}{2}\sin\theta\cos30° + \frac{\sqrt{3}}{2}\cos\theta\sin30°\right) \\
&= \sqrt{3} u_r \left(\frac{1}{2} \times \frac{\sqrt{3}}{2}\cos\theta + \frac{1}{2} \times \frac{1}{2}\sin\theta - \frac{\sqrt{3}}{2} \times \frac{\sqrt{3}}{2}\sin\theta + \frac{\sqrt{3}}{2} \times \frac{1}{2}\cos\theta\right) \\
&= \sqrt{3} u_r \left(\frac{\sqrt{3}}{2}\cos\theta - \frac{1}{2}\sin\theta\right) \\
&= \sqrt{3} u_r \left(\sin120°\cos\theta + \cos120°\sin\theta\right) \\
&= \sqrt{3} u_r \sin\left(\theta + 120°\right) \\
&= \sqrt{3} u_r \sin\left(\theta + \frac{2}{3}\pi\right)
\end{aligned}
\tag{5-50}
$$

那么，可以算出第 Ⅱ ~ Ⅵ扇区的线电压：

$$u_{AB2~6} = \sqrt{3} u_r \sin\left(\theta + \frac{2}{3}\pi\right) \tag{5-51}$$

整个旋转周期 2π 内，可以用同样的式子来表示线电压，即

$$u_{AB} = \sqrt{3} u_r \sin\left(\theta + \frac{2}{3}\pi\right) \tag{5-52}$$

同理，可以得到其他两线的线电压，即

$$u_{BC} = \sqrt{3} u_r \sin\theta \tag{5-53}$$

$$u_{CA} = \sqrt{3} u_r \sin\left(\theta + \frac{4}{3}\pi\right) \tag{5-54}$$

可以发现，线电压呈正弦变化，而且是对称的，即相位互差120°。图 5-18 所示的线电压曲线，是用相电压曲线相减得到的，其结果与上述公式表示的完全一致。

此外，还会发现，线电压中无三次谐波，这是因为三相三线制中三次谐波相互抵消。
注意，三相线电压公式推导的全过程，可参见本书附录 D。

5.6　绕组中的电流波形

通常，为了求出异步电动机的电流，按照电机学原理，都是先将电动机的一相绕组的等效电路画出来，建立电压平衡方程式，在知道绕组参数之后，便可以求解。那么，在直流电源（逆变器）– 交流电动机的情况下，又会变成什么样呢？下面就来具体分析一下！

5.6.1　等效电路

首先，画出异步电动机稳态 T 形等效电路，如图 5-21 所示。

对正弦电压而言，该等效电路不存在任何问题。但是，现在要把它应用在逆变器 – 交流电动机的条件下，情况就复杂多了。这主要表现在两方面：第一，电源电压变为直流；第二，由于在开关状态下使用，电压的大小和方向（即相位）都是突变的，实质上是属于动态状况。因此，图 5-21 所示就只能代表 I 扇区中矢分量 U_{S1}（100）作用的情况，其他扇区和其他矢分量作用时，则所加电压要做相应改变才行。即使是对应图 5-21 所示的情况，要使用解析法求解也是非常困难的。这是因为，这种动态状

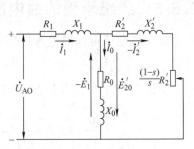

图 5-21　异步电动机稳态
T 形等效电路

况下的电压平衡方程式，属于一种多变量、非线性甚至高阶的超越方程，使用一般的方法基本上解不了，必须利用计算机采用多种解析方法和逼近算法，才有可能求解，且其解也只是近似的。因此，如欲迅速求解，最好使用图解法。图解的依据就是动态电压平衡方程式。

5.6.2　相电压平衡方程式

根据图 5-21 所示的等效电路，可以列出如下稳态电压平衡方程式：

$$\dot{U}_{AO} = -\dot{E}_1 + \dot{I}_1(R_1 + jX_1) \tag{5-55}$$

式中的电压、反向感应电动势、电流是开关状态变化下的动态变化（交流量），故不能简单地作复平面的矢量表示，不过其基波值是正弦的，可按矢量处理。

1. 相电流的大小与波形

全正弦电路中的电流应由下式决定：

$$\dot{I}_{AO} = \frac{\dot{U}_{AO} + (-\dot{E}_1)}{R_1 + jX_1} \tag{5-56}$$

由于每相绕组外加相电压 $\dot{U}_{AO}$ 经上述分析是非正弦的，由预期电压矢量对应的多边形磁场在相绕组中反向感应电动势自然也是非正弦的。因此，上述采用时间相量来解绕组电流的公式只适用于其中的正弦。可以仿照前式给出相电流的公式：

$$\dot{I}_{1AO} = \frac{\dot{U}_{1AO} - \dot{E}_{1r}}{R_1 + jX_1} \tag{5-57}$$

式中，$\dot{E}_{1r}$ 为定子相电路中的反向感应电动势。前面提到，绕组相电压的波形为马鞍形，是

由一个正弦基波叠加一个 3 次的三角波所构成的。而电压 U_d 将因不同的扇区、不同的矢分量而异。绕组电阻 R_1 则是固定不变的。漏抗 X_1 会随频率 ω 变化而变化，但在某一频率下则可视为定值。因此，使用公式去直接计算相电流是比较困难的。简单一点的方法是图解法。即以时间为单位，每个扇区一个小节接一个小节地去画出相应的电流波形。这里认为，在开关器件切换之前，在每一个小节内电流是恒定的。

就像前面画相电压曲线一样，电流波形与大小的绘制，也是以扇区为单位的，每 5° 进行单值计算，然后再按公式计算出该角度时电流的大小，最后画出扇区内的电流波段。六个扇区的电流波段就组成了一个周期的电流波形。下面，就来介绍这种逐扇绘制的波形图解法。用它来代替完整的电流波形图，也能起到对相电流进行理解和分析的作用。

简易的波形图解法。上面说到，由于在"逆变器 – 交流电动机"条件下的电压平衡方程式是一个超越方程，难于解析。而图解法又过于烦琐，即使画出曲线，具体的大小数值，也难于测量。这是因为，一般的交流电流表是按工频（50Hz）正弦波设计的，对于富含高谐波的电流是测不准确的（其中的高次部分反映不出来）。而之所以要去研究相电流，主要是想弄清楚以下几个问题：

① 它的基波所构成的磁场旋转的情况是怎样的？

② 它的高次谐波对电动机和电网有什么危害？

③ 它的高次谐波对电动机的动、静特性有什么影响？

因此，就不必去做详细波形图解工作，转而在下列假设条件下，做一个简化的波形图，同样可以达到分析研究的目的。这些假设条件如下：

① 忽略励磁电流 I_0 的影响。

② 在一定频率下进行分析，这样可以认为漏抗不变。

③ 忽略反向感应电动势的剧烈变化，而把它等效成一个电抗（包括漏抗）来看。

④ 在一个扇区中，两个矢分量作用时间内，三相电流的分配服从克希荷夫电流定律（内容同基尔霍夫电流定律），即 $\sum i = 0$。

⑤ 电流的上升和下降呈指数曲线形式。

作了上述假设后，就可以逐个扇区按 7 段方式，进行电流波形的绘制。为方便联想观察，把各扇区矢分量对应的主电路结构图和波形图画在一起，这样就方便多了。画图时，一定注意如下原则：

① 上臂为"1"时，下臂必为"0"。

② 三相电流服从 $\sum i = 0$。

③ 在 t_0 时间，电流为 0。

2. 绕组中的电流波形

首先，来看一下，在第 I 扇区内某一小区对应的导通时间内，三相绕组中各相电流波形。如图 5-22 所示，左边是波形图，右边是与之对应的电路图。本扇区内，其他小区对应的导通时间内的电流波形仅随 T_M 和 T_L 数值不同，而波形宽窄有别罢，但其形状均与此相似。一个扇区有 n 个小区，则有 n 个这样的按 θ 值（由小到大）顺序的连续波形。

同理，可以画出其他各个扇区内某一小区对应的三相绕组电流波形，如图 5-23 ~ 图 5-27 所示。

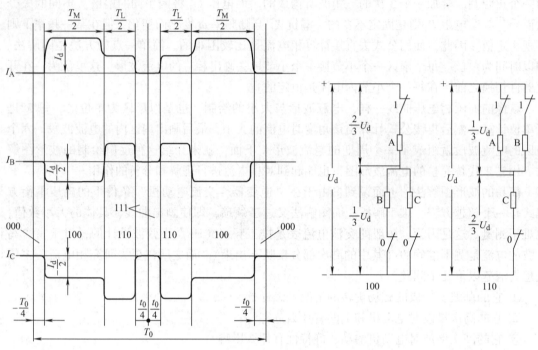

图 5-22 第 I 扇区内三相绕组电流波形

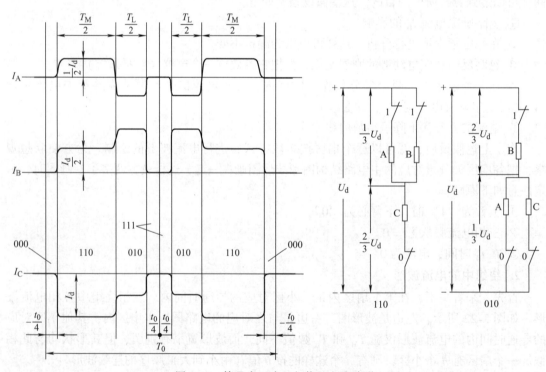

图 5-23 第 II 扇区内三相绕组电流波形

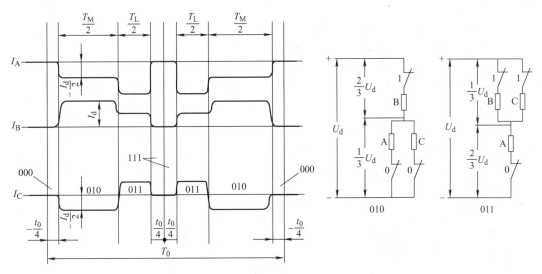

图 5-24 第Ⅲ扇区内三相绕组电流波形

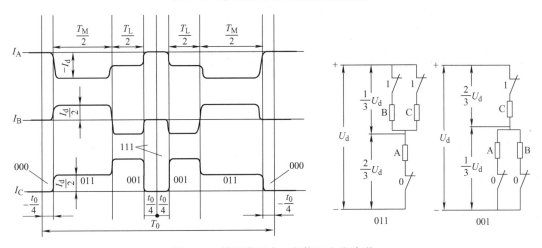

图 5-25 第Ⅳ扇区内三相绕组电流波形

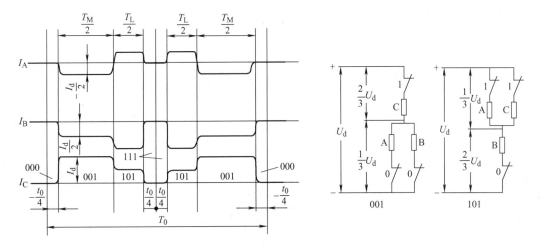

图 5-26 第Ⅴ扇区内三相绕组电流波形

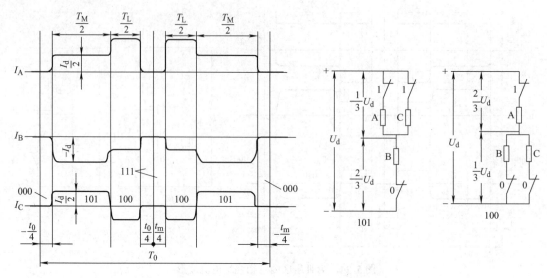

图 5-27　第Ⅵ扇区内三相绕组电流波形

5.7　关于合成电压空间矢量 u_r 大小的讨论

5.7.1　开关状态下的电压空间矢量大小

根据式(5-15)~式(5-17)和图5-10，开关状态下合成的电压矢量大小为$|u_{S1}| = U_d$（按向量关系合成）。其中，$u_a = \dfrac{2}{3}U_d$、$u_b = -\dfrac{1}{3}U_d$、$u_c = -\dfrac{1}{3}U_d$。前面已经分析过，为了使得 u_r 不达到不合理的状态，只能取$|u_{S1}| = \dfrac{2}{3}U_d$。因此，也可以认为$\dfrac{2}{3}$是使 U_r 达到合理的状态这一制约条件下的电压空间矢量的系数。

5.7.2　SVPWM 下合成电压矢量 u_r 到底应该是多少

鉴于组成电压矢量 u_r 的矢分量 u_{rm} 和 u_{rl} 的导通时间为

$$T_M = \sqrt{3}\,\frac{u_r}{U_d}T_0 \sin(60° - \theta) \tag{5-58}$$

$$T_L = \sqrt{3}\,\frac{u_r}{U_d}T_0 \sin\theta \tag{5-59}$$

$$t_0 = T_0 - (T_M + T_L) \tag{5-60}$$

所以有

$$t_0 = T_0 - \left[\sqrt{3}\,\frac{u_r}{U_d}T_0 \sin(60° - \theta) + \sqrt{3}\,\frac{u_r}{U_d}T_0 \sin\theta\right]$$

$$= T_0 - \left[\sqrt{3}\,\frac{u_r}{U_d}T_0 \sin60°\cos\theta - \sqrt{3}\,\frac{u_r}{U_d}T_0 \cos60°\sin\theta + \sqrt{3}\,\frac{u_r}{U_d}T_0 \sin\theta\right]$$

$$= T_0 - \left[\sqrt{3}\frac{u_r}{U_d}T_0\frac{\sqrt{3}}{2}\cos\theta - \sqrt{3}\frac{u_r}{U_d}T_0\frac{1}{2}\sin\theta + \sqrt{3}\frac{u_r}{U_d}T_0\sin\theta \right]$$

$$= T_0 - \left[\sqrt{3}\frac{u_r}{U_d}T_0\frac{\sqrt{3}}{2}\cos\theta + \sqrt{3}\frac{u_r}{U_d}T_0\frac{1}{2}\sin\theta \right]$$

$$= T_0 - \left[\sqrt{3}\frac{u_r}{U_d}T_0\left(\frac{\sqrt{3}}{2}\cos\theta + \frac{1}{2}\sin\theta\right) \right]$$

$$= T_0 - \left[\sqrt{3}\frac{u_r}{U_d}T_0\left(\cos60°\cos\theta + \sin60°\sin\theta\right) \right]$$

$$= T_0 - \left[\sqrt{3}\frac{u_r}{U_d}T_0\cos(60° - \theta) \right]$$

$$= T_0\left[1 - \sqrt{3}\frac{u_r}{U_d}\cos(60° - \theta) \right] \tag{5-61}$$

分量幅值的变化，是 T_M 和 T_L 的变化造成的。而随着 T_M 和 T_L 的增大，在 T_0 为常数条件下，t_0 必然逐渐减小。但是，t_0 不能太小或为零，它至少要大于功率器件的切换时间，否则会发生因切换故障导致的电源短路事故，所以 t_0 必须大于零（等于零是临界条件）。那么有

$$t_0 = T_0\left[1 - \sqrt{3}\frac{u_r}{U_d}\cos(60° - \theta) \right] > 0$$

即

$$T_0\left[1 - \sqrt{3}\frac{u_r}{U_d}\cos(60° - \theta) \right] > 0$$

有

$$1 - \sqrt{3}\frac{u_r}{U_d}\cos(60° - \theta) > 0$$

结果

$$\sqrt{3}\frac{u_r}{U_d}\cos(60° - \theta) < 1$$

变换为

$$u_r < \frac{U_d}{\sqrt{3}}\frac{1}{\cos(60° - \theta)} \tag{5-62}$$

此不等式应对任何 θ 值都成立。下面以第 I 扇区为例来分析。

当 $\theta = 0° \rightarrow 60°$，$\cos(60° - \theta) = \frac{\sqrt{3}}{2} \rightarrow 1$，代入式（5-62）为

$$u_r < \frac{U_d}{\sqrt{3}} \times \frac{1}{0.866} \rightarrow \frac{U_d}{\sqrt{3}} \times \frac{1}{1}$$

整理后有

$$u_r < \frac{U_d}{\sqrt{3}} \times 1.158 \rightarrow \frac{U_d}{\sqrt{3}} \times 1 \tag{5-63}$$

到底取那一个值呢？先从最小值开始，即 $u_r = \frac{U_d}{\sqrt{3}} = 0.578U_d$，即使在这个最小值，当 $\theta = 30°$ 时，其两个矢分量 $\boldsymbol{u}_{rM}$ 和 $\boldsymbol{u}_{rL}$ 将使其导通时间达到 $\frac{1}{2}T_0$ 的程度，使 $t_0 = T_0 - (T_M + T_L) = 0$，从而使导通时间达到临界值。具体的推导，可由图 5-28 所示的关系导出。

图 5-28 中，$\boldsymbol{u}_{rM} = \boldsymbol{u}_{rL} = \dfrac{u_r}{2\cos30°} = \dfrac{u_r}{\sqrt{3}}$，而从前文可知，$u_{S1}(100) = \dfrac{2}{3}U_d$，$u_r = \dfrac{U_d}{\sqrt{3}}$，所以有

$$u_{rM} = u_{rL} = \frac{1}{\sqrt{3}} \times \frac{1}{\sqrt{3}} \times \frac{3}{2} u_{S1}(100) = \frac{1}{2} u_{S1}(100) =$$

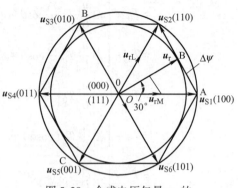

图5-28 合成电压矢量 u_r 的
临界矢分量推导关系

$0.5\,u_{S1}$，对应的导通时间自然为 $T_M = T_L = \frac{1}{2}T_0$。此时，已无停歇时间 t_0，达到了极限情况。

如果增大 u_r，强行使 $u_r > \frac{U_d}{\sqrt{3}}$，即超过极限情况，势必要加大矢分量 u_{rM} 和 u_{rL}，也就是将黑色外圆加大。那么，当 $\theta = 30°$（及其附近）时，相应的导通间必然会大于 $\frac{1}{2}T_0$，结果造成 $t_0 = T_0 - (T_M + T_L) < 0$，违反了调制的标准约定。在 $\theta = 30°$（及其附近）时，为了仍能保持 $t_0 = T_0 - (T_M + T_L) \geqslant 0$ 的要求，只有压缩 T_M 和 T_L，结果便使得此时的 u_r 又回到较小的数值，即 $u_r \leqslant \frac{U_d}{\sqrt{3}}$。这种做法的结果是，$u_r$ 在不同的 θ 角有不同的大小，无法构成接近圆形的旋转磁场。这显然是不行的。对于导通时间来说，两矢分量 u_{rM} 和 u_{rL} 的导通时间 T_M 和 T_L，均不能随角 θ 呈正比地增加和减少（以保持 u_r 的幅值不变），即"不能进行线性调节"。因此，得到的结论是，u_r 的线性调制区城是以 u_r 幅值为半径的矢量六角形的内接圆，如图5-28所示。图中，以 $u_{S1}(100)$ 为长边的三角形 $\triangle OAB$ 中，存在着下述关系：$u_{rMAX} = OB = OA\sin30° = u_S\sin30°$，只要保持 $u_S = \frac{2}{3}U_d$，得

$$u_r = \frac{2}{3}U_d\sin30° = \frac{2}{3} \times \frac{\sqrt{3}}{2}U_d = \frac{1}{\sqrt{3}}U_d \tag{5-64}$$

当 $u_{rMAX} = \frac{1}{\sqrt{3}}U_d$ 时，由于它代表的是旋转磁场的振幅最大值，故其在各相绕组中感应的反向电动势 E_{1MAX}，即相应的相电压的基波振幅的最大值，有 $U_{AM} = U_{BM} = U_{CM} = \frac{1}{\sqrt{3}}U_d$。这与三相电路中按时间相位向量相加的相、线关系 $U_{AM} = \frac{1}{\sqrt{3}}U_d$，$U_{ABM} = U_d$ 完全吻合。

还应当指出的是，$u_{rMAX} = \frac{1}{\sqrt{3}}U_d = 0.578U_d$ 是一个限制，一定要遵守，才能得到 u_r 随 θ 角变化仍能保持恒幅的线性调节性能。超过此值，会引起输出电压严重非正弦失真，使电动机的转矩产生波动（旋转磁场矢量端轨迹非圆形引起的）。至此，认为预期电压矢量幅值最终应该选为 $u_{rMAX} = \frac{1}{\sqrt{3}}U_d = K_3 U_d$。其中，$K_3 = \frac{1}{\sqrt{3}}$，它就是为保证旋转磁场矢量端轨迹为近似圆形变化。$u_r$ 具有恒幅的线性调节性能的制约系数。

至此，已经得到，在不同制约条件下，电压空间矢量系数 K 取值和根据。它们的大小均能将合成矢量限制在某一适当范围，使该物理量处于最佳值，同时也确实使其数学表达最为简明。

为了保证预期电压矢量端部轨迹符合图 5-28 所示，保证获得圆形的旋转磁场，一般在 θ 给定后，都要算一下 $\sqrt{u_\alpha^2 + u_\beta^2} = u_{\text{rMAX}}$。如果 $u_{\text{rMAX}} > \dfrac{1}{\sqrt{3}}$，则应按比例压缩 u_α 和 u_β，从而保证 $\sqrt{u_\alpha^2 + u_\beta^2} \leqslant u_{\text{rMAX}}$。由于 $u_S = \dfrac{2}{3} U_d$ 是受 $\boldsymbol{u}_r$ 的幅值必须小于 U_d 的条件制约，因此，要按比例压缩 u_α 和 u_β，调整它们的导通时间 T_M 和 T_L。出现 $\sqrt{u_\alpha^2 + u_\beta^2} > \dfrac{1}{\sqrt{3}} U_d$，必然会有 $T_M + T_L > T_0$。所以，在工程计算中，一旦出现 $T_M + T_L > T_0$，则可将 T_M 和 T_L 按相应比例减少，取

$$T_M' = \frac{T_0}{T_M + T_L} T_M \tag{5-65}$$

$$T_L' = \frac{T_c}{T_M + T_L} T_L \tag{5-66}$$

此时，$t_0 = 0$。为保证开关器件有足够的切换时间，最好根据所选的桥臂器件的具体切换参数 t_0，先反算几次，保证足够的切换时间；再去对 T_M 和 T_L 取合适值，达到 $u_r \leqslant \dfrac{1}{\sqrt{3}} U_d$ 即可。

至于 $u_r \leqslant 1.158 \times \dfrac{U_d}{\sqrt{3}}$ 这个条件就不再讨论了，因为上面就 $\leqslant 1.0 \times \dfrac{1}{\sqrt{3}} U_d$ 的情况已经进行了详细讨论，故 $> 1.0 \times \dfrac{1}{\sqrt{3}} U_d$ 就无再讨论的必要了。

为了区分 U_r 调制的情况，以便了解和处理 SVPWM 的品质，往往还引入信号调制技术的两个参数：

（1）脉宽调制度 M

按调频信号调制技术中，调制度的定义为

$$M = \frac{T_{\text{MAX}} - T_{\text{MIN}}}{T_{\text{MAX}} + T_{\text{MIN}}} \tag{5-67}$$

具体到 SVPWM 技术实际使用情况，定义它为

$$M = \frac{T_{M(L)} - T_{M(L)\text{MIN}}}{0 + T_0} = \frac{T_{M(L)} - T_{M(L)\text{MIN}}}{T_0} \tag{5-68}$$

式中，$T_{M(L)}$ 为第一（或第二）矢分量导通时间实际值，值为 $0 \sim T_0$；$T_{M(L)\text{MIN}}$ 为第一（或第二）矢分量导通时间的最小值，值为 0。

对于 SVPWM 来说，M 的数值为 $0 \sim 1$，数值越小表示脉宽越窄，数值接近 1 表示脉宽最宽。当 $M = 1$ 时，即 $T_{M(L)} = T_0$ 时，为导通时间的极值，超过该值将会使小区周期发生变化，会产生过多的电压谐波，同时还会造成频率不稳和转矩波动，故一般多取 $M \leqslant 1$。

（2）电源电压利用率 K_U

要求解电源电压利用率，就需要知道电动机绕组承受的（基波）线电压幅值/电源电压最大值。

对于 SVPWM，有

$$K_U = \frac{\sqrt{3}\, U_r}{U_d} = \frac{\sqrt{3}\, \dfrac{U_d}{\sqrt{3}}}{U_d} = 1 \tag{5-69}$$

式中，U_r 为实际采用的预期电压矢量幅值，即电动机绕组承受的相电压幅值；U_d 为电源电压的最大值。

最后，在电源电压利用率方面，对 SVPWM 与 SPWM 两种脉宽调制技术进行比较，前者的最大电压利用率为 1，而后者为 $\frac{\sqrt{3}}{2}$，两者的比例系数为

$$k = \frac{1}{\frac{\sqrt{3}}{2}} \approx \frac{1}{0.866} \approx 1.1547$$

结果发现 SVPWM 比 SPWM 的电源电压利用率高 15.47%。这是 SVPWM 技术的主要优点之一。

5.8 SVPWM 调速的控制

根据前面的分析可以看出，SVPWM 技术利用的是两个电压矢量的部分，来合成所期望的电压矢量，获得近似圆形旋转磁场。具体来说，就是按照各个扇区内每个小区规定的 T_M、T_L 和 t_0，来控制功率器件的通断（开与关），形成近似圆形旋转磁场的交流电压和电流。由于 $f_c = \frac{1}{6jT_0} = \frac{1}{6j(T_M + T_L + t_0)}$，因此，当选定 j 以后，改变 T_M、T_L 和 t_0 的大小，也就是等于改变了 f_c，达到了调频调速的目的。只是应当注意，调节 T_M、T_L 和 t_0 时，一定要严格要按照所规定的（θ_i，$i = 0 \cdots j$）比例关系和顺序来调节控制。否则，不能保证获得所需的频率和近似图形旋转磁场。

具体的调节办法如下：

1) 采用专门的硬件芯片进行控制，如我国台湾凌阳科技公司推出的芯片 SPMC75。它可以计算出所需频率的各个扇区内各个小区对应的导通时间——T_{Mi}、T_{Li} 和 t_{0i}（$i = 0 \cdots j$）。所有的时间参数和顺序，均事先计算好，并编写程序存储在 PWM 发生模块的 ROM 中。系统工作时，模块根据编好的控制程序，将 6 只功率器件上、下臂所需的 6 路互补（互锁）控制信号，送到相关的控制极，来控制功率器件的有序通断，从而获得预期矢量所对应的电压。

2) 采用数字信号处理（DSP）方法进行控制。有专用的芯片，比较著名的有美国德州仪器（Texas Instruments，TI）公司的系列 DSP 产品（从 TMS 32010 到 TMS 320C62xx/C67xx，已有数代产品），应用广泛。这种芯片应用范围很广。将该种芯片用于 SVPWM 中，主要是因为其快速的运算功能。它比一般的微控制单元（MCU），快近 10 倍，而价格仅为 1/5 左右。将前面得到的 T_{Mi}、T_{Li} 和 t_{0i} 的运算公式经过软件编程处理后，DSP 芯片会将指定的频率 f_c（及 θ_i）所需要的时间值迅速地送到规定的地址，以控制功率器件开关，获得所需的 SVPWM 电压，达到调速的目的。DSP 方法是 SVPWM 技术最常采用的方法。

3) 采用中央处理器（CPU）的全软件控制。这种方法的优点是比较简单，可采用一般的 8 位或 16 位 CPU，编制相应的控制软件。其主要是按给定的 f_c（或 T_c）和相应的 θ_i 值，求出相应的 T_M、T_L 和 t_0，由 I/O 端口向所连接的信号控制单元送去所需的 "1" 和 "0" 电

平，控制功率器件的规律性地开关。这种方法，对已熟练掌握 CPU 汇编语言的用户较为实用，开发起来快，调试时间也较短。通常，在程序编写上，多采用查表法，从而提高控制速度。不过，这要求增加一些存储空间（即 ROM），从而会使设备费用有所提高。由于 CPU 的运算速度比 DSP 芯片的要慢许多，较难满足对实时控制要求较高的对象（对实时控制要求高的控制对象，通常多采用 DSP 控制）。

5.9　SVPWM 控制流程图

5.9.1　控制参数

1. 控制频率

控制频率是指，用户打算获得的电动机的同步速度所对应的电源频率 f_c。该频率决定了旋转磁场的工作周期 T_c，两者之间的关系（极对数为 1 的情况下）为

$$T_c = \frac{1}{f_c} = 6jT_0 \tag{5-70}$$

2. 控制电机绕组所需的相电压（有效值）

由

$$u_r = \frac{1}{\sqrt{3}}U_d$$

有

$$U_{AO} = \frac{u_r}{\sqrt{2}} = \frac{1}{\sqrt{2}}\frac{U_d}{\sqrt{3}} = \frac{U_d}{\sqrt{6}} \tag{5-71}$$

对应有

$$U_d = \sqrt{6}\,U_{AO}$$

式中，U_d 为电源电压。

3. 控制压频比（常数）

$$\frac{U_{AO}}{f_c} = \frac{U_{AOed}}{f_{ced}} \tag{5-72}$$

因此，当频率改变时，也应相应对电压进行调节。即，通过整流改变直流电压，以保持压频比不变，从而保证电动机的磁通不变，达到适应轻转矩负载的需要。

4. 控制电压矢量合成时的角度

根据前面分析，首先要根据需要，确定每一扇区中的小区数 n，从而确定各预期矢量所对应的 $\theta_i(i = 0, \cdots, j)$，再决定相应分矢量的比例，即矢分量的作用时间比。这样直接决定每一个 T_M、T_L 和 t_0 的大小。

5.9.2　控制应用的公式

1. 矢分量的作用时间

$$T_M = \sqrt{3}\frac{u_r}{U_d}T_0\sin(60° - \theta) = \sqrt{3}\frac{U_d}{\sqrt{3}}\frac{T_0}{U_d}\sin(60° - \theta) = T_0\sin(60° - \theta) \tag{5-73}$$

$$T_L = T_0\sin\theta \tag{5-74}$$

$$t_0 = T_0 - (T_M + T_L) \tag{5-75}$$

按上述各式，计算出的每一个扇区内各个小区对应的矢分量的导通时间 T_M、T_L 和 t_0。如果假设各扇区中第一个主矢量均为 0°，如前所述，就只需计算一个扇区的矢分量时间；然后，在送控制信号时，通过程序的指定，按第 Ⅰ~Ⅵ扇区的顺序传输，并循环。

2. 作用时间的正、负

$$100——A +、B -、C -$$
$$010——A -、B +、C -$$
$$001——A -、B -、C +$$
$$110——A +、B +、C -$$
$$011——A -、B +、C +$$
$$101——A +、B -、C +$$

3. 控制信号切换的顺序

（1）第Ⅰ扇区

例如，小区数 $n = 4$，则此扇区内小区的控制信号共有 4 帧，它们对应的控制角 θ 分别为 0°、15°、30°、45°，因此其 T_M、T_L 的数值均不相同（通过矢分量作用时间公式算出），故波形宽窄不一样，如图 5-29 所示，4 帧连续成为本扇区的全部控制信号。

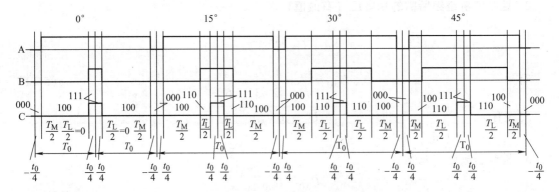

图 5-29　第Ⅰ扇区共 4 帧连续控制信号

（2）其余各扇区

根据图 5-16 所示的扇区相应控制波形，依第Ⅰ扇区 4 帧的变化，便可以得出各自的全部控制信号来。若将第 Ⅰ~Ⅵ扇区的全部控制信号连起来，得到的便是预期矢量旋转一周所需要的全部控制信号。

（3）扇区间主矢量的切换顺序

例如，从（100）处开始，设其为第 1 预期矢量 u_{r1} 的起始位置，在经过 4 帧信号之后，即应切换到第Ⅱ扇区；紧接着，就是第Ⅱ扇区内的 4 帧信号，获得第 2 个预期矢量 u_{r2}；如此依次切换，直到又切换到第Ⅰ扇区起始处。以后，一直按上述规律循环，直到下一轮调速之前都是如此。

为了便于了解编程时的切换次序，下面仅以扇区为序（小区内切换情况就不做介绍了），列出其应遵守的切换规则，并以开关状态对应：

$$100 \quad \downarrow A = 1, B = 0, C = 0 \quad （C 相切换）$$
$$110 \quad \downarrow A = 1, B = 1, C = 0 \quad （B 相切换）$$

$$010 \quad \downarrow A=0,\ B=1,\ C=0 \quad （A\ 相切换）$$
$$011 \quad \downarrow A=0,\ B=1,\ C=1 \quad （C\ 相切换）$$
$$001 \quad \downarrow A=0,\ B=0,\ C=1 \quad （B\ 相切换）$$
$$101 \quad \downarrow A=1,\ B=0,\ C=1 \quad （A\ 相切换）$$
$$100 \quad \downarrow A=1,\ B=0,\ C=0 \quad （C\ 相切换）$$

5.9.3　控制电路

下面以 CPU 控制为例进行讨论。

由于 SVPWM 的主电路与 SPWM 的基本相同，只是控制规律与控制信号不同。因此，完全可以采用 SPWM 的控制电路，即图 5-30 所示的红外遥控串口输入电路。如果要与上位机相连，也可以将 892051 的 P3 口作并口来用，接上位机的并行输入。

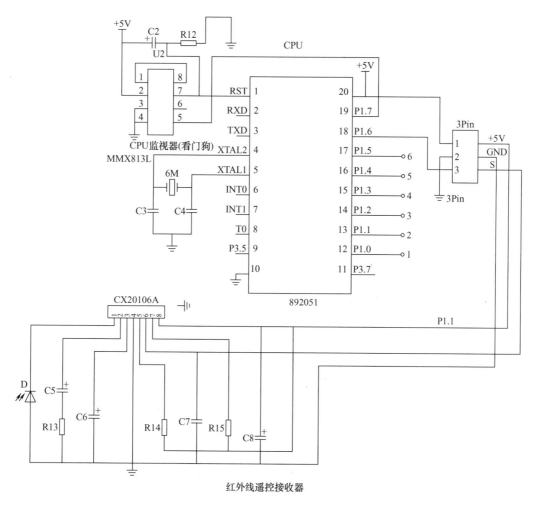

图 5-30　SVPWM 的控制电路

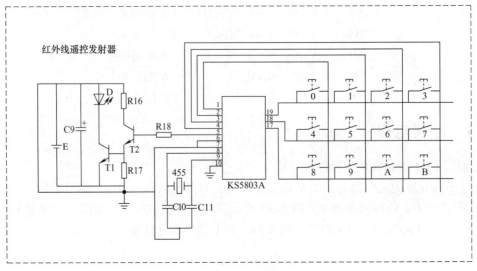

图 5-30   SVPWM 的控制电路（续）

5.9.4   程序逻辑流程图

采用 CPU 作控制单元。SVPWM 的控制程序逻辑流程如下：

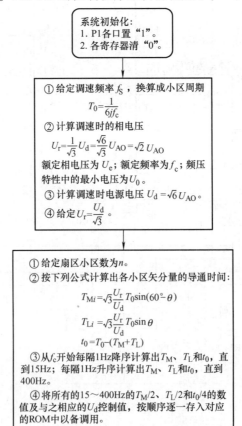

系统初始化：
1. P1 各口置 "1"。
2. 各寄存器清 "0"。

① 给定调速频率 f_S，换算成小区周期

$$T_0 = \frac{1}{6jf_c}$$

② 计算调速时的相电压

$$U_r = \frac{1}{\sqrt{3}} U_d = \frac{\sqrt{6}}{3} U_{AO} = \sqrt{2}\, U_{AO}$$

额定相电压为 U_e；额定频率为 f_c；频压特性中的最小电压为 U_0。

③ 计算调速时电源电压 $U_d = \sqrt{6}\, U_{AO}$。

④ 给定 $U_r = \frac{U_d}{\sqrt{3}}$。

① 给定扇区小区数为 n。
② 按下列公式计算出各小区矢分量的导通时间：

$$T_{Mi} = \sqrt{3} \frac{U_r}{U_d} T_0 \sin(60° - \theta)$$

$$T_{Li} = \sqrt{3} \frac{U_r}{U_d} T_0 \sin\theta$$

$$t_0 = T_0 - (T_M + T_L)$$

③ 从 f_c 开始每隔 1Hz 降序计算出 T_M、T_L 和 t_0，直到 15Hz；每隔 1Hz 升序计算出 T_M、T_L 和 t_0，直到 400Hz。
④ 将所有的 15～400Hz 的 $T_M/2$、$T_L/2$ 和 $t_0/4$ 的数值及与之相应的 U_d 控制值，按顺序逐一存入对应的 ROM 中以备调用。

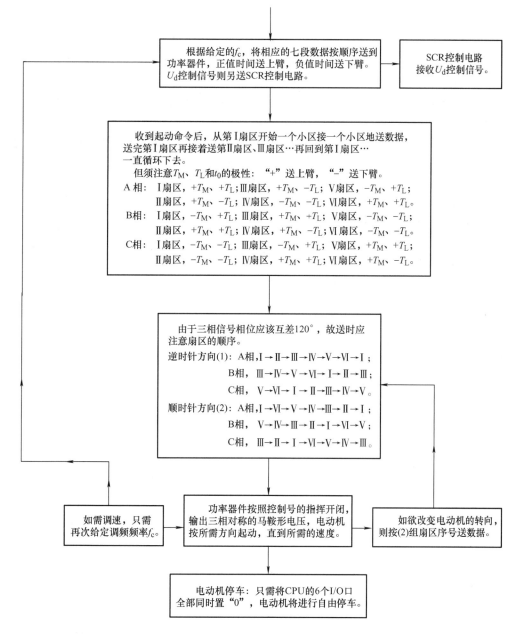

根据给定的f_c，将相应的七段数据按顺序送到功率器件，正值时间送上臂，负值时间送下臂。U_d控制信号则另送SCR控制电路。

SCR控制电路接收U_d控制信号。

收到起动命令后，从第Ⅰ扇区开始一个小区接一个小区地送数据，送完第Ⅰ扇区再接着送第Ⅱ扇区、Ⅲ扇区…再回到第Ⅰ扇区…一直循环下去。

但须注意T_M、T_L和t_0的极性："+"送上臂，"−"送下臂。

A相：Ⅰ扇区，$+T_M$、$+T_L$；Ⅲ扇区，$+T_M$、$-T_L$；Ⅴ扇区，$-T_M$、$+T_L$；
Ⅱ扇区，$+T_M$、$-T_L$；Ⅳ扇区，$-T_M$、$-T_L$；Ⅵ扇区，$+T_M$、$+T_L$。

B相：Ⅰ扇区，$-T_M$、$+T_L$；Ⅲ扇区，$+T_M$、$+T_L$；Ⅴ扇区，$-T_M$、$-T_L$；
Ⅱ扇区，$+T_M$、$+T_L$；Ⅳ扇区，$+T_M$、$-T_L$；Ⅵ扇区，$-T_M$、$-T_L$。

C相：Ⅰ扇区，$-T_M$、$-T_L$；Ⅲ扇区，$-T_M$、$+T_L$；Ⅴ扇区，$+T_M$、$+T_L$；
Ⅱ扇区，$-T_M$、$-T_L$；Ⅳ扇区，$+T_M$、$+T_L$；Ⅵ扇区，$+T_M$、$-T_L$。

由于三相信号相位应该互差120°，故送时应注意扇区的顺序。

逆时针方向(1)：A相，Ⅰ→Ⅱ→Ⅲ→Ⅳ→Ⅴ→Ⅵ→Ⅰ；
B相，Ⅲ→Ⅳ→Ⅴ→Ⅵ→Ⅰ→Ⅱ→Ⅲ；
C相，Ⅴ→Ⅵ→Ⅰ→Ⅱ→Ⅲ→Ⅳ→Ⅴ。

顺时针方向(2)：A相，Ⅰ→Ⅵ→Ⅴ→Ⅳ→Ⅲ→Ⅱ→Ⅰ；
B相，Ⅴ→Ⅳ→Ⅲ→Ⅱ→Ⅰ→Ⅵ→Ⅴ；
C相，Ⅲ→Ⅱ→Ⅰ→Ⅵ→Ⅴ→Ⅳ→Ⅲ。

如需调速，只需再次给定调频频率f_c。

功率器件按照控制号的指挥开闭，输出三相对称的马鞍形电压，电动机按所需方向起动，直到所需的速度。

如欲改变电动机的转向，则按(2)组扇区序号送数据。

电动机停车：只需将CPU的6个I/O口全部同时置"0"，电动机将进行自由停车。

5.10 基于 DSP 的处理办法

近年来，各种集成化的单片 DSP 的性能得到很大改善，相关软件和开发工具也越来越多、越来越好，价格却大幅度下降，从而使得 DSP 器件及技术更易使用，价格也能够为广大用户接受；越来越多的单片机用户开始考虑选用 DSP 器件来提高产品性能，DSP 器件取代高档单片机的可能性越来越大。

DSP 器件采用改进的哈佛结构，具有独立的程序和数据空间，允许同时存取程序和数据。内置高速的硬件乘法器，增强的多级流水线，使 DSP 器件具有高速数据运算能力。DSP

器件比 16 位单片机单指令执行速度快 8 ~ 10 倍，完成一次乘加运算快 16 ~ 30 倍。

对于实时控制要求较高的场合，DSP 的性能比普通的单片机更为合适。此外，由于 DSP 软件配有汇编/C 编译器、C 源码调试器等，比普通的单片机仅提供单一的汇编程序丰富得多，使得控制软件的编写和调试也方便得多。

DSP 正是基于其硬、软件上的优势，以及大幅下降的成本，在电动机调速控制系统中应用得越来越广。

在 SVPWM 技术中，由于小区矢分量的工作时间 T_M 和 T_L 均是依据具体的公式来进行运算的，显然 DSP 的优点就更为突出。故随着廉价专用芯片（美国德州仪器公司的 TMS 系列芯片）的上市，大大地扩展了 DSP 在了 SVPW M 技术的应用。

为了充分发挥 DSP 的快速运算能力，下面先介绍一下相关基础知识，以便得出运算公式，供 DSP 进行快速运算，发挥其特长。

5.10.1 根据电动机的基本（或额定）数据，计算调速时的有关数据

1. 基本数据

1）额定电压 U_e。一般的相电压有效值为 220V。

2）额定频率 f_e。一般为 50Hz 或 60Hz。

3）额定转速 n_e。与极对数 p 有关。例如，$p = 1$，$n_e \leqslant 3000 \text{r/min}$。

2. 计算出相应的有关参数

1）直流供电电压（即电源电压）U_d。由 $u_r = \frac{1}{\sqrt{3}} U_d$，有 $U_d = \sqrt{3} u_r = \sqrt{3} \times \sqrt{2} U_{AO} = \sqrt{6} U_e = \sqrt{6} \times 220\text{V} = 538\text{V}$。

2）整流二次侧（整流边）相电压 U_{2S}。$U_{2S} = 0.428 U_d = 0.428 \times 538\text{V} = 230\text{V}$，此数值与动力电源相电压相差不多，可以不用变压器，直接接电网，如需调压可采用 SCR。

3）对于恒转矩负载（大多数情况下），应保持 $\frac{U}{f_c}$ 为常数。f_c 下降，则 U 应当上升，反之亦然。

如果给定调频数值为 f_c，则可求出对应的相电压：

$$U_{AO} = \frac{U_e - U_0}{f_e} f_c \tag{5-76}$$

式中，U_e 为额定相电压；f_e 为额定频率；U_0 为电机压频特性的最小值，低频时补偿定子电阻压降所需的电压视电机而定；f_c 为调频频率。

4）根据工作需要，给定 SVPWM 状态下每一扇区内的小区划分数 n。再用 n 计算 θ_i，即 θ_0，θ_1，θ_2，…，θ_j。

5）按下述公式求出扇区内各小区对应的两个矢分量：

$$u_{\alpha i} = u_r \cos\theta_i \tag{5-77}$$

$$u_{\beta i} = u_r \sin\theta_i \tag{5-78}$$

式中，$u_r = \frac{1}{\sqrt{3}} U_d = \frac{1}{\sqrt{3}} \sqrt{6} U_{AO} = \sqrt{2} U_{AO}$；$i = 0 \cdots j$。

5.10.2　求取一个小区矢分量的工作时间

如图 5-12 所示，可以看出

因为

$$\frac{T_{\mathrm{M}}}{T_0} u_{100} = u_\alpha - \frac{u_\beta}{\tan 60°}$$

所以有

$$T_{\mathrm{M}} = \frac{T_0}{u_{100}}\left(u_\alpha - \frac{u_\beta}{\sqrt{3}}\right) = \frac{T_0}{U_{\mathrm{d}}} \frac{3}{2}\left(u_\alpha - \frac{u_\beta}{\sqrt{3}}\right) = \frac{T_0}{2U_{\mathrm{d}}}(3u_\alpha - \sqrt{3}\,u_\beta) = -\frac{T_0}{2U_{\mathrm{d}}}(\sqrt{3}\,u_\beta - 3u_\alpha) \quad (5\text{-}79)$$

式中，$u_{100} = \frac{2}{3} U_{\mathrm{d}}$。

而

$$\frac{T_{\mathrm{L}}}{T_0} u_{110} = \frac{u_\beta}{\sin 60°} = \frac{2}{\sqrt{3}} u_\beta$$

所以有

$$T_{\mathrm{L}} = \frac{T_0}{u_{110}} \frac{2}{\sqrt{3}} u_\beta = \frac{T_0}{U_{\mathrm{d}}} \frac{3}{2} \frac{2}{\sqrt{3}} u_\beta = \sqrt{3}\frac{T_0}{U_{\mathrm{d}}} u_\beta \qquad (5\text{-}80)$$

至于 t_0，则有

$$t_0 = T_0 - (T_{\mathrm{M}} + T_{\mathrm{L}}) \qquad (5\text{-}81)$$

以上是以 I 扇区为例来计算的。同理，可以计算 II ~ VI 扇区的 T_{M} 和 T_{L}。

再则，如果令

$$X = \sqrt{3}\frac{T_0}{U_{\mathrm{d}}} u_\beta \qquad (5\text{-}82)$$

$$Y = \frac{T_0}{2U_{\mathrm{d}}}(3u_\alpha + \sqrt{3}\,u_\beta) \qquad (5\text{-}83)$$

并从 II 扇区推导，得

$$Z = \frac{T_0}{2U_{\mathrm{d}}}(\sqrt{3}\,u_\beta - 3u_\alpha) \qquad (5\text{-}84)$$

这样可以得到各扇区内小区对应的切换时间均应遵守的公式列表，并得出 T_{M} 和 T_{L}，见表 5-2。这样做的目的，是方便以后使用 DSP 技术快捷计算出 T_{M} 和 T_{L}，以利于控制软件快速调用。

表 5-2　各扇区导通时间（扇区表）

时　间	扇　区					
	I	II	III	IV	V	VI
T_{M}	$-Z$	Y	X	Z	$-Y$	$-X$
T_{L}	X	Z	$-Y$	$-X$	$-Z$	Y

注意，表 5-1 中，同一扇区内，各个小区对应的 θ_i 值不同（$i = 0 \cdots j$），X、Y、Z 也就不同（同一个 T_0 时）。例如，I 扇区，T_M 是 $-Z$，T_L 是 X，但每个小区的具体数值却因 θ 值的不同而异，即有 n 组数值，并按序排列，以方便使用。注意，关于各扇区矢分量导通时间代码的具体推导，可参见本书附录 E。

5.10.3 扇区的判断与编号

应当指出，上述结果是扇区的工作顺序（也就是磁场旋转的方向），一律按逆时针方向。它比较直观、方便，其矢量图如图 5-31 所示。

但是，也有相当数量的论文引用双向排列的方式，如图 5-31 所示。即，I、III、IV 扇区（奇数扇区）为逆时针方向，而 II、IV、IV 扇区（偶数扇区）为顺时针方向，如图 5-32 箭头所示。

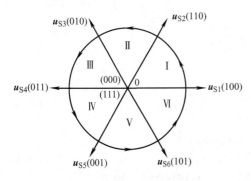

图 5-31　扇区号与方向的顺序

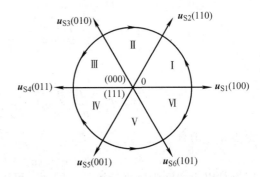

图 5-32　双向排列方式的扇区号与方向的顺序

在此情况下，在偶数扇区中，T_M 为扇区左边的矢分量时间，T_L 为扇区右边的矢分量时间，结果其扇区中导通时间见表 5-3。

表 5-3　双向排列方式的扇区导通时间（扇区表）

时　间	扇　区					
	I	II	III	IV	V	VI
T_M	$-Z$	Z	X	$-X$	$-Y$	Y
T_L	X	Y	$-Y$	Z	$-Z$	$-X$

与前面的推导结果相比，双向排列方式的奇数扇区相同，但偶数扇区相反。

扇区矢分量顺向排列与逆向排列，实效果是完全一样的，因为都是利用相邻两个分量来合成理想中的合成矢量，谁先谁后没有什么关系，即使是七段方式也是如此。只是在 T_M 和 T_L 的具体取值上，不要弄错就行。此外，还要注意扇区前移的方向，按上述顺序，磁场一定是逆时针方向旋转；若要求磁场反向，则应将扇区前移方向反过来。扇区编号只是一个标志，与转向无关，在编写程序时要注意这一点。

5.10.4 采样时电压矢量瞬间位置与扇区编号之间的关系

这里讨论的是电压矢量瞬间落在那个扇区的问题。

上节介绍的扇区号及所对应的矢分量持续时间，只是按顺序一一对应列出来。也就是说，凡是进入到这一扇区的矢量，其矢分量只能由此扇区两边的矢量来合成，它们的持续时间应按此扇区对应的公式计算。采样时电压矢量瞬时位置，应按电压矢量之间的投影关系计算，再将计算结果与那扇区号相对应，得出对应的瞬时位置，即矢量所在扇区表。这样，按此扇区提供的矢分量时间公式，改变（调节）控制信号的频率，达到连续无缝调速的目的。所以，扇区表与瞬间矢量所落扇区号，既有一定关系（提供计算公式），又不是一回事。按电压矢量之间的投影关系另行计算后另行编号，然后重新对应。这一点望读者注意！下面，以Ⅰ扇区为例，看看此扇区到底应对应那个瞬间位置编号，从而说明后面得到的瞬间位置扇区表是怎样获得的（全部推导结果见本书附录E）。

1. 首先找到采样时电压矢量 u_r 所对应的矢分量 u_α 和 u_β

$$u_\alpha = u_r \cos\theta'$$

$$u_\beta = u_r \sin\theta'$$

2. 用克拉克反变换得到此时三相电压的数值

$$\begin{bmatrix} u_A \\ u_B \\ u_C \end{bmatrix} = \sqrt{\frac{2}{3}} \begin{bmatrix} 1 & 0 \\ -\dfrac{1}{2} & \dfrac{\sqrt{3}}{2} \\ -\dfrac{1}{2} & -\dfrac{\sqrt{3}}{2} \end{bmatrix} \begin{bmatrix} u_\alpha \\ u_\beta \end{bmatrix} \tag{5-85}$$

3. 利用计算得到的 u_A、u_B、u_C 按如下规则判断 u_r 所落的扇区

判断规则：①若 $u_A > 0$，有 $S_A = 1$，否则 $S_A = 0$；②若 $u_B > 0$，有 $S_B = 1$，否则 $S_B = 0$；③若 $u_C > 0$，有 $S_C = 1$，否则 $S_C = 0$。

所以，区号为 $S_A + 2S_B + 4S_C$。

上述公式基于下面的推导。

如前所述，三相可控桥式电路的上、下臂的通断，可以用"1"和"0"来表示。某一相的上臂通，则该相的正电压正在作用；相反，如果上臂断开，则该相必然是通过下臂的导通，负电压正在作用。因此，可以用该相上臂的通（1）和断（0）来表示该相相电压矢量的情况，并用矢量的模值正（以正方向为准）或负来进行区别。模值为正则该相上臂为"1"；反之，模值为负，则上臂为"0"。这种做法在前面介绍的六拍工作模式中已经用到。例如，工作状态100，即代表A相电压为正方向工作，B、C两相则为负方向工作；工作状态110，代表A、B相电压为正方向工作，C相则为负方向工作。

由于，SVPWM工作制利用的是六拍矢量中相邻两拍的部分矢量来合成预期的电压矢量的，因此，在这个合成电压矢量所在的扇区中，各个合成矢量与相邻两拍既有关系又不相同。其关系视各拍持续时间的长短而异，故不便简单地标出具体的相位。但既然在同一扇区，就应有一个共性，即一个特征。只要找出这个特征来，那么具有该特征的矢量，就一定位于同一个扇区之内。这个特征可以具体用一个数值来表示，称为扇区号"特征值"。

扇区合成矢量特征值的表达方法是这样的：将合成矢量向三相电压坐标轴进行投影，各相分量所得的投影模长可能不等，但其对应相的方向应该相同，即正、负应当相同；之后，可以应用扇区中三相分量的正负构成的二进制数，即扇区"特征值"来代表不同的扇区号。在这个区分中，用 3 个数来表示（对应 A、B、C 三相），正、负两种状态。它们的组合共有 8 种（$2^3 = 8$），其中全正、全负无效，剩下有效的状态（电流有进有出）为 6 种，即 A^+、B^-、C^-；A^+、B^+、C^-；A^-、B^+、C^-；A^-、B^+、C^+；A^-、B^-、C^+；A^+、B^-、C^+。其中，如以 + 为 1、– 为 0，那么上述 6 种组合可以用 ABC 的 1、0 状态组合表示，即 100、110、010、011、001、101。这种表示和六拍电压矢量表示十分相似，都是三相电压矢量（分量）的合成（预期）矢量。而且，在空间复平面中三相轴线处，它们就是同一个合成矢量。但是，又有一定区别，如在六拍矢量表示中，100 表示的是 0°处三相电压瞬间的合成矢量，110 表示 60°处三相电压瞬间的合成矢量。具体来说，它就是"一个合成矢量"。而在此扇区号的表示中，100 表示的则是 0°线两边各 30°处"一组旋转的合成矢量"的特征数值。同样，110 表示的也是 60°线两边各 30°处"一组旋转的合成矢量"的特征数值。

特征数值，除了可以用 100（或 0100）、110（或 0110）等二进制数来表示之外，一般还常采用十进制数来表示。两者之间的运算，可以用二 – 十进制公式计算：

$$A_2 \times 2^0 + B_2 \times 2^1 + C_2 \times 2^2 = 1A_2 + 2B_2 + 4C_2$$

式中，A 相定为低位；B 相为低位；C 相为高位；0、1、2 为二进制数的幂。

例如，100 对应的十进制数 $1A_2 + 2B_2 + 4C_2 = 1 + 0 + 0 = 1$，定名为 1 扇区，即Ⅰ扇区。以此类推，有 010 = 2、110 = 3、001 = 4、101 = 5、011 = 6。

这里，可以得到了扇区划分的具体十进制表达式：

$$1A_2 + 2B_2 + 4C_2 = 1S_A + 2S_B + 4S_C$$

在上述公式中，三相电压矢量模的二进制数值是 1 还是 0，取决于采样时三相电压的瞬间计算值（或测量值）的大小。如果 $u_A (u_B u_C) > 0$，相应的二进制数 S 取 1；$u_A (u_B u_C) \leqslant 0$，相应的二进制数 S 取 0。

计算图 5-31 所示的扇区的特征数。

1. 计算 0°线处的 No_{10}

（1）首先算出 0°线处电压矢量对应的 u_α 和 u_β

$$u_\alpha = u_r \cos\theta' = u_r \cos 0° = u_r$$
$$u_\beta = u_r \sin\theta' = u_r \sin 0° = 0$$

（2）用克拉克反变换求取此时三相电压的数值

$$
\begin{bmatrix} u_A \\ u_B \\ u_C \end{bmatrix} = \sqrt{\frac{2}{3}}
\begin{bmatrix} 1 & 0 \\ -\dfrac{1}{2} & \dfrac{\sqrt{3}}{2} \\ -\dfrac{1}{2} & -\dfrac{\sqrt{3}}{2} \end{bmatrix}
\begin{bmatrix} u_\alpha \\ u_\beta \end{bmatrix}
$$

即

$$u_A = \sqrt{\frac{2}{3}} u_\alpha = \sqrt{\frac{2}{3}} > 0，则 S_A = 1$$

$$u_B = \sqrt{\frac{2}{3}}\left[u_\alpha\left(-\frac{1}{2}\right)+\frac{\sqrt{3}}{2}u_\beta\right] = \sqrt{\frac{2}{3}}\times\left(-\frac{1}{2}\right)\leq 0 \text{，则 } S_B = 0$$

$$u_C = \sqrt{\frac{2}{3}}\left[u_\alpha\left(-\frac{1}{2}\right)-\frac{\sqrt{3}}{2}u_\beta\right] = \sqrt{\frac{2}{3}}\times\left(-\frac{1}{2}\right)\leq 0 \text{，则 } S_C = 0$$

（3）利用计算得到的 u_A、u_B、u_C 判断 $\boldsymbol{u}_r$ 在 0°线处的扇区号

$$\text{No}_{10} = 1S_A + 2S_B + 4S_C = 1 + 0 + 0 = 1 \text{，即 I 扇区。}$$

2. 计算 30°线处的 No_{10}

（1）算出 30°线处电压矢量对应的 u_α 和 u_β

$$u_\alpha = u_r\cos\theta' = u_r\cos 30° \approx 0.866u_r$$

$$u_\beta = u_r\sin\theta' = u_r\sin 30° = 0.5u_r$$

（2）用克拉克反变换求取此时三相电压的数值

$$\begin{bmatrix} u_A \\ u_B \\ u_C \end{bmatrix} = \sqrt{\frac{2}{3}}\begin{bmatrix} 1 & 0 \\ -\frac{1}{2} & \frac{\sqrt{3}}{2} \\ -\frac{1}{2} & -\frac{\sqrt{3}}{2} \end{bmatrix}\begin{bmatrix} u_\alpha \\ u_\beta \end{bmatrix}$$

即

$$u_A = \sqrt{\frac{2}{3}}u_\alpha = \sqrt{\frac{2}{3}}\times 0.9063u_r = 0.74u_r > 0 \text{，则 } S_A = 1$$

$$u_B = \sqrt{\frac{2}{3}}\left[u_\alpha\left(-\frac{1}{2}\right)+\frac{\sqrt{3}}{2}u_\beta\right] = \sqrt{\frac{2}{3}}\left[-\frac{1}{2}\times 0.866u_r+\frac{\sqrt{3}}{2}\times 0.5u_r\right] = 0.816\times(-0.433+0.433)$$

$u_r = 0$，则 $S_B = 0$

$$u_C = \sqrt{\frac{2}{3}}\left[u_\alpha\left(-\frac{1}{2}\right)-\frac{\sqrt{3}}{2}u_\beta\right] = \sqrt{\frac{2}{3}}\left[-\frac{1}{2}\times 0.866u_r-\frac{\sqrt{3}}{2}\times 0.5u_r\right] = 0.816\times(-0.433-0.433)$$

$u_r = -0.866u_r < 0$，则 $S_C = 0$

（3）利用计算得到的 u_A、u_B、u_C 判断 $\boldsymbol{u}_r$ 在 30°线处的扇区号

$$\text{No}_{10} = 1S_A + 2S_B + 4S_C = 1 + 0 + 0 = 1 \text{，即 I 扇区。}$$

3. 计算 31°线处的 No_{10}

（1）算出 31°线处电压矢量所对应的 u_α 和 u_β

$$u_\alpha = u_r\cos\theta' = u_r\cos 31° \approx 0.857u_r$$

$$u_\beta = u_r\sin\theta' = u_r\sin 31° \approx 0.515u_r$$

（2）用克拉克反变换求取此时三相电压的数值

$$\begin{bmatrix} u_A \\ u_B \\ u_C \end{bmatrix} = \sqrt{\frac{2}{3}}\begin{bmatrix} 1 & 0 \\ -\frac{1}{2} & \frac{\sqrt{3}}{2} \\ -\frac{1}{2} & -\frac{\sqrt{3}}{2} \end{bmatrix}\begin{bmatrix} u_\alpha \\ u_\beta \end{bmatrix}$$

即

$$u_A = \sqrt{\frac{2}{3}}u_\alpha = \sqrt{\frac{2}{3}} \times 0.857u_r = 0.699u_r > 0, \text{ 则 } S_A = 1$$

$$u_B = \sqrt{\frac{2}{3}}\left[u_\alpha\left(-\frac{1}{2}\right) + \frac{\sqrt{3}}{2}u_\beta\right] = 0.816\left[-\frac{1}{2} \times 0.857 + \frac{\sqrt{3}}{2} \times 0.515\right]u_r = 0.003u_r > 0, \text{ 则 } S_B = 1$$

$$u_C = \sqrt{\frac{2}{3}}\left[u_\alpha\left(-\frac{1}{2}\right) - \frac{\sqrt{3}}{2}u_\beta\right] = 0.816\left[-\frac{1}{2} \times 0.857 - \frac{\sqrt{3}}{2} \times 0.515\right]u_r = -0.703u_r < 0, \text{ 则 } S_C = 0$$

（3）利用计算得到的 u_A、u_B、u_C 判断 u_r 在31°线处的扇区号

$$No_{10} = 1S_A + 2S_B + 4S_C = 1 + 2 + 0 = 3, \text{ 即 III 扇区}$$

可以发现，0°~30°扇区特征数 $No_{10} = 1$，30°以后扇区特征数便由1变成了3。也就是说，从电压矢量 $\boldsymbol{u}_{S1}(100)$ 逆时针旋转30°属于 I 扇区，超过即属于 III 扇区。

如果电压矢量 $\boldsymbol{u}_{S1}(100)$ 顺时针旋转30°，即 θ 为负，用上面同样方式对于 $\theta = -30°$~0°，可以证明，在 -30°以内 u_r 属于 I 扇区，而 -30°以后则属于 V 扇区。也就是说，以电压矢量 $\boldsymbol{u}_{S1}(100)$ 为中心的前后30°，共计60°均属于 I 扇区。

同理，可以证明（见本书附录 E），在 -30°~30°，扇区特征数是1；在30°~90°，扇区特征数是3；在90°~150°，扇区特征数是2；在150°~210°，扇区特征数是6；在210°~270°，扇区特征数是4；在270°~330°，扇区特征数是5；在330°~390°（即 -30°~30°），扇区特征数又是1。

这样一来，可以得到图5-33所示的带扇区特征数 No_{10} 的扇区图。

显然，要把特征数扇区划分线顺时针旋转30°，可以得到图5-34所示的按扇区特征数 No_{10} 来划分的扇区图。扇区划分线顺时针旋转30°对于高速旋转的电压矢量（实际为磁势矢量），不会产生什么影响，但这样一来扇区编号示意图就简单直观多了。此外，这只是分析方法上的一种变通处理，如果把空间横轴就定在与水平线顺时针转30°上，只要信号顺序不错，就一点也不会影响电动机的运行情况。这是因为这些都只是分析方法上很小的问题，只涉及30°，在时间上的误差不过3.3ms（转速按1500r/min），故可以忽略不计。

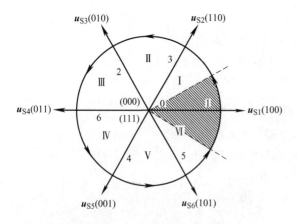

图5-33 带扇区特征数 No_{10} 的扇区图
注：罗马数字为逆时针顺序普通表示的扇区号；
阿拉伯数字为逆时针顺序的特征数。

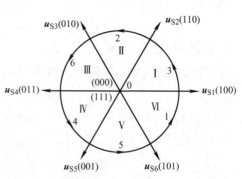

图5-34 按扇区特征数 No_{10} 来划分的扇区图

4. 扇区顺序不变和按扇区特征数No₁₀表示但顺时针转30°后的扇区划分（推导过程见本书附录 F）

应当指出的是，按顺序表示的扇区划分只有理论上的意义，而按特征数 No_{10} 来表示的扇区划分则有实际意义。也就是说，在调节过程中，它可以用来确定电压矢量在采样瞬间所落的具体位置（扇区）。所以，在以后的介绍和分析中就只用按特征数 No_{10} 表示扇区。

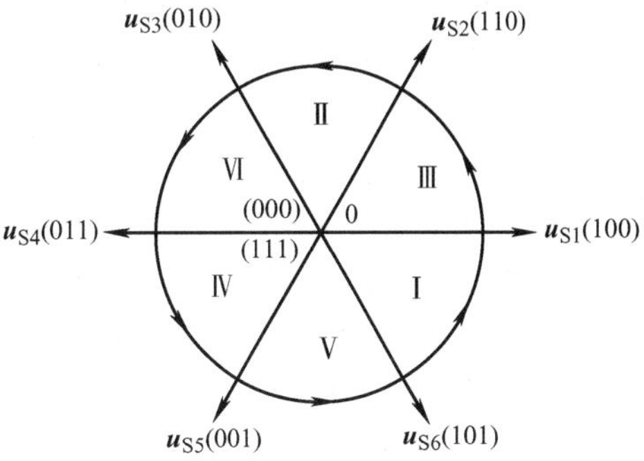

因此，为了适应读者对扇区编号的阅读习惯，No_{10} 也采用罗马数字，而隐去扇区顺序编号。于是，上面的扇区特征数 No_{10} 划分便如图 5-35 所示。

图中，原来的扇区号，即逆时针顺序的I→II→

图 5-35　以罗马数字表示的
特征数 No_{10} 扇区图

III→IV→V→VI，变为逆时针按特征数 No_{10} 表示，即III→II→VI→IV→V→I。至于 X、Y、Z 三个公式并没有变，它们在表中的位置也没有变，从而得到表 5-4 所示的 T_M 和 T_L。

表 5-4　特征数No₁₀以罗马数字表示的逆时针顺序扇区的 T_M 和 T_L

时　　间	扇　区					
	III	II	VI	IV	V	I
T_M	$-Z$	Y	X	Z	$-Y$	$-X$
T_L	X	Z	$-Y$	$-X$	$-Z$	Y

如果采用偶数扇区为顺时针顺序，则 T_M 和 T_L 的公式互换，得到表 5-5 所示的 T_M 和 T_L。

表 5-5　特征数No₁₀以罗马数字表示的顺时针顺序扇区的 T_M 和 T_L

时　　间	扇　区					
	III	II	VI	IV	V	I
T_M	$-Z$	Z	X	$-X$	$-Y$	Y
T_L	X	Y	$-Y$	Z	$-Z$	$-X$

通过对调速瞬间预期矢量所处位置的判断（以便确定应由那两个矢分量来进行预期矢量合成），可以达到"衔接"调节的目的。即，从此处（对应着该扇区的相邻两矢分量）开始调入调速所需的新参数：新的 f_c 所对应的新 T_0，即新的 T_M 和 T_L。使用表 5-3 或表 5-4 所示的 X、Y、Z，按此新的 T_0 得到所对应的新数据。然后，接着按表中规定的扇区顺序，一个一个地调用 X、Y、Z，并一直循环下去。

必须指出的是，图 5-35 所示扇区的走向（即前进方向）为逆时针方向。这也是电动机转动的方向（它由三相电压的相序，即由向桥臂送控制信号的顺序，来决定）。如果要改变电动机转动的方向，则应相应地改变三相电压的相序，改成顺时针方向。那么，控制信号的顺序应改成顺时针方向，于是扇区走向（即送控制信号的顺序）将变为III→I→V→IV→VI→II。

在一些资料文献中，也有应用图 5-36 所示的未标定电压合成矢量进行扇区的划分。

这种扇区的划分方法是可以的，但容易发生误会和错误。这是因为它与常规的六拍合成矢量的相序相悖。按照常用的六拍合成矢量的顺序（1 出现的顺序），三相电压矢量正方向的相序（ABC）都是逆时针方向的。按照这个相序传送控制信号，合成矢量旋转的方向也就是逆时针向的，电动机的旋转方向自然为逆时针方向。此时，采用的扇区特征数 $No_{10} = 1S_A + 2S_B + 4S_C$。如果采用的是图 5-36 所示的划分图，并仍采用逆时针相序（ABC）传送控制信号，通经分析，电动机的旋转方向就恰好相反，是顺时针方向的。为使方法与结果一致，只有将送控制信号相序反过来，即采用 ACB 相序。这样，图 5-36 所示的扇区划分的走向便是Ⅲ→Ⅱ→Ⅵ→Ⅳ→Ⅴ→Ⅰ，其结果才能和前面的分析一致。

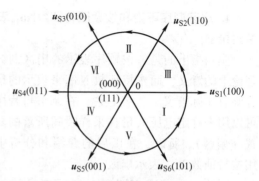

图 5-36 未标定电压合成矢量的
另一种扇区划分图

根据常规，旋转角 θ' 一般在Ⅰ象限为正角度，以后的增加均为逆时针方向。另外，三相电压的相序也是按英文字母次序 A、B、C 为顺序的。因此，如按图 5-36 所示划分，角 θ' 必然是按顺时针方向旋转，即向坐标的Ⅳ象限，必为负角度。以顺时针方向 θ' 为 59° 为例，由于它处于Ⅳ象限，在计算中应为 $\theta' = -59°$。其余弦、正弦值是 $\cos(-59)° \approx 0.515$、$\sin(-59)° \approx -0.857$（纵轴投影变为负值）。而不是像Ⅰ象限那样，$\theta'$ 为正，$\cos 59° \approx 0.515$，$\sin 59° \approx +0.857$。于是，当用扇区特征数公式计算 No_{10} 时，由于使用的是常规六拍电压合成矢量图，其中三相的相序显然是逆时针的。现在又按顺时针方向计算旋转角 θ'，相对于常规表示，便成了逆（相）序，即 ACB。其特征数公式二－十进制变为 $No = 1S_A + 2S_C + 4S_B$。对于顺时针方向，$\theta' = -59°$，其扇区特征数用Ⅳ象限的数代入上述公式，计算出来的扇区特征数为 3（但其位置却处于按常规顺序表示的Ⅵ扇区处）。同理，按顺向，Ⅴ扇区特征数为 2，Ⅳ扇区特征数为 4，Ⅲ扇区特征数为 6，Ⅱ扇区特征数为 5，Ⅰ扇区特征数为 1。结里得到的特征数顺序（顺时针方向）为 3→2→4→6→5→1，对应为Ⅲ→Ⅱ→Ⅵ→Ⅳ→Ⅴ→Ⅰ，与图 5-36 所示相比，前进方向相同，次序也对，唯一不同的是向前移动了 60°。那么，只有向后移动 60°，才能使其位于Ⅰ扇区，才能与图 5-36 所示的完全一致。所以说，该方法可以采用，但不够严谨，容易产生误会甚至错误。

必须指出的是，电动机三相绕组接控制桥的位置一般是固定的，改变电动机的旋转方向只有改变桥臂控制信号的相序，故控制信号的相序一定要保证正确。简单的解决方法就是在扇区划分图上标出旋转方向。

对调速瞬间（采样时）预期矢量所处位置的判断十分重要，这关系到调速是否平滑，要十分小心，要进行必要的计算。为此，下一节将专门介绍"扇区判断法"。

5.10.5 扇区判断法

扇区判断法，就是找出调速瞬间预期矢量的位置，之后改变调速频率，便可以使调节时同步速度平滑过渡。当然，也可以采用每次调速均一律从Ⅰ扇区开始调（新）数。不过，这种调法由于未顾及预期矢量当时所在的位置，不免会在调数中间出现几个空档，会使电动机的转矩和转速在过渡中出现一点波动。但是，这种方法在编程上相对要简便一些，适用于大惯量系统。究竟采用哪种方式，可以酌情决定。

下面就具体介绍判断扇区法。

1. 根据采样所得的 u_α 和 u_β 数值来决定 u_r 所在扇区号（不用去具体计算扇区内的 T_M 和 T_L）

（1）首先找到对应调速时需要的电机绕组相电压（即逆变器输出相电压有效值）

$$U_{AO} = \frac{U_e - U_0}{f_e} f_c$$

式中各物理量意义同式(5-76)。

（2）计算出预期矢量 u_r 的幅值和最大值

$$u_r = u_{rMAX} = \frac{1}{\sqrt{3}} U_d$$

式中，$U_d = \sqrt{6} U_{AO}$。

（3）计算出当前预期矢量的角 θ'

$$\theta' = \theta + \omega(NT_0)$$

式中，θ' 为当前 u_r 所处的位置相对于 X 轴的角度；θ 为原先给定的矢量合成角度，可从已知程序中调用，若从（100）开始的则 $\theta = 0°$；ω 为 u_r 旋转的角速度，可由相电压的频率得到，$\omega = 2\pi f_c$；N 为调速间隔时间内 u_r 旋转经过的总小区数，可从程序中专设的计数器中取得；$T_0 = \frac{1}{6jf_c}$，为小区周期。

将 ω、j、T_0 代入 θ' 式，得

$$\theta' = \theta + 2\pi f_c N T_0 = \theta + 2\pi f_c \frac{N}{6jf_c} = \theta + \frac{\pi N}{3j}$$

（4）计算 u_r 在 $X(\alpha)$ 和 $Y(\beta)$ 轴上的投影量 u_α 和 u_β

$$u_\alpha = u_r \cos\theta'$$
$$u_\beta = u_r \sin\theta'$$

如果系统中有控制环节经变换可以输出 u_α 和 u_β，也可以不用计算而直接采用。

（5）计算当前 u_r 所处的扇区位置

1）应用克拉克反变换求取此时三相电压的数值

$$\begin{bmatrix} u_A \\ u_B \\ u_C \end{bmatrix} = \sqrt{\frac{2}{3}} \begin{bmatrix} 1 & 0 \\ -\frac{1}{2} & \frac{\sqrt{3}}{2} \\ -\frac{1}{2} & -\frac{\sqrt{3}}{2} \end{bmatrix} \begin{bmatrix} u_\alpha \\ u_\beta \end{bmatrix} \tag{5-86}$$

2）利用计算得到的 u_A、u_B、u_C 判断 u_r 所落的扇区

判断规则：①若 $u_A > 0$，有 $S_A = 1$，否则 $S_A = 0$；②若 $u_B > 0$，有 $S_B = 1$，否则 $S_B = 0$；③若 $u_C > 0$，有 $S_C = 1$，否则 $S_C = 0$。所以，扇区号为 $1S_A + 2S_B + 4S_C$。

3）按上述规则求得的扇区号为采样时电压矢量所在的，如图 5-37 所示。

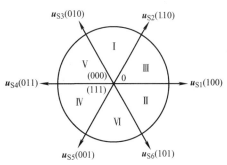

图 5-37　判断 u_r 所在扇区的扇区号示意图

2. 根据 u_r 所处的位置（扇区）得出矢分量的作用时间

矢分量的作用时间见表5-6。

表5-6　矢分量的作用时间

时　间	扇　区					
	Ⅲ	Ⅱ	Ⅵ	Ⅳ	Ⅴ	Ⅰ
T_M	$-Z$	Y	X	Z	$-Y$	$-X$
T_L	X	Z	$-Y$	$-X$	$-Z$	Y

表5-6中，X、Y、Z 由前面推出的公式得出，有

$$X = \sqrt{3}\frac{T_0}{U_d}u_\beta$$

$$Z = \frac{T_0}{2U_d}(\sqrt{3}u_\beta - 3u_\alpha)$$

$$Y = \frac{T_0}{2U_d}(3u_\alpha + \sqrt{3}u_\beta) \tag{5-87}$$

5.10.6　调速的程序

这里讨论的是电动机转速由 n_{S1} 变为 n_{S2}。

1）按上面介绍的相关步骤，算出 f_{S2}、u_r、U_d。

2）计算新的 X、Y、Z。$u_\alpha = u_r\cos\theta'$，$u_\beta = u_r\sin\theta'$。如果 θ' 的划分区数 j 不变，仍是按原来的值，则对应的 θ_i 数值也不变。但是，小区周期 T_0 将随新的调速频率 f_c 的变化而变化，因此，X、Y、Z 的数值就会发生变化。新的控制时间，可以利用公式由程序进行实时计算，然后输出；也可以先计算好（如每隔 1Hz 为一个调频单位），将它们存储在 MCU 的 ROM 中，以备程序调用。这里的 X、Y、Z 都为 n 组，数值由 θ_i 来决定，即 $\{X_1, X_2, \cdots, X_n\}$，$\{Y_1, Y_2, \cdots, Y_n\}$，$\{Z_1, Z_2, \cdots, Z_n\}$。调用时，先调第1组，接着调2组，直到调 n 组，然后，再调下一个扇区的数值。

3）调速开始所用扇区号为上面先计算的 No。

4）然后从这个 No 开始，按新的 f_c 去调用对应的 X、Y、Z，将它们按顺序（$0\cdots n$）去控制上下臂。"+" 对应上臂，"–" 对应下臂。

5）对于七段式控制，在程序上应加入一个子程序。

① 将每个 X 以 $0.5X$ 存入相应存储单元，而不是存储 X 的值。同样，存储的数值为 $0.5Y$。

② 计算 $t_0 = T_0 - (T_M + T_L)$，然后，存 $t_0/4$ 存入相应存储单元。这里要注意，应保证 $t_0/2$ 大于切换时间。

③ 送数顺序为 $-\dfrac{t_0}{4} \to \dfrac{T_M}{2} \to \dfrac{T_L}{2} \to \dfrac{t_0}{4} \to \dfrac{t_0}{4} \to \dfrac{T_L}{2} \to \dfrac{T_M}{2} \to -\dfrac{t_0}{4} \to \cdots$

④ 如 $-X$、$-Y$、$-Z$，即 T_M 和 T_L 及 t_0 为负，此值对应下臂。

⑤ 此单元完成后，如Ⅲ，之后为Ⅱ→Ⅵ→Ⅳ→Ⅴ→Ⅰ→Ⅲ，如此循环。

5.10.7　DSP 控制逻辑流程图

　　根据所选用 DSP 芯片的型号及软硬件的不同，控制逻辑流程图可能不同，但一般不会有太大出入。为了发挥 DSP 的快速运算能力，一般将运算部分编写成"中断服务程序"，再将其实时运算结果放置到"主程序"所指定的寄存器中，供"主程序"进行中断后的循环读取。"主程序"则和一般的主程序的功能一样，主要进行如初始化、设参量、置数、关断看门狗、开中断、取数、关中断、循环送数等功能。

　　下面，就分别来介绍相应的"主程序"和"中断程序"的控制逻辑流程图。需要说明的一点是，下列的主、子程序均是针对开环系统来编写的，故较为简单。若涉及闭环系统，请按所设计的系统（框图）加入相应的 PID 调节程序及其他环节所对应的子程序。

1. 主程序逻辑流程图

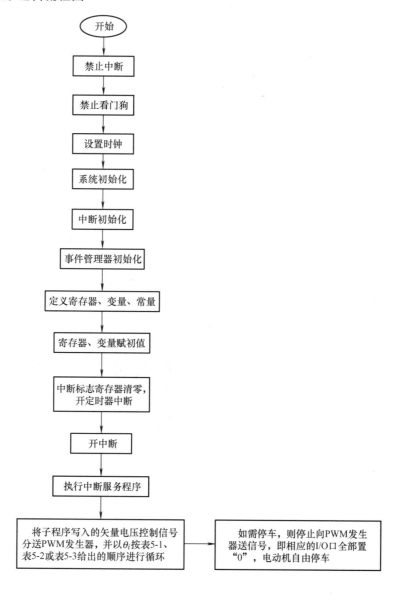

2. 中断服务子程序

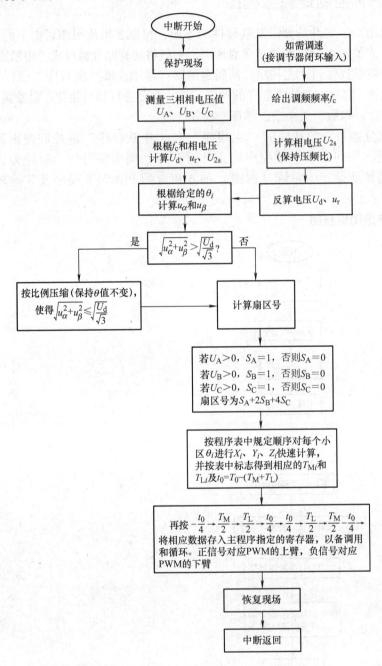

第6章 异步电动机的矢量控制调速

6.1 概述

1971 年，德国学者布拉施克（F. Blaschke）、美国学者卡斯特曼（P. C. Custman）和克拉克（A. A. Clark），不约而同地提出了基于坐标变换原理的异步电动机矢量变换控制技术。这一技术使得交流电动机的调速一下子发生了质的飞跃，在调速的方法与品质上都获得了极大的提高。从而在交、直流调速系统的竞争中，使得交流调速取得了胜利，并得到了更为广泛的应用与推广。之所以产生这样的变化，主要原因有以下两个：

1）电力电子器件的性价比大大提高，给这项技术提供了硬件保证。

2）现代数字技术和微处理器技术的广泛应用，给这项技术提供了强有力的软件服务。

因此，时至今日，以"矢量变换技术"为调速手段的交流电动机调速系统，不但有各种功率范围的正规商品出现，而且价位也不算太贵。从上百瓦的泵、冰箱，到数千千瓦的冶金机械，其应用范围广泛，产品十分丰富；与系统的配套做得也很全面，使用时几乎可以不用外加什么环节，成为一种可以在产品目录中选择的调速产品。

矢量控制调速系统与过去那些组合设计调速系统已经完全不同了，它给设计应用人员带来了许多方便，成为今日电机调速的主流。直流调速称霸的时代几乎是一去不复返了。所以，认真分析研究交流电动机矢量变换技术，是从事调速系统的技术人员所必需的。

6.2 交、直流电动机工作原理的对比分析

矢量变换控制最初的想法，是希望将交流电动机从定、转子磁场的角度分开、独立调节，使之像直流电动机一样，具有良好的调速性能。因此，在具体分析矢量变换控制技术之前，不妨先对交、直流两种电动机的工作原理进行对比分析，看看采取什么措施之后，交流电动机就可以模仿直流电动机的控制方法来工作。下面就来进行分析。

首先，从定、转子磁场的情况来看一下直流电动机的工作原理。直流电动机的工作原理，是基于"电流在磁场中受力"这一原理的。为了对比方便，这里采用基于"定子磁场和转子磁场相互作用"的电磁作用原理。为此，就需要把传统的磁极称为直流电动机的定子，把电枢称为转子。图 6-1 给出了单极对、隐极式、单绕组结构直流电动机的绕组和磁场示意图。

图中，线圈 1-1′为励磁绕组，当通过"下进上出"方向的直流电流时，按右手法则，它所产生的磁场与绕组平面垂直，方向向右，即图 6-1 所示的 $\boldsymbol{\Phi}_1$。

如果转子绕组线圈 3-3′，通过电刷，通过图 6-1 所示"左进右出"方向的电流时，按左手法则，则转子绕组导体将产生逆时针方向的转矩，从而可以旋转起来。此时转子绕组中的电流也会产生转子磁场（即电枢磁场），按右手法则，此磁场 $\boldsymbol{\Phi}_2$ 恰好与 $\boldsymbol{\Phi}_1$ 垂直。由于电

刷与换向器的作用，转子虽然在飞快旋转，绕组导体不断地移过电刷，电流方向也随之改变。从整体上看，电刷两侧导体中流过的电流始终保持"左进右出"，而且导体数目也保持不变。因此，从电流（和磁场）的角度来看，犹如转子中的载流导体是静止不动似的。

这样，直流电动机的两个磁场，即电枢磁场和转子磁场，是相互独立、互不关联的，可以各自独立调节大小；而在方向上是互相垂直的，处于相对静止状态。

现在再来讨论交流电动机，如常用的交流异步电动机。为方便起见，以单相（实为两相）、笼型、单极对的异步电动机为例。其两相绕组在空间上相差90°，而流过其中的交流电流在时间上又是相差90°。其工作原理如图6-2所示。

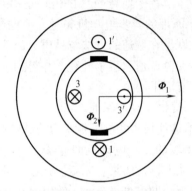

图6-1 单极对、隐极式、单绕组直流
电动机绕组和磁场示意图

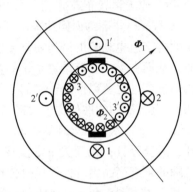

图6-2 单极对、笼型异步电动机
绕组示意图

图中，绕组1-1'和2-2'在空间上相差90°（顺时针方向）。由于流过的电流是交流的，在某一瞬间，如120°，电流为正，1-1'中的瞬间电流为"下进上出"。另外，按照时间上相差（如落后）90°的原则（120° − 90° = 30°），绕组2-2'中流过的电流在同一瞬间亦是正的，即为"右进左出"，如图6-2所示。瞬间电流所产生的磁场应为两绕组的合成磁场，即图6-2所示的 $\boldsymbol{\Phi}_1$。

由于合成磁场是旋转磁场，且按相序方向转动，即由1-1'到2-2'的逆时针方向转动。它将在笼型转子导条中感应出电动势，此电动势的极性可用右手定则确定。由于转子的转速低于定子旋转磁场的转速，所以转子导条相对于定子旋转磁场是反方向运动的，即按顺时针方向运动。于是感应电动势极性为，以磁场瞬间方向的轴线（与 $\boldsymbol{\Phi}_1$ 垂直）为界，右出左进，如图6-2所示绕组3-3'那样（导体应以先后次序产生一个相位差）。如果认为转子阻抗甚微而可略去，则转子电流方向亦依感应电动势方向。此瞬间电流在磁场中受力，依左手法则，并以第一个转子导条3-3'为对象，可以看出，所受力矩应为逆时针方向，即与旋转磁场转向相同。在此力矩推动下，转子会逆时针转动。不过，其最终稳定速度，即转子转速 n，应比定子旋转磁场的转速 n_1 低一些，否则转子导条就不会产生感应电流了。

转子流过的电流自然也会产生一个类似定子情况的旋转磁场（以绕线型转子来看就更为明了），此磁场即 $\boldsymbol{\Phi}_2$。它的方向可按右手螺旋定则确定，即恰好与 $\boldsymbol{\Phi}_1$ 垂直。此外，$\boldsymbol{\Phi}_2$ 还以一定转速相对转动的转子旋转（也为逆时针方向），其转速由转子电流频率决定，即

$$n_2 = \frac{60f_2}{p} \tag{6-1}$$

若设 $p=1$，则有

$$n_2 = 60f_2 \tag{6-2}$$

将 $f_2 = \dfrac{n_1 - n}{60}$ 代入式 (6-2)，则有 $n_2 = n_1 - n$，此为相对于转动的转子而的言。如果相对于不动的定子，则有

$$n_2' = n_2 + n = n_1 - n + n = n_1 \tag{6-3}$$

则结论是，转子旋转磁场 $\boldsymbol{\Phi}_2$ 相对于定子的转速亦为 n_1，它与定子磁场 $\boldsymbol{\Phi}_1$ 的转速完全相同。或者说，两者是相对静止的。

如果观察者与定子磁场同步旋转，那么，他看到的定子磁场是不动的，转子磁场也是不动的。同时，他还会看到定子绕组中的电流大小也是不变的。或者说，当他第一次经过绕组 1-1′ 时，如果所看到的是最大值 I_m，那么，对与电源频率为 50Hz 的，移动 1 圈后 $\left(\text{时间为} \dfrac{1}{50}\mathrm{s}\right)$，再到 1-1′ 时，以 $\dfrac{1}{50}$s 为周期变化的电流又回到了最大值，所以，观察者所看到的电流自然还是 I_m（串联绕组所有导体中的电流都是 I_m）。一般来说，当他第一次看到 1-1′ 绕组中的电流为某一数值时，转过 1 圈后他看到的仍是同一数值。这就是说，观察者所看到的在定子绕组中流过的电流是不变的。

上面是以定子不动而观察者旋转时所得的结论。如果把两者互换，即观察者不动，而定子以 n_1 转速旋转，也可得到同样的结论：

① 交流电动机定子中流过的电流相对于观察者来说是不变的。

② 定子旋转磁场相对于观察者来说是不动的静止磁场。

③ 定、转子产生的磁场相位互差 90°。

上述关于异步电动机的结论就与直流电动机的情况无异了。虽然如此，为什么异步电动机没有直流电动机那样良好的调速性能呢？原因如下：

① 直流电动机的电枢（转子）电流与磁极（定子）磁场是各自独立的，可以各自进行独立调节，而交流电动机不能。

② 交流异步电动机的转子电流是感应产生的，而定子电流是由转子折算电流和励磁电流叠加的，包含了产生转矩和励磁的因素，不好单独调节；调压范围甚窄（因为机械特性），基本上不能直接调节转矩，也就很难调速。

如果要想使交流电动机也能像直流电动机一样方便地调节，就必须使交流电动机的定子电流能够分解。也就是说，可以分解成一个产生转矩的部分（就像直流电动机电枢电流那样），即有功分量；另一个为产生磁场的部分，即无功分量。然后，对这两个部分分别单独调节，就能使交流电动机和直流电动机一样，有良好的调速特性了。

但是，定子电流如何才能分解？首先说，在一般三相电压的直接作用下，这是完全不可能的；但经过以下步骤，分解定子电流是可以做到的：

① 把三相电压经整流变成直流电压。

② 经过三相全控桥再把它逆变成三相交流电压（不是一般的固定频率的逆变）。

③ 逆变时，进行一系列的"等效处理"，使得逆变后的三相交流电压在频率、波形、相位诸方面都能达到"等效分解"的要求。按照此种逆变，相当于调节了有功分量和无功

分量。

总之，虽然还是一台三相交流电动机，但供给它的逆变电压与一般三相电压完全不同，是能够使它具有直流电动机调速性能的（及所需的旋转磁场）。

调速的秘诀就在于对逆变器的控制，即每个功率开关器件的导通与关闭都能完全按"等效分解"的要求进行工作，这是矢量控制的基本思想。这种控制只有在电力电子功率器件发展到今天的水平才有可能实现。或者说，必须通过新技术实现对交流电动机的数学模型经过分析和坐标变换之后，才能如此调速。只用经典的交流电动机调速原理是无法理解和实现的。

关于功率器件本身的问题，这里就不讨论了，可参看有关资料。下面，将讨论异步电动机的各种分析方法，然后着重对交流电动机动态数学模型的分析和变换进行具体的研究，以便找出矢量控制的具体办法。

6.3 异步电动机各物理量的时间相量分析

首先说明一下，在电工基础技术中，对随时间呈正弦变化的交流量的复数表示，早期称作"时间矢量"或"时间向量"；之后国内电工教材才开始使用"时间相量"（Phasor），指带有相位的电量。故近年来，就多用"时间相量"一词。本书为了与电机学里按空间分布的交流量的复数表示区别开，空间复数量称为"空间矢量"。

现在，为了明确区分不同物理量的含义，本书采用如下的定义：

相量——用复数表示随时间呈正弦变化的物理量，如电压、电流、电动势、磁链等。

矢量——用复数表示按空间呈正弦分布的物理量，如磁动势、磁通等。

向量——指单行或单列的矩阵，即坐标系统中某一点的一组坐标值。早期也有用它来表示电动机合成空间矢量的，并在字母上加一箭头"→"，其意即矢量。

有时，为了方便起见，可把同一绕组的磁通空间矢量和磁链时间相量重叠在一起，从而将所有电磁量都画在一张图上，成为时间相量-空间矢量图，简称时空图。

6.3.1 时间相量与空间矢量的定义与表达方法

在稳态交流电路和交流电动机原理中，所有的电量和磁量都在时间（或空间）上呈正弦变化，可以采用复平面中的相量（或矢量）来表示。

先讨论时间相量。按规定，选择实轴作为时间基轴，即时间相量逆向旋转的起始点。此时，时间 $t = 0$、相位角 $\theta = \omega t = 0$。当时间开始变化后，相量以角频率 ω 速度旋转，在 $t = t_i$ 时，相位角 θ 变成 ωt_i；此时该相量在虚轴（规定的参考轴）上的投影便是所代表的正弦交流量的瞬时值。

例如，电流和磁链两个物理量的时间相量公式如下：

① 电流的正弦变化量 $i = I_m \sin\omega t$，对应的时间相量（极坐标）为

$$\dot{I} = \sqrt{2} I e^{j\omega t}$$

式中，$\sqrt{2} I$ 为电流幅值；$\dot{I}$ 为电流时间相量。

② 磁链的正弦变化量 $\psi = \sqrt{2} \psi \sin\omega t$，对应的相量式（极坐标）为

$$\dot{\psi} = \sqrt{2}\psi e^{j\omega t}$$

式中，$\sqrt{2}\psi$ 为磁链幅值；$\dot{\psi}$ 为磁链时间相量。

　　为了与空间矢量相区别，时间相量字母上边带一个点"·"。

　　空间矢量则发生在磁通、磁动势等磁量上。例如，当电流流过绕组时，在绕组所处空间产生的磁通就是一个磁空间矢量。如果只有一个绕组，则只存在一个磁空间矢量。如果有多相对称绕组，则有在空间对称分布的多个磁空间矢量。

　　空间矢量的位置由绕组横切面中轴线的位置来确定，而且恒定不动。也就是说，它是一个空间位置不动的矢量。当它的幅值随时间变化时，便是一个脉动的空间矢量，可以用时间相量公式来表示其变化（脉动）的情况。只有在多相对称正弦交流电流流过多相对称绕组时，才会出现合成的"旋转空间矢量"问题。例如，电动机的旋转磁动势空间矢量，它既是空间的函数，又是时间的函数。

　　空间矢量的表示方式和时间相量表示方式不同，由于三相中每相的磁空间矢量幅值是由各相电流的瞬时值所决定，它们的幅值是变化的（位置不变），因此，每相的空间矢量也就是一个瞬时值。按习惯，空间矢量用黑体小写字母来表示。例如，A 相绕组产生的磁通 $\boldsymbol{\phi}_A$，用该相磁通的最大值作为矢量幅值，并具有空间相位。在多相系统中，通常将 A 相绕组的轴线放在空间复平面的横轴（即实轴）上，其余各相按逆时针（也可按顺时针）方向顺序放置。

　　至于多相矢量的合成矢量，其表达方式有两种：一种是矢量相加，即采用矢量图上的向量加法，最后闭合的那个向量就是多相的合成矢量；另一种是矢量代数加法，首先将各个单相矢量按其在空间复平面上的位置，用极坐标矢量式标出，其间应注意所隔的相位差，例如对称三相系统，可使用代表 $-120°$ 的复数算子 a 去乘前相矢量，然后将三相矢量代数相加如下：

$$\boldsymbol{\phi}_\Sigma = \boldsymbol{\phi}_A + \boldsymbol{\phi}_B + \boldsymbol{\phi}_C = \phi_A + a\phi_B + a^2\phi_C \qquad (6\text{-}4)$$

　　必须注意的是，相加时，各相矢量的大小一定要以观察时各相磁通的实际大小即瞬时值为准，式(6-4) 主要表示各相的相位。

　　当合成矢量从 $\omega t = 0$ 变为 $\omega t = 360°$ 时，观察发现，合成磁通将以恒定的幅值、以 ω 的角速度匀速逆向旋转，构成旋转磁场。这个结果与电动机原理中推导的数学结果完全一致。

6.3.2　异步电动机的时间相量图

　　按照电机学经典理论，根据各相电压平衡方程式，以一相（如 A 相）为代表，可以画出异步电动机的等效电路，如图 6-3 所示，称为 T 型等效电路（6.4 节将详述）。同时，对应于 T 型等效电路，可在时间复平面上画出时间相量平衡图，如图 6-4 所示。

　　请注意，图中各量均为时间相量。其中，$\dot{\Phi}_m$ 为气隙磁通的时间相量，在时间上按正弦变化时的幅值；在空间上，磁通 $\boldsymbol{\phi}_m$ 又是呈正弦分布的，那时它将当作空间矢量。

　　图中所示的相量位置是这样来确定的：在空间上，它在 A 相绕组的轴线上；在时间上，又定为时间的基轴线，

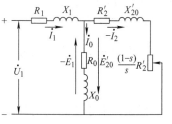

图 6-3　异步电动机基本的
T 型等效电路

即 $t=0$。因此，如果其交流表达式仍按初相为 0 的正弦式来表示，当需要求磁通的瞬时值时，如仍向虚轴（原参考轴）上投影，结果便会为 0。所以，为了之后直观和方便地变换为空间矢量（因为空间矢量的参考轴一般都是选在实轴上），不得不将时间相量的参考轴改为实轴。这样一来，磁通的时间表达式就应为

$$\phi = \Phi_m \cos\omega t = \sqrt{2}\,\Phi\cos\omega t \tag{6-5}$$

式中，ϕ 为磁通的瞬时值；Φ_m 为磁通的最大值；Φ 为磁通的有效值。图中其他各个相量之间的相互相位不变，只不过也用余弦式来表达而已。

定子、转子电路与磁通相的时间相量图如图 6-5a 所示。

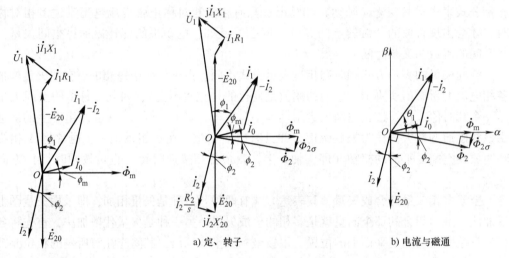

a) 定、转子　　　　　　　　b) 电流与磁通

图 6-4　异步电动机 T 型等效电路　　　图 6-5　定、转子电路与磁通时间相量图
　　　　对应的时间相量图

图 6-5a 所示的转子电流产生的全磁通 $\dot{\Phi}_2$ 应当包括两部分：一部分是气隙主磁通 $\dot{\Phi}_m$；另一部分是转子漏磁通 $\dot{\Phi}_{2\sigma}$。其中，$\dot{\Phi}_{2\sigma}$ 在时间上应当与 $\dot{I}_2$ 同相位，而 $\dot{\Phi}_m$ 则不然，它是由定子磁动势 F_1 和转子磁动势 F_2 共同在气隙中产生的，因此，它的相位当与励磁电流 $\dot{I}_m$ 同相位。图 6-5b 中，$\dot{\Phi}_m$ 在实轴上。

由于 $\dot{F}_2 = \dot{F}_m + \dot{F}_{2\sigma}$，可以求出 $\dot{\Phi}_2$ 在时间复平面上的位置，即在时间上 $\dot{\Phi}_2$ 应比 $\dot{I}_2'$ 领先 90°。如果认为 X_{20}' 非常小（在笼型异步电动机中），则 ϕ_2 接近 0。因此，可以认为转子电流与主磁通在时间上相差约 90°。

要说明一下，主磁动势 $\dot{F}_m$ 等于定子磁动势 $\dot{F}_1$ 与转子磁动势 $\dot{F}_2$ 之和，即

$$\dot{F}_m = \dot{F}_1 + \dot{F}_2 \tag{6-6}$$

但是，由于磁路在定转子及气隙中所链接绕组导体的情况不同，所以，气隙主磁通 $\dot{\Phi}_m$ 就不再等于定子全磁通 $\dot{\Phi}_1$ 和转子全磁通 $\dot{\Phi}_2$ 之和了，即 $\dot{\Phi}_m \neq \dot{\Phi}_1 + \dot{\Phi}_2$。这主要是因为未涉及定、转子漏磁通，即

112

$$\dot{\Phi}_m = \dot{\Phi}_1 - \dot{\Phi}_{1\sigma} + \dot{\Phi}_2 - \dot{\Phi}_{2\sigma} = \dot{\Phi}_1 + \dot{\Phi}_2 - (\dot{\Phi}_{1\sigma} + \dot{\Phi}_{2\sigma}) \tag{6-7}$$

图 6-5b 给出了以电流和磁通为主体的时间相量图，着重表达出定、转子电流和磁通之间相位关系，尤其是定子电流与主磁通之间的相差 θ_1。这在以后的分析中有很大的作用。

图 6-5 中，已经将气隙主磁通 $\dot{\Phi}_m$ 的参考轴选在实轴，即 α 轴。那么，如果以后对定子电流进行坐标投影（分解）时，可以投影到 α 轴上的分量，即与主磁通 $\dot{\Phi}_m$ 同相的分量，称之为励磁分量。也就是说，此分量为产生磁通的分量。投影到虚轴（即 β 轴）上的分量，称为负载分量。之所在此称作"负载分量"，是因为输入到电动机定子中的电流，除了用于励磁外，其他部分就是提供负载所需的转矩电流的。在电动机中，从电功率实际消耗与否的角度出发，也可把励磁分量称为无功分量，把负载分量称为有功分量，这两个分量在时间上相差 90°。6.4 节将对这一问题进一步具体分析和证明。

按照上述约定，如果把定子电流进行分解，便可以将其在 α、β 轴上的投影称作定子电流的无功分量 $\dot{I}_{1\alpha}$ 和有功分量 $\dot{I}_{\beta}$，如图 6-6 所示。

上述分析，虽然仅是一相电流的情况，但对其他各相亦是适用的，只是各相电流之间顺序相差 120°（三相系统）而已。至于磁通，则是各相电流和绕组共同作用的一个结果，即三相只存在同一个主磁通，同一个定、转子磁通，同一个定、转子漏磁通。图 6-6 给出了转子的磁通，但未给出定子的磁通。

这里再重申一下，分析上述时间相量图的目的，主要是找出定子电流 $\dot{I}_1$ 与主磁通 $\dot{\Phi}_m$ 之间的相位关系，即相差 θ_1。至于定子电流可以在 $\alpha - \beta$ 轴进行分解，这里只当是一种数学上的处理方法，其物理意义只做了简单的定性分析，具体的分析和处理办法将在后面详细叙述。

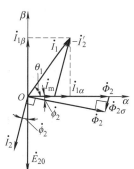

图 6-6 电动机定子电流在 $\alpha - \beta$ 轴的分解

6.4 异步电动机的等效电路

6.4.1 常用的 T 型等效电路

在 6.3 节中已介绍过异步电动机的 T 型等效电路。它是异步电动机最基本的一相等效电路，如图 6-3 所示。

为了分析和运算方便，做一些简化，简化的条件如下：

① 忽略空间和时间谐波。

② 忽略磁路饱和。

③ 忽略铁心损耗（简称铁损）。

这样，由于电抗 $X = \omega L$，只考虑基波时，ω 为常数，则可用恒定的电感 L 来表示；忽略铁损时，铁损等效电阻为 0。于是图 6-3 所示电路便可简化为图 6-7 所示的 T - I 型等效电路。

该等效电路是电力拖动分析时常用的。其中，$L_{1\sigma}$ 为定子漏抗，对应于 $X_1 = j\omega L_{1\sigma}$；$L'_{2\sigma}$ 为转子漏抗，对应于 $X'_{20} = j\omega L_{2\sigma}$ $\big[\sigma$ 代表漏磁系数，其具体的式子和意义见式（6-23） 及说

明]。此外，还将转子电阻与负载等效电阻合并成 $\dfrac{R_2'}{s}$。与此等效电路相对应的电流与磁通相量如图 6-8 所示。

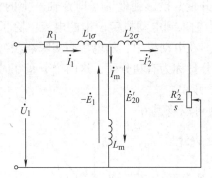

图 6-7 异步电动机的 T-Ⅰ型等效电路

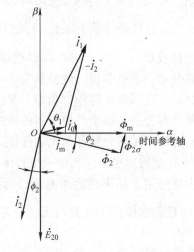

图 6-8 T-Ⅰ型等效电路的电流与磁通相量图

如图 6-8 所示，此时，定子电流 $\dot{I}_1$ 是励磁电流 $\dot{I}_m$ 和负载分量电流（$-\dot{I}_2'$）的相量和，即

$$\dot{I}_1 = \dot{I}_m + (-\dot{I}_2') \tag{6-8}$$

式中，励磁电流 $\dot{I}_m$ 的数值基本上不变。而负载分量（$-\dot{I}_2'$）的大小则因下式而与负载引起的转差率 s 有关：

$$I_2' = \frac{E_{20}'}{\sqrt{(R_2'/s)^2 + X_{20}'^2}} = \frac{sE_{20}'}{\sqrt{R_2'^2 + (s\omega_1 L_{2\sigma}')^2}} \tag{6-9}$$

也就是说，和负载有关。负载重，则转差率 s 大，负载电流（$-\dot{I}_2'$）的数值也大。此外，其相位也和负载有关，即

$$\phi_2 = \arccos\frac{R_2'/s}{\sqrt{(R_2'/s) + X_{20}'^2}} = \frac{R_2'}{\sqrt{R_2'^2 + (s\omega_1 L_{2\sigma}')^2}} \tag{6-10}$$

负载重时，转差率 s 大，则功率因数角 ϕ_2 也要大一些（余弦角呈反比），会导致电动机的功率因数降低。根据电动机原理知道，电磁转矩 $T_e = K_T \Phi_m I_2' \cos\phi_2$，如果将上述式(6-9) 和式(6-10) 代入此 T_e 计算式，并在计算后简化，会得到近似关系式：

$$T_e \approx K_T \Phi_m^2 \frac{\Delta\omega_2}{R_2}$$

式中，$\Delta\omega_2 = \omega_1 - \omega_2 = s\omega_1$，故 $T_e \approx K_T \Phi_m^2 \dfrac{\Delta\omega_2}{R_2} = K_T \Phi_m^2 \dfrac{s\omega_1}{R_2}$。当电动机稳定运行时，$s$ 很小，只要让 Φ_m 保持不变，则 T_e 便与 s 成正比，控制 s 就能控制 T_e。正因为有这种性质，在电力拖动控制中，就把控制 s（即 $\Delta\omega_2$）这种方法称为"转差率控制"法。它的优点是机械特性较硬、系统静特性较好。

6.4.2 其他几种等效电路

在图 6-3 所示的 T 型等效电路中，定子阻抗后面的两个分支电路中都含有电阻和电感。为了进一步简化，希望能把它改造成两个单一性质的支路：一个是纯电感性质的励磁电流支路；另一个是纯电阻性质的负载转矩电流支路。下面做详细介绍。

首先，根据图 6-7 所示的 T-I 型等效电路列出定子侧的电压平衡方程式：

$$\dot{U}_1 = -\dot{E}_1 + \dot{I}_1 R_1 + \dot{I}_1 X_1 = j\omega_1 L_m (\dot{I}_1 + \dot{I}'_2) + \dot{I}_1 R_1 + \dot{I}_1 X_1$$

$$= j\omega_1 L_m (\dot{I}_1 + \dot{I}'_2) + \dot{I}_1 R_1 + \dot{I}_1 j\omega_1 L_{1\sigma} = \dot{I}_1 R_1 + j\omega_1 L_{1\sigma} \dot{I}_1 + j\omega_1 L_m (\dot{I}_1 + \dot{I}'_2) \quad (6\text{-}11)$$

式中，$-\dot{E}_1 = j\omega_1 L_m (\dot{I}_1 + \dot{I}'_2)$。定子全电感为 $L_1 = L_m + L_{1\sigma}$，则 $L_{1\sigma} = L_1 - L_m$，有

$$\dot{U}_1 = \dot{I}_1 R_1 + \dot{I}_1 j\omega_1 L_1 - \dot{I}_1 j\omega_1 L_m + j\omega_1 L_m \dot{I}_1 + j\omega_1 L_m \dot{I}'_2 = \dot{I}_1 R_1 + \dot{I}_1 j\omega_1 L_1 + j\omega_1 L_m \dot{I}'_2$$

$$= \dot{I}_1 R_1 + j\omega_1 L_1 \dot{I}_1 + j\omega_1 L_m \dot{I}'_2 = (R_1 + j\omega_1 L_1) \dot{I}_1 + j\omega_1 L_m \dot{I}'_2 \quad (6\text{-}12)$$

同理，转子侧的电压平衡方程式为

$$-\dot{E}'_{20} = -\dot{I}'_2 \frac{R'_2}{s} - \dot{I}'_2 j\omega_1 L'_{2\sigma}$$

即

$$\dot{E}'_{20} = \dot{I}'_2 \frac{R'_2}{s} + \dot{I}'_2 j\omega_1 L'_{2\sigma}$$

于是，可以写为

$$0 = -\dot{E}'_{20} + \dot{I}'_2 \frac{R'_2}{s} + \dot{I}'_2 j\omega_1 L'_{2\sigma} = j\omega_1 L_m (\dot{I}_1 + \dot{I}'_2) + \dot{I}'_2 \frac{R'_2}{s} + \dot{I}'_2 j\omega_1 L'_{2\sigma}$$

$$= \dot{I}'_2 \frac{R'_2}{s} + j\omega_1 L_m \dot{I}_1 + j\omega_1 L_m \dot{I}'_2 + \dot{I}'_2 j\omega_1 L'_{2\sigma}$$

同上，令转子全电感为 $L_2 = L_m + L'_{2\sigma}$，于是有

$$0 = \dot{I}'_2 \frac{R'_2}{s} + j\omega_1 L_m \dot{I}_1 + j\omega_1 L_m \dot{I}'_2 + \dot{I}'_2 j\omega_1 (L_2 - L_m)$$

$$= \dot{I}'_2 \frac{R'_2}{s} + j\omega_1 L_m \dot{I}_1 + j\omega_1 L_m \dot{I}'_2 + \dot{I}'_2 j\omega_1 L_2 - \dot{I}'_2 j\omega_1 L_m$$

$$= \dot{I}'_2 \frac{R'_2}{s} + j\omega_1 L_m \dot{I}_1 + \dot{I}'_2 j\omega_1 L_2 = j\omega_1 L_m \dot{I}_1 + \left(\frac{R'_2}{s} + j\omega_1 L_2\right) \dot{I}'_2 \quad (6\text{-}13)$$

如果将上述两个方程式写成矩阵式，有

$$\begin{bmatrix} \dot{U}_1 \\ 0 \end{bmatrix} = \begin{bmatrix} R_1 + j\omega_1 L_1 & j\omega_1 L_m \\ j\omega_1 L_m & \dfrac{R'_2}{s} + j\omega_1 L_2 \end{bmatrix} \begin{bmatrix} \dot{I}_1 \\ \dot{I}'_2 \end{bmatrix} \quad (6\text{-}14)$$

如果将转子电流除以一个任意常数 a，即 $\dfrac{I'_2}{a}$，可写出第二个矩阵式：

$$\begin{bmatrix} \dot{I}_1 \\ \dot{I}'_2 \end{bmatrix} = \begin{bmatrix} 1 & 0 \\ 0 & a \end{bmatrix} \begin{bmatrix} \dot{I}_1 \\ \dfrac{\dot{I}'_2}{a} \end{bmatrix} \quad (6\text{-}15)$$

将式(6-15)代入式(6-14)，可得到第三个矩阵式：

$$\begin{bmatrix} \dot{U}_1 \\ 0 \end{bmatrix} = \begin{bmatrix} R_1 + j\omega_1 L_1 & j\omega_1 L_m \\ j\omega_1 L_m & \dfrac{R_2'}{s} + j\omega_1 L_2 \end{bmatrix} \begin{bmatrix} 1 & 0 \\ 0 & a \end{bmatrix} \begin{bmatrix} \dot{I}_1 \\ \dfrac{\dot{I}_2'}{a} \end{bmatrix} = \begin{bmatrix} R_1 + j\omega_1 L_1 & ja\omega_1 L_m \\ ja\omega_1 L_m & a^2\dfrac{R_2'}{s} + ja^2\omega_1 L_2 \end{bmatrix} \begin{bmatrix} \dot{I}_1 \\ \dfrac{\dot{I}_2'}{a} \end{bmatrix} \quad (6\text{-}16)$$

由第三个矩阵式，可以列出下列定、转子电压平衡方程式：

$$\dot{U}_1 = (R_1 + j\omega_1 L_1)\,\dot{I}_1 + ja\omega_1 L_m \dfrac{\dot{I}_2'}{a} \quad (6\text{-}17)$$

$$0 = ja\omega_1 L_m \dot{I}_1 + \left(\dfrac{a^2 R_2'}{s} + ja^2\omega_1 L_2\right)\dfrac{\dot{I}_2'}{a} \quad (6\text{-}18)$$

如果将上述式(6-17)和式(6-18)，在保持定子电压、电流不变的前提下，进行一些改造，将会得到如下的结果：

第一式

$$\begin{aligned}
\dot{U}_1 &= (R_1 + j\omega_1 L_1)\,\dot{I}_1 + ja\omega_1 L_m \dfrac{\dot{I}_2'}{a} \\
&= \dot{I}_1 R_1 + j\omega_1 L_1 \dot{I}_1 + ja\omega_1 L_m \dot{I}_1 - ja\omega_1 L_m \dot{I}_1 + ja\omega_1 L_m \dfrac{\dot{I}_2'}{a} \\
&= \dot{I}_1 R_1 + j\omega_1 (L_1 - aL_m)\,\dot{I}_1 + ja\omega_1 L_m \left(\dot{I}_1 + \dfrac{\dot{I}_2'}{a}\right) \quad (6\text{-}19)
\end{aligned}$$

第二式

$$\begin{aligned}
0 &= ja\omega_1 L_m \dot{I}_1 + \left(\dfrac{a^2 R_2'}{s} + ja^2\omega_1 L_2\right)\dfrac{\dot{I}_2'}{a} \\
&= ja\omega_1 L_m \dot{I}_1 + \left(\dfrac{a^2 R_2'}{s} + ja^2\omega_1 L_2\right)\dfrac{\dot{I}_2'}{a} + ja\omega_1 L_m \dfrac{\dot{I}_2'}{a} - ja\omega_1 L_m \dfrac{\dot{I}_2'}{a} \\
&= \dfrac{a^2 R_2'}{s}\dfrac{\dot{I}_2'}{a} + ja\omega_1 L_m \dot{I}_1 + ja^2\omega_1 L_2 \dfrac{\dot{I}_2'}{a} + ja\omega_1 L_m \dfrac{\dot{I}_2'}{a} - ja\omega_1 L_m \dfrac{\dot{I}_2'}{a} \\
&= \dfrac{a^2 R_2'}{s}\dfrac{\dot{I}_2'}{a} + ja\omega_1 L_m \left(\dot{I}_1 + \dfrac{\dot{I}_2'}{a}\right) + ja^2\omega_1 \left(L_2 - \dfrac{L_m}{a}\right)\dfrac{\dot{I}_2'}{a} \quad (6\text{-}20)
\end{aligned}$$

对应式(6-19)和式(6-20)有图6-9所示的T-Ⅱ型等效电路。这是一个过渡的等效电路，为的是便于下一步将分岔后的两条支路变为，一条是纯感性的无功励磁支路，另一条是纯阻性的有功负载转矩支路。

如令 $a = \dfrac{L_m}{L_2}$，则上述式(6-19)和式(6-20)便有如下形式：

定子

$$\dot{U}_1 = \dot{I}_1 R_1 + j\omega_1 \left(L_1 - \dfrac{L_m}{L_2}L_m\right)\dot{I}_1 + j\dfrac{L_m}{L_2}\omega_1 L_m \left(\dot{I}_1 + \dfrac{\dot{I}_2'}{\dfrac{L_m}{L_2}}\right)$$

$$= \dot{I}_1 R_1 + j\omega_1 \left(L_1 - \frac{L_m^2}{L_2} \right) \dot{I}_1 + j \frac{L_m^2}{L_2} \omega_1 \left(\dot{I}_1 + \frac{L_2}{L_m} \dot{I}_2' \right) \tag{6-21}$$

转子

$$0 = \left(\frac{L_m}{L_2} \right)^2 \frac{R_2'}{s} \frac{L_2}{L_m} \dot{I}_2' + j \frac{L_m}{L_2} \omega_1 L_m \left(\dot{I}_1 + \frac{\dot{I}_2'}{\frac{L_m}{L_2}} \right) + j \left(\frac{L_m}{L_2} \right)^2 \omega_1 \left(L_2 - \frac{L_m}{\frac{L_m}{L_2}} \right) \frac{\dot{I}_2'}{\frac{L_m}{L_2}}$$

$$= \left(\frac{L_m}{L_2} \right)^2 \frac{R_2'}{s} \frac{L_2}{L_m} \dot{I}_2' + j\omega_1 \frac{L_m}{L_2} L_m \left(\dot{I}_1 + \frac{L_2}{L_m} \dot{I}_2' \right) + j\omega_1 \left(\frac{L_m}{L_2} \right)^2 (L_2 - L_2) \frac{\dot{I}_2'}{\frac{L_m}{L_2}}$$

$$= \left(\frac{L_m}{L_2} \right)^2 \frac{R_2'}{s} \frac{L_2}{L_m} \dot{I}_2' + j\omega_1 \frac{L_m^2}{L_2} L_m \left(\dot{I}_1 + \frac{L_2}{L_m} \dot{I}_2' \right) \tag{6-22}$$

如果再令 $L_1 - \frac{L_m^2}{L_2} = \sigma L_1$，则两电压平衡方程式为

定子

$$\dot{U}_1 = \dot{I}_1 R_1 + j\omega_1 \sigma L_1 \dot{I}_1 + j \frac{L_m^2}{L_2} \omega_1 \left(\dot{I}_1 + \frac{L_2}{L_m} \dot{I}_2' \right) \tag{6-23}$$

转子

$$0 = \left(\frac{L_m}{L_2} \right)^2 \frac{R_2'}{s} \frac{L_2}{L_m} \dot{I}_2' + j\omega_1 \frac{L_m^2}{L_2} \left(\dot{I}_1 + \frac{L_2}{L_m} \dot{I}_2' \right) \tag{6-24}$$

式中，$\sigma = 1 - \frac{L_m^2}{L_1 L_2}$，为电动机的漏磁系数。从全电感定义可知，定、转子漏磁电感越大，则 σ 越大。它代表的是电动机的漏磁情况。

对应上述两个电压平衡方程式，电动机的等效电路最后变成图 6-10 所示的 T-Ⅲ型等效电路。

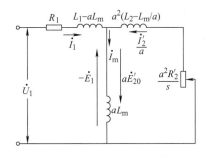

图 6-9　异步电动机的 T-Ⅱ型等效电路

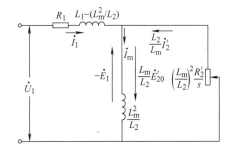

图 6-10　异步电动机的 T-Ⅲ型等效电路

在完成了上述工作之后，现在总结如下：

1）在保持定子电压、电流不变，即输入的电功率不变的前提下，把典型的等效电路变成了 T-Ⅲ型等效电路，两个电路完全是等效的。

2）T-Ⅲ型等效电路仍然保持着两个回路。但是，经过参数的调整，在转子回路中去掉了电抗，只剩下代表负载大小的纯电阻分量，对应电动机转矩中的"电流有功分量"。此等效电路所对应的电流、磁通相量图如图 6-11 所示。

3）中间这个支路是一个纯电感电路，流过的电流为

$$\dot{I}_{1m} = \dot{I}_1 + \frac{L_2}{L_m} \dot{I}_2' \qquad (6\text{-}25)$$

而原先 T- I 型等效电路的电流方程为 $\dot{I}_1 = \dot{I}_m + (-\dot{I}_2')$，也就是说其励磁电流为

$$\dot{I}_m = \dot{I}_1 + \dot{I}_2' \qquad (6\text{-}26)$$

两相比较，励磁电流的差数值为

$$\dot{I}_{1m} - \dot{I}_m = \left(\frac{L_2}{L_m} - 1\right)\dot{I}_2' = \left(\frac{L_m + L_{2\sigma}}{L_m} - 1\right)\dot{I}_2' = \frac{L_{2\sigma}}{L_m}\dot{I}_2' \qquad (6\text{-}27)$$

它正好代表负载分量$(-I_2')$在主磁通 Φ_m 轴（实轴）上的投影量，如图6-11所示。

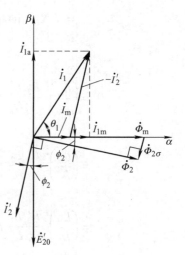

图6-11　异步电动机的 T-III 型
等效电路的电流与磁通相量图

4）从式(6-26) 可以有定子电流为

$$\dot{I}_1 = \dot{I}_{1m} - \frac{L_2}{L_m}\dot{I}_2' = \dot{I}_{1m} + \left(-\frac{L_2}{L_m}\dot{I}_2'\right) = \dot{I}_{1m} + \dot{I}_{1a} \qquad (6\text{-}28)$$

式中，$\dot{I}_{1m}$为电动机的励磁电流，又称为"定子电流无功分量"；$\dot{I}_{1a} = -\frac{L_2}{L_m}\dot{I}_2'$，为电动机的负载电流，又称"定子电流有功分量"。

5）另外，还可以从电磁转矩的角度，来证明这两个分量的性质。下面介绍具体推导过程。

首先，由上面关于无功分量 $\dot{I}_{1m}$ 的公式，可以证明 $\dot{I}_{1m}$ 是对应转子磁链，即由定子电流公式有

$$\dot{I}_{1m} = \dot{I}_1 + \frac{L_2}{L_m}\dot{I}_2' \qquad (6\text{-}29)$$

等式两边乘以$\frac{L_m^2}{L_2}$，便有

$$\frac{L_m^2}{L_2}\dot{I}_{1m} = \frac{L_m^2}{L_2}\left(\dot{I}_1 + \frac{L_2}{L_m}\dot{I}_2'\right) = \frac{L_m}{L_2}(L_m\dot{I}_1 + L_2\dot{I}_2') = \frac{L_m}{L_2}\dot{\psi}_2$$

于是有

$$L_m\dot{I}_{1m} = \dot{\psi}_2$$

即

$$\dot{I}_{1m} = \frac{1}{L_m}\dot{\psi}_2 = \frac{W_2}{L_m}\dot{\Phi}_2 \qquad (6\text{-}30)$$

在数值上自然也存在磁通与电流的关系 $\Phi_2 = \frac{L_m}{W_2}I_{1m}$。这个结论证明，$I_{1m}$可以代表转子磁场 Φ_2，是励磁电流。

异步电动机的电磁转矩公式为

$$T = K_T\Phi_2 I_2' = K_T\frac{L_m}{W_2}I_{1m}I' = K_T\frac{L_m}{W_2}I_{1m}\frac{L_m}{L_2}I_{1a} = K_T\frac{L_m^2}{W_2}\frac{1}{L_2}I_{1m}I_{1a}$$
$$= K_T'I_{1m}I_{1a} \qquad (6\text{-}31)$$

式中，K_T 为电动机结构系数；$I_2' = \dfrac{L_m}{L_2} I_{1a}$。

由式（6-31）可见，既然 I_{1m} 代表了励磁电流，那么 I_{1a} 自然就代表了负载转矩电流。

6）至此，经过理论分析，充分地证明了，在定子电压 U_1 和定子电流 I_1 保持不变，即输入功率保持不变的条件下，定子电流中确实可以在 α-β 轴进行分解成相互垂直的两个分量，分别代表电动机的励磁电流和负载转矩电流，或称为无功分量电流和有功分量电流。

这里也申明一下，上述分解均系一相的时间相量，A、B、C 各相均可适用，只是相位相差 120° 而已。

6.5　异步电动机的空间矢量及坐标表示

6.5.1　异步电动机的时间相量图和空间矢量图之间的区别和联系

上面对电动机定、转子电压时间相量平衡图的分析结果表明，异步电动机的定子电流确实可以分为励磁和负载两个分量，即无功分量和有功分量。确定这两个分量的大小，是以定子电流分别向 α 轴（励磁轴）和 β 轴（对应的负载电流轴）的投影来决定。自然，定子电流 I_1 的幅值和相位 θ_1 便是决定这个分解的关键因素。有一点需要说明，即到目前为止，这种投影关系还只限于建立在空间上静止的"时间相量复平面"的基础上。也就是说，这种投影分析（及数值的测量）是在"时间相量"上的分析。这种分析，虽然只取了一相，但对 A、B、C 三相都是适用的，只不过它们的结果相差 120° 罢了。

异步电动机的定子电流的最终物理作用，是与多相（如三相）对称绕组相结合，从而产生沿气隙呈正弦分布的"旋转磁场"，即最终表现为"旋转磁动势"。

根据电动机原理可知，虽然每一个绕组流过交流电流时，它所产生的磁动势只是脉动磁动势。但是，当多相对称绕组分别流过相位不同的交流电流时，情况就大大不同了。各个绕组的磁动势之合就变成了旋转磁动势，是一个以一定幅值沿气隙呈正弦分布的以同步速度、接相序方向旋转的磁动势。因此，这个合成磁动势对电动机的横切面而言，就可以使用空间复平面中的一个旋转的"空间矢量"来加以描述，也就是说，合成磁动势 f_1 可以用下面的极坐标公式表述：

$$f_1 = F_1 e^{j(\omega_1 t + \phi_1)} \tag{6-32}$$

式中，f_1 为定子合成磁动势，是一个旋转空间矢量，为区别于时间相量的表示，用黑体小写；F_1 为定子合成磁动势的幅值，$F_1 = k_1 I_1$，k_1 为绕组系数（考虑到相数、匝数、分布、短距等），I_1 为定子相电流幅值；ω_1 为定子相电流的时间变化角频率，这里也就变成了合成磁动势 f_1 这个空间矢量旋转时的空间角频率；ϕ_1 为合成磁动势 f_1 这个空间矢量旋转时的空间初相角，即对应于极坐标或直角坐标基轴的相角差。

将 $F_1 = k_1 I_1$ 代入式（6-32），得

$$f_1 = k_1 I_1 e^{j(\omega_1 t + \phi_1)} \tag{6-33}$$

将式（6-33）两边均除以系数 k_1，得

$$i_1 = I_1 e^{j(\omega_1 t + \phi_1)}$$

这是一个新的空间矢量，可称为"定子电流空间矢量"。它表面上是以定子电流的形式

现代电机调速技术——电子智能化电动机

出现，但实际上代表的是合成磁动势。它是三相电流与绕组合成的结果，不再是那一相电流的矢量，这一点应予充分注意，千万在概念上不要混淆。所以，它虽然用了电流的（黑体小写）符号 i_1，但指的确是定子三相电流产生的合成的旋转磁动势空间矢量。它的幅值和相位都与定子相电流不同，要另外通过矢量公式（包括引入系数）来进行计算，最后才能确定。对称系统的电流空间矢量幅值（I_m）是恒定的，并以速度 ω_1，顺相序旋转，故称为旋转空间矢量。

上述这种改变，还包涵另外一层意思，即引进一个新的方向：将定子相电流 I_1 在时间相量上的某些性质，如可以分解成励磁和负载两个分量的性质，带到定子相电流空间矢量中。因为 A、B、C 三相均可以同样形式分解，那么，各相相同性质的分量就可以合成该性质的总的分量，而两总分量合成起来便是"定子电流空间矢量"。反之，"定子电流空间矢量"也就可以分解成相应的两个分量：励磁和负载分量。

下面，就利用图 6-12 来对上述性质加以说证明。

图 6-12a 给出了三相对称电流的波形；图 6-12b 给出了为相位为 $\omega_1 t = 90°$时合成磁动势与单相磁动势的分解与合成情况。此时，三相电流中，$I_A = I_M$、$I_B = -\frac{1}{2} I_M$、$I_C = -\frac{1}{2} I_M$。它们产生的单相磁动势分别是 i_A、i_B、i_C。如图 6-12b 所示，如设 $i_A = 1$，则 $i_B = -\frac{1}{2}$、$i_C = -\frac{1}{2}$，i_A、i_B、i_C 以及在三相绕组轴线上的位置，其合成磁动势为 i_{ABC}，有 $i_{ABC} = \frac{3}{2}$，它位于 A 轴上，即在 α 轴上。

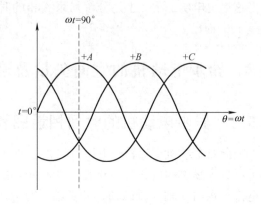

a) 三相对称电流的波形

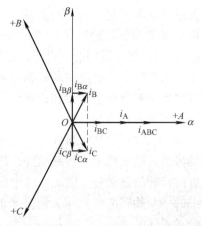

b) 相位为$\omega_1 t = 90°$ 时合成磁动势与单相磁动势的分解与合成

图 6-12　合成磁动势与单相磁动势的分解与合成

还可看到，合成磁动势及单相磁动势在 α、β 轴上的分解情况：

合成磁动势的两个分量为 $i_{ABC\alpha} = \frac{3}{2}$、$i_{ABC\beta} = 0$。

各相单相磁动势相应的分量为

$$i_{A\alpha} = 1, \quad i_{A\beta} = 0; \quad i_{B\alpha} = \frac{1}{4}, \quad i_{B\beta} = -\frac{1}{2}; \quad i_{C\alpha} = \frac{1}{4}, \quad i_{C\beta} = \frac{1}{2}$$

按同轴相加，有

$$i_{ABC\alpha} = i_{A\alpha} + i_{B\alpha} + i_{C\alpha} = 1 + \frac{1}{4} + \frac{1}{4} = \frac{3}{2}$$

$$i_{ABC\beta} = i_{A\beta} + i_{B\beta} + i_{C\beta} = 0 - \frac{1}{4} + \frac{1}{4} = 0 \tag{6-34}$$

显然，上述性质得到了证明。同理，无论 $\omega_1 t$ 为任何相位，上述性质均可得到证明。应当指出的是，在上述证明过程中，使用磁动势矢量来代表了电流空间矢量，这只是为了更形象化而已。以后还会证明，两者只不过差一个转换系数罢了。另外，在标注符号上，也将磁动势 f_1 改写成电流 i_1，即定子电流空间矢量。

电机学中对时、空复平面参考轴坐标的选择有如下规定：如果把横轴（如 α 轴）取作 A 相时间相量参考轴，同时又把它取作空间矢量旋转时的参考轴，则定子合成磁动势 f_1 的空间相位，就和 A 相定子电流 i_1 的时间相位完全相同。也就是说，如果都以 A 轴（即 α 轴）作为参考轴，将时、空两复平面重叠的话，则合成磁动势 f_1 将与 A 相定子电流 $\dot{i}_1$ 在相位上完全重合。其实，这一结论与图 6-12b 所示一致，合成磁动势 f_1 的空间矢量 i_1 就与 A 相定子电流 i_A 完全同相（都在 α 轴上）。

根据这一原则，就可很容易地通过上述定、转子电流、磁通的时间相量图，将合成磁动势 f_1 在当前的空间相位找到，那就是时间相量图上现在的定子电流 $\dot{i}_1$ 处。也就是说，时间相量和空间矢量通过将时间、空间两个复平面重合，并同时选择实轴作为参考轴的话，那么，两者就取得了一个重要的联系，那就是两者（相应量）的相位完全相同。

这个结论对转子和励磁电路也同样是适合的，因此，时间相量图中的相应电量的时间相量，也就转换成了相应的空间矢量（只是相位而非幅值，幅值将另外计算）。至于磁通，就按它们和磁动势的相位得到确定。

为使概念更为清晰起见，下面简单做个总结：

1）交流电量，如电压、电势、电流，它们都随时间做正弦变化，可用时间复平面中的矢量，即时间相量来表示。

2）交变磁量，如磁动势、磁通，它们可以随时间做正弦变化，还可以在空间上（沿气隙）做正弦分布。也就是说，它们既是时间的函数，又是空间的函数，所以它们既可以是时间相量，又可以是空间矢量，而且主要是后者。在对称多相绕组的情况下，它们主要是以等幅旋转合成矢量，即旋转空间矢量的方式出现。

3）为分析上的方便与便于和电路相联系，可以用电量空间矢量去表示磁量空间矢量，并应用电量时间相量的分解性质，以及电量时间相量和磁量空间矢量之间的相位联系，以使在分析上达到直观和便捷。这为以后进行准确的数学变换和分析，建构控制方案和相应的控制电路，甚至控制程序的快捷编写奠定好理论基础。

6.5.2 从时间相量图出发绘制空间矢量图

1. 定、转子电流与磁通的时间相量图

对应于异步电动机的 T-Ⅲ型等效电路，可以得到图 6-13 所示的定、转子电流、磁通的时间相量图。

图 6-13 给出的电流和磁通，为分析问题的需要，进行了简化。其中，励磁电流 i_m 为空载电流 i_0 的无功分量（在 α 轴）投影，它与 $\dot{\Phi}_m$ 同相。而转子磁通 $\dot{\Phi}_2$ 为转子电流单独产生的，故应与 i_2 同相。通过图 6-13，可以确定定子和转子的电流以及磁通时间相量在 α、β 坐

标中的相互相位关系。

2. 定子和转子电流与磁通的空间矢量图

按照上面提出的原则,只需把间相量图中的各相量的幅值加以改变(按相应的电-磁关系公式),而保持相位不变,就可以马上得到异步电动机定子和转子电流、磁通的空间矢量图,如图6-14所示。它表示的是以定、转子电流和磁通空间矢量为主体的较简化的电动机的空间矢量图,其他关系不大的电压、电势、压降等未给出。这样,可将要研究分析的主要矢量突出来,便于集中讨论。还有一点需要说明,为与相量区别起见,图6-14所示的空间矢量均用黑体小写字母表示,如电流 i_1。

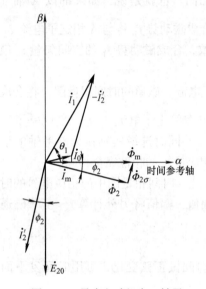

图6-13 异步电动机定、转子
电流、磁通的时间相量图

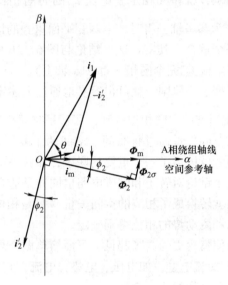

图6-14 异步电动机定、转子
电流、磁通的空间矢量图

在这个空间矢量图中,有4个重要的矢量,即定子电流 i_1 和主磁通 $\boldsymbol{\Phi}_m$(图中 $\boldsymbol{\Phi}_m$ 既是时间相量又是空间矢量,在字母上方未加点"·",下同),转子电流 i_2' 和转子磁通 $\boldsymbol{\Phi}_2$,是这里主要观察和分析的对象。请注意,图6-14中给出了各个空间矢量的相对位置,而它们又是以速度 n_1 逆时针旋转的。其中,定子电流 i_1 和主磁通 $\boldsymbol{\Phi}_m$ 相对静止,而在相位上相差 θ_1。转子磁通 $\boldsymbol{\Phi}_2$ 与转子电流 i_2'(在定子电流中的对应为分量 $-i_2'$,通称负载分量)亦是相对静止,而在相位上则是互相垂直的(相位差为90°)。

为了更进一步简化问题,通常也因铁损甚小,可用 i_m 直接代替 i_0,从而得到更为简洁的空间矢量图,如图6-15所示。

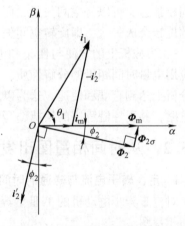

图6-15 异步电动机定、转子
电流、磁通的简化空间矢量图

6.6　三相异步电动机的动态数学模型及其特点

本书 2.2.3 节已经提到，异步电动机的动态数学模型是一个多变量、高阶、强耦合的非线性微分方程组。这里再给出

$$\frac{\mathrm{d}i}{\mathrm{d}t} = -L^{-1}\left(R + \omega\frac{\partial L}{\partial \theta}\right)i + L^{-1}u \tag{6-35}$$

$$\frac{\mathrm{d}\omega}{\mathrm{d}t} = \frac{p^2}{2J}i^{\mathrm{T}}\frac{\partial L}{\partial \theta}i - \frac{p}{J}T_{\mathrm{L}} \tag{6-36}$$

$$\frac{\mathrm{d}\theta}{\mathrm{d}t} = \omega \tag{6-37}$$

式中，$i^{\mathrm{T}} = [i_1^{\mathrm{T}}\ i_2^{\mathrm{T}}] = [i_{\mathrm{A}}\quad i_{\mathrm{B}}\quad i_{\mathrm{C}}\quad i_{\mathrm{a}}\quad i_{\mathrm{b}}\quad i_{\mathrm{c}}]$，为定子和转子电流矢量 $[i]$ 的转置。

在式（6-35）中，矩阵 L 包括多个自感和互感。其中，定子绕组和转子绕组本身的自感及同为定子或同为转子绕组相间的互感都是常数，而定、转子之间绕组的互感则是变量，它们是定、转子轴线之间角 θ 的函数。例如，对 A 相而言，有

$$L_{\mathrm{Aa}} = L_{\mathrm{aA}} = L_{\mathrm{m}}\cos\theta = L_{\mathrm{m}}\cos\omega t$$

它是时间 t 的函数。相位差 $\mathrm{d}\theta = \omega\mathrm{d}t$。各相本身定、转子之间的互感、各相间定、转子之间的互感都因 θ 的关系而成为时间 t 的函数。磁链方程的矩阵 L 维数是 6×6，其中相当部分元素都是 t 的函数，见式（6-38）。

$$\begin{bmatrix} \psi_{\mathrm{A}} \\ \psi_{\mathrm{B}} \\ \psi_{\mathrm{C}} \\ \psi_{\mathrm{a}} \\ \psi_{\mathrm{b}} \\ \psi_{\mathrm{c}} \end{bmatrix} = \begin{bmatrix} L_{\mathrm{AA}} & L_{\mathrm{AB}} & L_{\mathrm{AC}} & L_{\mathrm{Aa}} & L_{\mathrm{Ab}} & L_{\mathrm{Ac}} \\ L_{\mathrm{BA}} & L_{\mathrm{BB}} & L_{\mathrm{BC}} & L_{\mathrm{Ba}} & L_{\mathrm{Bb}} & L_{\mathrm{Bc}} \\ L_{\mathrm{CA}} & L_{\mathrm{CB}} & L_{\mathrm{CC}} & L_{\mathrm{Ca}} & L_{\mathrm{Cb}} & L_{\mathrm{Cc}} \\ L_{\mathrm{aA}} & L_{\mathrm{aB}} & L_{\mathrm{aC}} & L_{\mathrm{aa}} & L_{\mathrm{ab}} & L_{\mathrm{ac}} \\ L_{\mathrm{bA}} & L_{\mathrm{bB}} & L_{\mathrm{bC}} & L_{\mathrm{ba}} & L_{\mathrm{bb}} & L_{\mathrm{bc}} \\ L_{\mathrm{cA}} & L_{\mathrm{cB}} & L_{\mathrm{cC}} & L_{\mathrm{ca}} & L_{\mathrm{cb}} & L_{\mathrm{cc}} \end{bmatrix} \begin{bmatrix} i_{\mathrm{A}} \\ i_{\mathrm{B}} \\ i_{\mathrm{C}} \\ i_{\mathrm{a}} \\ i_{\mathrm{b}} \\ i_{\mathrm{c}} \end{bmatrix} \tag{6-38}$$

式中，元素 L 下标代表定转子绕组的两个字母大小写相同的，即同为大写或同为小写，表明是同一绕组的自感，或同为定子或同为转子绕组间的互感，其值均为常数；而下标大小写不同的，则是随时间 t 变化的互感，它们使电压微分方程成为非线性方程。此外，式（6-35）和式（6-36）中又都含有状态变量的乘积，这也是产生非线性的因素。大家都知道，非线性方程确实不易求解，这就使得异步电动机的输入和输出之间因非线性关系而不易控制和调节，特别是不能直接采用线性系统的方法来设计各种 PID 调节器构成闭环系统。这是传统交流异步电动机调速系统难以获得优良调速性能的主要原因。解决这个问题的办法是逐渐找到的，其中最早也是最成熟的方法当属"矢量变换调速控制"，它采用了电流"空间矢量"这个概念和"坐标变换"这个工具，从三相变换成两相，由旋转坐标变换成静止坐标，以及进行磁场定向、去耦合等，巧妙地解决了降阶和线性化这个困难，从而使交流异步电动机蜕变成为近似的线性系统，使转矩和磁场经去耦后，可以分别独立调节，并能够直接利用线性调节器组成多闭环控制的调速系统，获得高动、静态的调速特性。

本章前面几节已经阐述了电流"空间矢量"这个重要概念，并且从物理概念和数学分

析上对交流异步电动机定子电流进行分解，即可分为无功的励磁分量和有功的转矩分量。下面将着重说明"坐标变换"这个关键的分析方法。

6.7 异步电动机的空间矢量坐标变换

6.7.1 定子电流空间矢量在空间复平面投影时旋转坐标与静止坐标之间的变换——VR 变换

前面已经指出，异步电动机的定子电流空间矢量图，既然可以通过相应的时间相量图来得到（相位相同，幅值不同），那么，电流空间矢量 i 就变成了一个旋转矢量，它将会以同步速度 ω_1 顺着三相相序方向旋转。在这种情况下，一方面定子电流作为时间相量，可以向时间相量复平面中的 α、β 轴进分解投影；另一方面，由于它又具有空间矢量（实质上是代表磁动势）的性质，它就可以在旋转中，对若干个同步旋转的直角坐标进行分解投影。给这些旋转（速度 ω_1）的直角坐标命名为 d-q 坐标系（即直轴-交轴坐标系）。在若干个同步旋转的 d-q 坐标中，究竟应该选择哪一个呢？通过上面叙述及矢量图可以看出，应当选择基轴与主磁通的轴线重合的那一组 d-q 坐标，并且将其改成 M-T 坐标组（磁场-转矩坐标组），加以区别。由于这种选择（也可以说定向），是以 M-T 坐标的基轴与主磁通的轴线重合为原则的，所以称它为"主磁通"或"主磁场"定向法。

应当指出，旋转的 d-q 坐标系当 $\omega_1 = 0$ 时便成为静止坐标，它和由时间相量复平面中引申过来的静止坐标 α-β 在表达电流空间矢量时，在相位上完全是相同的，只是幅值不相同。那么，对于空间复平面应加上绕组系数（时间坐标和空间坐标的坐标单位值不同）。为避免读者误解，作者将所见过的文献介绍的空间坐标表示法归纳如下：

1）在 1990 年前的文献中，空间复平面两相（静止）坐标使用 α-β 表示，旋转坐标使用 d-q 表示。可认为 α-β 是 d-q 的一个特例，即 $\omega_1 = 0$ 的情况。转动磁场定向的旋转坐标使用 M-T 表示。

2）在 2000 年前后的文献中，空间复平面两相旋转坐标使用 d-q 表示，磁场定向旋转坐标使用 M-T 表示，静止坐标则用"静止 d-q"表示。

3）也有一些文献对空间复平面静止和旋转两相坐标均采用 d-q 表示，但要加以说明。

由于本书采用的空间矢量图是由时间相量图引申而来，故空间坐标的表示采用第一种表示法。也就是说，本书中空间复平面两相（静止）坐标使用 α-β 表示，旋转坐标使用 d-q 表示，磁场定向旋转坐标使用 M-T 表示，三相静止坐标使用 A、B、C 表示。

为了便于研究在不同的同步速度（$\omega \neq 0$）下定子电流的分解情况，图 6-16 所示为定子电流和主磁通的空间矢量图。图中，将 α-β 坐标定为静止坐标，M-T 坐标系则是上述提到过的以磁场定向的旋转坐标。当定子电流空间矢量 i_1 以同步转速 ω_1 按相序方向旋转时，M-T 磁场定向坐标及被选为基轴的主磁通 $\boldsymbol{\Phi}_m$ 也一同以同步转速 ω_1 随之旋转，并且，在旋转中保持相互之间的相位关系不变。异步电动机的定子电流空间矢量 i_1 在旋转中向 M-T 坐标投影，可以得到两个分量：i_M 和 i_T。

可以看出，由于 α-β 坐标定为基本坐标，是不动的（$\omega_1 = 0$），而 M-T 坐标则以 ω_1 速度逆向旋转，这样一来，这两套坐标之间就会出现一个坐标相位差 ϕ_1，$\phi_1 = \omega_1 t$。不同的同步

速度将对应不同的 ϕ_1。

　　之所以选定 α-β 坐标作为静止坐标，是为了让旋转的空间矢量，在不同转速下进行分解时，有一个共同的变换基准。其重要作用将在以后的叙述中表现出来。

　　主磁通 $\boldsymbol{\Phi}_m$ 和定子电流 i_1 一样，也是以 ω_1 的转速逆向旋转。它与定子电流 i_1 之间的相位差为 θ_1。它的大小取决于电动机定子电流中励磁电流与负载电流的比，在不调节的情况下，它由电动机的固有参数和负载大小来决定；而在控制调节的情况下，

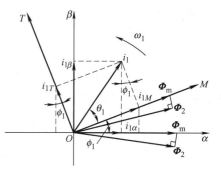

图 6-16　异步电动机定子、磁通的空间矢量图

它可以通过一系列附加的控制环节和给定条件来决定。这正是本章要研究的问题，后面将进行讨论。

　　由于主磁通 $\boldsymbol{\Phi}_m$ 是指处于气隙中磁通，极不便于测量，当需要准确的磁场定向时，会给实际操作带来很大的困难，因此，往往采取另外一种变通的办法来加以解决。

　　由于转子漏磁通 $\boldsymbol{\Phi}_{2\sigma}$ 通常较小，因此，完全可以用 $\boldsymbol{\Phi}_2$ 来代表 $\boldsymbol{\Phi}_m$，即用转子磁场来做定向根据，如图 6-16 所示，将空间复平面的基轴 M 轴改到转子磁通 $\boldsymbol{\Phi}_2$ 上，以后，定子电流 i_1 就改向转子磁通 $\boldsymbol{\Phi}_2$ 投影，其投影值即为 i_M，对应的 T 轴上的投影即为 i_T。这种磁场定向方式，通常称为"转子磁场定向"。转子磁通 $\boldsymbol{\Phi}_2$ 比较好测量，可以通过敷设于转子表面处的传感器取得。以转子磁场定向的异步电动机定子、磁通的空间矢量如图 6-17 所示。

　　如图 6-17 所示，定子电流 i_1 在两坐标系中均可以对坐标轴进行投影。图 6-17 所示为某一瞬间（即 $\phi_1 = \omega_1 t$ 时刻）的投影状态，i_1 在 α-β 中投影（分解）为 i_α 和 i_β，而在 M-T 中的投影为 i_M 和 i_T。由于在时间相量图中，曾经令 α-β 中与 $\boldsymbol{\Phi}_m$ 同相的电流分量 i_α 为励磁（无功）分量，而与之垂直的电流分量 i_β 为转矩（有功）分量。因此，相应地，i_1 在 M-T 中旋转向空间矢量 $\boldsymbol{\Phi}_2$，M 轴上的投影 i_M 可称为无功分量，i_T 则称为有功分量。

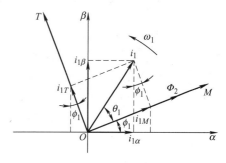

图 6-17　以转子磁场定向的异步电动机定子、磁通的空间矢量图

　　由于 α-β 坐标是静止的，而定子电流空间矢量却是旋转的，因此，i_1 在 α-β 轴上的投影 i_α 和 i_β，就会因旋转速度 ω_1 的变化而变化，即会因空间相位差（$\phi_1 + \theta_1$）的变化而变化。就是说，i_α 和 i_β 是变化的，它们是 ϕ_1 和 θ_1 的函数，其中 $\phi_1 = \omega_1 t$。

　　而在 M-T 坐标中，由于是随 M-T 同速旋转，因此，它将以相角 θ_1 为准，在两轴上分解为 i_M 和 i_T，如 θ_1 不变，则它们的大小也将不变。当然，若对 θ_1 进行控制时，θ_1 变化了，i_M 和 i_T 的大小也会跟着发生相应的变化。

　　那么，定子电流在两个坐标系中分别分解的结果，即 i_α、i_β 与 i_M、i_T 之间存在着什么联系呢？

　　首先要看的是，如何将旋转中的空间矢量的两个分量，变换到静止坐标上来，看看它们在静止坐标中各是多少？

根据图 6-17 所示不难看出，如果从旋转坐标归算到静止坐标，应有

$$i_\alpha = i_M\cos\phi_1 - i_T\sin\phi_1 \qquad (6\text{-}39)$$

$$i_\beta = i_M\sin\phi_1 - i_T\cos\phi_1 \qquad (6\text{-}40)$$

显然，如果已知 i_M 和 i_T 的大小，再确定 ϕ_1，则可求出对应于 ϕ_1 的 $\alpha\text{-}\beta$ 坐标下的 i_α 和 i_β。而 i_α 和 i_β 的合成矢量，就是该 $\alpha\text{-}\beta$ 坐标中、对应于 ϕ_1 的定子电流的空间矢量 i_1。

将上述式(6-39) 和式(6-40) 写成矩阵形式，有

$$\begin{bmatrix} i_\alpha \\ i_\beta \end{bmatrix} = \begin{bmatrix} \cos\phi_1 & -\sin\phi_1 \\ \sin\phi_1 & \cos\phi_1 \end{bmatrix} \begin{bmatrix} i_M \\ i_T \end{bmatrix} \qquad (6\text{-}41)$$

这个矩阵公式被命名为派克变换（Park Transform）公式。

当然，如果知道了 $\alpha\text{-}\beta$ 坐标下的分量值，也可以反变换成 $M\text{-}T$ 系统下的相应值，即

$$\begin{bmatrix} i_M \\ i_T \end{bmatrix} = \begin{bmatrix} \cos\phi_1 & \sin\phi_1 \\ -\sin\phi_1 & \cos\phi_1 \end{bmatrix} \begin{bmatrix} i_\alpha \\ i_\beta \end{bmatrix} \qquad (6\text{-}42)$$

这个矩阵公式被称为反派克变换公式。

请注意，图 6-17 给出了各个空间矢量的相对位置，而它们又是整体以速度 ω_1 逆向旋转的。如果观察者也以速度 ω_1 同步旋转，则会观察到如图 6-17 所示那样静止的空间矢量图。

至此，关于两种坐标下，对应某 ϕ_1 的定子电流空间矢量的坐标变换问题得到了解决。只要知道 ϕ_1，两种坐标可以正、逆双向变换，视需要而定。

6.7.2 定子电流空间矢量在静止两相和三相坐标之间的变换——2/3 变换和 3/2 变换

常用异步电动机多是三相系统，这是因为三相系统比两相系统有更高的效率和功率因数的缘故。因此，当两相静 – 转或者转 – 静问题解决之后，就需要把问题回归到实际使用的三相系统中，将式(6-39) 所得到的两相静止系统等效地转换成实用的三相系统，即进行定子电流空间矢量的坐标 2/3 变换。坐标 2/3 变换的前提是保持变换后的输入功率不变，产生的定子电流（磁动势）空间矢量幅值相等。

为了推导出从两相变换成三相时相电流之间的关系式，下面先得出两者的等效物理模型和相应的合成磁动势坐标，如图 6-18 所示。然后，再按等效空间矢量前提，就可以很方便地找出，在已知两相系统两个电流空间分矢量的情况下等效三相系统 3 个电流空间分矢量应该是多少。之后，找出 2/3 变换的坐标变换公式。自然，反过来也就可以找出 3/2 变换的坐标变换公式，便于在已知两相电流的情况下求出等效的三相电流。

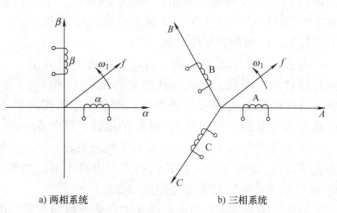

a) 两相系统   b) 三相系统

图 6-18 两相系统到三相系统的等效物理模型图

相应的定子电流空间矢量（各分量按正方向标志）如图 6-19 所示。

图中，如果将两个系统的磁动势空间矢量的各个分量用电流空间矢量表示，可以得到下述这些公式（均为幅值计算，采用标量表示）：

$$f_A = N_3 i_A \qquad f_B = N_3 i_B \qquad f_C = N_3 i_C$$

$$f_\alpha = N_2 i_\alpha \qquad f_\beta = N_2 i_\beta$$

式中，N_3 为三相绕组中每一相的匝数；N_2 为两相绕组中每一相的匝数。

再写出两相和三相两个系统下的投影关系式（按磁动势空间分矢量和电流空间矢量的正方向），即

$$f_\alpha = f_A - f_B \cos 60° - f_C \cos 60°$$

即

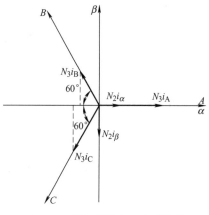

图 6-19　两相系统和三相系统的
电流空间矢量等效图

$$N_2 i_\alpha = N_3 i_A - N_3 i_B \cos 60° - N_3 i_C \cos 60° = N_3 \left(i_A - \frac{1}{2} i_B - \frac{1}{2} i_C \right) \tag{6-43}$$

$$N_2 i_\beta = 0 + N_3 i_B \sin 60° - N_3 i_C \sin 60° = \frac{\sqrt{3}}{2} N_3 (i_B - i_C) \tag{6-44}$$

为了便于求反变换，可将两相系统人为地增加一项零轴磁动势 $N_2 i_0$：

$$N_2 i_0 = K N_3 (i_A + i_B + i_C) \tag{6-45}$$

将式(6-44)~式(6-46) 合在一起，写成矩阵形式，可得

$$\begin{bmatrix} i_\alpha \\ i_\beta \\ i_0 \end{bmatrix} = \frac{N_3}{N_2} \begin{bmatrix} 1 & -\dfrac{1}{2} & -\dfrac{1}{2} \\ 0 & \dfrac{\sqrt{3}}{2} & -\dfrac{\sqrt{3}}{2} \\ K & K & K \end{bmatrix} \begin{bmatrix} i_A \\ i_B \\ i_C \end{bmatrix} = \boldsymbol{C}_{3/2} \begin{bmatrix} i_A \\ i_B \\ i_C \end{bmatrix} \tag{6-46}$$

式中，$\boldsymbol{C}_{3/2}$ 为三相到两相的坐标变换阵，即

$$\boldsymbol{C}_{3/2} = \frac{N_3}{N_2} \begin{bmatrix} 1 & -\dfrac{1}{2} & -\dfrac{1}{2} \\ 0 & \dfrac{\sqrt{3}}{2} & -\dfrac{\sqrt{3}}{2} \\ K & K & K \end{bmatrix} \tag{6-47}$$

此变换阵的逆矩阵经计算（见本书附录 G）为

$$\boldsymbol{C}_{3/2}^{-1} = \frac{N_3}{N_2} \frac{2}{3\sqrt{3}K} \begin{bmatrix} \sqrt{3}K & 0 & \dfrac{\sqrt{3}}{2} \\ -\dfrac{\sqrt{3}}{2}K & \dfrac{3}{2}K & \dfrac{\sqrt{3}}{2} \\ -\dfrac{\sqrt{3}}{2}K & -\dfrac{3}{2}K & \dfrac{\sqrt{3}}{2} \end{bmatrix} = \frac{N_3}{N_2} \frac{2}{3} \begin{bmatrix} 1 & 0 & \dfrac{1}{2K} \\ -\dfrac{1}{2} & \dfrac{\sqrt{3}}{2} & \dfrac{1}{2K} \\ -\dfrac{1}{2} & -\dfrac{\sqrt{3}}{2} & \dfrac{1}{2K} \end{bmatrix} \tag{6-48}$$

若令 $K' = \dfrac{1}{2K}$，则有

$$C_{3/2}^{-1} = \frac{N_3}{N_2} \frac{2}{3} \begin{bmatrix} 1 & 0 & K' \\ -\dfrac{1}{2} & \dfrac{\sqrt{3}}{2} & K' \\ -\dfrac{1}{2} & -\dfrac{\sqrt{3}}{2} & K' \end{bmatrix} \tag{6-49}$$

而变换阵的转置阵为

$$C_{3/2}^{\mathrm{T}} = \frac{N_3}{N_2} \begin{bmatrix} 1 & 0 & K' \\ -\dfrac{1}{2} & \dfrac{\sqrt{3}}{2} & K' \\ -\dfrac{1}{2} & -\dfrac{\sqrt{3}}{2} & K' \end{bmatrix} \tag{6-50}$$

显然，两者并不相等，它们的两处差别是，矩阵前系数差 $\dfrac{2}{3}$；$K' = \dfrac{1}{2K}$。

可以证明（见本书附录 G），当要求变换前后系统应保持功率不变时，两相系统的相功率"得数"应乘上 $\dfrac{3}{2}$（因比三相中少了一相，成了两相），才能使两相与三相的系统功率相等。自然，两相系统下的相电压和相电流"得数"就应分别增大 $\sqrt{\dfrac{3}{2}}$ 倍。因此，在系统保持功率不变的条件下，做功率变换式时，应将相功率变换阵加乘系数 $\dfrac{3}{2}$ $\left(\right.$使得两相系统的相功率"得数"每相都增大 $\dfrac{3}{2}$ 倍$\left.\right)$，于其变换逆矩阵有

$$C_2^{-1} = \frac{3}{2} C_{3/2}^{-1}$$

将 $C_{3/2}^{-1}$ 代入，便得到

$$C_2^{-1} = \frac{3}{2} \frac{N_3}{N_2} \frac{2}{3} \begin{bmatrix} 1 & 0 & K' \\ -\dfrac{1}{2} & \dfrac{\sqrt{3}}{2} & K' \\ -\dfrac{1}{2} & -\dfrac{\sqrt{3}}{2} & K' \end{bmatrix} = \frac{N_3}{N_2} \begin{bmatrix} 1 & 0 & K' \\ -\dfrac{1}{2} & \dfrac{\sqrt{3}}{2} & K' \\ -\dfrac{1}{2} & -\dfrac{\sqrt{3}}{2} & K' \end{bmatrix} = C_{3/2}^{\mathrm{T}} \tag{6-51}$$

也就是说，在系统保持功率不变的条件（即一般称功率约束条件）下，变换阵的逆矩阵恰好等于变换阵的转置阵。符号 C_2^{-1} 就是功率约束条件下的 $C_{3/2}^{-1}$，于是可以写为

$$C_{3/2}^{-1} = C_{3/2}^{\mathrm{T}} = \frac{N_3}{N_2} \begin{bmatrix} 1 & 0 & K' \\ -\dfrac{1}{2} & \dfrac{\sqrt{3}}{2} & K' \\ -\dfrac{1}{2} & -\dfrac{\sqrt{3}}{2} & K' \end{bmatrix} \tag{6-52}$$

$$K = \frac{1}{2K}$$

要满足系统保持功率不变，也意味着电流变换式中的变换阵应该是一个可逆矩阵。可逆

矩阵的性质是，阵的正逆乘积为单位阵，即

$$
C_{3/2}C_{3/2}^{-1} = \frac{N_3}{N_2}\begin{bmatrix} 1 & -\dfrac{1}{2} & -\dfrac{1}{2} \\ 0 & \dfrac{\sqrt{3}}{2} & -\dfrac{\sqrt{3}}{2} \\ K & K & K \end{bmatrix} \frac{N_3}{N_2}\begin{bmatrix} 1 & 0 & K \\ -\dfrac{1}{2} & \dfrac{\sqrt{3}}{2} & K \\ -\dfrac{1}{2} & -\dfrac{\sqrt{3}}{2} & K \end{bmatrix}
$$

$$
= \left(\frac{N_3}{N_2}\right)^2 \begin{bmatrix} 1 & -\dfrac{1}{2} & -\dfrac{1}{2} \\ 0 & \dfrac{\sqrt{3}}{2} & -\dfrac{\sqrt{3}}{2} \\ K & K & K \end{bmatrix}\begin{bmatrix} 1 & 0 & K \\ -\dfrac{1}{2} & \dfrac{\sqrt{3}}{2} & K \\ -\dfrac{1}{2} & -\dfrac{\sqrt{3}}{2} & K \end{bmatrix}
$$

$$
= \left(\frac{N_3}{N_2}\right)^2 \begin{bmatrix} \dfrac{3}{2} & 0 & 0 \\ 0 & \dfrac{3}{2} & 0 \\ 0 & 0 & 3K^2 \end{bmatrix} = \frac{3}{2}\left(\frac{N_3}{N_2}\right)^2\begin{bmatrix} 1 & 0 & 0 \\ 0 & 1 & 0 \\ 0 & 0 & 2K^2 \end{bmatrix}
$$

$$
= E \tag{6-53}
$$

如果将条件 $K = \dfrac{1}{2K}$（即 $2K^2 = 1$）代入，则第 3 行 3 列元素变为 1，最后结果为

$$
C_{3/2}\times C_{3/2}^{-1}C_{3/2}C_{3/2}^{-1} = \frac{3}{2}\left(\frac{N_3}{N_2}\right)^2\begin{bmatrix} 1 & 0 & 0 \\ 0 & 1 & 0 \\ 0 & 0 & 1 \end{bmatrix} = E \tag{6-54}
$$

从式（6-54）可以看，为满足单位矩阵要求，矩阵前的系数必须为 1，从而就可以算出矩阵前的系数数值。即，由

$$
\frac{3}{2}\left(\frac{N_3}{N_2}\right)^2 = 1
$$

得

$$
\frac{N_3}{N_2} = \sqrt{\frac{2}{3}}
$$

再从条件 $K = \dfrac{1}{2K}$ 可以算出 K 值。即由 $K = \dfrac{1}{2K}$，有 $K^2 = \dfrac{1}{2}$，得

$$
K = \sqrt{\frac{1}{2}} = \frac{1}{\sqrt{2}} \tag{6-55}
$$

将上述这两个系数的具体数值代入到式（6-46）中，便得到了电流空间矢量的坐标变换矩阵式：

$$
\begin{bmatrix} i_\alpha \\ i_\beta \\ i_0 \end{bmatrix} = \sqrt{\frac{2}{3}}\begin{bmatrix} 1 & -\dfrac{1}{2} & -\dfrac{1}{2} \\ 0 & \dfrac{\sqrt{3}}{2} & -\dfrac{\sqrt{3}}{2} \\ \dfrac{1}{\sqrt{2}} & \dfrac{1}{\sqrt{2}} & \dfrac{1}{\sqrt{2}} \end{bmatrix}\begin{bmatrix} i_A \\ i_B \\ i_C \end{bmatrix} \tag{6-56}
$$

由于电动机中并没有零轴电流，即 $i_0 = 0$，故上述矩阵中的第 3 行可以不写，于是得到公式：

$$\begin{bmatrix} i_\alpha \\ i_\beta \end{bmatrix} = \sqrt{\frac{2}{3}} \begin{bmatrix} 1 & -\dfrac{1}{2} & -\dfrac{1}{2} \\ 0 & \dfrac{\sqrt{3}}{2} & -\dfrac{\sqrt{3}}{2} \end{bmatrix} \begin{bmatrix} i_A \\ i_B \\ i_C \end{bmatrix} \tag{6-57}$$

注意，变换阵前的系数 $\sqrt{\dfrac{2}{3}}$ 正好就是在功率约束条件下，两相侧的得数增大倍数 $\sqrt{\dfrac{3}{2}}$ 移项到右侧的结果。

此公式为克拉克变换，可根据已知的三相电流求出两相电流。当然，也可以反过来，按反克拉克变换——$\boldsymbol{C}_{3/2}^{-1} = \boldsymbol{C}_{2/3}$，在已知两相电流的情况下，求出三相电流：

$$\begin{bmatrix} i_A \\ i_B \\ i_C \end{bmatrix} = \sqrt{\frac{2}{3}} \begin{bmatrix} 1 & 0 \\ -\dfrac{1}{2} & \dfrac{\sqrt{3}}{2} \\ -\dfrac{1}{2} & -\dfrac{\sqrt{3}}{2} \end{bmatrix} \begin{bmatrix} i_\alpha \\ i_\beta \end{bmatrix} \tag{6-58}$$

式(6-57) 和式(6-58) 就是一般常用的定子电流空间矢量的 3/2 和 2/3 标准坐标变换式，即所谓的克拉克变换式和反克拉克变换式。

上述坐标变换，对磁链、电势、电压的空间矢量都是适用的。此外，由于上述变换式表示的仅是坐标的变换关系，与物理量本身无关，故可用于幅值、有效值，瞬时值的变换，读者在其他资料中可以看到这种情况。变换阵前的系数 $\sqrt{\dfrac{2}{3}}$，正好就是本书第 5 章中提到过的恒定功率制约系数 K_1。

至此，可以总结为以下几点：

1）异步电动机定子电流通过磁动势的表达，已经变成了空间矢量。

2）从异步电动机的时间相量图可以找出相应的空间矢量图，从而能准确地确定它的位置（相位）。

3）定子电流空间矢量可以向不同的坐标系统进行投影，并可通过坐标变换（2/3，VR）求出所需静止三相向两相相互变换的空间矢量，以及旋转两相向静止两相相互变换的空间矢量。

上述结论，将在后面关于异步电动机矢量控制调速中被广泛应用。

6.8　矢量控制的基本工作原理

前面已就异步电动机定子电流空间矢量和坐标变换的知识做好了准备，后面就可以对异步电动机定子电流空间矢量进行坐标变换逐步进行阐述。

6.8.1　异步电动机在两相正交静止坐标下的动态数学模型

如果使用 3/2 变换，便可以得到两相正交静止坐标下异步电动机的动态数学模型。其中，定子绕组经 3/2 变换可以获得 α-β 坐标下的定子数学模型；转子绕组先在速度 ω 旋转下经3/2变换，再使用VR变换，可以得到在两相α-β坐标下的转子数学模型。把两者合在一起，便可以获得异步电动机在两相正交静止坐标下的动态数学模型。此时的磁链方程为

$$
\begin{bmatrix} \psi_{1\alpha} \\ \psi_{1\beta} \\ \psi_{2\alpha} \\ \psi_{2\beta} \end{bmatrix} = \begin{bmatrix} L_1 & 0 & L_{\mathrm{m}} & 0 \\ 0 & L_1 & 0 & L_{\mathrm{m}} \\ L_{\mathrm{m}} & 0 & L_2 & 0 \\ 0 & L_{\mathrm{m}} & 0 & L_2 \end{bmatrix} \begin{bmatrix} i_{1\alpha} \\ i_{1\beta} \\ i_{2\alpha} \\ i_{2\beta} \end{bmatrix} \tag{6-59}
$$

式中，L_1、L_2为定、转子绕组自感；L_{m}为定、转子绕组互感。

与三相异步电动机原始的磁动势方程相比，可以明显地看出：经过3/2变换将互差120°（电角度）的三相绕组等效成互相垂直的两相绕组，互相垂直的两相绕组之间不再有磁的联系，从而消除了三相绕组间的耦合，使6×6的电感矩阵简化成了4×4矩阵，大大减少了动态数学模型方程的阶数。而VR变换又使转子绕组等效成静止绕组，消除了定、转子绕组之间时变夹角的影响，使得变参数的磁链方程转化成线性定常系数方程。这样的简化效果同样也会反映到电压方程和转矩方程之中。

此时的电压方程为

$$
\begin{bmatrix} u_{1\alpha} \\ u_{1\beta} \\ u_{2\alpha} \\ u_{2\beta} \end{bmatrix} = \begin{bmatrix} R_1 + L_1 p & 0 & L_{\mathrm{m}} p & 0 \\ 0 & R_1 + L_1 p & 0 & L_{\mathrm{m}} p \\ L_{\mathrm{m}} p & \omega L_{\mathrm{m}} & R_2 + L_2 p & \omega L_2 \\ -\omega L_{\mathrm{m}} & L_{\mathrm{m}} p & -\omega L_2 & R_2 + L_2 p \end{bmatrix} \begin{bmatrix} i_{1\alpha} \\ i_{1\beta} \\ i_{2\alpha} \\ i_{2\beta} \end{bmatrix} \tag{6-60}
$$

式中，R_1、R_2为定、转子绕组直流电阻；L_1、L_2为定、转子绕组自感；L_{m}为定、转子绕组间的互感；ω为转子转速；p为微分算子。

转矩方程为

$$
T_{\mathrm{e}} = p_{\mathrm{n}} L_{\mathrm{m}} (i_{1\beta} i_{2\alpha} - i_{1\alpha} i_{2\beta}) \tag{6-61}
$$

式中，p_{n}为极对数。

此时，所有的动态数学方程均较三相时大为简化。但是，由于在静止两相坐标下的物理量仍然都是正弦交流，且电压方程的系数矩阵中每一项都是占满的，因此，异步电动机的动态数学模型仍是非线性和强耦合的。只不过经过坐标变换后，问题有所简化而已。如果希望这一问题能最大限度地解决，即让所有电量参数都能变成直流量，以便让异步电动机能像直流电动机一样方便控制，获得高品质的调速性能，那么，上述的变换还是不够的，必须进行进一步的改进，下面将进一步介绍。

6.8.2　异步电动机在两相旋转坐标下的动态数学模型和等效电路

上述异步电动机在两相静止坐标下的动态数学模型，是以传统习惯，即观察者在电动机以外的角度来看问题。于是观察到定、转子的电压和电流是呈正弦交变的，磁场则是按相序方向旋转的，且定、转磁场同步，相对静止。如果不遵守习惯，而从便于分析和控制的角度，让观察者与旋转磁场同步旋转，再来观察此种状态的异步电动机系统，观察者便会发现，此时异步电动机定、转子的电压和电流便呈直流状态，如6.2节中所述：

如果观察者与定子磁场同步旋转，那么，他看到的定子磁场是不动的，转子磁场也是不动的。同时，他还会看到定子绕组中的电流大小也是不变的。或者说，当他第一次经过绕组

1－1′时，如果所看到的是最大值 I_m，那么，对与电源频率为50Hz的，移动1圈后$\left(\text{时间为}\right.$ $\frac{1}{50}$s$\left.\right)$，再到1-1′时，以$\frac{1}{50}$s为周期变化的电流又回到了最大值，所以，观察者所看到的电流自然还是 I_m（串联绕组所有导体中的电流都是 I_m）。一般来说，当他第一次看到1-1′绕组中的电流为某一数值时，转过1圈后他看到的仍是同一数值。这就是说，观察者所看到的在定子绕组中流过的电流是不变的。

上面是以定子不动而观察者旋转时所得的结论。如果把两者互换，即观察者不动，而定子以 n_1 转速旋转，也可得到同样的结论：

① 交流电动机定子中流过的电流相对于观察者来说是不变的。

② 定子旋转磁场相对于观察者来说是不动的静止磁场。

③ 定、转子产生的磁场相位互差90°。

上述关于异步电动机的结论就与直流电动机的情况无异了。

怎样才能构成这种想象状态呢？办法是有的，即将异步电动机的定、转子电流矢量从两相静止坐标系统变换到两相旋转坐标系，此时电动机的动态数学模型便是人们在旋转中观察到的数学关系。这种关系最大的特点是一切都是直流的，正如人们正常观察一台直流电动机一样。这样做的目的，自然是为了把异步电动机当成直流电动机一样方便地进行调速控制。即，调节定子电流矢量的转矩分量改变转矩进行基速以下的调节，调节定子电流矢量的励磁分量以改变励磁进行基速以上的调节。此外，还尽可能地在控制系统中采用线性调节器，构成多闭环反馈系统，获得高品质的调速特性。

利用反派克变换，即反 VR 变换，可将前面磁链方程中的电压和电流矢量折算到旋转 d-q 坐标系（直-交轴），从而获得在旋转坐标系下的磁链方程：

$$\begin{bmatrix} \psi_{1d} \\ \psi_{1q} \\ \psi_{2d} \\ \psi_{2q} \end{bmatrix} = \begin{bmatrix} L_1 & 0 & L_m & 0 \\ 0 & L_1 & 0 & L_m \\ L_m & 0 & L_2 & 0 \\ 0 & L_m & 0 & L_2 \end{bmatrix} \begin{bmatrix} i_{1d} \\ i_{1q} \\ i_{2d} \\ i_{2q} \end{bmatrix} \tag{6-62}$$

此时，方程中的系数矩阵不变。

与之相应的电压方程式计算为

$$\begin{bmatrix} u_{1d} \\ u_{1q} \\ u_{2d} \\ u_{2q} \end{bmatrix} = \begin{bmatrix} R_1 + L_1 p & -\omega_1 L_1 & L_m p & -\omega_1 L_m \\ \omega_1 L_1 & R_1 + L_1 p & \omega_1 L_m & L_m p \\ L_m p & -\omega_s L_m & R_2 + L_2 p & -\omega_s L_2 \\ \omega_s L_m & L_m p & \omega_s L_2 & R_2 + L_2 p \end{bmatrix} \begin{bmatrix} i_{1d} \\ i_{1q} \\ i_{2d} \\ i_{2q} \end{bmatrix} \tag{6-63}$$

式中，参数矩阵中的元素发生了变化，主要是出现代表运动电动势的元素，于定子中出现了 d-q 坐标（旋转速度为 ω_1）相对于静止的定子绕组的运动电动势 $\omega_1 L_1 i_{1\alpha}$、$\omega_1 L_1 i_{1\beta}$ 和 $\omega_1 L_m i_{1\alpha}$、$\omega_1 L_m i_{1\beta}$，于转子中出现了 d-q 坐标相对于旋转速度为 ω_s 的运动电动势 $\omega_s L_2 i_{2\alpha}$、$\omega_s L_2 i_{2\beta}$ 和 $\omega_s L_m i_{2\alpha}$、$\omega_s L_m i_{2\beta}$，其余的则没什么变化。至于运动电动势前的正负号，将由运动电动势实际方向与规定正方向相同与否来决定，具体的可参阅本书第9.3.1节。

转矩方程为

$$T_e = p_n L_m (i_{1q} i_{2d} - i_{1d} i_{2q}) \tag{6-64}$$

由于系统运动方程在各种情况下均与坐标变换无关，仍为

$$T_e = T_L + \frac{j}{p_n} \frac{d\omega}{dt} \tag{6-65}$$

上面电压方程的系数矩阵中 4×4 均被元素项占满，故仍具有较强的耦合性，但电压、电流已变成直流，因此，系统的便控性有很大的增强。对应于这种状态下的动态等效电路如图 6-20 所示。

图 6-20 中，电压或电动势的箭头均表示为降低方向，4 个运动电动势将 d-q 电路之间造成耦合，故至此电动机系统的高阶和非线性得到很大的缓解，但耦合问题还未完全解决，还有待进一步处理，这只有靠下一步"转子磁场定向"的帮助才行，必要

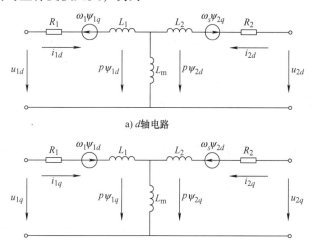

图 6-20 异步电动机在两相旋转
坐标 d-q 下的动态等效电路

时还需增加部分解耦电路，才能达到完全解耦的目的，这些将在后面介绍。

6.8.3 异步电动机在转子磁场定向下的动态数学模型

如果将异步电动机转子磁场的轴线定在旋转坐标中的 d 轴上，两者重合，造成所谓"转子磁场定向"，情况将会有可喜的变化，在这种情况下将出现：

① 由于 $\psi_{2d} = \psi_{2M} \equiv \psi_2$，致 $\psi_{2q} = \psi_{2T} = 0$，从而有

$$\psi_2 = L_m i_{1d} + L_2 i_{2d} = L_m i_{1M} + L_2 i_{2M} \tag{6-66}$$

$$0 = L_m i_{1q} + L_2 i_{2q} \tag{6-67}$$

于是必有 $L_m i_{1q} = 0$ 和 $L_2 i_{2q} = 0$，代入电压方程整理后为

$$\begin{bmatrix} u_{1d} \\ u_{1q} \\ u_{2d} \\ u_{2q} \end{bmatrix} = \begin{bmatrix} R_1 + L_1 p & -\omega_1 L_1 & L_m p & -\omega_1 L_m \\ \omega_1 L_1 & R_1 + L_1 p & \omega_1 L_m & L_m p \\ L_m p & 0 & R_2 + L_2 p & 0 \\ \omega_s L_m & 0 & \omega_s L_2 & R_2 \end{bmatrix} \begin{bmatrix} i_{1d} \\ i_{1q} \\ i_{2d} \\ i_{2q} \end{bmatrix} \tag{6-68}$$

其中第 3、4 行中出理了零元素，使其中多变量之间的耦合降到最低，数学模型得到最大的简化。

② 转矩方程得到简化

$$T_e = p_n L_m (i_{1q} i_{2d} - i_{1d} i_{2q}) = p_n \frac{L_m}{L_2} i_{1T} \psi_2 = K_T i_{1T} \psi_2 \tag{6-69}$$

式中，i_{1T} 为定子电流 T 轴上的转矩分量；$\psi_2 (\Phi_2)$ 为转子磁链（磁通）M 轴上的励磁分量。两者是互相垂直的，是完全解耦的，就和直流电动机的转矩完全一样。

到此为止，可以看到，异步电动机的动态数学模型经过逐步地进行坐标变换和磁场定向，最终使其成为转矩中参量不具耦合的基本上呈定长微分方程的线性系统，给出了使用矢

量变换控制技术对异步电动机进行调速，可以达到像控制直流电动机调速一样的有力证明。

必须指出，对异步电动机使用矢量变换技术进行直流式的调速控制，理论上是得到充分证明的。但在实际操作上却与直流电动机的方法有所区别，那就是：直流电动机只需直接调节供电电压或者励磁电流即可，而异步电动机则需要使用一定的控制环节，使之进行必要的坐标变换和磁场定向，才能使供电电压通过电力电子开关桥式电路，按给定的频率、脉宽和相位分别对三相定子绕组供电，达到调速的目的，这是两者在实际结构和操作上不同的地方，也是异步电动机矢量变换调速控制技术的特殊之处，读者对此必须在概念上有一个明确的认识，切勿笼统混淆。

6.8.4 用状态方程表示异步电动机在两相旋转坐标下的动态数学模型

这里介绍的是近些年来许多文献常用的表达方式，即使用状态方程来表示异步电动机的动态数学模型，具体来说，介绍的仅限两相旋转坐标下的动态数学模型的状态方程。

在 6.8.2 节和 6.8.3 节中可以看到，在两相坐标系统上异步电动机具有 4 阶的电压方程和 1 阶的运动方程，用状态方程表示时则共有 5 阶，须选取 5 个状态变量。而可选用的变量共有 9 个，即：1 个角进度 ω；4 个电流变量 i_{1d}、i_{1q}、i_{2d}、i_{1q}；4 个磁链变量 ψ_{1d}、ψ_{1q}、ψ_{2d}、ψ_{2q}。其中，转子电流不好测，不宜作为状态变量，因此只能选择定子电流 i_{1d}、i_{1q} 和转子磁链 ψ_{2d}、ψ_{2q}，或者选择定子电流 i_{1d}、i_{1q} 和定子磁链 ψ_{1d}、ψ_{1q}，也就是说，可以有 $\omega - \psi_2 - i_1$ 状态方程和 $\omega - \psi_1 - i_1$ 状态方程两类。

1. $\omega - \psi_2 - i_1$ 状态方程

将 d-q 坐标系上的磁链方程和电压方程分别代入磁矩方程，并考虑笼型转子有 $u_{2d} = 0$ 和 $u_{2q} = 0$，此外，消去参数 i_{2d}、i_{2q} 和 ψ_{1d}、ψ_{1q}，可以整理出如下 5 个状态方程：

$$\frac{d\omega}{dt} = \frac{p_n^2 L_m}{j L_2}(i_{1q}\psi_{2d} - i_{1d}\psi_{2q}) - \frac{p_n}{j}T_L \tag{6-70}$$

$$\frac{d\psi_{2d}}{dt} = -\frac{1}{T_2}\psi_{2d} + (\omega_1 - \omega)\psi_{2q} + \frac{L_m}{T_2}i_{1d} \tag{6-71}$$

$$\frac{d\psi_{2q}}{dt} = -\frac{1}{T_2}\psi_{2q} - (\omega_1 - \omega)\psi_{2d} + \frac{L_m}{T_2}i_{1q} \tag{6-72}$$

$$\frac{di_{1d}}{dt} = \frac{L_m}{\sigma L_1 L_2 T_2}\psi_{2d} + \frac{L_m}{\sigma L_1 L_2}\omega\psi_{2q} - \frac{R_1 L_2^2 + R_2 L_m^2}{\sigma L_1 L_2^2}i_{1d} + \omega_1 i_{1q} + \frac{u_{1d}}{\sigma L_1} \tag{6-73}$$

$$\frac{di_{1q}}{dt} = \frac{L_m}{\sigma L_1 L_2 T_2}\psi_{2q} - \frac{L_m}{\sigma L_1 L_2}\omega\psi_{2d} - \frac{R_1 L_2^2 + R_2 L_m^2}{\sigma L_1 L_2^2}i_{1q} - \omega_1 i_{1d} + \frac{u_{1q}}{\sigma L_1} \tag{6-74}$$

式中，$\sigma = 1 - \dfrac{L_m^2}{L_1 L_2}$，为电动机的漏磁系数；$T_2 = \dfrac{L_2}{R_2}$，为转子电磁时间常数。

在上述 5 个状态方程中，状态变量为

$$\boldsymbol{X} = \begin{bmatrix} \omega & \psi_{2d} & \psi_{2q} & i_{1d} & i_{1q} \end{bmatrix}^T$$

输入变量为

$$\boldsymbol{U} = \begin{bmatrix} u_{1d} & u_{1q} & \omega_1 & T_L \end{bmatrix}^T$$

这 5 个状态方程，在本章之中亦可以用来对异步电动机的直接转矩调速进行解释。

2. $\omega - \psi_1 - i_1$ 状态方程

同理，如果在整理时消去参数 i_{2d}、i_{2q} 和 ψ_{2d}、ψ_{2q}，又可以整理出如下另外 5 个状态方程：

$$\frac{d\omega}{dt} = \frac{p_n^2}{j}(i_{1q}\psi_{1d} - i_{1d}\psi_{1q}) - \frac{p_n}{j}T_L \tag{6-75}$$

$$\frac{d\psi_{1d}}{dt} = -R_1 i_{1d} + \omega_1\psi_{1q} + u_{1d} \tag{6-76}$$

$$\frac{d\psi_{1q}}{dt} = -R_1 i_{1q} - \omega_1\psi_{1d} + u_{1q} \tag{6-77}$$

$$\frac{di_{1d}}{dt} = \frac{L_m}{\sigma L_1 T_2}\psi_{1d} + \frac{L_m}{\sigma L_1}\omega\psi_{1q} - \frac{R_1 L_2 + R_2 L_1}{\sigma L_1 L_2}i_{1d} + (\omega_1 - \omega)i_{1q} + \frac{u_{1d}}{\sigma L_1} \tag{6-78}$$

$$\frac{di_{1q}}{dt} = \frac{L_m}{\sigma L_1 T_2}\psi_{1q} - \frac{L_m}{\sigma L_1}\omega\psi_{1d} - \frac{R_1 L_2 + R_2 L_1}{\sigma L_1 L_2}i_{1q} + (\omega_1 - \omega)i_{1d} + \frac{u_{1q}}{\sigma L_1} \tag{6-79}$$

在上述 5 个状态方程中，状态变量为

$$\boldsymbol{X} = \begin{bmatrix} \omega & \psi_{1d} & \psi_{1q} & i_{1d} & i_{1q} \end{bmatrix}^T$$

输入变量为

$$\boldsymbol{U} = \begin{bmatrix} u_{1d} & u_{1q} & \omega_1 & T_L \end{bmatrix}^T$$

这 5 个状态方程将在本书第 7 章介绍异步电动机的直接转矩调速时应用。

3. 用两相旋转坐标下的状态方程来分析异步电动机矢量变换调速技术

当两相旋转坐标系按转子磁链定向时，由于 d 轴落在转子磁链矢量 ψ_2 方向上，将使 ψ_2 在 q 轴上的分量为 0，故有

$$\psi_{2d} = \psi_{2M} \equiv \psi_2 \qquad \psi_{2q} = \psi_{2T} = 0$$

将上述结果代入 $\omega - \psi_2 - i_1$ 状态方程式(6-70) ~ 式(6-74)，可以得到

$$\frac{d\omega}{dt} = \frac{p_n^2 L_m}{j L_2}(i_{1q}\psi_{2d}) - \frac{p_n}{j}T_L \tag{6-80}$$

$$\frac{d\psi_2}{dt} = -\frac{1}{T_2}\psi_2 + \frac{L_m}{T_2}i_{1M} \tag{6-81}$$

$$0 = -(\omega_1 - \omega)\psi_2 + \frac{L_m}{T_2}i_{1T} \tag{6-82}$$

$$\frac{di_{1M}}{dt} = \frac{L_m}{\sigma L_1 L_2 T_2} - \frac{R_1 L_2^2 + R_2 L_m^2}{\sigma L_1 L_2^2}i_{1M} + \omega_1 i_{1T} + \frac{u_{1M}}{\sigma L_1} \tag{6-83}$$

$$\frac{di_{1T}}{dt} = \frac{L_m}{\sigma L_1 L_2 T_2}\psi_2 - \frac{R_1 L_2^2 + R_2 L_m^2}{\sigma L_1 L_2^2}i_{1T} - \omega_1 i_{1M} + \frac{u_{1T}}{\sigma L_1} \tag{6-84}$$

还有转矩方程

$$T_e = p_n \frac{L_m}{L_2}i_{1T}\psi_2 \tag{6-85}$$

上面 5 个状态方程和 1 个转矩方程，均可应用来对异步电动机的直接转矩调速进行解释。

例如：由于转子磁链在 T 轴上投影为 0，故才有 $\frac{d\psi_{2T}}{dt} = 0$，使得第 3 个状态方程 [式(6-82)] 变为简单的代数方程。

$$0 = -(\omega_1 - \omega)\psi_2 + \frac{L_m}{T_2}i_{1T} \tag{6-86}$$

整理后可以得到转差公式：

$$\omega_s = (\omega_1 - \omega) = \frac{L_m}{T_2}\frac{i_{1T}}{\psi_2} \tag{6-87}$$

由此可见，进行转子磁场定向后，状态方程得到进一步简化，系统方程又少了一阶。另外，如果将第 2 个状态方程［式(6-81)］写成下式：

$$\psi_2 p = -\frac{1}{T_2}\psi_2 + \frac{L_m}{T_2}i_{1M} \tag{6-88}$$

整理后有

$$\psi_2 = \frac{L_m}{1 + T_2 p}i_{1M} \tag{6-89}$$

也可写成

$$i_{1M} = \frac{1 + T_2 p}{L_m}\psi_2 \tag{6-90}$$

上述介绍的公式表示，转子磁链仅由定子电流的励磁分量 i_{1M} 产生，与转矩分量 i_{1T} 无关，由此可见，定子电流的两个分量是解耦的。这个结论和式(6-31) 表示的意思一致。

上述公式中还表示，ψ_2 与 i_{1T} 之间的传递函数系一阶惯性环节，这和直流电动机励磁绕组的传递函数一阶惯性环节一致。

4. 异步电动机在状态方程 $\omega - \psi_2 - i_1$ 下数学模型的框图

应用上述经坐标变换和转子磁场定向后的状态方程，特别是定子电流解耦之后的结果，可以画出图 6-21 所示在状态方程 $\omega - \psi_2 - i_1$ 下的数学模型框图。

在图 6-21 中，异步电动机经过坐标变换和转子磁场定向后，被等效成为直流电动机并分成两个子系统，输出量为转子磁链 ψ_2 和转速 ω，可以分别使用线性磁链调节器和速度调节器。

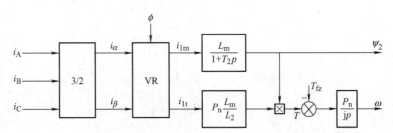

图 6-21　异步电动机在状态方程 $\omega - \psi_2 - i_1$ 下的数学模型框图

但是，由于电磁转矩是定子电流转矩分量和转子磁链的乘积，于是两个子系统之间又有了耦合。为了消除 ψ_2 对 T_e 的影响，最直观的办法是把磁链调节器 ASR 的输出信号除以 ψ_2，使控制系统坐标反变换与电动机中的坐标变换相抵消，在忽略变频器的时滞之后，系统中的"$\div \psi_2$"便与"$\times \psi_2$"号对消，这样，两子系统就完全解耦了，于是便可以将两个子系统完全独立分开，各自采用独立的线性磁链调节器和速度调节器来完成闭环控制。

上述看法只在理论上有意义，因为转子磁链 ψ_2 和它的定向相位角 φ 均不易测量，一般只能采用磁链模型来计算才好使用，于是，就引出 3 个前提（近似假设）：

① 转子磁链的计算值 $\hat{\psi}_2$ 等于其实际值 ψ_2。

② 转子磁链相位角的计算值 $\hat{\varphi}$ 等于其实际值 φ。

③ 忽略电流控制变频器的时滞。

因此，选择合适的磁链模型，即尽可能接近上述假设条件，就尤为重要。

加上除法解耦环节后的异步电动机矢量变换调速系统的框图如图 6-22 所示。

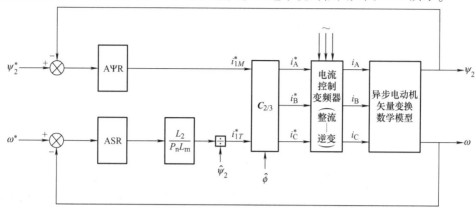

图 6-22　加上除法解耦环节后的异步电动机矢量变换调速系统的框图

上述经过解耦后的矢量控制系统，由于相应的环节对消，便可等效为以 ω 和 ψ_2 独自为输出、输出的两个独立子系统，如图 6-22 所示，当分别调节 ω 和 ψ_2 时，就互不干扰了。注意，图 6-22 只是图 6-21 的等效电路，并非实际控制系统。在构成电路时仍应按图 6-21 中的各个环节为准来进行。还有一点要说明，转子磁链通 ψ_2 和定向角 φ 通常都是采用磁链模型来间接运算，然后送入控制环节，为区别于实际的 ψ_2 和 φ，在图 6-22 中，就在其符号上加"∧"，两者可能稍有一点差别。

经过上述解耦处理后，带除法环节的矢量控制系统就可以看成是两个独立的线性子系统，如图 6-23 所示，其中的磁场模型将在后面介绍。

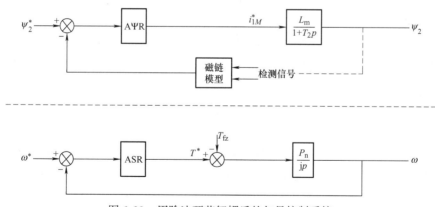

图 6-23　用除法环节解耦后的矢量控制系统

6.9　异步电动机矢量变换的具体工作过程

定子电流空间矢量投影过程中坐标的变换

为简便使用符号的表示，以下各量空间矢量符号采用黑体小写字母。

1. 定子电流空间矢量从三相静止坐标到两相静止坐标的正变换与反变换

定子电流空间矢量的 3/2 和 2/3 标准坐标变换式为

$$\begin{bmatrix} i_\alpha \\ i_\beta \end{bmatrix} = \sqrt{\frac{2}{3}} \begin{bmatrix} 1 & -\dfrac{1}{2} & -\dfrac{1}{2} \\ 0 & \dfrac{\sqrt{3}}{2} & -\dfrac{\sqrt{3}}{2} \end{bmatrix} \begin{bmatrix} i_A \\ i_B \\ i_C \end{bmatrix} \tag{6-91}$$

或

$$\begin{bmatrix} i_A \\ i_B \\ i_C \end{bmatrix} = \sqrt{\frac{2}{3}} \begin{bmatrix} 1 & 0 \\ -\dfrac{1}{2} & \dfrac{\sqrt{3}}{2} \\ -\dfrac{1}{2} & -\dfrac{\sqrt{3}}{2} \end{bmatrix} \begin{bmatrix} i_\alpha \\ i_\beta \end{bmatrix} \tag{6-92}$$

这样可以控制到三相定子电流空间矢量，再除以绕组系数，就是定子三相绕组中应该流过的电流（时间相量）。

2. 定子电流空间矢量从两相旋转坐标到两相静止坐标的变换和反变换

这项工作可根据派克变换式来具体进行，即

① 静止到旋转并定向为

$$\begin{bmatrix} i_M \\ i_T \end{bmatrix} = \begin{bmatrix} \cos\varphi_1 & \sin\varphi_1 \\ -\sin\varphi_1 & \cos\varphi_1 \end{bmatrix} \begin{bmatrix} i_\alpha \\ i_\beta \end{bmatrix} \tag{6-93}$$

② 反变换为

$$\begin{bmatrix} i_\alpha \\ i_\beta \end{bmatrix} = \begin{bmatrix} \cos\varphi_1 & -\sin\varphi_1 \\ \sin\varphi_1 & \cos\varphi_1 \end{bmatrix} \begin{bmatrix} i_M \\ i_T \end{bmatrix} \tag{6-94}$$

3. 转子磁场定向

将电动机转子磁链矢量（用磁通矢量 $\boldsymbol{\Phi}_m$ 表示）置于旋转坐标的 d 轴上，并命其为磁场坐标轴线 M，与之相应，q 轴命名为转矩坐标轴线 T，再将定子电流矢量分别向 M 和 T 投影，从而获得定子电流的两个矢分量 i_M 和 i_T，以后，调节 i_T 可控制转矩的大小，调节 i_M 可控制励磁电流的大小，从而可完成电动机转速由额定转速往下和往上的调节。

4. 定子电流空间矢量的给定、控制与调节

① 定子电流空间矢量 $i_1(f_1)$ 的给定，通常是通过给定 i_M 和 i_T 来具体实现的。由于定子电流空间矢量也可以用极坐标表示，即 $i_1 = i_{1m}\mathrm{e}^{\mathrm{j}\theta}$，显然，它的给定除了幅值大小外，还有相角 θ，它们也可以决定 i_M 和 i_T 的具体数值。所以，反过来，即给定 i_M 和 i_T 后，$i_1(f_1)$ 的幅值和相角 θ 也就确定了。由于在 M-T 系统中，坐标轴和 $i_1(f_1)$ 都是以 ω_1 速度旋转，且在旋转中幅值和相角都不变，即 $i_1(f_1)$ 相对于 M-T 坐标，或者相对于 M-T 绕组来说，它是直流性质的磁动势矢量。然而真实的电动机定子绕组是不动的，因此，还须将 i_M 和 i_T 通过派克变换，变换成固定坐标下的 i_α 和 i_β。然后，在求出了 i_α 和 i_β 之后，再通过反克拉克变换，即 2/3 变换，就可以求出三相电流空间分矢量 i_A、i_B、i_C。最后，再通过磁动势与相电流幅值之比，求出三相电流的幅值，这才是真正的三相相电流的给定值。

② 当然，上述这些操作，都必须通过一系列变换环节，最终去控制给定的三相逆变电

压的频率、幅值和相位，才能达到控制电动机的转速为某一给定值的目的。

有时，是我们已经从三相绕组中测到电流的反馈值，反过来，又可以通过 3/2 变换求出 i_α 和 i_β，再经反派克变换，求出 i_M 和 i_T，［亦即知道了定子空间电流 $i_1(f_1)$，包括它的幅值和相角］，用它们去检验实际值与给定值符合与否，不符合，则系统将予以调节校正，直到 i_M 和 i_T 符合要求为止。

应当指出：由于 M-T 相对 α-β 轴是在旋转的，$i_1(f_1)$ 是旋转的空间矢量，它在固定的 α-β 坐标系中的投影自然就是变化的，它们会因 M-T 与 α-β 坐标系相位差 $\varphi_1 = \omega_1 t$ 的变化而变化，亦即是说 i_α 和 i_β 将是变化的，由它变换而来的三电流也就是变化的，所以，相当于 α-β 绕组，以及三相绕组来说，i_α 和 i_β 以及 i_A、i_B、i_C 都是交流磁动势矢量。

这个结果正好说明：采用类控制直流给定量的办法给定子电流矢量，通过旋转坐标到固定坐标的变换，使得旋转着的、幅值恒定而相位发生变化的定子电流矢量，可以控制和调节实际存在的三相交变电流的大小、频率和相位，从而改变电动机的转速，使交流电动机获得了类似直流电动机的调速性能。

5. 小结

通过前面 6.3 ~ 6.8 数节的分析，可以从物理概念上了解到：

① 三相异步电动机的定子电流中存在着两个分量：第一个为无功分量，用来产生磁场；第二个为有功分量，用来产生电磁转矩。

② 三相异步电动机定子电流可以使用电流矢量来进行表示，并可通过坐标变换，从三相静止矢量变成两相静止矢量，进一步可以变成两相旋转矢量，以及按转子磁场定向的两相旋转矢量。

③ 控制两相旋转矢量中的转矩分量便可以控制转矩的大小，从而改变电动机的转速；改变两相旋转矢量中的旋转励磁分量的大小，亦可以改变电动机磁场的强弱，可以实现电动机的弱磁升速。

④ 上述电动机转速的控制，是在依照定子电流矢量变换中的相应函数关系下，控制逆变器的导通时间（频率和相位）来实现的。

6.10 矢量控制的原理电路

6.10.1 早期推出原理性的电路结构

为了让初次接触到矢量控制技术的读者在阅读上方便，下面我们引入的是早期由日本难波江章教授推出的以门极关断（GTO）晶闸管作为功率开关的转差型矢量控制系统原理电路，它的好处在于简明直观、容易理解。在这个基础之上，我们会接着再介绍一个近期常用的以 IGBT 作为功率开关的原理电路，以巩固认识和便于实用。

下面，我们便来对门极关断（GTO）晶闸管作功率开关的原理电路进行介绍。如图 6-24 所示，系以主电路为核心、各调控和运算环节以及检测元件等组成的框图，用以说明上述矢量控制原理在这个电路中是怎样一步一步地实现的。图 6-24 中，各物理量带有 "＊" 号上标的代表给定值，无上标的则为实际值。

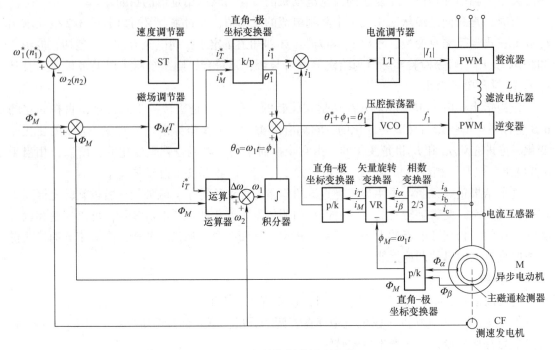

图 6-24　矢量控制的原理电路

1. 主电路中整流器和逆变器的工作原理

（1）整流器及电路

1）整流器

目前，应用的大功率的可控整流器有两类：一类属高压、大功率低成本型，使用的是晶闸管（SCR）整流器，其缺点是电流中的谐波对电网的干扰较大；另一类是以 IGBT 作为功率开关的高性能 PWM 型可控整流器，如常用的 SVPWM 控制的整流器，其优点是电压精度高、电流谐波小、功率因数可调等，缺点是控制附属电路较复杂、器件价格偏贵。

两类整流器在使用上又可分为电流型和电压型两种，区别并不在整流器本身，而在于所附属的滤波器。如果其后串联一个滤波电感（电抗器），则它具有电流稳定的性质，称之为电流型整流器；如果其后并联上一个滤波电容，则它具有电压稳定的性质，称之为电压型整流器。

下面，分别进行分析介绍。

① 电流型整流器（Current Source Rectifiers，CSR）。如图 6-25 所示，它的滤波器为串联的电感 L。其特点是 L 将力图使流经整流器的电流保持不变，而其整流电压则允许突变。这种特点将在电动机运行于再生制动和反接制动时带来好处，那就是它能进行"有源逆变"状态。例如再生发电制动状态，此时 $\omega > \omega_1$（可以使 ω_1 下降或使 ω 上升），于是电动机的反电动势会立即反向成为电动势 E_1（见等效电路和电势平衡方程式），而电流 I_d 却保持方向不变，于是电动机进入发电状态，而逆变器则需要进入整流状态，当然，逆变器在控制信号的相位上要进行调整，对于 PWM 逆变器如何进入整流状态，可参看有关资料。对整流器来说，如是 SCR，则可将 α 由小于 90° 到大于 90°，这样，SCR 就会从原来的整流状态进入

逆变状态，变成了逆变器。

由于整流器进入逆变状态，其电压反向成为反电动势（$-E_1$），在原来逆变器强大的反向电动势作用下，电流按原有方向进入整流器，克服反电动势之后，将电能馈回交流电网。可以看出，电流型整流器这一特点，使它很适合于电动机运行于四象限的工作状态。

② 电压型整流器（Voltage Source Rectifiers，VSR）。如图 6-25 所示，它的滤波器是并联的电容 C，其特点是力图保持整流器的电压不变，但允许电流方向改变。这种特点，使得它在电动机运行于制动状态下反电动势上升时，将会到遇到问题，即由于整流器件的单向导电性，无法使电流实现反向。如果非要反向不可（进入制动），则只好借助于其他并联回路，例如并联的电阻（但整流器应关闭），或者另外并联一组反向的整流器（同样要关闭正向整流器），以通过反方向的电流，将电能馈回电网。这样一来，就会因另加设备而增加设备的费用，使其性价比下降。因此，它不太适合用于电动机的四象限动态的工作状态，但它有电压稳定这一特点，作为传动装置的电源就比较适合。

由以上分析可以看出，整流器本身的结构上并无电流型和电压型之分，只是因其滤波器的不同而性质才有所异。

2）整流器电路

下面介绍整流器主电路的结构形式。

① 晶闸管元件构成的三相全控桥六拍式电路。这种结构在过去是常用的，尤其是在高电压、大电流情况下，成为一种主要采用的电路。其优点是控制简单、价格低廉；缺点是电压和电流中的谐波较大、对电网构成污染。

② 普通型 PWM 六拍电路。这种结构中的功率器件采用的是 V-MOSFET、IGBT、IGCT 等开关器件，组成 6 个一组的功率模块，即 IPM（Intelligent Power Module），通称智能功率模块。这种模块之所以称为"智能"，是指它不仅把功率开关器件和驱动电路集成在一起，而且还内藏有过电压、过电流和过热等故障检测电路，并可将检测信号送到 CPU。IPM 一般使用 IGBT 作为功率开关器件，内藏电流传感器及驱动电路的集成结构。IPM 以其高可靠性、使用方便赢得越来越大的市场；其缺点是价格普遍偏高。

这种 PWM 六拍电路，其控制策略若仅采取经典的控制，如 PID 控制，可称为普通型 PWM；若采取的是现代控制策略，例如 SVPWM 控制，矢量变换控制可等，可称为现代型 PWM。

③ SVPWM 整流器。这种控制方式，在本书第 5 章已经详细分析过，这里就不再讨论了，仅需将它作为处于整流状态来对待即可。SVPWM 整流器处于整流状态下调压，一般多采用控制周期时间 T_0 中的停歇时间 t_0 的大小来加以实现。

④ 矢量控制 PWM 整流器。随着矢量控制技术的发展和推广使用，把矢量控制技术用到整流器上，即以整流电压矢量 $\boldsymbol{u}_d$ 为定向（如同电流空间矢量中，以主磁通矢量 $\boldsymbol{\phi}_d$ 定向一样），构成所谓电压定向控制（Voltage Oriented Control，VOC）PWM 整流器。它在电路结构上和普通型 PWM 六拍电路没有什么不同，主要是在控制策略和控制电路上有很大的差别，而和矢量控制 PWM 逆变器倒是十分相似，只是控制的参数不同而已，一个是直流电压，一个是旋转磁场。

通常，在可逆电力拖动系统中，把整流器和逆变器都采用矢量控制 PWM 电路，这样将十分方便整流和逆变两种状态的转换，使电动机四象限运行更为流畅。

同样，若两边都采用 SVPWM 电路，也可达到上述效果，只是调速的品质要稍差一些。

由于在本章内容中，PWM 整流器不是我们主要研究的内容（有专门的文献详细讨论），而只是应用它来调压。我们主要研究的内容应当是逆变器，因为它才是电动机调速的主要手段。所以，下面我们就仅对矢量控制 PWM 整流器做一个简单的介绍。

图 6-25 给出了 VOS 系统框图。

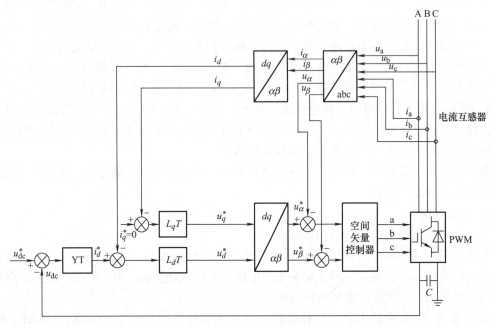

图 6-25　VOS 系统框图

这里，只针对图 6-25 所示的框图简单地介绍一下 VOS 的工作原理。整个电路的原理与电流空间矢量控制是一样的，只是在这里，被控制的物理量是直流电压 U_d。由于要达到功率因数为 1 的要求，所以无功电流给定值为 $i_q^* = 0$，而有功电流给定值为 i_d^*，它是通过给定电压信号 $u_d^* = u_{dc}^*$ 经电压调节器得到的，在与电压负馈电压 u_{dc} 综合后，再经过电压调节器共同组成的电压外环，用以保持整流器直流侧电压恒定；由两个电流调节器组成的电流内环，其输出经矢量变换调制，再与交流侧电压负反馈综合后，用以控制空间矢量控制器（包括2/3变换）的输出，从而控制 PWM 控制极，以保持整流器输出侧的电流尽可能接近正弦，而且和电源电压波形同相位，达到功率因数为 1 的控制要求。

VOS 是目前最为先进的整流器，如要采用，可从专门资料中去进一步研究分析。

⑤ 普通 PWM 与现代 PWM（如 SVPWM 整流器）处于整流状态时的特点如下：

a. 输入端为三相交流输入电压，输出端则为整流后的直流电压。如果不调压，用六拍型切换方式，就和一般的全桥整流无异。

b. 由于需要调压，故需采用 PWM，调节脉宽即可得到不同数值的等效直流电压，但此时，如为六拍切换，会产生许多空档，从而引起较大的谐波，故不采取六拍切换而采用 SVPWM 切换。

c. 在 SVPWM 切换下，由于切换次数的大大增加，可以在 t_0 分散的情况下，即可获得不同数值但却等幅的直流输出电压，电压脉冲之间空档微而疏，这样，就大大地减少了谐波，由于谐波电流的减少，故对电网的干扰甚微。

d. 现代 PWM 整流器可以获得等于 1 的功率因数。

e. 现代 PWM 整流器容易获得电能的回馈（当处于逆变状态时）。

此外，需要说明一点：在这里之所以还要对整流电源加以一定分析，是因为在整个矢量控制过程中，整流电压都处于连续调节的状态的缘故，这可以从矢量控制的原理性框图中看出：矢量控制系统输出的两个主要物理量中，电流幅值信号就是直接送入整流器中当负载变化或受到外扰，此值会经过电流调节器而发生变化，使得电动机经过此调节后仍能稳定运行。由此可见，矢量控制中需要一个随时可调的整流器，所以我们对其要予以足够的重视，这和一般性的变频调速系统有些不一样。

（2）逆变器

目前，在矢量控制中所采用的逆变器，几乎都是三相全控桥式的 PWM 逆变器，在这里，除了采用同扇区相邻主矢量按比例合成预期矢量即一般性的 SVPWM 技术（在第 5 章里已全面阐述）外，在某些要求高的地方，还采用加入其他扇区主矢量部分参与合成的办法，即预期性的 SVPWM 技术，以便获得动态修正预期矢量旋转的最佳状态，这方面的具体分析将在后面介绍。

2. 主电路中各控制环节的分析

具体见图 6-24 中主电路的左边部分，分输入和输出两部分。

（1）输入

图 6-24 所示电路采用的是控制转差速度 $\Delta\omega_2$ 来控制转矩，即带速度环的转差控制方式，它的优点：一是可以获得像直流电动机那样较硬的机械特性；二是由于采用了 $\omega_1 = \omega_2 + \Delta\omega$ 的关系式，当转子转速 ω_2 发生上下波动时，电流矢量的转速 ω_1 会跟着变化，使得系统的加、减速平滑而且稳定。

输入有两个参数，即磁场参数（i_M）和转矩参数（i_T），但具体到二环系统，在这里实际给出的是：磁场参数为 $\varPhi_m^*$（将以电信号形式实现），转矩参数为转速 n_1^* 或 ω_1^*（亦将用电信号形式实现）。下面，我们再分别加以叙述。

1）给定转速 ω_1^*（" $*$ "代表给定信号，不带" $*$ "的则表示反馈信号实测）。转速给定 ω_1^* 将与测速发电电机负反馈信号 ω_2 进行综合后，将输出合成的信号 $\Delta\omega_2$ 送到速度调节器 ST（如 PID 调节器）去进行控制，从而形成按转差调节的控制结构。

将 ST 调节器的比例系数定为 $\dfrac{L_2}{p_n L_m \psi_2} T_e = i_T^*$，其输出便是定子电流的转矩分量 i_T^*，将它送到坐标变换器 K/P（直角坐标→极坐标），以备控制定子电流。K/P 的另一个输入来自磁场给定环节的信号 i_M^*，它是主磁通给定 $\varPhi_m^*$ 与实际磁通的负反馈（$-\varPhi_m \approx -\varPhi_2$）进行综合后，通过磁通调节器 ΦT（其转换系数为 $\dfrac{L_m}{1+T_2 p} W\varPhi_m = i_{1m}^*$）得到的，其中，因调节器 ΦT 具有微分环节（$1+T_2 p$），可使励磁在动态中获得强迫效应。K/P 将以极坐标值的形式输出定子电流空间矢量的幅值 i_1^* 和相角 θ_1^*，其中幅值给定 i_1^* 将与实测反馈的定子空间矢量的幅值相比较（是负反馈），然后进入电流调节器 LT（PID 调节器），LT 输出的控制信号送到整流器的控制极，通过控制整流器输出电压的大小来调节电动器的定子电流 I_1。

2）给定磁场 $\varPhi_m^*$。为使主磁通稳定，电路中设置了磁场调节器（PID 调节器），其输入为主磁通给定 $\varPhi_m$，在与磁通负反馈（$-\varPhi_m \approx -\varPhi_2$）进行综合后，通过磁通调节器 ΦT 输出定子电流励磁分量 i_M，构成 K/P 极坐标变换所需的输入条件，从而获得定子电流空间矢量的幅值 i_1^* 和相角 θ_1^*。其中，应用 i_1^* 和 Φ_m 经运算获得 $\Delta\omega_2$，作为转差控制方式中的给定数据。在 $\Delta\omega_2$ 与转子转速正反馈（$+\omega_2$）相加后，得出定子电流矢量的同步速度 ω_1，经过按采样时间的积分，便可得到主磁通 Φ_m 在空间的具体位置，即 M-T 坐标与 α-β 坐标之间的实时相差 φ_1，实现对同步速度的转差控制。而 θ_1^* 则可在此基础上进一步实现矢量控制，两者相加，即 $\theta_1^* + \varphi_1 = \theta_1'$，便可形成转差矢量控制，获得在静态和动态均比较完善的调节品质。但有一点需要指出，由于本系统中主磁场 Φ_m 的定向，即其与 α 轴的相位 φ_1 是靠矢量控制方程来保证的 $\frac{L_2}{p_n L_m \psi_2} T_e = i_T^*$ 和 $\frac{L_m}{1+T_2 p} W\Phi_m = i_{1m}^*$，式子中包含有转子绕组的参数 L_2 和 L_m，易受参数变化影响。由于 Φ_m 的定向和计算还不是按磁链模型来完成的，为区别计，一般称本系统类型为间接矢量控制。

3）其他反馈与调节控制单元。

① 实际输出量（三相定子电流、主磁通、转速）负反馈单元由以下环节组成：

a. 三相电流互感器，实时检测三相定子电流的大小。

b. 三/两相数变换器 3/2，作用是将三相电流矢量变换成直角静止（空间）坐标量 i_α 和 i_β，即进行克拉克变换。早期采用以运算为主体的专用运算电路放大器来组成，现在都采用软件构成。

c. 静止-旋转矢量变换器 VR，其作用为将静止矢量 i_α 和 i_β 按一定关系变换成以同步转速旋转的旋转矢量，即对 i_α 和 i_β 进行反派克变换，使之成为 i_T 和 i_M，早期产品是由专用运算电路组成，现在是由软件生成。图 6-24 中采用的 VCO 就是 $e^{j\theta_1'}$ 形式的 VR，以 θ_1' 作为输出，与从 i_T 和 i_M 可以得到 θ_1' 的作用是相同的。不过，本方案中的 VCO 如果为一般的压控器，那它只能按输入电压的高低来改变输出频率，尚不能反映在该频率下的具体相位，故在实际使用中，最好配合 CPU 一齐使用，由 CPU 决定的相位 θ_1' 准确控制逆变器的换向时刻，才能真正获得高品质的动态调节效果。

上述派克变换和克拉克变换对于以后具体地进行矢量控制电路的操作颇有用处，而当需要从系统控制的给定端给出符合调节所需要的三相电流时，便可以从 2 转（直流）→2 固（交流）→2—3，反之，当需要检测实际的三相电流是否是所需数字时，则可进行反向变换：3—2→2 固→2 转，从而反馈到输入端以进行比较。所以，利用数学变换所提供的方法，可以很方便地实现我们所要达到的矢量控制的物理实践。

d. 极坐标变换器 P/K，将 i_T 和 i_M 化作极坐标形式表示：$i_1 = I_1 e^{j\theta_1}$，以便供后面所需的幅值反馈信号 I_1。

e. 主磁通检测器，用来检测电动机气隙的磁通幅值及其与基轴线 α 轴的相差 φ_1 角。可以采用直接检测方式即磁通检测（早期使用的方法），亦可采用间接运算方式即建立磁场运算模型（目前常用的方法）。主磁通矢量的实测方法：将霍尔元件分贴在电角度互差 90°定子内侧，这样，就可检测出主磁通在 α 和 β 轴上的分量，然后再进行合成，从而计算出主磁通矢量大小和与 α 轴的相差角 φ_1，即亦 M-T 坐标系与 α-β 坐标系的相差，此举即称之为磁场定位。此值输出到 VR 变换器，供矩阵参数使用；而幅值 Φ_m 则一路送到磁场给定中去，作负反馈值使用；另一路送到一个运算放大器中去，按间接的关系公式，算出此时电动机转子磁场 Φ_2 相对于转子绕组的转速 $\Delta\omega_2$，然后，将其与测速发电机测得的转子转速 ω_2（经

n_2 转换）相加，即 $\omega_2 + \Delta\omega_2 = \omega_1$，得到定子旋转磁场的同步速度。通过积分器中可以实现 $\int_0^{\Delta t} \boldsymbol{\omega}_1 \mathrm{d}t = \boldsymbol{\theta}_0 = \boldsymbol{\varphi}_1$，其中，$\Delta t$ 为规定的采样间隔时间，这样便可以获得转子磁场相对于定子绕组的轴线 α 轴的相位角 φ_1。有一点需说明：前面的积分式中，我们用 θ_0 对应空间复平面，φ_1 对应时间复平面，当两平面复合时，两量则表示 M-T 坐标系对 α-β 坐标系的相位差。

f. 直流测速发电机 CF 传出的电压正比于转子速度。

② 中间各调节环节。

a. 速度调节器 ST。用来改善速度的动静态品质，由 PID 环节硬件或软件组成。

b. 电流调节器 LT。用来改善主电流的动静态品质，由 PID 环节硬件或软件组成。

c. 压控振荡器（Voltage Control Oscillator，VCO）。用来反应调节时所需频率大小的单元，其输入为旋转坐标与固定坐标之间的动态相位差 $\theta_1' = \theta_1^* + \theta_0 = \theta_1^* + \varphi_1$，而输出则为与 θ_1' 成正比的脉冲信号（正信号），用它们去触发 PWM。它实际上是一个"电压—频率变换器（振荡器）"，是有专门的系列产品电子电路通用器件。早期电路中的 PWM 功率器件为门极关断晶闸管，故选用 VCO 作触发装置，可以根据正比于 θ_1' 的电压输出不同频率的脉冲信号，去触发 PWM 中的晶闸管逆变桥臂，控制逆变器的控相时刻，获得所需的三相交流电压。当然，也可以采用 CPU，用软件来编写这一变换关系。

d. 积分器。是一个简单的积分电路，将同步转速 ω_1 经过 Δt 时间的积分，得到对应此时间段的转过的角度 φ_1。

e. 运算器。是一个专用的运算器，它只反应定子电流有功分量和转子磁场两者与转差转速之间的关系，即

$$i_t = \frac{T_2}{L_{\mathrm{m}}} \psi_2 \Delta\omega_2 = \frac{T_2}{L_{\mathrm{m}}} W_2 \Phi_2 \Delta\omega_2 = C_2 \Phi_2 \Delta\omega_2 \tag{6-95}$$

有

$$C_2 = \frac{T_2}{L_{\mathrm{m}}} W_2$$

式中，$T_2 = \dfrac{L_2}{R_2'}$，为转子电路的时间常数；L_2 为转子全电感；R_2' 为转子电阻；L_{m} 为定、转子之间的互感，即励磁电感；W_2 为转子相绕组匝数。

上式又可表示为

$$\Delta\omega_2 = \frac{i_t}{C_2 \Phi_2} \tag{6-96}$$

式(6-96) 即为运算器中的传递函数，其中各常数可由所选电动机的机构参数表中查到。式中的 Φ_2 为转子磁通，而原理图中只有主磁通 Φ_{m}，由于两者仅差 $\Phi_{2\sigma}$，$\Phi_{2\sigma}$ 很小，故可以认为 $\Phi_2^* \approx \Phi_{\mathrm{m}}^*$。

f. 磁通调节器 ΦT。用来稳定转子磁通，也可由 PID 电路实现它的功能。

采取如此安排，是使变频器的频率和相位能够完全按照定子电流空间矢量直流形式准确分解，从而保证电动机获得更好的动态特性。磁通控制信号经最后变换后，直接送到变频器中由 IGBT 组成的全控桥的控制极上去。IGBT 组成的全控桥，可采用 SPWM 或 SVPWM 形式，并多以智能功率模块即 IPM 构成。总之，矢量变换控制的输入，在控制端虽然以直流了量 ω_1^*（n_1^*）和 $\Phi_{\mathrm{m}}^* \approx \Phi_2^*$ 的形式输入，但真正输入到功率器件控制端的则是控制定子电

流的 i_1 的大小（整流器处）和频率 f_1 以及相位 φ_1（逆变器处）。

（2）输出

变频器的输出自然是三相交流电压，一般多以 PWM 形式的输出电压。正如前面所言，可以采用 SPWM 和 SVPWM。由于后者性能要更好一些，故多以其作为输出单元。

3. 电路工作原理的实质

前面已经说过，矢量变换控制（调速），实质上就是在普通变频调速（PWM 型）的基础上，外加一套附属的控制电路如图 6-24 所示。使之按矢量变换的原理动态地调节整流器的电压和逆变器的输出脉宽、频率和相位角，并根据电动机在过渡过程中的物理量的变化，通过反馈，将信息传递到控制电路中去，使整流器和逆变器都不断地调节修正它们的输出量，直到达到给定值所规定的稳态值为止，然后稳定地运行在这个状态。由于是动态地控制，因此，无论是调速，还是负载变化（外扰），电动机都能经过不长的过渡过程之后，重新稳定在所指定的工作状态。

以上为真正实施矢量控制做好了理论准备，接下来就可以进行具体的电路组成和控制程序等具体工作了。

6.10.2　矢量控制原理电路的控制和调节过程

由图 6-24 所示原理电路结构可以看出，它是在交-直-交变频器的基础上，外加一套以上述矢量变换为基础的反馈控制电路，从而控制变频器的输出电流和频率、相角。其中，控制电流是以控制直流电压的形式来实现的。此外，这是一个包括电流内环调节和转速外环调节的标准二环控制系统。但是，由于实施的控制策为矢量变换解耦控制，故其中的各个控制、调节环节，均按照矢量变换的要求来进行组合、排列，这是它又区别于一般调速系统的地方。

下面，我们就来对图 6-24 所示原理电路结构的控制、调节过程，进行具体的介绍和分析。

1. 转速控制通道

1）给定所需转速 n_1^*（或 ω_1^*），以一定电压值代表它。

2）将此信号电压与来自测速发电机 CF 的转子转速电压反馈信号（负反馈）综合后，输入转速调节器 ST。

3）ST 的输出应该是"等效直流电动机"电枢电流给定，即交流异步电动机的定子电流的有功分量 i_{1T}^*。

4）将此 i_{1T}^* 与来自磁通通道的反映磁场大小的定子电流的磁场分量 i_{1M}^* 一道输入坐标变换器 K/P，使之变换成极坐标形式输出定子电流 $i_1 = I_1 e^{j\theta_1}$，其中 θ_1 为旋转坐标下 I_1 对 M 坐标的相位角，代表有功分量与无功分量之比。

此极坐标又分两路输出：

① 定子电流的有效值 $I_1 = \dfrac{1}{\sqrt{2}} I_{1m}$，经与实际测得三相电流有效值的变换值（其变换经过见图 6-24 中间部分，由 $3/2 \rightarrow VR \rightarrow P/K \rightarrow I_1$）相减（负反馈）后，输入到电流调节器 LT；LT 的输出是用于稳定电动机定子电流有功分量值的对应控制电压，此电压用来决定应对交

流电动机相绕组施加的电压值。即通过此控制电压控制 SVPWM 整流器的控制极，以随时调节电压导通脉宽来实现。由于此通道最后控制的是交流机的定子电流有效值，故称为"电流型"逆变器形式。

② 定子电流的初相 θ_1^*，经与实测转子得到的旋转坐标以同步速度已旋转过的角度相加（正反馈）后，以数值 $\theta_1' = \theta_1^* + \theta_0 = \theta_1^* + \varphi_1$ 输入到 VCO 中去，作为控制交流电动机定子电流频率 f_1 的信号。

有一点要说明：φ_1 是经 t 时间测得的同步旋转角，其数值可能甚大，但是，只要经过 2π（1 周）后，可用其剩余的、小于 2π 的 φ_1 角表示，故在前面的叙述中虽用 φ_1 角表示，但其物理意义均指的是静–转坐标系之间的夹角。

之所以要应用 φ_1 这个条件，是因为在矢量控制中，我们一定要造成这样的条件，即定子电流只有在转子磁场方向上分解的分量，才是真正的纯磁场方向，而转子磁场 $\Phi_2 \approx \Phi_m$ 是以同步速度旋转的，因此必须设法知道它瞬间位于何处，即相位角 φ_1 应是已知数才行。而定子电流也是以同步速度旋转的，如果它要进行直角分解，其 M 轴分量正好落在 Φ_2 方向上，而 T 轴分量正好与 Φ_2 垂直，只有这样，i_1 的 M 轴分量才能是纯磁通（无功）分量，而其 T 轴自然是纯转矩（有功）分量。这才能够达到矢量控制进行定子电流解耦的目的和要求，否则，就达不到其类比直流电动机性能的目的和要求。显然，这要求我们要随时随地知道转子磁场 ϕ_2 的确切位置，即其与静止轴 α 轴的夹角，然后，才便于将旋转着的已经按磁场定好向的 i_T 和 i_M 变换到 i_α 和 i_β，进而通过 i_α 和 i_β 去影响（或叫作控制）三相电流的频率 f_1，因为，$f_1 = \dfrac{\omega_1}{2\pi} = \dfrac{\varphi_1}{2\pi t}$，知道了 φ_1 和采样间隔时间 t，自然就知道 f_1。又由周期时间 $T_0 = \dfrac{1}{f_1}$，就可根据需要安排 SVPWM 中的 T_M 和 T_L 了。

如果只用 $\theta_0(\varphi_1)$（而不加进 θ_1^*）去控制定子电流的频率和相位，则由于它是使用公式 $\Delta\omega_2 = \dfrac{i_t}{C_2\phi_2}$ 间接运算出来的 $\Delta\omega_2$，再加上实测转子转速经积分（$0 \to t$）而得到的同步速度 ω_1，不涉及磁场定向和定子电流解耦的概念，那么，由于给定量是 $\Delta\omega_2 = s\omega_1$，它将只与转差率 s 有关，进行的只能是转差控制，所得到的调速品质自远不如矢量控制，即得不到类似直流电动机那样优秀的动、静态特性。所以，只有使用 $\theta_0' = \theta_1^* + \theta_0(\varphi_1)$ 作为频率和相位的给定量，并通过压控振荡器（的脉冲波）控制三相绕组相电压的频率和相位，从而达到矢量控制的要求，获得良好的类直流控制的动、静态特性。

2. 磁场控制通道

这里用比较直观的转子磁场霍尔传感器做两方向磁场的采集。

1）由霍尔元件中输出 ϕ_α 和 ϕ_β 到坐标变换器 P/K。

2）经 P/K 变换成极坐标形式的转子磁通 $\phi_2 = \Phi_2 e^{j\theta_1}$，其中 $\Phi_2 \approx \Phi_m$ 是磁通幅值，测量的虽是气隙主磁通 Φ_m，但因 $\Phi_{2\sigma}$ 很小，故可以用它来作 Φ_2；而角 φ_1 则是转子磁通相对于 α 轴的相角，它是一个变量（$\varphi_1 = \omega_1 t$），此外，它还是 M-T 坐标与 α-β 坐标系之间的夹角，是一个十分重要的参数。

3）将相角 φ_1 送到 VR 中去，才能由 i_α 和 i_β 计算出 i_T 和 i_M，即完成定子电流 i_1 的定向和解耦。

4）将幅值 Φ_2 送到磁通给定端，作为实测值去与给定值拼成负反馈后，再输入磁通调节器 $\Phi_{\mathrm{m}}T$。

5）$\Phi_{\mathrm{m}}T$ 的输出将作为磁通分量的稳定输入依据，其将以正比的电平信号作为磁场电流分量值，输入到调速通道的坐标变换器 K/P 中去，以便进行后序的变换对定子电流幅值进行控制。

6）幅值 Φ_2 的另一个旁路则是送入运算环节，应用公式 $\Delta\omega_2 = \dfrac{i_t}{C_2\phi_2}$ 计算出 $\Delta\omega_2$ 值。

7）将由测速发电机处得到的 ω_2 加上 $\Delta\omega_2$，即可得定子电流的同步速度 ω_1，再经积分，就可得到电流在采样间隔时间 t 内的同步旋转角度 $\theta_0(\varphi_1 = \omega_1 t)$。在以转子磁通定向的情况下，$\theta_0$ 与 φ_1 之间还存在着下述关系：

$$\theta_0 = n \times 2\pi + \varphi_1 = 2n\pi + \varphi_1 = \varphi_1 \quad 0 < \varphi_1 < 2\pi \tag{6-97}$$

3. 矢量控制调速的物理本质

（1）根据实际的交流量

1）转速通道。它给出的预订量是转矩分量 i_1，但它又另外加入了磁通通道送来的磁场分量 i_M，由此两个分量确定的定子相电流的振幅（大小）、频率和相位，一方面，它将振幅量送去整流器控制端，通过动态调节整流电压 U_d，达到控制定子相电流 i_1 大小的目的。当磁场恒定时，此通道便成为控制转矩的通道了，而控制定子相电流就控制了电动机的转矩。另一方面，此通道还送出另一个参数 θ_1^*，去参与对逆变器输出频率和相位的控制，从而准确地控制电动机的同步转速。

2）磁通通道。它给出的预订量是磁场分量 i_1，一方面参与决定定子相电流的幅值和相位，另一方面又去参与电动机同步转速的（稳定）调节。在这两者之中，尤以参与决定定子电流空间相位最为重要，这是矢量调速区别于其他变频调速的主要特点，因为，当引入定子电流矢量与定向磁场的相位 θ_1^* 之后，定子电流矢量在空间的相位就被强制地固定在每个同步速度的约定点 $\theta_0' = \theta_1^* + \theta_0(\varphi_1)$。而一般的变频调速，由于只有转差速度调节，使用稳态转差综合后的信号 $\theta_0(\varphi_1)$ 去控制逆变器频率，在这种状态下调速的结果只能是转差调节型普通变频调速。

由此看来，对交流电动机而言，受控的虽然仍旧是单一的交流量，即定子相电流幅值 i_1 和频率 ω_1，但由于增加了外围控制环节，执行了矢量控制策略，其调速结果就完全不一样了：一是电流和磁场可以单独调节，犹如直流电动机那样；二是调速的动态性能得到提高，反映在逆变器换相时刻（电流相位）的准确上（由矢量控制的策略决定的）。例如，在一种极端情况下，相电流的幅值很大，但因控制不准，致使落后原来预设达 90°，那么，其产生的转矩仍只能为零，使得电动机动态性能大大恶化，所以，换相时刻的准确控制是至关重要的。

（2）根据数学（坐标）变换的角度

1）异步电动机经坐标变换后等效成为一台直流电动机。前面在叙述矢量控制思路中，我们已经看到，使用数学工具进行坐标变换，在遵循"同样是达到产生旋转磁场"的条件下，可以将三相异步电动机在性能上变换成一台直流电动机。

① 首先是将三相交流的效果等效成两相交流效果，即进行 3/2 变换，进行这种变换后，研究的问题便转换成为分析两相交流电流 i_α 和 i_β（静止坐标）的运行效果。

② 其次，将静止的两相交流以同步速度旋转起来，从静止坐标演化到旋转坐标，并引入磁场定向，即进行 VR 变换，这样，就可以将分析两相交流的问题，转化成分析两个互相独立变换的直流量的问题。

③ 如果观察者也以同步速度旋转的话，那看到的将真的是一台以直流电动机方式运转的电动机，即原来的转子总磁通，现在就是等效直流电动机的磁极磁通，等效的 M 绕组就是直流电动机的磁极绕组，而相对应的等效 T 绕组就是直流电动机的电枢绕组。这两个等效绕组实际上并不真正存在，故可称为"伪绕组"。伪绕组的等效作用，是以其效果完全等于相应的有关直流绕组而言，即 M 绕组中 i_M 的效果相当励磁电流；T 绕组中 i_T 的效果相当于电枢电流，所有这些，都是以效果为标准，而用数学等效转换的方法在数学的逻辑关系上建立起来的。

④ 采用上述数学变换后，三相电动机以三相交流输入，就可以以同直流电动机性能一样的输出量 $\omega_2(n_2)$ 输出，获得类似直流电动机的运行特性，如图 6-26 所示。

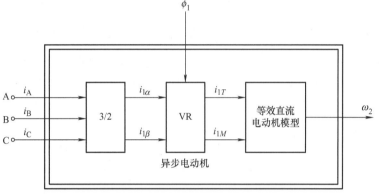

图 6-26 异步电动机矢量变换结构图

2）加上全部外围控制单元后的矢量控制系统。按图 6-26 所示的形式，将它们主要的作用环节以方框表示，可以演化成图 6-27 所示的形式，即矢量控制构想。

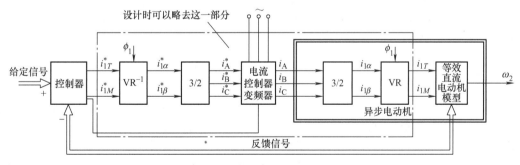

图 6-27 矢量控制构想图

图 6-27 中，将输入量统以"给定信号"称之，而各个调节计算器统以控制器称之，反馈信号也统以一个通道示之，只将出入两方面的主要数学变换环节表示出来，因为，它们是代表矢量控制的逻辑思维的关键。

这样一来，可以看到，在电流控制变换器两端恰好具有作用方向相反、变换相同的变换器，其作用刚好可以相互抵消，即构成图 6-27 中虚线部分的状态。如果将相抵部分去掉，从运行效果的角度出发，就得到如图 6-24 所示的电动机控制系统图。它表示实际应用的三相交流电动机确实正如同一台等效的（类）直流电动机在运行一样了。自然，其运行性能和效果也就是直流电动机的性能和效果了，从而从数学逻辑的实现上体现出了：只要你按数学变换的要求组成控制系统，完全可以达到数学逻辑推演的效果。

3）应当指出，从等效于直流电动机的角度来说，第一个通道中控制的就是转矩中的第一因素 i_{1T}（i'_{2T}），而第二通道中控制的就是转矩中的第二因素 Φ_2，即

$$T_e = K_T \Phi_2 I'_2 \tag{6-98}$$

但是，实际的电动机毕竟是交流异步电动机，其能受控的不外乎外加相电压 u_A、u_B、u_C 和它们的频率，所以上述两个通道一定要输出这两个参数，但在矢量控制中，这两个参数的受控状态又和一般的变频系统有所不同：首先它们是处于闭环状态，是处于动态之中，随时都可能发生变动，但是，不管怎么变，它们一定要遵守矢量变换所指定的那些规则（由各个控制环节来进行约束），不像一般处于开环状态，甚至按转差调节的闭环系统，它们是绝对独立的，基本上可以不互相关联的，最多只需要满足 $\dfrac{U_1}{f_1} = C$（U_1 为相电压可测量的有效值）就够了。其次，这两个参数还能反映调速时转子磁场的情况，可以是恒磁通的，也可以是弱磁通的，这一点也是一般变频系统无法办到的，最多不过是人为地干预满足压频比为常数，保持磁通恒定，否则磁通在调速过程中将处于波动状态，很难达到恒转矩的调速。

4）结论。综上所述，可以看出，如果仅从电动机调速方法的角度来讲，矢量控制不外乎是一种既可调压又可调频的变频调速方法。但是，由于借助一系列的控制环节，组成一个外加的（硬件或软件的）控制系统，再执行一整套矢量变换调节的规则（策略）。之后，整个电动机的运行情况就发生了很大变化，第一，它始终处在动态调整之中，故运行的动、静特性可以达到最佳；第二，由于是按类直流电动机特性的要求来建立的电动机数学模型，在此基础上进行调节，自然就可以获得类直流电动机的运行特征；转矩与磁场可分别调节，进而也可以进行四象限运行。之所以称之为"类"直流电动机，是指它的电压和电流中包含了不少谐波，而真正的直流电动机则谐波要少得多；此外，其低频特性也比直流电动机要差一些，尤其在铁心发热上，低频损耗要大一些。虽然它的外特性可以做到和直流电动机一样，调速的方便性上也大体相同，但这一切都是靠外加控制（策略）来实现的，控制系统元件的增加自然会增加成本，也会使可靠性有所降低，这不能说不是矢量控制这种调速法的缺点，正如有利必有弊、世上无十全十美的东西那样，只不过看利大还是弊大而已。就目前发展的情况来看，矢量控制已经有了不少改善其某些缺点的新策略和新电路，一些措施已经用于产品，是一个可喜的现象。由此，也产生一个新的思路：在当前外施电源基本上已经直流化的情况下，在电动机结构原则仍然遵守电动力学规则的条件下，电动机的结构如果能在"统一电动机"理论指导下，进行某些改造，可否获得一个统一的"外直内交"的智能电动机，它不以电源来分类，也不以相数来画线，而以获得高性能和高效率为目标，又以低价位和低故障率为追求？为回答这一问题，在分析完各种交流调速方法之后，将尽力去追求这种新的结构，这将放在本书最后一章，即第 12 章中去分析和研究。

从上面分析与叙述可以看出，当一种控制思维产生之后，完全可以用数学工具将其物理关系通过逻辑推理表达出来并加以实现，无论用硬件形式，还是用软件的形式都可以做到。在现代，由于计算机的飞速发展，使用全软件实现上述数学变换就更为方便、快捷、可靠，所以实用中的矢量控制基本上是采用软件形式并可以以 DSP 方法实现的。

为避免初接触矢量控制的读者产生不必要的误会，在此要说明一下。

图 6-25 所示仅是系统控制框图，表示的仅是控制逻辑关系。其中的环节符号仅表示功能，尚不涉及具体结构和传递函数。在实际的硬件电路中，将会根据控制对象的需要设计出包括带换算系数的 PID 调节器、坐标变换单元 VR、2/3 或 3/2 以及解耦电路等具体环节，每个环节都有具体的电路结构和相应传递函数，因此，各受控的物理量，尤其是电流、电压，频率、相位，都一定会依出、入环节传递函数规定的物理关系进行工作，最后落实到逆变器的换向时刻上，根据所选的逆变器形式、所采用的控制信号，在逆变器输出端合成出矢量控制目的所需的三相交流电压，使电动机绕组中流过的电流一定是矢量控制目的所需的三相相电流：i_A、i_B、i_C，它们也一定会合成为矢量控制目的所需的旋转磁场，带动转子和负荷以预期的速度进行运转，并能像直流调速方式一样，对三相异步电动机进行调节，可在四象限中工作。这就是真实的矢量控制的工作状态。

6.10.3　目前常用的原理性电路结构

引入一个近期常见的以 IGBT 器件组成 SVPWM 逆变器的矢量控制电路，该电路是以转子磁场定向直接矢量控制的位置伺服传动系统。

在已对上述电路有了一个比较仔细的认识之后，再来看图 6-28 所示的电路，理解起来就会较为容易了。

1. 主电路部分

用三相工频交流电源供电，经桥式整流器将交流电变换成直流电，再经电容 C 滤波后，供给电压源型的 SVPWM 逆变器，逆变器采用的是按转子定向的直接矢量控制技术进行逆变控制，从而对电动机进行矢量控制调速，可以获得高品质的调速特性，以满足生产机械的工艺要术：伺服系统的位置角 θ_2 精确控制。

系统的给定量为位置角 θ_2；输入变量为 $u = [\, u_{1T},\ u_{1M},\ \omega_1(\theta_1),\ T_2\,]^{\mathrm{T}}$；输出量为 ω_2。

为了得到较宽的调速范围，电动机可以进行基速以下的电压调节和基速以上的弱磁调节。

2. 控制电路部分

控制电路包括了励磁控制、转矩控制、转子磁场模型、解耦电路 4 部分，下面逐一加以介绍。

(1) 励磁控制

励磁控制回路，是采用转子磁链调节器和励磁电流调节器等为主控环节的励磁电流反馈闭合回路，能确保励磁电流的稳定。此外，还使用了励磁电流函数发生器，确保基速以下采用满磁下调定子电压（定子电压将随给定频率的增加而升高）实行恒转矩调速，基速以上采用最高定子电压下弱磁实行恒功率调速，即和直流电动机一样的调速。由函数发生器 FG 输出的励磁给定信号 $|i_M^*|$ 在与实际值相比较之后，其差值被送到磁链调节器 AΨR，调节器的输出是磁场定向 $M\text{-}T$ 轴系统中的励磁分量给定值 i_M^*，同样，此给定值在与实际值相比较后，将差值 $(i_M^* - i_M)$ 输入到励磁电流调节器 ACR，其输出是正比于定子电流励磁分量的电压值 u_M，再与去耦电路输出 $(-u_{\mathrm{PT}}^*)$ 相加后，作为磁场定向 $M\text{-}T$ 轴系统中的励磁分量给定值 u_M^* 送向 $\mathrm{VR}(\mathrm{e}^{\mathrm{j}\varphi_1})$。

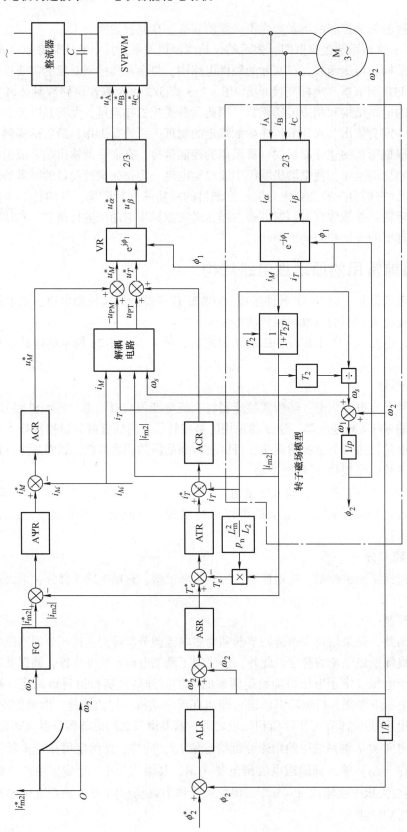

图 6-28　异步电动机转子磁场定向控制的位置同服传动系统

（2）转矩控制

转矩控制回路采用转子位置调节器、转子转速（频率）调节器、电磁转矩调节器、转矩电流调节器等为主控环节的位置、转速、转矩、电流反馈的闭合回路，确保转矩电流的稳定。此回路的给定信号是转子位置 θ_2^*，它在与实际值相比较后，差值送到转子位置调节器 ALR，其输出是转子转速 ω_2^*，同样，在与实际值相比较后，送到转速调节器 ASR，它的输出是电磁转矩，亦在与实际值比较后（$i_T^* - i_T$），送到定子电流转矩分量调节器 ACR 中去，它的输出是正比于定子电流转矩分量的电压值 u_T，再与去耦电路输出（$+u_{\mathrm{PT}}^*$）相加后，作为磁场定向 M-T 轴系统中的转矩分量给定值 u_T^* 送向 VR（$\mathrm{e}^{\mathrm{j}\varphi_1}$）。

（3）磁场模型

早期，对转子磁场（磁链）的确定，采用的是在电动机定子内侧槽内敷设电子元件（如霍尔元件），实测气隙磁链 ψ_2 和它的定向相位角 φ，其工艺麻烦，又容易受齿槽影响，使测到的信号中含有较大的脉动分量，尤其是在低速时影响更大，实际测量不甚准确。所以，在以后的应用系统中一般都采用磁场模型计算的间接方法来获得 ψ_2 和 φ。

磁场模型计算是一种间接测量计算法，即先实时测量电动机的电压、电流、转速等物理量，然后再根据它们与转子磁通矢量之间的物理关系，使用公式把转子磁链矢量计算出来。之所以这样做，是因为这些物理量的测量既方便又准确，它们的测量准确度等级高，有的可达 0.1 级。通常，采用框图来表示这些物理关系，称之为"磁通观测器"。最常采用的磁通观测器有如下两种。

1）适用于模拟控制的"静止坐标"磁通观测器。它是通过测得电动机的定子电流和转速，然后使用下述关系式表达：

① 先将测得的电流经 3/2 变换，得到定子侧的"静止坐标"下的 $i_{1\alpha}$ 和 $i_{1\beta}$。

② 然后，应用磁链与电流的关系，列出转子侧的表达式。

$$\psi_{2\alpha} = L_{\mathrm{m}}i_{1\alpha} + L_2 i_{2\alpha} \tag{6-99}$$
$$\psi_{2\beta} = L_{\mathrm{m}}i_{1\beta} + L_2 i_{2\beta} \tag{6-100}$$

于是有

$$i_{2\alpha} = \frac{1}{L_2}(\psi_{2\alpha} - L_{\mathrm{m}}i_{1\alpha}) \tag{6-101}$$

$$i_{2\beta} = \frac{1}{L_2}(\psi_{2\beta} - L_{\mathrm{m}}i_{1\beta}) \tag{6-102}$$

式中，L_2 为 α-β 坐标下等效两相的转子自感；L_{m} 为 α-β 坐标下等效两相的定、转子间的互感，由电设计参数表中给定，有

$$L_{\mathrm{m}(\alpha\beta)} = \frac{3}{2}L_{\mathrm{m}(3)} \tag{6-103}$$

③ 再使用 α-β 坐标下的电动机定、转子相电压矩阵形式平衡方程式：

$$\begin{bmatrix} u_{1\alpha} \\ u_{1\beta} \\ u_{2\alpha} \\ u_{2\beta} \end{bmatrix} = \begin{bmatrix} R_1 + L_1 p & 0 & L_{\mathrm{m}}p & 0 \\ 0 & R_1 + L_1 p & 0 & L_{\mathrm{m}}p \\ L_{\mathrm{m}}p & \omega_2 L_{\mathrm{m}} & R_2 + L_2 p & \omega_2 L_2 \\ -\omega_2 L_{\mathrm{m}} & L_{\mathrm{m}}p & -\omega_2 L_2 & R_2 + L_2 p \end{bmatrix} \begin{bmatrix} i_{1\alpha} \\ i_{1\beta} \\ i_{2\alpha} \\ i_{2\beta} \end{bmatrix} \tag{6-104}$$

取式中对应于转子的第 3 行和第 4 行，并因转子的自行短路而致 $u_{2\alpha} = 0$ 和 $u_{2\beta} = 0$，可

以列出转子电压平衡方程式：

$$L_m p i_{1\alpha} + L_2 p i_{2\alpha} + \omega(L_m i_{1\beta} + L_2 i_{2\beta}) + R_2 i_{2\alpha} = 0 \qquad (6\text{-}105)$$

$$L_m p i_{1\beta} + L_2 p i_{2\beta} - \omega(L_m i_{1\alpha} + L_2 i_{2\alpha}) + R_2 i_{2\beta} = 0 \qquad (6\text{-}106)$$

④ 再经整理，可以得到下述关系式：

$$\psi_{2\alpha} = \frac{1}{T_2 p}(L_m i_{1\alpha} - \omega_2 T_2 \psi_{2\beta}) \qquad (6\text{-}107)$$

$$\psi_{2\beta} = \frac{1}{T_2 p}(L_m i_{1\beta} + \omega_2 T_2 \psi_{2\alpha}) \qquad (6\text{-}108)$$

式中，$T_2 = \dfrac{L_2}{R_2}$，为电动机的转子励磁时间常数，由电动机设计参数表中给出。

⑤ 式(6-106)是相互耦合的关系式，求解不便，可用图6-29所示框图表示。

只要将图中各个模拟环节中的参数设置好（使用运放器和乘法器即可实现），然后，再将此磁通观测器接到相应的输入处，则可在其输出处获得转子磁通的二轴"静止坐标"分量。

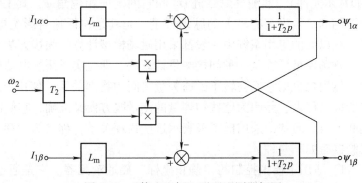

图6-29 "静止坐标"磁通观测器框图

2）适用于数字控制的"旋转坐标"磁通观测器。上述结构的磁通观测器，原则上亦可用于数字控制，但是，由于 $\psi_{2\alpha}$ 与 $\psi_{2\beta}$ 之间的相互交叉反馈，当对此两量进行离散计算时，有可能出现不收敛的情况，会大大增加 CPU 的运算量，故一般不采用，而改用图6-30所示的另一种"旋转坐标"磁通观测器框图。

图6-30所示的这种磁通观测器，基本上就是按照矢量控制的原理，将三相电流变换成两相"旋转"分量，然后，再乘上几个参数，得出以极坐标形式表示的转子磁通矢量。

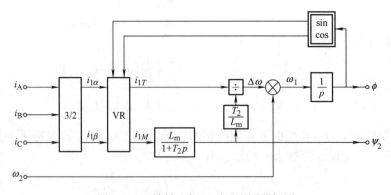

图6-30 "旋转坐标"磁通观测器框图

从三相电流到旋转分量 i_{1T} 和 i_{1M} 的变换过程，前面已经说得很清楚了，这里就不再叙述了。下面重点讲一下从 i_{1T} 和 i_{1M} 到 ψ_2 和 φ 关系式的推导。

① 从 $i_{1\alpha}$ 和 $i_{1\beta}$ 到 i_{1T} 和 i_{1M} 采用派克变换，即

$$\begin{bmatrix} i_M \\ i_T \end{bmatrix} = \begin{bmatrix} \cos\varphi_1 & \sin\varphi_1 \\ -\sin\varphi_1 & \cos\varphi_1 \end{bmatrix} \begin{bmatrix} i_\alpha \\ i_\beta \end{bmatrix} \qquad (6\text{-}109)$$

此关系式反映在单元 VR 之中。

② 转子磁链的幅值 ψ_2 为

$$\psi_2 = \frac{L_m}{T_2 p + 1} i_{1M} \tag{6-110}$$

③ 同样，为

$$\omega_s = \frac{L_m}{T_2 \psi_2} i_{1T} \tag{6-111}$$

④ 电动机的同步转速为

$$\omega_1 = \omega + \omega_s \tag{6-112}$$

⑤ 转子磁链 ψ_2 在采样周期内的转角（即 ψ_2 与 M 轴之间的夹角）φ_1。根据 $\omega_1 = \dfrac{d\omega_1}{dt}$，有

$$\varphi_1 = \frac{1}{p}\omega_1 = (\omega_2 + \omega_s)\frac{1}{p} \tag{6-113}$$

上述各个环节中的参数可以预先计算出来，填入环节方框之中，然后采用软件（利用环节的传递函数经数学处理后编程）的形式，构成一个数字式的磁通观测器子程序，供系统的主控制程序调用。

图 6-30 所示旋转坐标磁场观测器，它的输入为实时的三相定子电流，i_A、i_B、i_C 和转子的转速 ω_2（使用测速装置），输出则是转子磁链 ψ_2 相对于 M 轴的相角 φ_1，以及定子电流励磁分量 i_M、定子电流转矩分量 i_T。

（4）解耦电路

如图 6-29 所示，由于输送到逆变器的是定子电压，因此 SVPWM 逆变器在将两个电流分量变成电压分量之后，还需要进行两个分量之间的解耦。所以，在将两个电压分量送到 VR 去之前，需要选用适当的解耦电路来加以配合，使定子电压的两个分量变得是可以独立进行控制的。电压控制时的解耦电路，如图 6-31 所示。

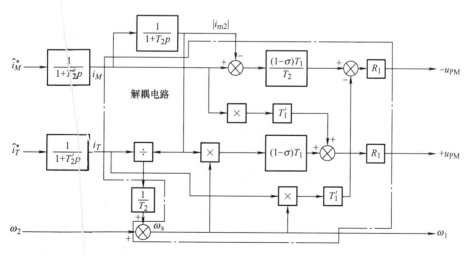

图 6-31　磁场定向定子电压解耦电路

在图 6-31 中，输入量是定子电流两个分量 i_M 和 i_T，转子励磁给定值 $|i_{M2}|$ 和转差频率 ω_s，输出量是（$-u_{PT}^*$）和（$+u_{PT}^*$）。

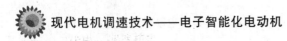

（5）调节器

图 6-28 给出的各类调节器的主要用途是提高各输入量的稳定性和动态品质。一般采用的是 PID 线性调节器。其中，在比例系数中还应反映输入和输出间的关系系数（相当于传递函数）。至于 PID 线性调节器的作用原理和设计方法，如有必要，读者可参阅相关参考文献。

6.11 主电路中的逆变器

6.11.1 常用的 SVPWM 逆变器

这是当前比较先进的一种逆变器，从本书第 5 章中可以看，对 SVPWM 而言，只需控制每个扇区内小区的切换周期时间 T_0，便可以获得不同同步频率 f_0 下运转的旋转磁场，亦即控制了电动机的同步速度，达到调速的目的。而且，在矢量控制的频率输出端（VOC 端），已经考虑了定子电流的空间相位，所以，此频率输出应当是包含了最佳动态效果的频率。至于矢量控制的电流（幅值）输出端，它将送到 SVPWM 整流器处，去动态地改变直流电压 U_d，并通过 U_d 的变化去达到控制 i_1 的目的。

因此，实际的 SVPWM 逆变器的主电路就和本书第 5 章介绍的主电路应当是完全一样的，即一个六臂的 IGBT 全控桥。

唯一不同的则是此 SVPWM 逆变器的控制电路，即 CPU 的输入端，应当接入频率数字输入口，以便与矢量控制的频率输入口相对接（此操作若不是采用 DSP 技术，两者中间尚需加一个 A-D 转换）。

至于直流电压 U_d 的改变，除了用相电流输出信号控制整流器之外，也可以将其直接送到 CPU 的另一个输入口，使用调节零电压时间 t_0 的办法，即按等比例调制电压矢量脉宽的办法，以占空比形式调节 U_d 的大小。但是，由于是调电压占空比难免会在电流中产生许多谐波，增加对电网的干扰，故仅能用于较小容量的电动机上。

SVPWM 逆变器是一种常用的逆变器，本书第 5 章已经作了详细介绍，只不过是基于开环情况，作为一种调速方法来介绍的。用到矢量调节中，它要承担的任务是作为速度闭环的主要执行环节，用它来进行三相电流的大小和相位调节，以保证给定的电流矢量尽可能地保持稳定。

这种方法的优点是调节精度高，方法也不复杂，掌握了 SVPWM 方法就比较容易实现。

这种方法的缺点是需要对供电电源进行调压，增加了设备的复杂性。

6.11.2 其他形式的 PWM 逆变器

应当指出，如果仅就构成形式而言，除常用的 SVPWM 逆变器外，可选择的还有 SPWM 和六拍式 PWM。如果以磁链观测器，即磁场模型计算（转子磁链及其相位的）的形式来分，则可分为电压模型、电流模型逆变器两大类，前面的图 6-28 所示的矢量控制系统采用的就是电压模型磁链观测器控制的逆变器，它的磁链计算依靠的是定子电压方程，输出控制的也是定子电压，通过电压去间接控制电流，为控制电流中的两个分量，在系统中加入解耦环节。这种逆变器的优点是在高速运行时电动机本身参数变化对系统的影响较小，且观测器的算法也比较简单；缺点是它使用了纯积分器，因此会产生误差累积和零点漂移的问题，准确度稍差，另外，在低速运行时定子电阻压降变化影响较大，会使磁场模型计算不够准确。下面，再介绍几种电流模型逆变器，它们的磁链计算主要依靠的是电动机的电流方程，输出控制的也是电动机的定子电流，通过控制电流中的两个分量来连续调节电流的大小。电流模型只需实测三相电流和转速，所以比较简单方便，调节电流易于快速调节转矩和转速，适用于高、低运转要求快速反应的场合；其不足之处是易受电动机转子参数变化和反馈信号失真的影响。如速度反馈采用高精度编码器以减少转速偏差，在低速运行时其性能会大大提高。

在矢量控制中常用的电流模型（控制）逆变器有下列几种：

① 带电流滞环的电流控制型逆变器。

② 带斜坡比较器的电流控制型逆变器。

③ 自控磁通跟踪式电流控制型逆变器。

④ 具有最优控制的电流控制型逆变器。

这 4 种常用的 PWM，一般多在六拍型电压空间矢量的基础上，进行电压的脉宽调制，即可以达到调压调频的目的，但是控制的策略又因各 PWM 不相同，故效果自不一样。

如果要将它们用于 SPWM 和 SVPWM，即控制系统中的磁链观测器采用上述磁场模型计算，而 PWM 逆变器部分的控制方法复杂化，则系统硬件会加多，软件工作量也会增大，造价会有一定提高，但控制精度也会提高，得视应用需要和性价比而定，不必盲目追求。

上述 4 种逆变器中，第 3 种磁通跟踪式逆变器，由于只用了六拍电压空间矢量原相位的输入，即使是构成 18 脉冲（拍）、30 脉冲，甚至 48 脉冲的开关模式组合，可以达到消除高次谐波的目的，但随之而来的是开关切换的增多和开关损耗增加，必须很好地解决功率器件的散热问题，由此会使设备费用有所增加、性价比降低。关于这种逆变器的具体技术可参看有关资料，这里就不多叙。

下面，对性能比较优越的①、④两种逆变器，进行仔细分析。

6.11.3　滞环电流控制逆变器

这是一种近些年来发展起来的逆变器，其优点是可以采用固定直流供电电压，不需调压环节，只需在三相定子电流反馈的基础上，外加 3 个"滞环比较器"，用以控制逆变器桥臂的通关，借以调节三相定子电流的大小和相位，从而达到保持电流矢量（磁链矢量）稳定在给定值附近的目的，硬件用量少，软件量也不大。

用这种逆变器组成的矢量控制系统有一个最大的缺点是定子电流的波动，即定子电流总是在某一个规定的范围内作小幅振荡，这对某些要求高的场合是不允许的，所以，其应用范围受限。但是，通过对它的认识，可以让我们对滞环技术的使用方法，特别是滞环的设置，有一个完整的了解，这对下一章，即第 7 章"异步电动机的直接转矩调速"的阐述提供了很大的方便，具体内容以后再叙。下面先介绍滞环电流控制技术。

1. 主、副电路的原理图

电流滞环调节矢量控制系统主、副电路原理如图 6-32 所示。

图 6-32 中，右边为带电流滞环调节的矢量控制主电路，左边为电流滞环控制电路。下面分别介绍和分析。

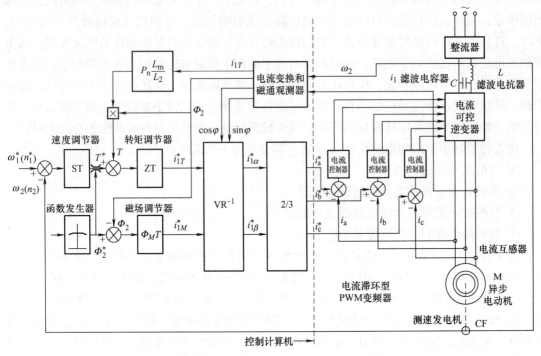

图6-32　电流滞环调节矢量控制系统主、副电路原理图

2. 电流调节环节——滞环比较器

三相定子电流的调节，共需 3 个滞环比较器。下面以 A 相为例，来说明工作原理。其余两相工作原理是一样的，只是分别用于 B、C 两相。

（1）滞环比较器的原理

图6-33 给出了 A 相滞环比较器框图，它的主要作用是实现一个滞后的翻转。

例如，取 Δi_A 变量的范围 H 的限定宽度为 $+h$ 和 $-h$，称为环宽。当 H 变化时，如 $H=0$ 和 $H<+h$，函数 $T=T_1=1$、$T_1'=0$，而当 H 降低时，$T\equiv T_1=1$、$T_1'=0$，直到 $H>-h$ 时，$T=T_1=0$、$T_1'=1$，反之，亦有相同的变化。由于此比较器输出与输入的关系变化呈磁滞回线性质，故称之为"滞环"比较器。比较

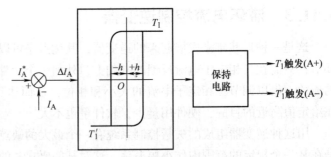

图 6-33　A 相滞环比较器框图

器在电路上由两个环节组成，前一个为模拟电路，后一个则为数字 D 触发器，其输出端 T_1 和 T_1' 分别加到 A 相桥臂的上、下功率开关器件的控制极上，用以控制功率器件的开关，起到调节脉宽的作用。在滞环比较器后面加上一个保持电路，是为了给功率器件提供恢复时间，以免产生短路。滞环比较器每相一个，结构完全相同。

有关滞环比较器的具体结构电路，读者如需详细了解，可在在相关的电子电路资料中查到，本书中主要是使用它的功能，在此不多介绍。

（2）定子电流矢量稳定的要求

图 6-34 给出了复平面上的矢量偏差，即实际的电流矢量 i_1 和给定的电流矢量 i_1^* 之间可能会出现一个偏差量 Δi_1，要求调节的目的是将 Δi_1 控制在某个给定的范围以内，如 $-h \sim +h$。

这里要控制的是各相电流。因此，就应将定子电流空间矢量分别投影到三相坐标上去，要求在每相坐标上的投影值，也就是三相电流值 i_A、i_B、i_C 都不超过相应的范围 H 值，这个范围与对定子电流空间矢量要求的控制范围 h 之间，可以通过电流空间矢量向各相主轴投影的办法来求出，即

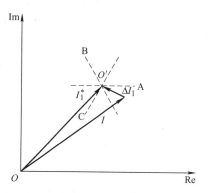

图 6-34　复平面上的定子电流
空间矢量及其变化量的投影

1）在 A 轴的投影。

$$\mathrm{Re}_A(i_1) = \mathrm{Re}_A\left[\sqrt{\frac{2}{3}}\left(i_A + \boldsymbol{\alpha} i_B + \boldsymbol{\alpha}^2 i_C\right)\right] = \sqrt{\frac{2}{3}}\left(i_A - \frac{1}{2}i_B - \frac{1}{2}i_C\right) = \sqrt{\frac{3}{2}}\,i_A \tag{6-114}$$

$$\mathrm{Re}_B(\boldsymbol{\alpha}^2 i_1) = \mathrm{Re}_B\left[\sqrt{\frac{2}{3}}\left(\boldsymbol{\alpha}^2 i_A + i_B + \boldsymbol{\alpha} i_C\right)\right] = \sqrt{\frac{2}{3}}\left(-\frac{1}{2}i_A + i_B - \frac{1}{2}i_C\right) = \sqrt{\frac{3}{2}}\,i_B \tag{6-115}$$

$$\mathrm{Re}_C(\boldsymbol{\alpha} i_1) = \mathrm{Re}_C\left[\sqrt{\frac{2}{3}}\left(\boldsymbol{\alpha} i_A + \boldsymbol{\alpha}^2 i_B + i_C\right)\right] = \sqrt{\frac{2}{3}}\left(-\frac{1}{2}i_A - \frac{1}{2}i_B + i_C\right) = \sqrt{\frac{3}{2}}\,i_C \tag{6-116}$$

上述 3 个式子最后一项中，使用了三相电流关系（三线制）：$i_A + i_B + i_C = 0$，所以

$$i_A = -(i_B + i_C),\ \frac{1}{2}i_A = -\frac{1}{2}(i_B + i_C)$$

同理，$\dfrac{1}{2}i_B = -\dfrac{1}{2}(i_A + i_C)$，$\dfrac{1}{2}i_C = -\dfrac{1}{2}(i_B + i_A)$

将这些代入式(6-114)~式(6-116) 中的第二项，便能获得式(6-114)~式(6-116) 的第三项，例如 A 相：

$$\sqrt{\frac{2}{3}}\left(i_A - \frac{1}{2}i_B - \frac{1}{2}i_C\right) = \sqrt{\frac{2}{3}}\left(i_A + \frac{1}{2}i_A\right) = \sqrt{\frac{2}{3}} \times \frac{3}{2}i_A = \sqrt{\frac{3}{2}}\,i_A \tag{6-117}$$

其他两项，亦可如法炮制，得出等于 $\sqrt{\dfrac{3}{2}}\,i_B$ 和 $\sqrt{\dfrac{3}{2}}\,i_C$ 的结果。

由于主矢量在三相主轴上投影与其相电流之间存在 $\sqrt{\dfrac{3}{2}}$ 关系，那么，偏差矢量在三相主轴上的投影也一定存在 $\sqrt{\dfrac{3}{2}}$ 的关系，即

$$\mathrm{Re}_A(\Delta i_1) = \sqrt{\frac{3}{2}}\,\Delta i_{1A} \tag{6-118}$$

$$\mathrm{Re}_B(\Delta i_1) = \sqrt{\frac{3}{2}}\,\Delta i_{1B} \tag{6-119}$$

$$\mathrm{Re}_C(\Delta i_1) = \sqrt{\frac{3}{2}}\,\Delta i_{1C} \tag{6-120}$$

因此，可以求出主矢量的允许范围 h' 与偏差相电流允许范围 h 之间的关系为

$$h' = \sqrt{\frac{3}{2}}\,h \tag{6-121}$$

如果给出了主矢量的允许范围为 h'，则分散到三相电流中去，相电流允许的偏差范围遂为 $h = \sqrt{\frac{2}{3}}\,h'$，显然，这一关系对制定"滞环比较器"的环宽颇有用处，因为在搭接比较电路时需要它，即相电流允许偏差 $h = \sqrt{\frac{2}{3}}\,h'$。

2）主电流矢量的开关线，即主矢量在三相上投影变化允许范围线。

如图 6-35 所示，这是 A 相上主矢量的开关线，由于 $\Delta i_1 = i_1^* - i_1$，所以有：

① 当 $i_1 > i_1^*$ 时，$\Delta i_1 = ' - '$。

② 当 $i_1 < i_1^*$ 时，$\Delta i_1 = ' + '$。

③ 因此，将 $\Delta i_1 = ' - '$ 方向变化的界限定为 $-A$ 线，而 $\Delta i_1 = ' + '$ 方向变化的界限定为 $+A$ 线，两界线之宽为 $2h'$，其中点即为给定电流矢量的端点。我们发现：两界线垂直于 A 轴线。

④ 同理，也可以得出 B 相和 C 相的开关线图（略）。

⑤ 三相开关线图。将 A、B、C 三相的开关线画在一起，将得到图 6-36 所示。图中，中心即为给定主矢量 I_1^* 的端点，而界宽为 $2h'$，这个图形呈双反向正三角形。

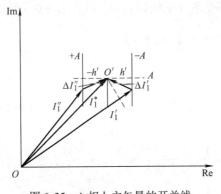

图 6-35 A 相上主矢量的开关线

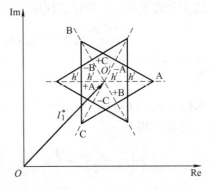

图 6-36 滞环比较器开关图

3. 定子电流矢量 i_1 的变化轨迹

为了方便集中观察，将图 6-36 中的双反向正三角形单独放大画出，如图 6-37 所示。

当定子电流矢量发生变化时，它的端点就会离开 O' 点发生移动。为了保证 i_1 与 i_1^* 差不致过大，亦即 Δi_1 不超过 $\pm h$，在开关图上则表示为不超过 $\pm h'$，即不要超出双反正三角相交点围成的正六边形之内，我们将使用"滞环比较器"去控制六拍逆变器的通关，使得在逆变器不断地发生切换的过程中，i_1 不致与 i_1^* 偏差过大。这一个过程可以用正六边形中功率器件的切换过程来加以证明：

1）例如，电流矢量的端点如果在开关图上移动到了点 a，那么它在 B 相上的投影将企图超过 $-h$，在开关图上则为 $-h'$，这样就会碰到 $-B$ 线，B 相臂的开关就会立即切换（上臂关，下臂通）。切换的结果应使 i_1 减小。具体来说，应当使用电压开关矢量 u_{S1}、u_{S6}、

$\pmb{u}_{S5}$，才有这种能力。因此，这之前最近的电压矢量状态应该是 110 或是 011，如果是前者，即 110，那么，我们应设计成由 110→100，即切换到 $\pmb{u}_{S1}$，在它的作用下，定子电流矢量将沿 $\pmb{u}_{S1}$ 方向移动。当 $\pmb{i}_1$ 移动到 b 点时，碰到 + C 开关线，C 臂立即切换（上臂关，下臂通），造成由 100→101，即切换到 $\pmb{i}_{S6}$，在 $\pmb{u}_{S6}$ 作用下，$\pmb{i}_1$ 开始向下移动。当 $\pmb{i}_1$ 移动到点 c，便碰到 – A 开关线，A 相马上切换（上臂通、下臂关），造成由 101→001，即切换到 $\pmb{u}_{S5}$，$\pmb{i}_1$ 再次向左下移动，当移到 d 点，碰到 + B 开关线，B 相马上切换（上臂通、下臂关），造成由 001→011，即切换

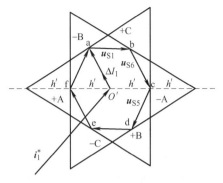

图 6-37　定子电流矢量 $\pmb{i}_1$ 变化时，
其矢量端点变化的轨迹

到 $\pmb{u}_{S4}$。如此下去，6 个电压矢量按顺序一直切换下去，即 a→b→c→d→e→f→a→…，即 $\pmb{i}_1$ 的端点将围绕着 $\pmb{i}_1^*$ 的端点 O' 不断地顺向旋转，其结果是 $\pmb{i}_1$ 的平均值与 $\pmb{i}_1^*$ 相等，达到稳定 $\pmb{i}_1^*$ 的目的。正六边形即 $\pmb{i}_1$ 端点的变化轨迹。

2）如果是 011 状态，由情况刚好反向，即当 B 切换时，有 011→001，在 001 作用下，$\pmb{i}_1$ 将由 a 点移动到 f 点，以后一切反向旋转，其作用的结果与 1）相同，亦是稳定于 $\pmb{i}_1^*$。

3）如果 $\pmb{i}_1$ 移动的端点偏差不超过 ±h，在开关图上则为 ±h'，即在正六边形以内，则认为是稳定所允许的，那么就维持六拍正常的按时（由定子电流频率 f_c 决定）切换，保证将直流变换成三相交流。

4）由此可见，只要 $\pmb{i}_1$ 与 $\pmb{i}_1^*$ 偏差不大，逆变器就正常切换；只要出现偏差过大，则开动"滞环"调节，快速六拍切换，即在原来正常切换的情况下，增加一个快速调节切换，以帮助 $\pmb{i}_1$ 尽可能地趋向 $\pmb{i}_1^*$。

5）快速切换的频率为

$$f_v = \frac{U_d}{9hL_{1\sigma}} \gg f_c \tag{6-122}$$

式中，U_d 为直流电压；$L_{1\sigma}$ 为定子漏电感；h 为定子电流偏差认定宽度；f_c 为定子电流的频率。

6）最大电流偏差。如果 $\pmb{u}_1$ 是从 O' 点向右平移，如图 6-38 所示，而且此时六拍电压矢量正好轮到 $\pmb{u}_{S1}$（100）。

那么，在 $\pmb{u}_{S1}$ 作用下，$\pmb{i}_1$ 向右移动，正好碰到的是 – A 线，造成 A 相切换，即由 100→000（$\pmb{u}_{S8}$），这是什么状态？恰好形成 3 个下臂全导通，电动机定子绕组短接，自然，在感应电动势作用下，电动机定子电流会进一步增大，即 $\pmb{i}_1$ 端点离开了正六边形的约束，一直向右移动，相电流的偏差值会大于

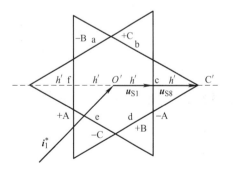

图 6-38　最大电流偏差时的
开关线变化轨迹

h，直到电流矢量端点达到 C' 点，即 + B 和 + C 线的交点处，或 B 和 C 切换为止。

此时由于是零电压状态，由于无直流电压的支撑，定子电流只能在电磁惯性支持下，达到其最大值后开始回落，但都造成了偏差超过允许范围，从图 6-38 中可见，到 C' 点电压矢

量切换时，A 相电流的偏差值 $\Delta i_{max}=2h$。

当达 C′点，由于是呈 000 状态，所以，此时恰好处在 + C 线上，即 i_1 回落到 C 点以内，而且 B、C 两相均已切换形成 000→101 状态，如果 $\Delta i \leq h$，则 i_1 状态不变，电压矢量将由 101→100→010→…按六拍运行。如果 $\Delta i > h$，则看其端点到底碰到那一根开关线，然后再按 a）或 b）循环变化下去，以求 i_1^* 的稳定。

7）零电压矢量作用下的情况。零电压矢量作用的情况，出现在 i_1 端点移动到正六角形轨迹线之外，构成 000 或 111 状态，即电动机定子绕组处于自短路或自开路状态，前者在前面已经讲过，会使相电流偏差过大，后者则会使电流为零，无法产生转矩。不管怎样，零电压矢量都属于不受控的一种自由转动，称之为空转，它的直接作用是使平均转矩减小、转速下降，对于高精要求的伺服系统是不行的，对一般拖动系统来说，只是起到减缓加速的作用，仍可断续运行，妨碍不大，但此空转时间不宜过长，否则会产生运行出现抖动现象。空转现象可以采用一些方法加以清除，这里就不多叙，需要时可找专门资料参考。

8）滞环运行下三相定子电流的波形。如图 6-39 所示，三相电流是在一种高频限幅波动下的呈正弦基波状态，故其产生的平均转矩基本上是稳定的，可以保证电动机转速平稳（运行或过渡）。

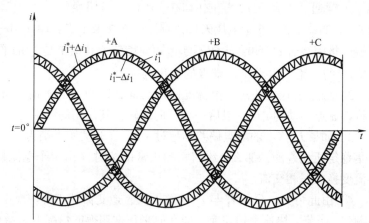

图 6-39　滞环控制时定子三相电流的波形

9）滞环控制法的优缺点。

优点是，方法简单易行、逆变器不需调压。

缺点是，电流中谐波较大，当环带过宽时，可能影响转矩的平稳；环带过窄，又会因大大增多切换次数而使功率器件切换耗损加大而发热。故环带的选择十分重要，一定要根据实际需要制定，不可一味追求偏差最小。

6.11.4　最优控制式逆变器

最优控制式逆变器也是近几年来发展起来的一种新的控制方法，它实际上是上节 1 和 3 两种方法的结合。

已经知道，滞环控制所能达到的调节，是使 Δi_1 被控制在 $2h$ 范围以内。但是，Δi_1 在其循环变化中其幅值不是一个常数，是变化的。它的变化从图 6-37 中可以看出是呈六边形变化。它不但有大有小，而且只能围绕着 i_1^* 的端点 O' 变化，只能平均地等效 i_1^*，而不是真正回到 i_1^* 的端点。所以，这种方法虽然可以使实际的定子电流矢量尽量逼近给定电流矢量，但却永远都不能真正到达 i_1^*。也就是说，滞环控制的缺点是电流偏差偏大、跟踪能力较差。其原因就是它所采用的电压矢量是六拍的，即只能有 6 个方向的缘故。6 种方向的电压矢量，显然是无法使任何时候任何方向上出现的电流矢量偏差都能得到有效的抑制，只有更多的、例如 12 个、24 个或更多方向上的电压矢量，才能最大限度地抑止电流矢量的偏差，而这一要求，只有采用"组合式"对称多拍 SVPWM，或称离散式 SVPWM 的技术才能达到。

最优控制式逆变器就是为弥补滞环控制式逆变器的上述不足，采用"按需跟踪"的办法，提供为最大限度地抑止电流矢量的偏差所需的电压矢量。所谓"按需跟踪"的办法，就是采用上述这种组合的 SVPWM 方案，根据电流矢量最小来配置所需的合成电压矢量。为此，它首先要设置所能允许的电流矢量的偏差，即 Δi，并在给定电流矢量 i_1^* 的端点 O' 处，以 Δi 为半径划一个圆（见图 6-40）。当在 i_1 变化时，为了使实际电流能严格跟踪指令电流（给定值）i_1^*，以尽量减少失真或畸变，一定要让 i_1 变化轨迹，即 i_1 矢量的端点 O 不会超出这个圆以外。然后，再按一定的"原则"去选择所需的电压矢量，即最合适的开关电压矢量，加入到采样周期 T_0 中去进行调整，使下一个旋转电流矢量的幅值尽可能保持在允许范围以内。

此方案中采用的 SVPWM 技术中的组合矢量办法，也称离散式开关矢量组合法，可以利用一整套组合公式去计算出所需各种相位的开关矢量，再根据给定跟踪差，去选择应当加入的开关矢量（与其作用时间），使得其加入之后，下一个电流旋转矢量的幅值能够被调整回来，限制在允许范围以内。从这一点来看，这种随机离散式组合的方式，与对称组合方式，基本原理是一致的。但是，使用的办法有异，前者是根据电流矢量的变化，逐个选择地加入需要的开关矢量，而后者则是比较规范地使用预定的调制过的开关矢量，因此，在同一个扇区内切换的开关器件数是固定的，而前者则不一定固定，需视负载电流的变化情况而定，切换次数要稍微少

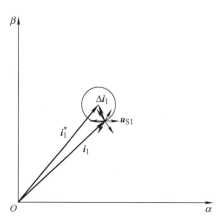

图 6-40　定子电流矢量的可能变化
轨迹与可供选用的电压空间矢量

一些。因此，可以认为 SVPWM 逆变器就是第四种最优控制式的基本逆变器，优化的方法可根据实际需要进行选择。这种限定允许范围内的跟踪调制式 SVPWM 逆变器，就是我们最初提到的"特殊方法"的 SVPWM 逆变器，它在矢量控制和以后讲到的直接转矩控制中常被采用。

由此可见，在矢量控制中，逆变器电流的最优控制方法应该是如下这样的：

1）采用划定电流矢量偏差的最小范围 Δi_1。

2）不用滞环比较器的方法，而改用计算判断所需抑止用电压矢量的办法，去选择所需的电压矢量。计算公式为

$$u_S(T_n) = \frac{R_1\left[i_1^*(T_{n+1}) - i_1(T_{n+1})\mathrm{e}^{TR_1/L_{1\sigma}'}\right]}{1 - \mathrm{e}^{TR_1/L_{1\sigma}'}} + E_2'(T_n) \tag{6-123}$$

式中，$u_S(T_n)$ 为第 n 个采样周期 T_n 时所需的电压矢量；$i_1^*(T_{n+1})$ 为 n 后面一个采样周期 T_{n+1} 时的给定电流矢量值；$i_1(T_{n+1})$ 为 n 后面一个采样周期 T_{n+1} 时的实际电流矢量值；R_1 为定子绕组电阻；$L_{1\sigma}'$ 为定子绕组漏感；T 为采样周期时间；E_2' 为第 n 个采样周期 T_n 时所对

应的折算到定子侧的转子感应电动势（即定子反电动势）。

算出来的 $u_S(T_n)$ 是一个矢量，其幅值可根据作需要的 h 来决定，它就是偏差圆的半径，半径大小（h）反映在上式的 $i_1^*(T_{n+1})$ 具体数字中，即只要到了这个值就需要调节，故 h 可以具体选择确。幅值将决定此方向电压矢量工作的时间。

至于偏差矢量的相位，则是用来选择那一个方向上的电压矢量，可以从算好的离散型电压矢量集中去进行选择。

此方案的优点是：调节性能好，可保证实际电流矢量对给定电流矢量的最佳跟踪；缺点是：计算频繁，每次采样均需计算，如果采样周期过短，将大大增加计算量，过多占用 CPU 时间，另外，调节时增加了功率器件的切换频率（虽然主频仍是按六拍方式进行）。

6.12　其他几个需要涉及的问题

6.12.1　以气隙磁通和定子磁通定向的问题

前面所分析和叙述的矢量控制技术，都是基于如下的转矩公式：

$$T = K_T \Phi_2 i_2' = K_T \Phi_2 \frac{L_m}{L_2} i_{1T} = K_T' \Phi_2 i_{1T} \tag{6-124}$$

式中的 Φ_2 和 i_{1T} 在矢量图上是相互垂直的，这与直流电动机的情况完全一致，故可以获得类直流电动机的调速性能。这种以转子磁通作相位基准的方式，自然就称之为转子磁场定向控制方式。而在这种定向方式中，其磁通观测器无论用于检测还是用于计算，都存在着如下一些问题：

1）Φ_2 的测量不方便，且容易产生误差。

2）观测器中的参数，如 L_m、L_2、R_2' 等，都会因一些外界原因（例如温度、磁饱和等）的变化而发生一些变化。

因此，也就有人提出采用气隙磁通定向，或定子磁通定向的办法，即把定向的基准轴改选为 Φ_m。这是因为，转矩表达式既可以用转子侧的物理量来表示，也可以用定子侧的物理量来表示，还可以用气隙的物理量来表示。例如，选择气隙磁通作定向，可以有如下的转矩公式：

$$T = K_T \Phi_2 i_2' = K_T'' \Phi_m \frac{L_m}{L_2} i_{1T} = K_T''' \Phi_m i_{1T} \tag{6-125}$$

于是，可以选择 Φ_m 空间量作为定向依据，将定子电流空间矢量向它投影，作为励磁分量 i_{1M}（即气隙磁链 $K_T''' \Phi_m$），而把定子电流空间矢量向与 Φ_m 垂直的轴投影，作为转矩分量 i_{1T}。在这种情况下，由于两个电流分量所形成的磁场在空间上是相互垂直的，就不存在任何耦合的问题，从而无须解耦。只要能够独立地控制气隙磁通 Φ_m 和定子电流的转矩分量 i_{1T}，就可以同转子磁通定向控制一样，实现对电动机电磁转矩的控制。

3）同理，也可从电磁转的基本公式经过推导，得到在以定子磁通为定向轴的条件下转矩公式的表达式，即

$$T = K_T^S \Phi_1 i_{1T} \tag{6-126}$$

同样，只要能够独立地控制定子励磁分量 i_{1M}（即定子磁链 $K_T^S \Phi_1$）和定子电流的转矩分量

i_{1T}，就可以同转子磁通定向控制一样，实现对电动机电磁转矩的控制。

4）前面所讲的只是可以任意选择定向轴的基本原则，而在具体形成相应的矢量控系统时，问题就要复杂得多。由于所选的定向磁通的改变，原来按转子磁通定向所推导出来的定、转子各物理量之间，将会因出现某些耦合关系，而不再适于所选的定向系统。必须重新从定、转子的电压、磁链矢量平衡方程式、等效电路等出发，按新定向矢量为中心，推导与绘出新的空间矢量图，而在这个新的空间矢量图中，定子电流在新定向矢量上的投影就是励磁分量 i_{1M}，而在垂直轴上的投影就是转矩分量 i_{1T}，为此，需要在推导过程中，对有耦合部分进解耦，并进行新的环节组合。这样一来，与原先转子磁通定向系统相比，按新定向矢量组成的控制系统，其有关环节和参数都会有所变化，并需按新推导的逻辑关系来组成新的框图，构成新的定向控制系统。在这个控制系统中，只要对定子电流中相应的两个分量单独进行控制，同样可以实现对电动机的矢量控制。

5）采用气隙磁通定向或定子磁通定向的好处，仅限于磁通监测器中的输入量较易获得，至于控制特性，则只略有改进，但系统结构却复杂了许多，故一般仍以转子磁通定向为主来构成矢量控制系统，这是主流。

如果需要对气隙磁通定向或定子磁通定向进行详细了解，可参看相关参考文献。

6.12.2　关于矢量控制技术中的解耦问题

1. 电动机定子电流的解耦问题

异步电动机的定子电流是一个物理量，现在，可以将它在时、空复平面上分解为相互垂直的两个分量，即励磁分量 i_α 和转矩分量 i_β，并且，还要让两者是相互独立的，即调节其中某一个分量的大小时，另一个分量不受影响，这就是所谓的"解耦"。

通过前面的分析，经过等效电路的变换，经证明定子电流确实是由两个相互独立（支路）的分量电流所组成，并且还看出它们在相位上是相互垂直的（一个是纯感性，一个是纯阻性）的时间分量。也就是说，定子电流天生就包含有这两种性质的分量电流，只不过在流经定子绕组时，表现为一个电流罢了。如果有专测感性性质的电流表和专测阻性性质的电流表，是完全可以把它们分别测量出来的，并且还可以按桑高定律算出其总和，它正好等于测出来的定子总电流。

实际的定子电流包含两个电流分量，是"耦合"在一起的。两个电流分量人为地设法把它们分出来，并保证两者相互独立、相互垂直。这里所谓们"人为"，就是指外加一整套控制与调节电路，并按照相应的数学关系，来控制与调节对电动机的供电，即控制与调节逆变器的具体工作。这样就能达到对定子电流进行"解耦"的目的。这也是矢量控制技术的具体含义和目的。所以，可以认为，矢量控制技术其实就是"解耦"控制技术中的一种，即狭义性解耦或线性解耦控制技术。

此外，还可以通过数学分析，证明定子电流的两个矢分量通过坐标变换技术处理之后，确实是被解耦成为两个独立的分量，具体的推导过程详见本书附录 H。

2. 其他一些情况下的解耦问题

1）使用电压源逆变器馈电的控制系统时，会出现因中间输出量"两轴电压"间的耦合问题，也需要加入必要的解耦电路才能解决，也可认为是属于系统耦合，具体情况可进一步参看相关参考文献。

2）使用定子磁场定向时，也会出现"两轴电压"间的耦合问题，同样可参看相关参考文献，从中了解解耦方法。

3）由于矢量控制的具体方法和电路不尽相同，因此，出现需要解耦的地方自不一样，具体的解耦电路和使用地点各异，但其用意是一致的，即都是要使系统调节量之间是相互独立的。只有这样，异步电动机才能获得类直流电动机的调速特性。所以，在设计具体的矢量控制系统时，对解耦电路的选择和使用，设计者应当予以充分的重视。

4）由于异步电动机本身的数学模型是一个高阶、非线性、强耦合的多变量系统，前面介绍的解耦方法也只是从工业应用的角度出发，首先将定、转子中的一些结构参数（如 L）人为地线性化，或对微分方程进行微偏线性化（即在工作点附近进行泰勒级数展开，去掉二次以上部分），又采取"解耦"的办法等，以降低方程的阶数，可以在工程误差允许范围内，将异步电动机及其控制系统进行线性化，使之成为一至两个独立输入和输出的线性调节系统，从而能够使用线性的调节器，模仿直流电动机调速方案，对异步电动机进行高性能要求的适时控制系统，其非线性问题，还需要引入非线性前置补偿和非线性反馈，进行非线性解偶，才能达到取得良好动态调节品质的目的，具体的内容，读者如有需要，可阅读相关参考文献。

3. 小结

综上所述，在工程实用范围内，交流异步电动机定子电流的线性解耦是矢量控制技术的关键，通过诸如 $C_{3/2}$、VR，以及转子磁场定向等系列环节，可以达到定子电流解耦的目的，为分别控制定子电流两个分量提供了理论依据。由于这个解耦工作围绕着电动机绕组来进行的，故我们可以称其为"内解耦"。而在将电动机与其他调控环节一道构控制系统时，还会出现控制量和中间量彼此之间的耦合问题，自然，这也需要解耦，即需要另外添加相应的解耦环节来解决。由于这大多是发生在电动机数学模型与系统元件之间的参量耦合，即处于电动机以外、调控系统之中的参量耦合，故我们可以称它为"外解耦"。只有充分地对所涉及的内、外参量都进行"解耦"，使它们彼此独立、互不干扰，才能方便地对电动机的磁场和转矩分开进行调节，使交流异步电动机可以像直流电动机一样，进行高品质、四象限的调速。对于动态品质术较高的调速系统，还要求进行非线性解耦，以求较彻底地解决电动机本身非线性所带来的问题。

矢量控制技术，实质上就是一个使用外加环节对电动机进行解耦控制的线性"解耦"技术，它最后的落脚点就在控制对电动机馈电逆变器的电压矢量，调节其定子电流的幅值、频率、相位，尤其是相位（这是它和一般的变频调速不同之处）。

虽然矢量控制技术本质上仍是一种变频调速，但是，由于采用了解耦控制理论，使用了坐标变换、磁场定向等，附加环节等方法，构成了闭环控制系统，使得其调节的品质得到处很大的提升，堪比直流控制。这就是从工程研究的角度对矢量控制的最终看法。

6.12.3 无传感器控制问题

所谓无传感器控制，指的是系统中无转子转速传感器，并非指无其他物理量的传感器。其他物理量的传感器还是必须要的，其理由如下：

在高性能的异步电动机矢量控制系统中，如要求精度高的伺服驱系统，转速的闭环控制环节一般是必不可少的。通常，多是采用光电码盘等速度传感器来进行转速检测，并反馈转速信号。但是，由于速度传感器的安装给系统带来一些缺陷：系统的成本大大增加；精度越高的码盘，价格也越贵；码盘在电动机轴上的安装存在同轴度的问题，安装不当将影响测速的精度；电动机轴上的体积增大，而且给电动机的维护带来一定困难，同时破坏了异步电动机的简单坚固的特点；在恶劣的环境下，码盘工作的精度易受环境的影响。因此，无速度传感器控制系统，也就成为矢量控制以及下一章要讲的直接转矩控制系统中，要术精度高时首先需要选择的控制技术。

在近 20 年来，各国学者致力于无速度传感器控制系统的研究，无速度传感器控制技术在运用于高精度伺服驱系统后，逐渐开始用于常规带速度传感器的传动控制系统。解决问题的出发点是：利用检测的定子电压、电流等容易检测到的物理量，进行速度估计，以取代速度传感器。重要的问题是，既要准确地获取转速的信息，又要保持较高的控制精度，满足实时控制的要求。无速度传感器的控制系统无须检测硬件，免去了速度传感器带来的种种麻烦，提高了系统的可靠性，降低了系统的成本；另一方面，使得系统的体积小、重量轻，而且减少了电动机与控制器的连线，这样，使得采用无速度传感器的异步电动机的调速系统，在工程中得到越来越广泛的应用。

目前，对这一技术，国内外学者提出的方法，总结起来，有下列几种：

（1）动态速度估计法

该方法主要包括转子磁通估计和转子反电动势估计。都是以电动机模型为基础。这种方法算法简单、直观性强。由于缺少无误差校正环节，抗干扰的能力差，对电动机的参数变化敏感，在实际实现时，加上参数辨识和误差校正环节来提高系统抗参数变化和抗干扰的鲁棒性，才能使系统获得良好的控制效果。

（2）PI 自适应控制器法

其基本思想是利用某些量的误差项，通过 PI 自适应控制器获得转速的信息，一种采用的是转矩电流的误差项；另一种采用了转子 q 轴磁通的误差项。此方法利用了自适应思想，是一种算法结构简单、效果良好的速度估计方法。

（3）模型参考自适应法（MRAS）

将不含未知参数的方程作为参考模型，将含有待估计参数的方程作为可调模型，两个模型具有相同物理意义的输出量。利用两个模型输出量的差值，根据合适的自适应律实时调节可调模型的待估参数，达到可控模型跟踪参考模型的目的。根据模型输出量的不同，可分为转子磁通估计法、感应电动势估计法和感应电动势加定子电流估计法等。转子磁通法由于通常采用定子电压模型为参考模型，在计算转子磁链时引入了纯积分器，这样，就会因积分器而产生误差累积和积分器硬件的零点漂移影响，在低速时尤为严重。为改进低速时转子磁通估计法的缺陷，可以使用感应电动势估计法，它的参考模型中不含积分环节，可以改善了低速时的估计性能，但是定子绕组电阻的影响依然存在。感应电动势加定子电流估计法则可以消去了定子绕组电阻的影响，获得了更好的低速性能和更强的鲁棒性。总的说来，MRAS 是无速度传感器异步电动机矢量控制方法与稳定性设计的参数辨识方法，保证了参数估计的渐进收敛性。但由于 MRAS 的速度观测是以参考模型准确为基础的，参考模型本身的参数准确程度就直接影响到速度辨识和控制系统的成效。

（4）扩展卡尔曼滤波器法

将电动机的转速看作一个状态变量，考虑电动机的五阶非线性模型，采用扩展卡尔曼滤波器法在每一估计点将模型线性化来估计转速，这种方法可有效地抑制噪声，提高转速估计的精确度。但是估计精度受到电动机参数变化的影响，而且卡尔曼滤波器法的计算量太大。

（5）神经网络法

利用神经网络替代电流模型转子磁链观测器，用误差反向传播算法的自适应律进行转速估计，网络的权值为电动机的参数。神经网络法在理论研究上还不成熟，其硬件的实现有一定的难度，使得这一方法的应用还处于起步阶段。

除以上所提及的方法外，还有转子齿谐波法和高频注入法。

虽然辨识速度的方法很多，但仍有许多问题有待解决，如系统的精度、复杂性和系统的可靠性间的矛盾、低速性能的提高等。今后无速度传感器控制的研究发展的方向，大多数学者认为应该是提高转速估计精度的同时，改进系统的控制性能、增强系统的抗干扰和抗参数变化能力的鲁棒性、降低系统的复杂性，使系统结构简单可靠。

随着现代控制理论、微处理器、DSP 器件及电力电子开关器件的迅速发展，实现高性能的无速度传感器异步电动机的调速系统的前景应当是相当广阔的。顺便说一下，控制系统无速度传感器这一新方法，不单可以在矢量变换控制中得到应用，也可应用于其他高性能的交流调速控制系统中，例如直接转矩控制系统，目的都是一样，利用物理关系和数学运算来获得电动机转子的转速和实时相位，避开系统外扰，提高反馈精度。由于这个方法的思路新，涉及的概念和物理、数学关系多而且较复杂，故在大部分专著中多单独辟章专叙。由于本书主要的是分析矢量控制系统一般性的问题，对无速度传感器控制仅作一点概念性的简介，具体应用就不再叙，如有需要，可参阅相关参考文献。

6.13 关于矢量控制系统的软件编程问题

由于矢量控制系统，已经属于交流电动机调速的"调速策略"范畴，故其控制系统全面而庞大，与本书第 4 章和第 5 章介绍的"调速方法"是不同的。它的外围控制环节甚多，采用一般的"汇编程序"或"DSP"处理已不够，而且，还会因程序长，使得占内存庞大、调用时间长、反应速度慢及发生错误的概率增加等缺点都会出现。因此，本章最后没有提供有关的程序逻辑流图，而将整个矢量控制系统的软件编程问题留在本书第 12 章来统一处理。即，采用嵌入式操作系统来进行解决。

第7章　异步电动机的直接转矩调速

7.1　引言

前面已经介绍过，异步电动机的高品质变频调速，可以采用矢量变换技术，分别控制定子电流中的转矩分量和励磁分量，可达到类似直流电动机的调速性能。常用的矢量控制系统是从异步电动机在二相旋转坐标下的 $\omega - \psi_2 - i_1$ 状态方程出发的，在计算转子磁链时受到转子参数变化的影响，会造成系统控制鲁棒性下降。如果改从 $\omega - \psi_1 - i_1$ 状态方程出发，在计算定子磁链的电压模型中，仅受定子绕组电阻 R_1 变化的影响，而 R_1 是容易实时测量的，可以保持控制的鲁棒性。但若按定子磁链 ψ_1 定向控制，则不能产生定子电流转矩分量和励磁分量解耦的效果。为了解决这种情况下的控制问题，同时也是为了解决大惯量负载运动系统调速时对动态性能的要求（如电气机车在起、制动时要求有很快的瞬态转矩响应，特别是弱磁调速范围内），德国鲁尔大学的 M. Depenbrock 教授提出对电磁转矩和定子磁链实行非线性的 Bang-Bang 控制，并用定子电压的空间矢量控制 PWM 逆变器。研究成果在 1985 年发表，定名为直接自控制系统（Direkte Selbstregelung，DSR）。随后，日本学者 Takahashi 也提出了类似的控制方案，经过产品定型并推广应用。之后，该技术统称为直接转矩控制（Direct Torque Control，DTC）系统，就是直接以交流电动机的输出的电磁转矩为控制量，根据工作需要，调节该转矩的大小，从而使电动机的转速得到调节。

7.2　直接转矩控制的基本工作原理

交流异步电动机电磁转矩 T，本书 6.4.3 5 节中用转子量来表示为

$$T = K_T \Phi_2 I_2' \ \text{或} \ T = K_T \frac{\psi_2}{W} I_2' \tag{7-1}$$

如果使用定子量矢量方程表示，则电磁转矩 T 的矢量表达式为

$$T = K_T' \psi_1 \times i_1 \tag{7-2}$$

式中，K_T 为定子侧的结构系数。

在定子三相轴系中，定子磁链和转子磁链的空间矢量表达式为

$$\psi_2 = L_m i_1 + L_2 i_2 \tag{7-3}$$

$$\psi_1 = L_m i_2 + L_1 i_1 \tag{7-4}$$

式(7-3) 和式(7-4) 联立后，得

$$i_1 = \frac{\psi_1}{i_1} - \frac{L_m}{L_2 L_1'} \psi_2 \tag{7-5}$$

式中，$L_1' = L_1 - \dfrac{L_m^2}{L_2}$，为定子瞬间电感。

169

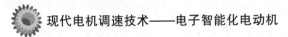

将 i_1 代入上面定子量表示的电磁转矩矢量方程式，有

$$T = K'_T \psi_1 \times \left(\frac{\psi_1}{L'_1} - \frac{L_M}{L_2 L'_1} \psi_2 \right) = K'_T \frac{\psi_1^2}{L'_1} - K'_T \frac{L_M}{L_2 L'_1} \psi_1 \times \psi_2 \qquad (7\text{-}6)$$

由于同一矢量积的模为 0，故有

$$T = - K'_T \frac{L_m}{L_2 L'_1} \psi_1 \times \psi_2 \qquad (7\text{-}7)$$

矢量积的交换，则其积取"反"，故有

$$T = K'_T \frac{L_m}{L_2 L'_1} \psi_1 \times \psi_2 \qquad (7\text{-}8)$$

因此，可得电磁转矩的大小（模长）为

$$T = K'_T \frac{L_m}{L_2 L'_1} |\psi_1 \| \psi_2| \sin(\rho_1 - \rho_2) = K'_T \frac{L_m}{L_2 L'_1} |\psi_1 \| \psi_2| \sin\delta_{12} \qquad (7\text{-}9)$$

式中，$|\psi_1|$ 和 $|\psi_2|$ 分别为定子和转子磁链矢量的模长；ρ_1 和 ρ_2 分别为定子和转子磁链矢量（相对于横轴 d）的相位角；$\delta_{12} = \rho_1 - \rho_2$，为两矢量相位差。

可以看出，如果 ψ_1 和 ψ_2 的大小不变，则 T 取决于两矢量的"相位差"，因此，只要调节相位差 δ_{12} 的大小，就可以直接改变电磁转矩的大小。

对式(7-9)取梯度，则有

$$\frac{\mathrm{d}T}{\mathrm{d}t} = K'_T \frac{L_m}{L_2 L'_1} |\psi_1 \| \psi_2| \cos\delta_{12} \qquad (7\text{-}10)$$

显然，当 δ_{12} 数值不大时（稳态下），$\frac{\mathrm{d}T}{\mathrm{d}t}$ 的数值，即 T 的变化，相对要剧烈得多。也就是说，在 δ_{12} 不大时，δ 的变化对 T 的影响较大，其调节作用较为显著。

本书第 6 章已经指出，转子磁链 ψ_2 在动态响应中具有一阶滞后特性，因此，当定子磁链 ψ_1 发生变化时，ψ_2 总要滞后于 ψ_1 的变化。所以，如果控制的响应时间比转子的时间常数大得多的话，则在此响应时间内，可以认为 ψ_2 是不变的。进而，设法再使定子磁链的幅值不变，那么，改变 δ_{12} 的大小，就可以迅速地改变电磁转矩 T 的大小，从而达到调速的目的。实际上，直接转矩控制就是直接控制显著影响转矩 T 大小的磁链相位差 δ_{12} 的大小来实现的，这就是该方法的实质。

7.3 直接转矩控制的基本方法

由上述控制原理可以看出，改变磁链之间的相位差 δ_{12}，当两磁链均在空间以 ω_1 速度旋转时，实际上就是以其中某一个磁链（如转子磁链 ψ_2）为准，调节另一个磁链（ψ_1）的变化快慢，改变两者的相位差 δ_{12}，达到实现调速的目的。

磁链是电动机的内部物理量，不便直接控制，而产生磁链的基础——三相电源电压，却是外加的，是可以控制的。因此，要想改变磁链，控制电动机的定子电压的变化就可以了。所以说，控制电动机定子电压（空间矢量）的方法，是进行直接转矩控制的基本办法。

7.3.1 定子电压和定子磁链的关系

在定子三相轴系中，由于定子绕组无旋转，也就不会出现旋转电动势，定子电压矢量方

程为

$$u_1 = i_1 R_1 + \frac{\mathrm{d}\psi_1}{\mathrm{d}t} \tag{7-11}$$

如果认为 $R_1 \approx 0$，则有

$$u_1 = \frac{\mathrm{d}\psi_1}{\mathrm{d}t} \tag{7-12}$$

即

$$\Delta\psi_1 = u_1 \Delta t \tag{7-13}$$

这表明以下 4 点：

① 当 u_1（包括其相应的矢量的大小和方向）不变时，ψ_1 也不变。

② 当 u_1（包括其相应的矢量的大小和方向）变化时，ψ_1 将瞬间发生变化，变化的多少与变化的时间成正比。

③ 定子磁链矢量 ψ_1 变化的方向将取决于电压矢量 u_1 的方向，而变化的速度将取决于 u_1 的大小。即，u_1 大则 u_1 变化快，反之则 u_1 变化慢。当 u_1 为常数时，ψ_1 不发生变化。

7.3.2　定子电压空间矢量具体控制方法

电压空间矢量的分析，本书第 5 章已经详细叙述过。下面，谈一下以六拍形式出现的电压空间矢量。

1. 六拍形式的定子电压空间矢量

对应三相电压空间矢量，可以得到由矢量（100）…（101）构成的表示 6 种工作状态的六拍矢量图，如图 7-1 所示。

2. 六拍式转动的定子磁链空间矢量

由于定子电压空间矢量按六拍步进，它将使定子的磁链矢量也按六拍变化，如图 7-2 所示。其中，六边形系其矢量变化的轨迹。

图 7-2 中，半径较短的六拍为定子电压矢量（表示三相全控桥逆变器的 6 个工作状态）；而半径较长的矢量则为定子磁链矢量，其初始位置设在矢量 $\overrightarrow{OM}$ 处。如正处在空间矢量平面的第Ⅲ象限之中，如

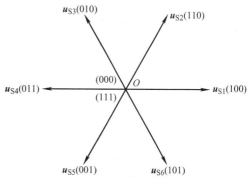

图 7-1　三相电压空间矢量 6 种
工作状态的六拍矢量图

u_{S5}（001）处。当电压空间矢量切换到 u_{S2}（110）时，ψ_1 将在 u_{S2}（110）的作用下，按 u_{S2}（110）方向逆时针方向转移。例如，在 Δt 时间内变为 $\psi_1' = \psi_1 + \Delta\psi_1$，即磁链矢量将转到 $\overrightarrow{OM'}$；此时 ψ_1 不但在方向上发生了变化，而且幅值亦有所减小，即按矢量和关系得到 $\overrightarrow{OM'} = \psi_1'$。当矢量变化经过两拍间的中点之后，合成矢量的幅值又会逐渐增大，之后继续变化，完成 1 拍时间，幅值恢复到原值 ψ_1。如果定子电压空间矢量逆时针按序 6 拍切换，则 ψ_1 也将逆时针按序旋转，即 $M \to M' \to N \to P \to Q \to R \to S \to M$。

那么可以得出以下 3 点：

① $u_{S1}(100) \rightarrow u_{S2}(110) \rightarrow u_{S3}(010) \rightarrow u_{S4}(011) \rightarrow u_{S5}(001) \rightarrow u_{S6}(101) \rightarrow u_{S1}(100)$，$\psi_1$ 呈六拍变幅旋转，其矢量端轨迹为一个正六边形 $MNPQRSM$。

② ψ_1 所形成的是六边形步进（六拍）磁场，不是圆形磁场。

③ 如果计及定子绕组电阻的影响，ψ_1 的变化轨迹将呈弧状六边形（图 7-2 中虚线所示）。

④ 结论是：按简单的六拍式切换，得不到圆形磁场，这不是所希望的工作状态。

3. 定子电压空间矢量的滞环工作状态

为了获得近圆形的旋转磁场，可以采用这样一种变通的办法：将 ψ_1 的矢量端运动轨迹尽量控制在两个圆环范围以内，如本书第 6 章介绍处理电流滞环调节技术那样。将 $\Delta\psi_1$ 分成两部分，一正一负（ $+\Delta\psi_1$，$-\Delta\psi_1$ ）让 $\psi_1' \leqslant \psi_1 \pm \Delta\psi_1$，使矢量端跳跃变化，如图 7-3 所示。

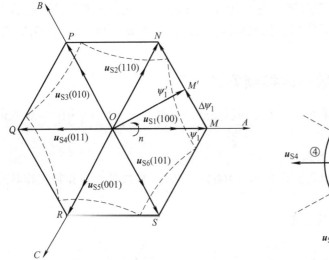

图 7-2　六拍步进电压作用下定子磁链转动的轨迹

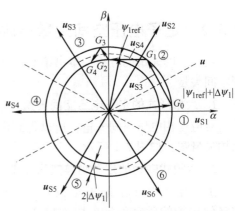

图 7-3　定子磁链空间矢量滞环调节

图中，外环为 ψ_1 不能超过的最大值（半径），而内环则是 ψ_1 的最小值，这样，ψ_1 的矢量将在这两个环中跳跃前进，$G_0 \rightarrow G_1 \rightarrow \cdots$。其跳跃的方式将按如下规律：

① 当 $\psi_1' \geqslant \psi_{1MAX}$ 时，如到了点 G_0，为抑止 ψ_1 过大，应选择一个能使之减小的电压矢量来切换，即与此时的 ψ_1 方向相反的电压矢量。从六拍矢量图中可以看出，此时只有 $u_{S3}(010)$ 和 $u_{S4}(011)$ 可以达到这一要求。

② 由于要限制其跳跃端点在两环以内，显然 $u_{S3}(010)$ 和 $u_{S4}(011)$ 的工作时间不能过长，即应对 $u_{S3}(010)$ 和 $u_{S4}(011)$ 进行调制，使其分别正好由为 $G_0 \rightarrow G_1 \rightarrow G_2$。

③ 接下来，由于到了 G_2，有可能出现 $\psi_1' \leqslant \psi_{1MIN}$，即已到达内环上，$\psi_1$ 幅值过小，此时，又需选择能使 ψ_1 重新增大的新的电压空间矢量来调制切换，如可选 $u_{S3}(010)$ 和 $u_{S5}(001)$，就可以由 $G_2 \rightarrow G_3 \rightarrow G_4$。

④ 总之，ψ_1 在逆时针运动，选择合适方向而且调制（时间上）过的定子电压空间矢量，就可以控制 ψ_1 在 $\pm\Delta\psi_1$ 之间接近圆形呈多边形地跳跃。这两个圆环就称作磁链滞环，构成这两个滞环的办法，可以参照设置电流滞环的方式来进行，下面再具体讲述。

⑤ 电压矢量切换的规律是，将六拍之间分为 6 个区间。a）当欲增大 ψ_1 时，可选择此区间内与之方向相同的电压矢量；b）反之，欲减少 ψ_1 时，可选择与之方向相反的电压矢量。

⑥ 除了上述 6 个空间矢量外，按逆变换工作状态，还存在 $u_{S7}(000)$、$u_{S8}(111)$ 两个零电压空间矢量。此时，逆变桥上臂或下臂悬空，没有电压加入，此举将在下述转矩控制中起到缓冲作用，减少转矩的脉动。

⑦ 结论是：使用 ψ_1 滞环技术，可以使 ψ_1 的幅值尽可能限制在某一给定值之内，其矢量端的变化轨迹尽量接近圆形，从而达到获得近圆形旋转磁场的目的。

4. 转矩的具体控制

可以看到，选择合适的定子电压空间矢量，可以获得近圆形的旋转磁场。除此以外，就在这个滞环调节过程中还发现，无论你利用六拍中的哪一拍电压矢量，该矢量都可以按对矢量中心点 O 而言，分解成半径方向和切向方向，如图 7-4 所示。其中，径向分量可以改变 ψ_1 的幅值，而切向分量则可以改变 ψ_1 的旋转方向。也就是说，径向分量可以起到维持近圆形旋转磁场的作用，而轴向分量则可以将 ψ_1 向前（或向后）拉开（或缩小）与 ψ_2 之间的夹角 δ_{12}，后者恰恰就是希望用来调节电磁转矩大小的手段。

为了更好地控制电磁转矩，在使用磁链滞环技术的基础上，还可以对转矩也使用滞环技术来加以控制，即在系统中同时使用两个滞环——磁滞环和矩滞环，用它们共同来决定定子电压空间矢量的选择。当然，这两个滞环的作用应有一定区别，磁链滞环在于尽量保证 ψ_1 的幅值不变，而转矩滞环则用来动态调节转矩的大小，使之满足负载的需要。

为满足上述要术，可以制订一个定子电压空间矢量区间选择表（见表 7-1），供两环参考使用。制订电压矢量表的原则如下：

（1）对应磁链滞环时推荐的电压空间矢量列表

① 首先，确定滞环宽度为 $2\Delta\psi(+\Delta\psi_1, -\Delta\psi_1)$，偏差量为 $|\Delta\psi_1|$，$+\Delta\psi_1$ 为出现了正偏差，如 $\psi_1' \geq \psi_{1ref} + \Delta\psi_1$（$\psi_{1ref}$ 为期望的 ψ_1），则要求 ψ_1 下降。此时，应使滞环输出比较器的输出应为 "0"，从而让 $\Delta\psi_1$ 取负值（$\Delta\psi_1 = -1$），选择能使 ψ_1 幅值下降的电压空间矢量介入之。反之，如 $\psi_1' \leq \psi_{1ref} - \Delta\psi_1$，出现了负偏差 $-\Delta\psi_1$，为使 ψ_1 幅值恒定，要求 ψ_1 上升，则应使滞环输出比较器的输出应为 "1"，从而让 $\Delta\psi_1$ 取正值（$\Delta\psi_1 = +1$），选择能使 ψ_1 幅值上升的电压空间矢量介入。

② 然后，要设法确定进行调节时的开关状态——处于哪一个电压空间矢量处（区间），该区间的序号与 u_{S1} 相同。例如，处于 $u_{S1}(001)$ 处（或附近），当 $\Delta\psi_1 = -1$，可使 ψ_1 下降的矢量有 $u_{S3}(010)$、$u_{S4}(011)$、$u_{S5}(001)$。其中，$u_{S4}(011)$ 不好使用，作用太直接［与 $u_{S1}(100)$ 一起］，容易引起 Ψ_1 的剧烈变化，故应选择 $u_{S3}(010)$、$u_{S5}(001)$；当 $\Delta\psi_1 = +1$ 时，可使 ψ_1 上升的矢量有 $u_{S1}(100)$、$u_{S2}(101)$、$u_{S6}(110)$，自然也只能选用 $u_{S2}(101)$、$u_{S6}(110)$，不选 $u_{S1}(100)$，理由同样是容易引起 ψ_1 剧烈变化。

同样道理，可以继续确定其余 5 个区间 $u_{S2}(101)$、$u_{S3}(010)$、$u_{S4}(011)$、$u_{S5}(001)$、$u_{S6}(110)$ 所对应供选择的电压矢量，这样可以制出一个对应 $\Delta\psi_1 = \pm 1$ 时各个区间推荐切换的开关电压矢量表，参考图 7-3。

（2）对应转矩滞环时推荐的电压空间矢量列表

由于对转矩的调节主要是 δ_{12} 的大小（还可包括正负），因此，其注意力集中在电压矢

量切向分量的介入上。首先，先确定转矩滞环宽度 $2\Delta T$，偏差量为 $|\Delta T|$，当出现 $\pm \Delta T$ 时，转矩滞环比较器的输也可以是 -1 和 $+1$，另外还加上 1 个 0 状态。参考上节，可以找出处于 $u_{S1}(100)$ 处的推荐可以改变转矩的电压矢量为 $u_{S2}(101)$、$u_{S6}(110)$、$u_{S7}(000)$。其中，$u_{S2}(101)$ 切向分量为逆时针旋转，与 ψ_1 同向，系加大 δ_{12}，可使电磁转矩增加；而 $u_{S6}(110)$ 的切线分量相对于 $u_{S1}(100)$ 来说，则为顺时针方向旋转，与 ψ_1 反向，会使 δ_{12} 减小，使得转矩减少，而 $u_{S7}(000)$ 的切线分量为 0，无用处。故选择的结果是，$\Delta T = -1$ 时，可选择 $u_{S2}(101)$；$\Delta T = +1$ 时，可选择 $u_{S6}(110)$。除此之外，还可以使用零矢量以缓和调节，避免过冲，具体的调节情况如下：

由于是控制 ψ_1 的转速，除了大小之外，还有一个方向问题，即有可能要求 ψ_1 瞬间反转一下，这样一来，选择电压矢量时，就需要按转向要求来确定。

1）正向，即与 ψ_1 旋转方向同向的调节

① 如果 $|T| \geqslant |T_{ref}|$，但 ΔT 尚未超过偏差允许值 $|\Delta T|$，此时可以使用零电压介入的办法来迫使 T 下降，即让磁链瞬间停转，δ_{12} 下降。T 下降的好处是缩小的梯度不大、转矩减速平缓、不会引起负荷状态的过大波动。故此时让比较器的输出也为 0，$\Delta T = 0$，用来对应让零矢量介入，而非用电压矢量介入，这是与定子磁链滞环调节不同之处。

② 如果出现 $|T| \leqslant |T_{ref} + T| + |\Delta T|$，则让比较器输出为 $+1$，让 ψ_1 迅速向前，加大 δ_{12}，使转矩快速增大，此时应选择与 ψ_1 同切向的电压矢量，即 $u_{S2}(101)$ 介入。当转矩重新上升时，则再切换成零矢量电压，让转矩的上升马上减缓，不致过冲太大。

2）反向，即与 ψ_1 旋转方向反向的调节

① 如果 $|T| \geqslant |T_{ref} + T| + |\Delta T|$，则让比较器输出为"$-1$"，意味着需要 ψ_1 向后（反方向）调整，使 δ_{12} 下降，此时应让 ψ_1 向后稍转一下。为此，可让电压矢量 $u_{S6}(110)$ 介入，其切向分量合与 ψ_1 转向相反，这样可以迅速地将转矩减少下来，进入允许范围。

② 如果出 $|T| \geqslant |T_{ref}|$，但 ΔT 未超过允许值，同样推荐使用零矢量来进行调节，使 ψ_1 瞬停，δ_{12} 作略小调节，使转矩平缓略减，达到预期数值即可。

5. 滞环调节下的开关电压矢量查询表

综上所述，两个滞环调节时，对应偏差情况，可以推荐的电压空间矢量列表，即开关电压矢量查询表，见表 7-1。

表 7-1　开关电压矢量查询表

$\Delta\psi_1$	ΔT	①	②	③	④	⑤	⑥
1	1	u_{S2}	u_{S3}	u_{S4}	u_{S5}	u_{S6}	u_{S1}
	0	u_{S7}	u_{S8}	u_{S7}	u_{S8}	u_{S7}	u_{S8}
	-1	u_{S6}	u_{S1}	u_{S2}	u_{S3}	u_{S4}	u_{S5}
-1	1	u_{S3}	u_{S4}	u_{S5}	u_{S6}	u_{S1}	u_{S2}
	0	u_{S8}	u_{S7}	u_{S8}	u_{S7}	u_{S8}	u_{S7}
	-1	u_{S5}	u_{S6}	u_{S1}	u_{S2}	u_{S3}	u_{S4}

为了方便快捷地查询采样时所需的开关电压矢量，可以对该瞬间定子磁链矢量端所处的轨迹点，将电压矢量按法向和切向分解，看它们能否满足需要。其中，切向分量 t 负责向前或向后，而法向分量 n 负责增加或减少，如图 7-4 所示。然后，根据需要，即 ψ_1、δ_{12} 调节的倾向，按表 7-1 所示来选择所需的电压矢量。

有几点需要加以说明：

① 表中，$\Delta\psi_1 = +1$ 指相对于转矩正向调节，$\Delta\psi_1 = -1$ 指相对于转矩作反向调节。$\Delta\psi_1 = +1$ 则是转矩小了，$|\psi_1|$、δ_{12} 需要增大。以第①区为例，此时，ΔT 一般也会显示出具体数值，如果 $\Delta T = +1$，就应让 $u_{S2}(101)$ 介入，其切线分量恰好为正向（顺时针方向），也符合转矩调节的需要。当然如果 $\Delta T = -1$，则显示的是转矩调整后过大（超调），需要 ψ_1 作快速回调，即作反向转动，就只有让 $u_{S6}(110)$ 介入［或 $u_{S2}(101)$ 切出）］。这里，$\Delta\psi_1$、ΔT 两滞环的调节是相互联系的，有可能一个动作之后就可以了，不用再做

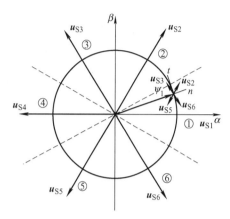

图 7-4 引入电压矢量按法向和切向分解

第二个动作来补充。如果不够，则第二个可以同向补充；如果过冲，则第二个进行反向调节，使过冲得到纠正。这种使用双环配合来选择电压矢量的方法，由于互相配合，效果甚佳。

② 同理，当 $\Delta\psi_1 = -1$ 时，其情况恰与之相反，两环可互补。

③ 正如前面所具体分析的，设置 $\Delta T = 0$，在两个方向上均可起到缓和过冲的好处，故在配置 ΔT 比较器时，就与 $\Delta\psi_1$ 比较器不一样，应设置"0"状态，这一点在设计具体电路时应注意。零电压矢量有两种状态，即（000）和（111），都可以达到使 ψ_1 停转的效果。但是，何时用哪一个，就要看哪一个介入时切换的开关器件最少。例如，只需切换一个开关即可达到零状态，以此为准来使用零电压矢量就可以减少功率器件开关的次数，降低开关损耗和发热。例如，当 ψ_1 处于图中第①和第②区之间时，转矩滞环发出的指令 $\Delta T = 0$，要求转矩下降，可以选择零电压的矢量有（000）和（111），到底选哪一个，就要看这之前矢量状态，如这之前曾选的是 $u_{S3}(010)$，那么按只切换一个器件的要求，当然应选 $u_{S7}(000)$，如果选成 $u_{S8}(111)$，则需切换两个器件，那是不恰当的。

④ 查询表中所处的区间号的确定

查询表中的区间号，是指磁链 ψ_1 当前（调节瞬间）选择时间所在扇区的位置，是以某一电压矢量为中心的左右各 30° 共计 60° 的区域的代号。扇区的确定，可使用本书第 5 章和第 6 章判断法扇区的方法来进行，只不过这里表示的是 ψ_1，而在那里表示的是 u_r，但其物理意思是一致的，都是指当前定子旋转磁场，故判断方法可用。

7.4 异步电动机直接转矩控制电路

根据直接转矩控制的基本方法，可以组合构成图 7-5 所示的控制电路框图。

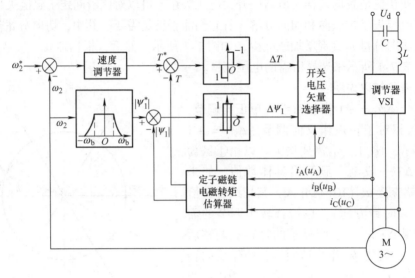

图 7-5　异步电动机直接转矩控制电路框图

7.4.1　主电路

电路采用的是三相电压源型逆变器，它的供电由一个带滤波电路的整流装置来提供，与此同时，它的功率单元由一个专门按六拍设计的"开关电压矢量选择器（功率器件的控制极控制环节）"来完成电压矢量的选择任务。由于是采用直接选择合适的开关电压矢量的方式来对电磁转矩进行直接控制，达到调速的目的。因此，即使采用的是电压源型逆变器，也不需要对电压矢量进行解耦，只需通过对电压矢量的径向或轴向分量进行适当地选择搭配，就可以达到独立控制电动机磁链的幅值和转速的目标。从这一点上来说，电压矢量的"径向"和"轴向"选择使用就是系统受控主物理量的"解耦"方式。与本书第 6 章介绍的矢量控制方法相比，这里的"解耦"方式就简单多了，不需要附加电路，只要查表合理选择就行了，方法简单、控制快速。这也是这种控制方法近年来快速发展和备受关注和有替代矢量控制的趋势的原因。

7.4.2　控制电路

控制电路用来控制电压矢量选择器对电压矢量的"选择"，它由下述 5 个环节组成：

① 定子磁链滞环控制器。

② 转矩磁链滞环控制器。

③ 定子磁链和电磁转矩估算环节。

④ 速度调节器。

⑤ 转速与磁通函数变换环节。

将上述 5 个环节连接到主电路上去，便可以构成一个完整的"异步电动机的直接转矩控制调速系统"，其系统框图如图 7-5 所示。

至于这些环节中的各个参量，有的是根据被控对象工作要求来给定的，即输入；有的则需要进行测量和计算，即反馈和计算。至于计算中涉及的电动机结构参数，则需在电动机手册中查找。

必须指出的是，在系统进行滞环动态调速时，通常都需要用到两个差值，即 $\Delta\psi_1$ 和 ΔT。偏差值取决于如下因素：①工作对象的要求，即差值的大小；②定子磁链 ψ_1 和转矩 T 的实际数值。ψ_1 因对象不同而异，由设计者具体设置；T 则需要随时进行检测。在实际应用中，定子磁链 ψ_1 和转矩 T 的数值的测量十分不便，而且还容易产生较大的误差，故一般都不采用直接实测，而是采用"间接测量"。即利用方便可测的其他参量，如电压、电流、转速等，再加上电动机的结构参数，如电感、电阻等，建立它们和磁链 ψ_1 和转矩 T 的物理逻辑关系式，进行"估算"。知道了这些参数，也就知道了磁链 ψ_1 和转矩 T。估算法简单实用，但因估算方式的不同，其表达公式有所区别，故在应用时将因对象而异。

"估算"法有以下两个特点：

①"估"就是指采用间接的办法，即用与 ψ_1 和 T 相关联的比较容易检测的其他电量关系，用这些关系建立出一个物理逻辑框图，图中各环节的内容，系前面的关系式（包括微分方程）特征方程中的相应环节的传递函数，然后，再将它对应到控制电路，其输出量就是 ψ_1 和 T，从而避免烦琐的数学计算。这种方法，虽然是估的，但因其用可以代表物理逻辑的传递函数构成，故和直接的数学解析具有同样效果，只要没漏掉参数，其结果应该是准确的。

②"算"指的自然是应用时所使用的关系公式以及采样的有关参数数值，不同的工作对象，将采用不同的估算模型。

常用的 ψ_1 的估算模型有 3 种，而 T 的估算模型则只有 1 种。下面分别进行介绍。

7.4.3　定子磁链和电磁转矩的估算方法

可以通过异步电动机在二相旋转坐下的 $\omega-\psi_1-i_1$ 状态方程，利用数-模关系，找出定子磁链 ψ_1 和电磁转矩 T_e 的与定子电压和电流之间的联系，并使用这些公式所表示的环节，将电动机实时采样得来的数据转换成 ψ_1 和 T_e 的采样值，作为实时反馈去与给定值相比较，以确定偏差 $\Delta\psi_1$ 和 ΔT，它是定子磁链和电磁转矩的估算方法的基础。

1. 从 $\omega-\psi_1-i_1$ 状态方程出发来估算定子磁链 ψ_1 和电磁转矩 T_e

从 $\omega-\psi_1-i_1$ 状态方程的整体来看，通过控制定子磁链 ψ_1 和定子电流 i_1 控制电磁转矩 T_e，便可以达到调速的目的。具体的方法可通过下述分析来看出。

状态方程第一式中的转矩在二相静止坐标下的表达式为

$$T_e = p_n L_m (\mathbf{i}_{1\beta}\mathbf{i}_{2\alpha} - \mathbf{i}_{1\alpha}\mathbf{i}_{2\beta}) \tag{7-14}$$

其中，转子电流可利用磁链方程来求出，即

$$i_{2\alpha} = \frac{1}{L_m}(\psi_{1\alpha} - L_1 i_{1\alpha}) \tag{7-15}$$

$$i_{2\beta} = \frac{1}{L_m}(\psi_{1\beta} - L_1 i_{1\beta}) \tag{7-16}$$

将式(7-15) 和式(7-16) 代入式(7-14)，经整理后有

$$T_e = p_n (\mathbf{i}_{1\beta}\psi_{1\alpha} - \mathbf{i}_{1\alpha}\psi_{1\beta}) \tag{7-17}$$

其中的定子磁链可以通过二相静止坐标下的电压平衡方程来求出，即

$$\mathbf{u}_{1\alpha} = R_1 \mathbf{i}_{1\alpha} + p_n \psi_{1\alpha} \tag{7-18}$$

$$\mathbf{u}_{1\beta} = R_1 \mathbf{i}_{1\beta} + p_n \psi_{1\beta} \tag{7-19}$$

经移项并积分后，有

$$\psi_{1\alpha} = \int (\boldsymbol{u}_{1\alpha} - R_1 \boldsymbol{i}_{1\alpha}) = \frac{1}{p_n}(\boldsymbol{u}_{1\alpha} - R_1 \boldsymbol{i}_{1\alpha}) \tag{7-20}$$

$$\psi_{1\beta} = \int (\boldsymbol{u}_{1\beta} - R_1 \boldsymbol{i}_{1\beta}) = \frac{1}{p_n}(\boldsymbol{u}_{1\beta} - R_1 \boldsymbol{i}_{1\beta}) \tag{7-21}$$

再将 ψ_1 和 i_1 的表达式代入转矩公式，并以框图表达，如图 7-6 所示。

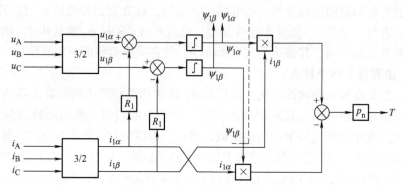

图 7-6　定子磁链和电磁转矩框图

图 7-6 中，定子磁链 ψ_1（由分量 $\psi_{1\alpha}$ 和 $\psi_{1\beta}$ 合成）由图中虚线左侧部输出，电磁转矩 T_e 则由虚线右侧输出。估算磁链矢量 ψ_1 和转矩 T 的幅值作为 ψ_1 和 T_e 的实时采样值，再去与给定值相比较，以确定偏差 $\Delta\psi_1$ 和 ΔT，供控制电路按本书表 7-1 选择电压矢量。

2. 使用其他的模型估算法[3] 来计算磁链矢量 ψ_1 和转矩 T_e 的幅值

（1）定子磁链 ψ_1 估算的 3 种方法

1）电流–电压模型法

由于定子磁链矢量的公式为

$$\psi_1 = \int (\boldsymbol{u}_1 - \boldsymbol{i}_1 R_1)\,\mathrm{d}t \tag{7-22}$$

① 电压，可采用按开关状态的办法来求取两坐标轴上的分量，即

$$\boldsymbol{u}_\alpha = R_e\left[\sqrt{\frac{2}{3}}U_d(S_A\alpha + S_B + \alpha^2 S_C)\right] \tag{7-23}$$

$$\boldsymbol{u}_\beta = \boldsymbol{I}_m\left[\sqrt{\frac{2}{3}}U_d(S_A\alpha + S_B + \alpha^2 S_C)\right] \tag{7-24}$$

式中，S_A 为 A 相器件导通状态，$S_A = 1$，指 A 相上臂关、下臂开；$S_A = 0$，指 A 相上臂开、下臂关。同样地，S_B 为 B 相的，S_C 为 C 相的，其含意相同。

这样，只要知道 A、B、C 的开关状态，就可以求出 $\boldsymbol{u}_\alpha$ 和 $\boldsymbol{u}_\beta$。根据 $\boldsymbol{u}_\alpha$ 和 $\boldsymbol{u}_\beta$ 可以求出 $\boldsymbol{u}_1$。U_d 为直流电源电压，为预设值。

② 电流，采用由三相电流互感器的办法来求取，即按下述公式求出两坐标分量：

$$\begin{bmatrix} \boldsymbol{i}_\alpha \\ \boldsymbol{i}_\beta \end{bmatrix} = \sqrt{\frac{2}{3}}\begin{bmatrix} 1 & -\dfrac{1}{2} & -\dfrac{1}{2} \\ 0 & \dfrac{\sqrt{3}}{2} & \dfrac{\sqrt{3}}{2} \\ 0 & 0 & 0 \end{bmatrix}\begin{bmatrix} \boldsymbol{i}_A \\ \boldsymbol{i}_B \\ \boldsymbol{i}_C \end{bmatrix} \tag{7-25}$$

由于电机是三线制的，故有

$$i_A + i_B + i_C = 0 \tag{7-26}$$

则有 $i_\alpha = \sqrt{\dfrac{2}{3}}\, i_A$，$i_\beta = \sqrt{\dfrac{2}{3}}\, (i_A + i_B)$，因此，采用二相互感器即可。根据 i_α 和 i_β 可以求出 i_1。

③ 定子电阻 R_1，由电机的制造参数表得到。

至此，可通过上面磁链公式计算出（1 个周期内）ψ_1 的幅值是多少，从而可以确定 $\Delta\psi_1$ 的数值。至于其具体的比值 Δ，则视被控系统的要求而定。

2）电流–速度模型法

利用定子磁链与定子电流、转子速度之间的关系，可求得 ψ_1，即

$$\psi_1 = \sigma L_1 i_1 + \frac{L_m}{L_1}\psi_2 \tag{7-27}$$

及

$$\frac{d\psi_2}{dt} = \frac{\sigma L_m}{L_1}\frac{1}{T_2}\left(\psi_1 - \frac{L_1}{L_m}\psi_2\right) + j\omega_2\psi_2 \tag{7-28}$$

将式(7-27) 和式(7-28) 联立求解，可以求出 ψ_1 和 ψ_2，但解起来比较烦琐。如果换个办法，将它们均按纵、横坐标轴进行分解，便可以相应地得到下列 4 个式子：

$$\psi_{1\alpha} = \sigma L_1 i_{1\alpha} + \frac{L_m}{L_1}\psi_{2\alpha} \tag{7-29}$$

$$\psi_{1\beta} = \sigma L_1 i_{1\beta} + \frac{L_m}{L_1}\psi_{2\beta} \tag{7-30}$$

$$\frac{d\psi_{2\alpha}}{dt} = \frac{\sigma L_m}{L_1}\frac{1}{T_2}\left(\psi_{1\alpha} - \frac{L_1}{L_m}\psi_{2\alpha}\right) + j\omega_2\psi_{2\alpha} \tag{7-31}$$

$$\frac{d\boldsymbol{\Psi}_{2\beta}}{dt} = \frac{\sigma L_m}{L_1}\frac{1}{T_2}\left(\boldsymbol{\Psi}_{1\beta} - \frac{L_1}{L_m}\boldsymbol{\Psi}_{2\beta}\right) + j\omega_2\boldsymbol{\Psi}_{2\beta} \tag{7-32}$$

如果直接同轴联立求解，同样是十分麻烦的，因此不可取。但是，可以从两轴方向，使用能够实测的物理量 I_A、I_B 及 ω_2，按公式间关系，求解定子磁链矢量的逻辑结构关系，并可以用框图表示。这样，就不必去直接求解，同样可以求出定子磁链矢量 ψ_1（$\psi_{1\alpha}$、$\psi_{1\beta}$）。上述 4 式按两轴方向得到的逻辑框图如图 7-7 所示。

其中，定子电流的两轴分量 i_α 和 i_β 可按式(7-25) 求得，ω_2 可用测得的转子速度进行换算，其他参数则由电机的固有考数计算得到。由于这个框图结构不涉及定子绕组电阻 R_1，故系统控制精度受温度的影响较小。

3）电压–速度模型法

其思路和电流–速度模型法相同，只是输入的是电压 $u_{1\alpha}$、$u_{1\beta}$ 和 ω_2。为了得到电压输入、电流转换、磁链输出之间的关系，先列出定子和转子电压矢量方程及定子和转子电流矢量方程：

$$\frac{d\psi_1}{dt} = u_1 - i_1 R_1 \tag{7-33}$$

$$\frac{d\psi_2}{dt} = \frac{L_m}{\sigma L_1}\frac{1}{T_2}\left(\psi_1 - \frac{L_2}{L_m}\psi_2\right) + j\omega_2\psi_2 \tag{7-34}$$

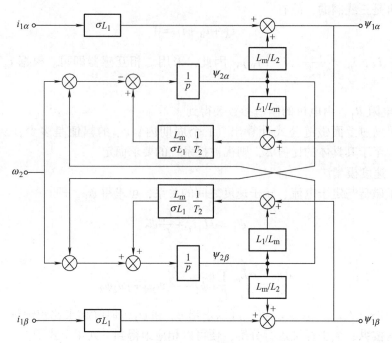

图 7-7　电流–速度模型法检测定子磁链框图

$$i_1 = \frac{\psi_1}{L_1} - \frac{L_m}{L_1} i_2 \tag{7-35}$$

$$i_2 = \frac{L_m}{\sigma L_1 L_2} \left(\frac{L_1}{L_m} \psi_2 - \psi_1 \right) \tag{7-36}$$

然后，再用它们的两轴方程，参考电流–速度模型法，得到图 7-8 所示的电压–速度模型法电压–磁链检测框图。

图中，$u_{1\alpha}$ 和 $u_{1\beta}$ 可以通过电流–电压模型法中的公式求出，ω_2 可用测得的转子速度进行换算。

电压–速度模型法较电流–速度模型法复杂得多，只有电流–电压模型法最为简单并直接。之所以将 3 种模式都介绍出来，是因为它们各有长处，适用不同，可供应用者酌情选择。

图 7-8 所示框图中心部分主要就是电流–速度模型法的框图，电压作为输入，减去定子电阻压降，再与电流–速度模型法的框图串联，即此法是前两种方法的结合。

应当注意的是，上述框图中的箭头方向和综合器的正负号切不可错，否则将与上述方程式的关系不相符，读者最好自己画一下。这样，可保在画电路和编写软件时正确无误。

（2）定子磁链 ψ_1 三种估算法的应用范围

电流–电压模型法比较简单，传递函数模块少，故精度高，且只受 R_1 变化的影响，一般在高速段较好，故适用于调节常处于高速运行的系统。

当处于低速段时，相对电压值而言，R_1 的影响已不可忽略，电流–电压模型法已不正常工作，只好采用电流–速度模型法，虽然此时速度可能有检测误差，转子也会有时间常数不稳（电动机参数受温度、磁饱和等变化的影响），但能正常工作，故适用于常处于低速运行的调节系统。

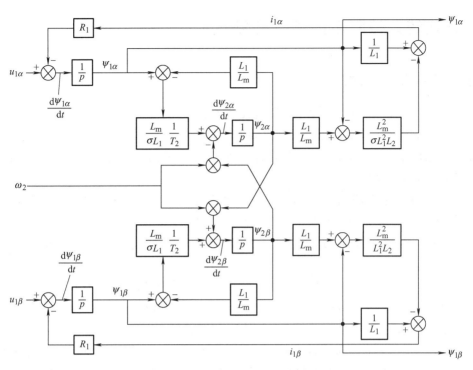

图 7-8　电压-速度模型法电压-磁链检测框图

电压-速度模型法可以形成由高速向低速的连续切换，可作全速型的定子磁链观测模型，它实际上是电流-电压模型法和电流-速度模型法的串联，因此，它可运行在高、低速都有良好的应用特性，但必须注意处理好由高向低的过渡问题，具体应用可参考相应参考文献，这里不再多叙。

（3）电磁转矩的估算

$$T = K'_T \boldsymbol{\psi}_1 \times \boldsymbol{i}_1 \tag{7-37}$$

如用两轴分量，可表示为

$$T = K'_T(\boldsymbol{\psi}_{1\alpha}\boldsymbol{i}_{1\beta} - \boldsymbol{\psi}_{1\beta}\boldsymbol{i}_{1\alpha}) \tag{7-38}$$

式中，$\psi_{1\alpha}$ 和 $\psi_{1\beta}$ 为上面磁链矢量估算法估算出来的估计值；$\boldsymbol{i}_{1\alpha}$ 和 $\boldsymbol{i}_{1\beta}$ 为互感器测出的电流（I_A 和 I_B）经过电流矢量公式算出的实测值。

$\psi_{1\alpha}$ 和 $\psi_{1\beta}$ 的估计值在上面磁链矢量估算法中，是通过框图获得的，可以在控制调节中使用，但不能预先算得（需要解联立方程）。因此，如确需预先知道，只有使用下述方法。

可以利用定子磁链矢量两轴表达式：

$$\boldsymbol{\psi}_{1\alpha} = \int (\boldsymbol{u}_{1\alpha} - R_1 \boldsymbol{i}_{1\alpha}) \mathrm{d}t \tag{7-39}$$

$$\boldsymbol{\psi}_{1\beta} = \int (\boldsymbol{u}_{1\beta} - R_1 \boldsymbol{i}_{1\beta}) \mathrm{d}t \tag{7-40}$$

式中，$\boldsymbol{i}_{1\alpha}$ 和 $\boldsymbol{i}_{1\beta}$ 为实测值经换算后得到的，定子绕组电阻 R_1 可知，剩下来只需知道电压矢量的两分量值即可；$\boldsymbol{u}_{1\alpha}$ 和 $\boldsymbol{u}_{1\beta}$ 用电流-电压模型法按公式估算出，因此，可以算出（1 个周期内的）磁链矢量的两分量值 $\psi_{1\alpha}$ 和 $\psi_{1\beta}$，代入转矩式式(7-38)，便可预先算出 T，从而也就好预设 ΔT。

7.5 直接转矩控制中的滞环控制过程

7.5.1 控制与调节过程

对于图 7-5 所示的电路，其整个控制过程可按如下顺序解读：

1）首先给定了电动机的转子期望速度 ω_2^*。

2）电动机的实际转速 ω_2 将与 ω_2^* 综合（负反馈），然后，综合速度信号 $\omega_2^* - \omega_2$ 进入转速调节器，进行变换和调节。

3）转速调节器（PID 控制）输出正比于电磁转矩的控制信号，作为转矩给定信号 T_e^*，将与估算的实际转矩（负反馈）信号 T_e 比较，结果为 $T_e^* - T_e = \Delta T$。

4）ΔT 作为实时控制时的转矩偏差信号输出到转矩滞环比较器，根据比较的结果可有以下动作：

① 若 ΔT 为正值，表示实际转矩小了，需要定子磁链矢量 ψ_1 向前旋转，使 δ_{12} 加大，以便让 T_e 增大。具体用幅值的绝对值比较作为标准，如果 $|T_e| \leqslant |T_{eref}| - |\Delta T|$，表示 T_e 低于最低允许值，急需调大，故此时比较器的输出为 "1"，即 ΔT 取 1。

② 若 ΔT 为负值，表示实际转矩大了，需要定子磁链矢量 ψ_1 向后旋转，使 δ_{12} 减少，以便让 T_e 降低，具体可用幅值的绝对值比较作为标准，如果 $|T_e| \geqslant |T_{eref}| + |\Delta T|$，表示 T_e 超过最大允许值，急需调小，故此时比较器的输出为 "−1"，即 ΔT 取 −1。

③ 若 ΔT 为 0，表示实际转矩大小合适，不需要定子磁链矢量 ψ_1 向前或向后动作，δ_{12} 不必作调整。但是，由于采用的是 "Bang- Bang" 两点式调节，是一个不断的动态过程。因此，ΔT 为 0 只是一种过渡，即两点调节间的极短的瞬态，要么正由减小向增大，或相反由增大向减小。为防止过冲超调，可使用引入零电压，它可起到 "缓冲" 的作用。

具体的有两种情况：a）$|T_e| \leqslant |T_{eref}|$，表示此时 T_e 等于或略低于预期值，比较器的输出为 "0"，即 ΔT 取 0；b）$|T_e| \geqslant |T_{eref}|$ 表示此时 T_e 等于或略大于预期值，比较器的输出亦为 "0"，即 ΔT 亦取 0。两种情况下 ΔT 都取 0，都可使用零电压介入，到底采用哪一个？则要看 ψ_1 当时所处的区间和所介入的电压矢量，原则就是只切换一个功率器件进入零电压矢量。例如，ψ_1 当时所处的区间为①，逆向旋转，调节介入的电压矢量为 $u_{S3}(010)$，显然应采用 $u_{S7}(000)$；如到了区间②，此时调节介入的电压矢量为 $u_{S4}(011)$，显然就应采用 $u_{S8}(111)$，以此类推。

总之，计算 ΔT 之后，可结合磁链综合信号 $\Delta\psi_1$ 一道，按表 7-1 所示去选择当前所需介入的电压空间矢量，进行转矩和滞环调节控制。

5）与此同时，转子转速 ω_2 又通过另一控制电路进入到 $\omega—|\psi_1^*|$ 函数发生器，使 ω_2 变成磁链 ψ_1 的幅值绝对值 $|\psi_1^*|$，去作为定子磁链的给定值。

6）$|\psi_1^*|$ 与估算回来的实际磁链（负反馈）信号 $|\psi_1|$ 相综合，结果为 $|\psi_1^*| - |\psi_1| = \Delta\psi_1$，同样，根据比较的结果可有以下动作：

① 若 $\Delta\psi$ 为负值，表示实际磁链大了，需要将定子磁链矢量 ψ_1 的幅值绝对值 $|\psi_1|$ 减少，以便让 T_e 降低，具体的比较为 $|\psi_1| \leqslant |\psi_{1ref}| - |\Delta\psi_1|$，即 $|\psi_1|$ 已低于允许值，此时比

较器的输出为 "1"，即 $\Delta \psi_1$ 取 1，应当引入能在法向使 ψ_1 减少的电压空间矢量。

② 若 $\Delta \psi$ 为正值，表示实际磁链小了，需要将定子磁链矢量 ψ_1 的幅值绝对值 $|\psi_1|$ 增大，以便让 T_e 提高，具体的比较为 $|\psi_1| \geqslant |\psi_{1\mathrm{ref}}| + |\Delta \psi_1|$。即，$|\psi_1|$ 已超过允许值此时比较器的输出为 "–1"，即 $\Delta \psi$ 取 –1，应当引入能在法向使 ψ_1 增大的电压空间矢量。

7）表 7-1 中，两比较器以磁链偏差信号 $\Delta \psi_1$ 为前，转矩偏差信号 ΔT 为后，共同进行转矩、滞环协调调节控制。

8）在进行滞环控制时，还应确定当前定子磁链 ψ_1 所在的空间位置（扇区），以便确定以它为中心左右 30° 所对应的区间顺序号 S_ϕ，这可以从对应于当前（采样实时）定子磁链 ψ_1 的电压空间矢量的位置来加以确定。例如，处于 $u_{\mathrm{S1}}(100)$ 左右 30°，自然 $S_\phi = 1$。至于采样时定子磁链 ψ_1 所落的扇区号 S_ϕ 的确定方法见本书 5.10.5 节。

7.5.2 滞环比较器问题

滞环比较器的组成，可以参考前面介绍的电流滞环控制中的相关内容。但是，这里应注意，转矩比较器由于要采用零电压矢量的方法，故不能设计成连续型滞环，而要采用回线过 0 凸跳型滞环；而磁链比较器则仍为回线型连续滞环。

滞环比较器属于二点式（或称双位式）开关调节器，是一种非线性调节器，当变量偏移达到一定数值后立即进行调节，用以造成从一个点到另一个点的直接瞬间过渡。犹如汽车的刹车踏板一踩一放，踏板会出发梆、梆（Bang-Bang）的声音，被称之为 Bang-Bang 控制。由于 Bang-Bang 控制属于非线性的动态调节，因此其对外扰的抵抗能力较强，即鲁棒性能较强。

7.6 滞环控制中应该注意的几个问题

滞环控制是直接转矩控制的基本控制方法。其优点是方法简单、子控环节少；在 DSP 控制下，占用存储单元不大、计算速度快、调控性能较好；其缺点是转矩的波动较大。因此，一般限用于对调速性能要求不太高的地方。

下面介绍滞环控制技术中的主要问题。

7.6.1 定子磁链和电磁转矩允许偏差值 $\Delta \psi_1$ 和 ΔT 选择问题

该问题即滞环宽度的选择问题。如果选择 $\Delta \psi_1$ 和 ΔT 较大，显然可以减少调节用电压矢量介入的次数，即功率器件开关的次数（频率），有利于减少开关损耗。同时，由于可使用低频率的器件，价格也比较便宜，但是，偏差值大尤其是 ΔT 大，转矩的波动自然大，降低了调速性能。反之，如果为追求过高的调速性能，选择较小的 $\Delta \psi_1$ 和 ΔT，势必增加功率器件的开关次数，增加开关损耗和引起器件发热，同时，高频器件的价格也高。因此，必须兼顾调速的性价比来正确选择偏差值。由于这里主要是理顺各种调速方法，故对滞环选择的具体细节不再多讲，如读者需要，可参阅相关参考文献。

7.6.2 调节过程中 $\Delta \psi_1$ 和 ΔT 实时量的计算公式

在调节过程中，电动机中实际产生的磁链和转矩偏差（与给定值之间），可以用下面两个公式进行计算，所得数值可供系统设计者用于分析比较。例如，在选定采样时间的条件下，可以算出可能出现的磁链和转矩偏差、最大值，并与上节设定的允许值相比较，看看允许值（即环宽）选得是否合适。在考虑负荷要求和功率器件性价比等条件下，可以反复调整，达到合理状态。

如果不涉及设计，只是维护运行，则可以不去计算，有个概念就行了。因为系统如已固定，实际中产生的偏差会按图 7-5 所示框图的传递函数关系送到开关电压矢量选择单元，对磁链和转矩进行限制在滞环规定内的调节，控制转矩的变化，对转速进行调节。

必须指出的是，允许值和偏差值完全不是一回事。前者是按百分比预设的某个数，即预设的环宽，它限定了实际的磁链、转矩只能在 $\pm\Delta\psi_1$ 和 ΔT 规定的范围内变化，是一个界限数值；而后者则是实际上磁链幅值（因负荷变化、电压波动等因素）发生的变化，是实时值与给定值之差，是时刻都在变化的一个动态数值。两者绝不要混淆。由于许多资料中常常简化，往往引起误解，故在此给读者一个提醒。

下述就来介绍实际运行时，$\Delta\psi_1$ 和 ΔT 的计算（又称估算）公式：

① $\Delta\psi_1$ 计算公式为

$$|\Delta\psi_1| = \sqrt{\frac{2}{3}} U_\mathrm{d} \cos\left[(k-1)\frac{\pi}{3} - \rho_1\right]\Delta t \tag{7-41}$$

式中，U_d 为电压矢量开关所连接的直流电压值；k 为采样时所用电压空间矢量所在的扇区；ρ_1 为定子磁链 ψ_1 与采样前使用的电压空间矢量，如 $\boldsymbol{u}_\mathrm{S1}(100)$ 之间的相位差，并有

$$\rho_1 = \int\omega_1\mathrm{d}t \approx \omega_1\Delta t \tag{7-42}$$

式中，Δt 为介入的电压矢量开关的导通时间。

② ΔT 的计算公式为

$$|\Delta T| = K_T'\psi_1\frac{1}{L_1'}(U_{1\mathrm{M}} - e)\Delta t \tag{7-43}$$

式中，K_T' 为电动机的转矩系数，由电动机的机电结构参数决定；L_1' 为定子绕组瞬态电感，$L_1' = L_1 - \dfrac{L_\mathrm{m}^2}{L_2}$；$U_{1\mathrm{M}}$ 为定子电压矢量的幅值；e 为定子感应电势矢量（即转子感应电势折算矢量）的幅值，$e = U_{1\mathrm{M}} - \mathrm{j}I_{1\mathrm{M}}\sigma L_1$，$\sigma = 1 - \dfrac{L_\mathrm{m}^2}{L_1 L_2}$，$\sigma$ 为定子漏磁系数，$I_{1\mathrm{M}}$ 为定子电流矢量的幅值。

7.7 预期电压矢量控制

在滞环控制中，能用来调节转矩偏差的电压矢量只有 8 个，即 $\boldsymbol{u}_\mathrm{S1}(100)$、$\boldsymbol{u}_\mathrm{S2}(101)$、$\boldsymbol{u}_\mathrm{S3}(010)$、$\boldsymbol{u}_\mathrm{S4}(011)$、$\boldsymbol{u}_\mathrm{S5}(001)$、$\boldsymbol{u}_\mathrm{S6}(110)$、$\boldsymbol{u}_\mathrm{S7}(000)$、$\boldsymbol{u}_\mathrm{S8}(111)$。显然，这不能完全满足 ψ_1 和充分控制在所希望的范围内，有时甚至会引起 ψ_1 和 T 的超调和波动。因此，希望能增加介入电压矢量的个数，以满足需要。对于六拍的 PWM 而言，当然可以使用六拍电压空间矢量进行"调制"的办法，即采用 SVPWM 的方法，这样就可以利用相邻两个空间矢量及零电压空间矢量，来合成任何所希望的电压矢量。在 SRPWM 方法下，可以获得接近圆形的

ψ_1 和波动甚小的 ψ_1、T。如何使用 SVPWM，可以参阅本书第 5 章的内容。只不过，在直接
转矩控制技术中使用 SVPWM 时，与第 5 章介绍的 SVPWM 稍有不同。第 5 章介绍的电压矢
量是按预先选择的每扇若干个小区来定制的，数目和相位是固定的，应用时按号调取。这里
介绍的方法，所需要的电压矢量的数目和相位均不是固定的，是随机的。也就是说，随调节
时的需要而定，根据转矩和磁链偏差情况而定。当偏差发生后，如偏差超过规定量，就引入
调节电压矢量，而目的是使转矩与磁链回归，尽量限制在一定范围（即预期值左右）内波
动，使偏差值不致过大，不超过允许值。这样一来，所需要的电压矢量就得依照当时的偏差
情况来进行估算，根据估算出来的偏差大小，再估算出应该选取那两个相邻的电压矢量或零
电压矢量调制该矢量必要的工作时间的长短。相当于切换到一个调制矢量上去，使转矩和磁
链控制在不超调的范围内。可见，这里 SVPWM 适合离散型的应用，其好处就在于能因地制
宜，尽可能达到最佳的预期效果。下面介绍一下具体的应用步骤，至于相关公式推导，可参
阅相关参考文献。

应当指出，转矩调节的基本方法仍是"滞环控制"，只不过电压空间矢量的引入办法不
再是"六拍"的，而是尽可能"多拍"。即，引入某一最为合适的调制电压空间矢量，也就
是"预期电压矢量"。因此，这种方法也称为预期电压矢量控制法。其具体控制过程如下：

① 首先，选择好采样周期时间 Δt。Δt 大时可能出现的偏差大，Δt 小则要求功率器件切
换数增加，会引起开关功率加大、器件截止频率升高、价格提高，故应进行性价比测算。

② 其次，选择好预期电压矢量 $\boldsymbol{u}_{1\mathrm{ref}}$ 值的大小，只要实际运行时的电压矢量与它相等
（实际为近似），就能获得预期的电磁转矩和定子磁链幅值。因此，有必要去按本书第 5 章
介绍的相关公式，算出 $\boldsymbol{u}_{1\mathrm{ref}}$。

③ 然后，确定 ψ_1 和 T 采样时所在的扇区位置（即区号），其方法见本书 5.10.4 节。

④ 对电磁转矩 T 和定子磁链 ψ_1 此时的偏差进行估算，估算分为稳态和静态两种。

7.7.1　稳态

1. 电磁转矩的估算

电磁转矩的估算可按下式进行：

$$|\Delta T| = K'_T \psi_1 \times \frac{1}{L_1}(\boldsymbol{u}_{1\mathrm{ref}} - \boldsymbol{e})\Delta t \tag{7-44}$$

式中，$\boldsymbol{e} = \boldsymbol{u}_1 - \mathrm{j}\omega \boldsymbol{i}_1 \sigma L_1 = \dfrac{\Delta \psi_1}{\Delta t} - \sigma L_1 \dfrac{\Delta \boldsymbol{i}_1}{\Delta t} = \boldsymbol{e}_\alpha + \mathrm{j}\boldsymbol{e}_\beta$。式中各变量含义和前面滞环控制公式的意
义相同。该式的目的在于，可利用实测量和已知估算量来表示，以便得出传递函数框图。可
利用如下公式：

$$\Delta \psi_1 = \psi_1^* - \psi_1 \tag{7-45}$$

$$\Delta \boldsymbol{i}_1 = \boldsymbol{i}_1^* - \boldsymbol{i}_1 \tag{7-46}$$

式中，ψ_1 可由磁通估算；$\boldsymbol{i}_1$ 可由电流互感器测得的两相电流经换算后得出。

2. 预期电压矢量 $\boldsymbol{u}_{1\mathrm{ref}}$ 的确定

$\boldsymbol{u}_{1\mathrm{ref}}$ 可以做到如下两点：

① 定子磁链尽可能保持圆形，使定子磁链实际的偏差值最小。

② 使转矩的波动最小，保持在允许范围以内。

预期电压矢量，可以按下面的办法求出。预期电压矢量的二次方程为

$$au_{\text{ref}\alpha}^2 + 2bu_{\text{ref}\alpha} + c = 0 \tag{7-47}$$

式中，$u_{\text{ref}\alpha}$ 为预期电压的 α 轴分量，是上式需要求解的值。按下述式子找出系数 a、b、c：

$$a = \Delta t^2 + \left(\frac{\psi_{1\beta}}{\psi_{1\alpha}}\Delta t\right)^2 \tag{7-48}$$

$$b = G\psi_{1\beta}\left(\frac{\Delta t}{\psi_{1\alpha}}\right)^2 + \Delta t\psi_{1\alpha} + \frac{\psi_{1\beta}^2\Delta t}{\psi_{1\alpha}} \tag{7-49}$$

$$c = 2G\Delta\Delta\frac{\psi_{1\beta}}{\psi_{1\alpha}} + \left(\frac{G\Delta\Delta}{\psi_{1\alpha}}\right)^2 + \psi_{1\alpha}^2 + \psi_{1\beta}^2 - \psi_{1\text{ref}}^2 \tag{7-50}$$

式中，$\psi_{1\beta}$ 和 $\psi_{1\alpha}$ 由磁通观测器估算得到；Δt 为采样时间，为事先选定的值；$\psi_{1\text{ref}}$ 为预期的定子磁链值，即应维持的磁链，为已知数；G 为系数，是一系列据计算的结果：

$$G = \frac{\Delta T L_1'}{p_n\Delta t_{1\alpha}} + (\psi_{1\alpha}e_{1\beta} - \psi_{1\beta}e_{1\alpha})$$

式中，p_n 为电动机极对数；$\Delta t_{1\alpha}$ 为采样延迟时间；$\Delta T = T_{\text{ref}} - T_e$，为转矩偏差；$L_1' = \sigma L_1$，为定子瞬时电感；$\psi_{1\alpha}$ 和 $\psi_{1\beta}$ 为采样瞬间由磁通观测器估算的定子磁链两轴分量；$e_{1\alpha}$ 和 $e_{1\beta}$ 为采样瞬间定子感应电动势两轴分量（忽略定子电阻后，$e = U_1 - j\omega I_1\sigma L_1$）。

将上述各参数计算出来后，代入二次方程式(7-47)求解，取其中绝对值较小的解。

再将此解 $u_{\text{ref}\alpha}$ 代入下式：

$$u_{\text{ref}\alpha\beta} = \frac{\psi_{1\beta}u_{\text{ref}\alpha} + G}{\psi_\alpha} \tag{7-51}$$

可以求出 $u_{\text{ref}\beta}$，这样再应用求出 $u_{\text{ref}\alpha}$ 和 $u_{\text{ref}\beta}$，便可求出预期电压矢量：

$$u_{1\text{ref}} = u_{\text{ref}\alpha} + ju_{\text{ref}\beta} \tag{7-52}$$

3. 采样时电压矢量开关区号的确定

由于是采用调制方式，故可选择正在使用的两个电压开关矢量来合成。为此，首先要确定此采样时间电压矢量的位置，即它应该落在那一个扇区。如果应用的是 SVPWM 方法，则可采用本书 5.10.4 节介绍的办法来确定 $u_{1\text{ref}}$ 落的扇区（小区），选出前和后的矢量及其作用时间。例如，落在第 I 扇区，就应选择 $u_{S1}(100)$ 和 $u_{S2}(101)$，再加上一小段零电压矢量，分别作用时间为

$$\Delta t_m = \sqrt{\frac{3}{2}}\frac{\Delta t}{U_d}\left(u_{\text{ref}\alpha} - \frac{1}{\sqrt{3}}u_{\text{ref}\beta}\right) \tag{7-53}$$

$$\Delta t_1 = \sqrt{2}\frac{\Delta t}{U_d}u_{\text{ref}\beta} \tag{7-54}$$

$$\Delta t_0 = \Delta t - \Delta t_m - \Delta t_1 \tag{7-55}$$

这个方法和本书第 5 章介绍的基本上是一样的。第 5 章采用的是以小区为单位、均匀对称的矢量，本章采用的是离散的合成矢量。正因为如此，本章使用 SVPWM 方法的计算量要多许多，这是它和第 5 章对称合成方法不同之处，也是其麻烦之处。除此之外，也可以采用附录 I 介绍的方法来确定采样时 $u_{1\text{ref}}$ 所落的扇区。

4. 电压矢量开关的引入

电压矢量开关的引入的原则，与表 7-1 所示的滞环法直接进行选择有所不同。不同之

处就在于，该方法要对 $u_{1\text{ref}}$ 进行估算，根据估算结果，选择 $u_{1\text{ref}}$ 左右相邻的两个电压矢量进行调制。即进行线性组合，使组合电压矢量基本上等于 $u_{1\text{ref}}$。因此，引入的电压矢量起码有 2 个，再加上零电压矢量，共 3 个，而且引入的时间各不相同，都需进行计算，并受到采样小区周期时间 Δt 的限制。所以，电压矢量开关的引入就不能直接查表，而是根据估算。

7.7.2　瞬态

此处所说的瞬态，专指电磁转矩突然发生了变化，如转矩给定值的突然变化或外负载的突然变化，都会引起电磁转矩和定子磁链的过大偏差。在这种情况下，若欲达到采样周期内，转矩和磁链能跟踪上给定值（即预期值），就必须要有足够大的预期（给定）电压矢量，而采样时间甚短。在调制状态下，就只有加大介入电压矢量的幅值，而这却受到直流电压 U_d 的限制，往往达不到需要。反过来，在可能达到的最大预期电压矢量下，只有延长作用时间，结果造成 $\Delta t_m + \Delta t_1 > \Delta t_1$，这是不允许的。如果采用，将会引起控制程序的时间混乱。简单来说，按上述稳态调节的办法，SVPWM 不能提供预期的电压矢量。所以，只有对这种暂态现象再加分析，看看应采用其他哪些方法，才能解决该问题。

为分析方便，下面分 3 种状态来进行讨论。

1. 磁链保持不变，转矩瞬间发生变化

例如，磁链 ψ_1 正处于①区间，为使转矩尽快变化，如要求增大，就应选择 $u_{S2}(101)$ 和 $u_{S3}(010)$；反之，欲减小，则应选择 $u_{S5}(001)$ 和 $u_{S6}(110)$。此时，若对照查询表可知 $u_{S2}(101)$ 可使 ψ_1 上升，而 $u_{S3}(010)$ 可使 ψ_1 下降。因此，只要使用好 $u_{S2}(101)$ 和 $u_{S3}(010)$，是可以使 ψ_1 基本为常数的。与此同时，使用 $u_{S2}(101)$ 和 $u_{S3}(010)$ 却又能使 T 迅速增大（因为两矢量的切线方向均是加快 ψ_1 的转速，从而使 δ_{12} 上升，从而使 T 增大）。同理，欲使 T 减小，则应用 $u_{S5}(001)$ 和 $u_{S6}(110)$ 可以使 δ_{12} 下降，从而使 T 减小。也就是说，同时使用两个相邻电压矢量来进行调制控制，可以满足上述要求。

注意，当欲使 T 迅速变化时，不能使用零电压矢量，它会使变化速度降低，不利于动态快速调节。

表 7-2 所示的 A 项是对应上述要求时的矢量选择表的。表中给出的是，采样时磁链 ψ_1 所在位置相邻两侧的两个电压矢量。将它们引入并进行调制，线性组合即可。由于不使用零电压矢量，故表中也就没有该项。

表 7-2　转矩、磁链瞬态开关电压矢量选择表

ΔT	①	②	③	④	⑤	⑥
0	$u_{S2}u_{S3}$	$u_{S3}u_{S4}$	$u_{S4}u_{S5}$	$u_{S5}u_{S6}$	$u_{S6}u_{S1}$	$u_{S1}u_{S2}$
1	$u_{S5}u_{S6}$	$u_{S6}u_{S1}$	$u_{S1}u_{S2}$	$u_{S2}u_{S3}$	$u_{S3}u_{S4}$	$u_{S4}u_{S5}$
				A		
$\Delta\psi_1$	①	②	③	④	⑤	⑥
0	$u_{S1}u_{S2}$	$u_{S2}u_{S3}$	$u_{S3}u_{S4}$	$u_{S4}u_{S5}$	$u_{S5}u_{S6}$	$u_{S6}u_{S1}$
1	$u_{S3}u_{S4}$	$u_{S4}u_{S5}$	$u_{S5}u_{S6}$	$u_{S6}u_{S1}$	$u_{S1}u_{S2}$	$u_{S2}u_{S3}$
				B		

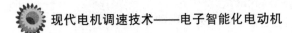

表中，$\Delta T = 0$ 表示 $T - T_{ref} < 0$，即应使 T 增大，可采用表中对应的电压矢量及与其相邻的下一个矢量。例如，在①区间，可采用 $u_{S2}(101)$ 和 $u_{S3}(010)$；当 $\Delta T = 1$，表示 $T - T_{ref} > 0$，其情况与以上相反，对应采用 $u_{S5}(001)$ 和 $u_{S6}(110)$。

由于不使用零电压矢量，故有

$$\Delta t = \Delta t_m + \Delta t_1 \tag{7-56}$$

式中，Δt_m 为前一个矢量作用的时间；Δt_1 为后一个矢量作用的时间。

另外，由于不使用零电压矢量，介入矢量的法线作用相对要强一些，有可能使磁链矢量轨迹偏离圆形较大，这对短时间暂态来说影响不大，而其切线作用的加强，却可使 T 迅速增大，这正是所需要的。

2. 保持转矩不变，磁链发生变化

这时，要求的是介入的矢量的切线作用要小，而法线作用要大，本着这个需要，看看应该介入什么样的电压矢量才合适。例如，ψ_1 也处于①区间，对应图 7-3 所示，可以看出 $u_{S1}(100)$、$u_{S2}(101)$ 及 $u_{S6}(110)$ 均可使 ψ_1 上升，而为使 δ_{12} 不变，不能用 $u_{S3}(010)$。在上述 3 个矢量中，$u_{S6}(110)$ 的切线作用会引起 δ_{12} 下降，故不宜采用，这样只有采用 $u_{S1}(100)$ 和 $u_{S2}(101)$。反之，欲使 ψ_1 下降，只有采用 $u_{S3}(010)$ 和 $u_{S4}(011)$。

用同样方法，可以找出适合②区间要求的表 7-3 所示 B 项：当 $\psi_1 - \psi_{1ref} < 0$，对应为 $\Delta\psi_1 = 1$，欲使 ψ_1 上升，可选用采样时刻 ψ_1 所对应区间内，按表中给出的电压矢量来进行调制；当 $\psi_1 - \psi_{1ref} > 0$ 时，对应为 $\Delta\psi_1 = 0$，欲使 ψ_1 下降，同样，可选用采样时刻 ψ_1 所对应区间内，取表中给出的电压矢量来进行调制。

因为要保持 δ_{12} 为常数，同样不能采用零矢量，故有

$$\Delta t = \Delta t_m + \Delta t_1 \tag{7-57}$$

式中，Δt_m 和 Δt_1 的意义同前。

3. 磁链和转矩均瞬态变化

将上述两种情况合并考虑，就是磁链和转矩均瞬态变化的状态。显然，欲使 T 和 ψ_1 都尽可能在瞬态情况下快速跟踪预期值，就应当全面考虑所选的电压矢量起如下作用：

① 欲使 T 和 ψ_1 均快速上升，则应选择电压矢量的切线和法线方向均与采样时的 T 和 ψ_1 两方向相同的矢量。例如，在①区间，如图 7-3 所示，只有 $u_{S2}(101)$ 具有这种性质，其他的都不能兼顾。

② 反之，欲使两者迅速下降，也只有 $u_{S5}(001)$ 有这种能力，如此看来，在一个采样周期内也只好选择一个电压矢量。当然，其作用时间正好等于采样时间，即 Δt。

③ 根据上述两种情况，可以得出在全暂态情况下的电压矢量，见表 7-3。

表 7-3   全暂态开关电压矢量选择查询表

ΔT	$\Delta\psi$	①	②	③	④	⑤	⑥
0	0	u_{S2}	u_{S3}	u_{S4}	u_{S5}	u_{S6}	u_{S1}
0	1	u_{S3}	u_{S4}	u_{S5}	u_{S6}	u_{S1}	u_{S2}
1	1	u_{S5}	u_{S6}	u_{S1}	u_{S2}	u_{S3}	u_{S4}
1	0	u_{S6}	u_{S1}	u_{S2}	u_{S3}	u_{S4}	u_{S5}

可以发现，表 7-3 给出的查询表与滞环调节时的查询表（表 7-1）基本相同，只是没有了零电压矢量的介入。这两个表在选择上显然大致相同，但意义却不一样。表 7-1 所示的是处于稳态下用滞环比较得出的。其控制结果会使变化轨迹始终处于滞环的带宽之内（即两点 Pang-Pang 控制范围之内），转矩和磁链的波动是比较大的，除非选择小的带宽，但那样又会使功率器件的频率过高，提高了设备费用。而在预期矢量控制中，虽然也计算 $\Delta\psi_1$ 和 ΔT，但它未设具体的"宽"度值（因为不采取滞环比较器），只要发现 $\Delta\psi_1$ 或 ΔT，即只要采样时发现 T 和 ψ_1 与预期值不符，就应调节。所以，它是一种动态的快速调节方法（不需像滞环那样一定要达到超过环宽才调），故可在偏差发生之初进行纠正。这种调节的波动也较滞环调节小得多。但是，正是由于它的动态预见性，所以每个采样周期内都需要进行大量的计算，处理比较频繁，要选用计算速度快、处理能力强的芯片。所以，其一般采用专门的 DSP，由此使成本会高于采用普通 CPU 的方案。

7.7.3　稳态调节与瞬态调节之间的判断与转换

先采用稳态调节来处理（一般情况下如此），当计算调制时间时，如发现

$$\Delta t_{\mathrm{m}} + \Delta t_1 < \Delta t \tag{7-58}$$

则确定按稳态调节；如果发现 $\Delta t_{\mathrm{m}} + \Delta t_1 > \Delta t$，则说明系统出现的是 T 和 ψ_1 中的某一个可能处于瞬态变化，因此应该采用瞬态调节：

① 假设 ψ_1 不变，T 为瞬态变化，可查询表 7-2 所示 A 项求得所需的介入电压矢量，按式 (7-2) 和式 (7-3) 来计算调制时间。

若计算出的结果是 $\Delta t_{\mathrm{m}} + \Delta t_1 \leqslant \Delta t$，就按此调节方法，查询表 7-2 所示来求得所需的介入电压矢量，矢量作用时间就是 Δt_{m} 和 Δt_1。

若计算出的结果仍然是 $\Delta t_{\mathrm{m}} + \Delta t_1 > \Delta t$，则需假设另外的情况。

② 假设 T 不变，ψ_1 为瞬态变化，则可按式 (7-2) 和式 (7-3) 来计算调制时间。

若计算出的结果是 $\Delta t_{\mathrm{m}} + \Delta t_1 < \Delta t$，便可就按此调节方法，查询表 7-2 所示 B 项来求得所需的介入电压矢量，作用时间分别是 Δt_{m} 和 Δt_1。

若计算出的结果仍然是 $\Delta t_{\mathrm{m}} + \Delta t_1 > \Delta t$，则需假设另外的情况。

③ 假设 T 和 ψ_1 均处于瞬态变化，因此，需要按全瞬态变化进行调节，即查询表 7-3，得到所需的介入电压矢量，作用时间为 Δt。

7.8　直接转矩控制与矢量变换控制的异同

7.8.1　相异之处

直接转矩控制与矢量变换控制这两种控制方法，主要的相异之处在于控制手段。后一种方法由于需要转子磁场（或定子磁场、气隙磁场）的定向，即转子磁场的坐标要准确定位，就需要对转子磁场进行准确检测（包括幅值和相位，然后进行坐标变换，随时了解它所在的空间位置）。另外，要控制定子电流的两个分量，也需要进行坐标变换（矢量变换），将它在旋转坐标上分解，并进行磁场定向。然后才能控制它的两个分量，特别是控制转矩分量的大小，从而实现对电动机电磁转矩大小的控制，达到调速的目的。矢量控制的优点是，由

于能连续调节，使得调速范围较宽；其缺点是易受电动机绕组参数变化的影响，使得系统的鲁棒性受到降低。

直接转矩控制是控制定子磁链。其观测器不受转子参数的影响，只与定子绕组电阻有关。由于定子绕组电阻是容易直接测量的，从而能够保证更好的系统鲁棒性。又由于采用电磁转矩比较控制，能够获得更快的动态转矩响应。这些都是它的优点。但由于采用非线性的 Bang-Bang 控制器，难免受到被控变量脉动的影响。

7.8.2　相同之处

上面已经提到，两种方法的控制手段不同，但控制量是相同的，即都是要控制定子电流的转矩分量。那么，直接转矩控制是怎样控制定子电流的转矩分量的呢？

定、转子磁势的空间矢量方程为

$$\psi_1 = L_1 i_1 + L_m i_2 \tag{7-59}$$

$$\psi_2 = L_2 i_2 + L_m i_1 \tag{7-60}$$

联立求解得出转子电流和定子电流为

$$i_2 = \frac{1}{L_2}(\psi_2 - L_m i_1) \tag{7-61}$$

$$i_1 = \frac{\psi_1}{L_1'} - \frac{L_m}{L_1' L_2}\psi_2 \tag{7-62}$$

式中，$L_1' = L_1 - \frac{L_m^2}{L_2}$。

再将定子、转子电流代回磁链式，可以导出定子磁链和转子磁链的关系式为

$$\psi_1 = L_1' i_1 + \frac{L_m}{L_2}\psi_2 \tag{7-63}$$

上式子反映出，如果设 ψ_2 不变，只要调节 i_1，就可以使 ψ_1 发生变化，包括它的幅值和相位（该式为矢量方程）。在讨论式(7-9) 时曾介绍过，保持 ψ_1 和 ψ_2 幅值不变，只要改变两者的相位差 δ_{12}，就可以改变电磁转矩的大小。怎样才能做到这一点呢，利用合适的电压矢量，就可以使 ψ_1 向前或向后移动，从而改变 δ_{12} 的大小。如图 7-4 所示，如果将 ψ_1 和 i_1 均向旋转坐标系 α-β 投影，对于不同的 δ_{12}（ψ_1、i_1 的幅值不变），则两者的转矩分量就可以改变（励磁分量也可以改变，不过变化小）。可见，直接转矩控制 ψ_1 的等幅值转动，就可以控制定子磁链的转矩分量，同时也是控制定子电流的转矩分量，即

$$i_\beta = \frac{\psi_\beta}{L_1'} \tag{7-64}$$

从这一点来看，的确也证明了两种控制方法的参数和目的是完全相同的。

7.8.3　直接转矩控制的特殊之处

直接转矩控制，由于转矩的变化因素较多（负载变化和外部干扰等），所以采用的方法是动态的。即根据转矩的变化，让 ψ_1 变化，以尽量让转矩保持恒定，即总是处在动态调整之中。因此，这种方法得到的调整结果是有波动的，处于动态变化之中。但是，只要其平均值等于预期值就行了，这是该方法的特殊之处。

正是由于直接以转矩变化为依据来进行调节，而且调节环节又少，所以调节反映时间快。对于要求动态指标高、鲁棒性高的负载，使用这种方法比较适合。

这个方法的主要缺点是在低频（低速）时会出现一些误差。其原因如下：

① 在低频（低速）情况下，定子电压会因 $\frac{U_1}{f}$ 为常数的要求而下降。这样一来，定子电阻的影响就大了，再忽略它，就会产生误差。

② 低频时，逆变器的压降带来的影响也会增大。

③ 低频时，电压和电流的测量误差会因积分环节的累积而不可忽视。

所以，这种方法在低频时的控制效果要差一些，从而在低频的应用中受到限制，造成其调速范围相对要狭窄一点，这也是该方法的主要缺点之一。

综合一下，可以得到性能比较。

读者在选择控制方案选择时可参考表 7-4。

表 7-4　两种控制系统的性能比较

性能与特点	直接转矩控制系统	矢量控制系统
磁链控制	定子磁链	转子磁链
转矩控制	Bang-Bang 控制，有转矩脉动	连续控制，比较平滑
坐标变换	静坐标变换，较简单	旋转坐标变换，较复杂
转子参数变化的影响	无	有
调速范围	原系统不够宽，现已改进	宽

7.9　直接转矩控制的 DSP 程序流程图问题

直接转矩控制由于计算量大，而且要求反应速度快，故采用 DSP 控制。关于在这种情况下的控制程序将因采用的具体方案（滞环控制或预期电压控制）而异，故这里就不给出具体的流程图，而打算在 DSP 基础上制定一个操作平台，得出一个可以安装不同操作软件的办法来具体实现所选用的控制方法。至于操作平台和不同的操作软件方面的内容，本书第 9 章将分析和叙述。

第 8 章　交流同步电动机的变频调速

8.1　引言

过去交流同步电动机并不作为调速电机，往往只用来拖动一些要求转速恒定或重型的负载，它还能起到改善电网功率因数的作用。现在，由于技术的发展，变频变得十分容易，同步电动机的变频调速才被提到议事日程上来。

与交流异步电动机相似，也可以在 SPWM 和 SVPWM 方法的基础上，采用矢量控制或直接转矩控制两种方案，对同步电动机进行高品质的变频调速。但是，由于其转子结构的不同，这里不再出现转差问题，而是出现功率角大小的问题。本章不再讨论同步电动机的结构，而将以凸极式同步电动机为例，对其变频调速问题加以探讨。

此外，由于本书的重点在"梳理"交流电动机的现代调速技术，故只讨论同步电动机的矢量控制，不介绍同步电动机的直接转矩控制方面的内容（其基本原理与异步电动机的大同小异）。读者如有需要，该方面内容可以参考相关文献。

8.2　同步电动机变频调速系统的变频形式

同步电动机的变频调速形式，可以分为两类：一类是它（外）控变频调速；另一类是自控变频调速。前者是通过逆变器给定频率的外部控制（可以是交-直-交系统，也可以是交-交系统），来改变同步电动机旋转磁场的同步转速；后者则是通过改变逆变器的直流电压高低（利用转子位置传感器）来改变同步电动机旋转磁场的同步转速。

而对于同步电动机变频调速，一些资料也按变频装置处于自动控制系统之内或之外，分为他控变频和自控变频两种。其区分的关键在于电动机转子轴上是否带有用来反馈转子频率 f 的转子频率传感器 BQ。也就是说，BQ 成为区分类别的识别器。如果变频系统不涉及矢量控制，上述分类无疑是正确的。

但是，同步电动机变频调速使用矢量变换策略，让上述分类失去了意义。这是因为矢量变换一定需要转子上的 BQ，以便反映转子轴线位置，进行坐标变换。或者说，矢量控制对同步电动机变频调速来说，就是自控式变频，不存在什么他控问题，只有给定问题，即给定电流的转矩分量和励磁分量（弱磁）问题，在调节过程中，电流的频率肯定是自动调节的（通过功率器件控制信号的频率调节表）。这样，同步电动机变频调速的矢量控制一般就应按磁场方向来进行划分，像前面介绍的异步电动机的矢量控制示例那样，可能更加贴合实际。

8.3　正弦波供电的同步电动机的调速系统

8.3.1　同步电动机的变频调速的方式

三相正弦波供电的同步电动机如果需要变频调速，过去是通过专门的变频机组，通过调频法改变机组原动机（直流电动机）的转速，从而改变三相交流发电机机组输出电压的频率，这样就可以使同步电动机的转速改变。这种形式通常多用于多电机同步调速，如输送机等，基本上不会用于单台调速。这是一种旧方法，现在已很少使用或不用。对于单台调速的同步电动机，目前多使用的 PWM 控制的变频调速法。另外，与异步电动机一样，同步电动机可使用 SPWM 或 SVPWM 变频调速方法，而对于调速品质要求较高的，则常采用矢量控制和直接转矩控制调速方法。下面介绍同步电动机的矢量控制调速技术。

同步电动机矢量控制的基础思想与异步电动机是完全相同的，也是从把定子电流解耦出励磁分量和转矩分量，从而分别对其进行控制，达到调节旋转磁场转速，从而实现调节转子转速的目的。因此，可以引用本书第 6 章所采用的那些方法，但要注意这里不存在转差就行了。

为了清楚分析同步电动机的矢量控制，需要有针对性地对同步电动机的定子绕组中的电磁参数之间的关系先进行一下梳理。

8.3.2　同步电动机的矢量图

对于凸极转子同步电动机，其矢量坐标系比异步电动机要复杂一些，这是因为存在转子交、直两轴电枢反应这一特殊情况。因此，它除用 α-β 坐标系表示静止坐标外，还要引入转子的旋转坐标系 d-q，磁场定向旋转坐标系 M-T。

首先来看一下两极同步电动机的物理模型，如图 8-1 所示。

对应这个物理模型的空间矢量如图 8-2 所示。

图 8-2 中，A 相绕组轴线 A 为矢量空间的静止坐标 α-β 中的 α 轴。以它为采样瞬间的观察基准，励磁转子的磁极 Δt 时间内以同步速度 ω_1 旋转一个角度 $\theta = \int \omega_1 \mathrm{d}t$。这就是转子磁场 ϕ_f 此时的空间位置，可用转子位置传感器测出，供控制系统定向使用。ϕ_f 的位置也就是此时转子励磁磁动势和电流空间矢量 $f_\mathrm{f}(i_\mathrm{f})$ 的位置。然后，可以假设三相定子绕组的合成磁动势和相应电流的空间矢量 $f_1(i_1)$ 的位置。两者便可合成（即考虑凸极直轴电枢反应）为气隙磁动势和相应电流的空间矢量 $f_\mathrm{R}(i_\mathrm{R})$，从而找到了气隙磁场 ϕ_R。

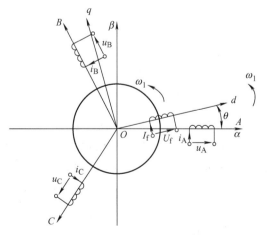

图 8-1　两极同步电动机的物理模型

它也是定向的另一个依据。此外，图8-2中还给出转子磁场旋转坐标 d-q 和气隙磁场旋转坐标 M-T，可供控制系统进行磁场定向时使用。图8-2中也给出了按气隙磁场定向时定子电流的分解状态，分解后的对应分量可供控制环节使用。同时，各矢量之间的相位关系，也可使用各分量之间的几何关系求得；只有定子电流 i_1 对 T 轴的夹角 φ_1 有待确定，可根据图8-3所示的时间相量图确定。该夹角为电动机当时的功率因数角。图中的相位差角 θ、θ_f、θ_1 之和定为 λ，它将在转化的时间相量图中供计算定子绕组三相电流时使用。下面就来画A相绕组的定子电压、定子电流及定子磁动势的时间相量图。

根据本书6.3节的介绍，如果都以A轴（即 α 轴）做参考基轴，将时、空两复平面重叠的话，则合成磁动势 f_1 将与A相定子电流 $\dot{I}_1$ 在相位上完全重合。图8-3所示的所有电流空间矢量的空间相位，也就是它们在以A轴（即 α 轴）做参考基轴的时间复平面中的时间相位。据此，就可以拓扑出图8-3所示的时空向量图。图中，相关电流，特别是定子电流的具体相位，与图8-2完全相同。但这里表示的既是时间相量又是空间矢量。为了进行区别，空间矢量标号改为黑体小写，时间相量仍用大写加点" · "。此外，在图中还画出A相定子绕组的感应电动势 $(-\dot{E}_1)$ 和电压 $\dot{U}_1$。其中，$(-\dot{E}_1)$ 为合成气隙磁通 Φ_m 所感应，因此在相位上应该比 Φ_2 提前90°，即与 T 轴重合。如果忽略定子电阻和漏抗，可以有 $\dot{U}_1 = (-\dot{E}_1)$，那么，定子电压 $\dot{U}_1$ 亦在此处。这样可以导出它与定子电流 $\dot{I}_1$ 之间的相位差 φ_1 必为此时电动机的功率因数角。

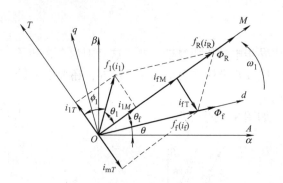

图8-2　两极同步电动机的磁动势、
电流空间矢量图

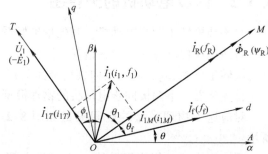

图8-3　定子电压、定子电流及定子
磁动势的时空向量图

在图8-3中，如果把电流、磁动势相量复平面再重合到它们此时的空间矢量复平面，则图中各量的空间矢量之间的相对位置不会发生变化。简言之，这也可看作是电动机各物理量的空间矢量图。因此，为了清晰起见，不妨将其中主要的电流、磁动势（变为磁链）矢量及相关坐标留下，其他的略去，变为图8-4所示的以气隙磁场定向的定子电流、磁链矢量图。

如果以转子磁场（即转子轴线）定向，则定向坐标 M-T 便与任意旋转坐标 d-q 重合。于是，此时的定子电流、磁链矢量图将进一步简化，如图8-5所示。

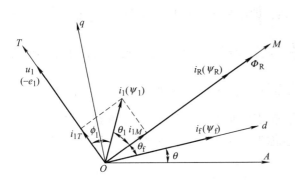

图 8-4　以气隙磁场定向的定子
电流、磁链矢量图

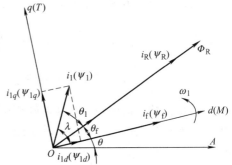

图 8-5　转子磁场定向时定子电流、
磁链矢量图

8.3.3　同步电动机的功角特性

现按图 8-5 所示的定子电流、磁链矢量图，将定子磁链和电流 $i_1(\psi_1)$ 向转子轴坐标 d-q 投影，有如下关系：

$$\left.\begin{array}{l} \psi_1 = \psi_{1d} + j\psi_{1q} \\ i_1 = i_{1d} + ji_{1q} \end{array}\right\} \tag{8-1}$$

同步电动机的电磁转矩为

$$T = K'_M \psi_1 i_1 \tag{8-2}$$

若将上述式(8-1) 代入式(8-2)，应有

$$\begin{aligned} T &= K'_M (\psi_{1d} + j\psi_{1q}) \times (i_{1d} + ji_{1q}) \\ &= K'_M (\psi_{1d} i_{1q} - \psi_{1q} i_{1d}) \end{aligned} \tag{8-3}$$

有　　　　　　　$\psi_{1q} = L_{1q} i_{1q}$　　　　$\psi_{1d} = L_{1d} i_{1d} + \psi_R$

式中，ψ_R 为转子磁极的励磁磁场；$L_{1d} i_{1d}$ 为定子电流的 d 轴反应；$L_{1q} i_{1q}$ 为定子电流的 q 轴反应。

代入转矩公式有

$$T = K'_M \left[\psi_R i_{1q} + (L_{1d} - L_{1q}) i_{1q} i_{1d} \right] \tag{8-4}$$

如图 8-5 所示，电流矢量的分解关系式为

$$i_{1d} = i_1 \cos\beta \tag{8-5}$$

$$i_{1q} = i_1 \sin\beta \tag{8-6}$$

式中，$\beta = \theta_1 + \theta_f$，为同步电动机定子磁场与转子磁场轴线之间的夹角，即功率角。

将式(8-5) 和式(8-6) 代入式(8-4)，有

$$T = K'_M \left[\psi_R i_1 \sin\beta + \frac{1}{2} (L_{1d} - L_{1q}) i_1^2 \sin 2\beta \right] \tag{8-7}$$

将 $\psi_R = L_{Rd} i_R$ 代入式(8-7)，得

$$T = K'_M \left[L_{Rd} i_R i_1 \sin\beta + \frac{1}{2} (L_{1d} - L_{1q}) i_1^2 \sin 2\beta \right] \tag{8-8}$$

第一项可视为定、转子磁场之间所产生的电磁转矩；第二项可视为凸极效应附加转矩。

从第一项可以看出，电磁转矩与 β 成正弦关系，即电机学中所称的功角关系。$0 \to \frac{\pi}{2}$，T 不断增加；$\frac{\pi}{2} \to \pi$，则 T 不断降低。即，$0 \to \frac{\pi}{2}$，随着负载的增大，电动机可用 β 角增大的方式增加电磁转矩。这样，就可以平衡稳定地运行。$\frac{\pi}{2} \to \pi$，负载如果继续加大，使得 β 加大，对应功角特性，情况则与之前恰好相反，转矩反而变小。也就是说，β 继续加大，电动机产生的电磁转矩更小，直至拖不动负载，这称为"失步"或"崩溃"。所以，稳定段应为 $0 \sim \frac{\pi}{2}$。

第二项表示的是凸极转子磁极受定子磁场吸引所产的附加转矩。它与励磁电流无关，没有励磁电流也会有的，是凸极转子特有的转矩。这一项的大小取决于 L_{1d} 和 L_{1q} 相比的结果。对于凸极式转子的，$L_{1d} > L_{1q}$，则此项呈低幅倍频形式（图8-6所示曲线2）；对于隐极式转子的，$L_{1d} = L_{1q}$，故第二项为零；对于日常应用甚广的永磁式转子的，由于 $L_{1d} < L_{1q}$，则第二项的数值正好与电励磁式转子的相反（图8-6所示虚线2'），其倍频磁阻转矩在 $\frac{\pi}{2}$ 以前为负值，而在 $\frac{\pi}{2}$ 之后为正值。

若将第二项的磁阻转矩叠加到第一项上，则可得到完整的功角特性，如图8-6所示。

① 对于一般的凸极式励磁转子同步电动机，其功角特性呈向前倾的类正弦曲线，如图8-6所示曲线3。这样一来，稳定运行区的范围将向前，小于 $\pi/2$，即稳定区有所减少，但又因合成转矩的加大，而使其动态调节（整步）能力加强。

② 对于嵌入式永磁电动机，其功角特性曲线将呈后仰形式（因倍频曲线恰好反相），如图8-6所示虚线4，使稳定范围向后移动而加宽了，但其整步能力将随曲线平缓而有所下降。

③ 对于面装式永磁电动机，则和隐极式转子电动机一样，由于 $L_{1d} = L_{1q}$，于是第二项为零，功角特性就完全呈正弦变化，如图8-6所示曲线1。

④ 当 $L_{1d} = L_{1q}$ 时，意味着 $I_{1d} = 0$，于是有

$$T = K_T'\psi_R i_1 \sin\beta$$
$$= K_T'\psi_R i_q \sin\beta \quad (I_{1d} = 0) \quad (8-9)$$

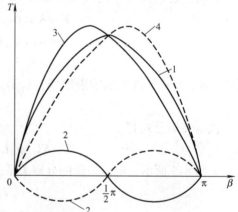

图8-6 同步电动机的功角特性

从图8-5所示的空间矢量图可以看出，此时，$i_1 = i_{1q}$ 与 ψ_R（励磁）完全垂直，每单位定子电流所产生的转矩最大。因此，若采用快速改变定子电流的办法，则可以达到转矩迅速变化（加大）的目的，从而获得快速的转矩响应。应用电流可控型的逆变器就可以达到这一目的。

⑤ 一般来说，同步电动机的设计，多使定额状态下 $\beta = 30°$ 左右，这样，其最大转矩 T_{MAX} 可达到额定转矩的3倍左右，即过载能力系数为3。

8.3.4　同步电动机的矢量控制调速

前面比较仔细地分析了异步电动机矢量控制调速，在此基础上再来分析永磁同步电动机的矢量控制调速问题就比较容易了。尤其是，由于同步电动机的转子轴线（极面中心线）的位置是十分明确的，而它就是需要找到的转子磁通的轴线，即 M-T 坐标系中的 M 轴，即图 8-5 所示的 d-q 坐标系中的 d 轴线。它也以同步转速随定子旋转磁场一齐同方向旋转，于是很容易通过传感器检测出来。比起异步电动机来说，这带来了很大的方便。这是因为，之前必须先将三相转换成为两相，先找出定子电流矢量的静止坐标 α-β 上的相位，再通过由静止到旋转的变换，在找到转子磁场定向后，才能找到定子电流矢量在空间的确切位置，再对 M 轴与 T 轴进行分解，才能进行矢量控制。而这里，由于转子本身的磁场方向就是 M 轴（即 d 轴）的方向，就可以以它来进行定向，所以，在坐标变换上，就只需进行 3/2 变换即可。这中间的两相就是同步旋转的两相。为了表达此两相（M-T，即 d-q）中 M 轴（d 轴）对三相中 A 轴的相位差，可用传感器将它（令其为 θ）检测出来，并在 3/2 或 2/3 变换过程中（利用相应公式）做考虑，如下式：

$$\begin{bmatrix} i_{\mathrm{A}}^* \\ i_{\mathrm{B}}^* \\ i_{\mathrm{C}}^* \end{bmatrix} = \sqrt{\frac{2}{3}} \begin{bmatrix} \cos\theta & -\sin\theta \\ \cos\left(\theta - \dfrac{2}{3}\pi\right) & -\sin\left(\theta - \dfrac{2}{3}\pi\right) \\ \cos\left(\theta + \dfrac{2}{3}\pi\right) & -\sin\left(\theta + \dfrac{2}{3}\pi\right) \end{bmatrix} \begin{bmatrix} i_d^* \\ i_q^* \end{bmatrix} \tag{8-10}$$

它所表示的就是在 2→3 变换过程中，给出指令的变换。即，在给定了磁场分量 i_d^* 和转矩分量 i_q^* 的情况下，可将指令换成三相电流相应矢量控制的指令，这对电流型逆变器定子电流控制来说，是非常基础的公式。

由此可见，同步电动机的矢量控制与异步电动机矢量控制相比，进行起来要简单得多。当然，具体的内容还要结合转子的具体结构形式一并进行分析，才能得到切实可行的控制电路和控制方法。

1. 矢量控制系统的结构框图

同步电动机按转子磁通定向的矢量控制系统框图如图 8-7 所示。

2. 控制系统说明

（1）按转子磁通定向

首先，对于图 8-7 所示转子磁通定向的凸极同步电动机的矢量控制系统，讨论矢量控制是如何进行的。

① 在这个控制框图中，逆变器采用的是电流 PWM 逆变器，已由三相整流器经滤波后供给直流电压。

② 设系统的控制量为转子角速度 ω_1，先给定一个预设值 ω_1^*，与电动机同轴的测速反馈 ω_1 相比较后，作为速度调节器 ASR 的输入。

③ 转子磁通也可以给定一个预设值 ψ_{R}^*（由电动机设计参数确定），它乘上经 3/2 变换器出来的反馈定子电流励磁分量 i_d 和系数 K_T 之后，成为反馈的实际转矩。之后，用它来与转矩给定值 T^* 进行比较，合成值经转矩调节器 AMR 后，输出代表转矩的电流分量 i_q^* 作为 2/3 变换的给定。

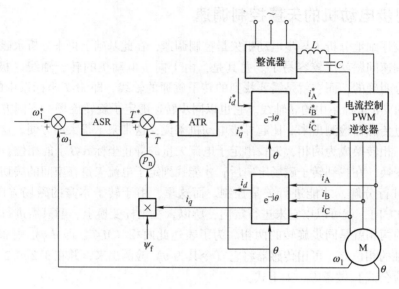

图 8-7 按转子磁通定向的矢量控制系统框图

④ 根据电动机运行所设的功率因数 $\cos\varphi_1$，可以算出 $i_d = i_1\cos\varphi_1$ 作为定子电流励磁分量的给定值 i_d^*。

⑤ 将 i_d^* 和 i_q^* 再经 2/3 变换后，输出三相电流的给定值 i_A^*、i_B^*、i_C^*，用来控制电流型 PWM 逆变器。

⑥ 电动机的转子上除带测速发电机作为检测转速 ω 外，还要带一个转子位置（轴线）传感器 BQ，用来反馈转子转动中每瞬间的实际位置，即它与 d 轴的夹角 θ。此角 θ 再分送两个坐标变换器，作为变换参数。

⑦ 如图 8-7 所示，电流型逆变器的电流控制器，可采用滞环、最优原则来构成，具体可参考本书第 6 章中的有关内容，这里不再赘述。

⑧ 由上可见，转子磁场定向方式的确能使控制方式简单明快、易于实行。这种方式在永磁式同步电动机中应用较多。

⑨ 在整个系统中，给定 ω_1^* 就是给定逆变控制信号的频率 f_1^*，而 ψ_R^* 则因永磁可认为磁场基本上是固定不变的（采用加强直轴反馈的特殊措施，也可在一定范围内进行弱磁控制）。在这个系统中，i_d^* 因永磁也可认为是不变的，因此反馈 i_d 也就用不上了（如果不是永磁而是电励磁，则反馈就有用处，可用来保持转子磁场的稳定）。应当指出的是，这个系统除经 ω_1^* 换转设定了 i_q^* 之外，还需要经计算设定 i_d^*。其空间矢量图如图 8-5 所示。其中，$\beta < \pi/2$。因此，电机处于稳定状态，不致失步。至于 $\theta = \omega_1\Delta t$，不同的 ω_1 会在相同的 Δt 瞬间呈现出不同的 θ 值。

（2）按气隙合成磁通定向

这种系统一般多用于励磁式凸极同步电动机，其矢量控制系统框图如图 8-8 所示。

① 该系统也采用电流型逆变器，可用交-直-交或交-交形式。但是后者功率因数较低、谐波大，对电网不利，使用时需要另加相应的改善设备，但其技术较为成熟，已在一些要求低速运行的大功率设备上推广使用。

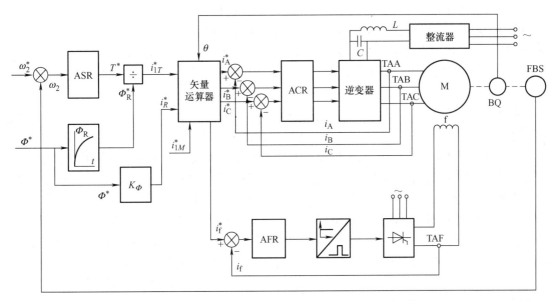

图 8-8　按气隙合成磁通定向的电流调节矢量控制系统

② 该系统为两环控制，外环为速度环，内环为电流环。

③ 励磁回路设有一个电流反馈环，以稳定励磁电流。

④ 转速给定值 ω_1^* 与反馈值 ω_1 综合后，输入到速度调节器，之后输出转矩 T^*。此值除以转子磁通值 $K_\Phi \Phi_R^*$ 后，可以得到定子电流的转矩分量 i_{1T}^*。

⑤ 合成气隙磁通 Φ_R^* 给定值可以由磁通模型曲线 $\Phi_R = f(t)$ 来获得。这样还要考虑磁通因电磁时间常数而滞后于励磁电流的情况。这是因为，后面的转矩与电流之间的算式关系，必须建立在磁通已经稳定的条件下，所以转子磁通 Φ_f^* 的数值要用稳态值。

⑥ 另外，通过磁通给定值中的 Φ_R^* 和系数 K_T''，可以得到合成励磁电流值 $i_{R(m)}^*$。

⑦ 定子绕组的直轴反应电流 i_{1M}^*，即定子电流的励磁分量，可以根据电机的功率因数 $\cos\varphi_1$ 来决定，$i_{1M}^* = i_1 \cos(90° - \varphi_1)$，可参考空间矢量图，经计算后得出具体数值输入到矢量运算器中去。

⑧ 转子磁场与交轴坐标之间的角度 θ，可由轴子位置检测器获得，也要输入到矢量运算器中去。

⑨ 输入矢量运算器的有 4 个量——i_{1T}^*、i_{1M}^*、i_R^*、θ；输出的有 2 个量，励磁电流给定值 i_f^*，三相电流给定值 i_A^*、i_B^*、i_C^*。

⑩ 矢量运算器进行如下运算。根据图 8-2 所示的矢量间关系有以下公式：

a. $i_f = \sqrt{i_{fM}^2 + i_{fT}^2}$。式中，$i_{1M} = i_R - i_{fM}$；$i_{fT} = -i_{1T}$。

b. 为求出三相电流，需以 A 相坐标为基轴，定义 $\lambda = \theta_1 + \theta_f + \theta$。其中，$\theta_1 = 90° - \varphi$；

$\theta_f = \cos^{-1} \dfrac{i_{fM}}{i_f}$；$\theta$ 由转子位置传感器测得。

c. $i_A = |i_1| \cos\lambda$，$i_B = |i_1| \cos(\lambda - 120°)$，$i_A = |i_1| \cos(\lambda - 240°)$。式中，$i_1 = \sqrt{i_{1M}^2 + i_{1T}^2}$。

⑪ 经矢量运算器算出的三相定子电流作为给定值，再与反馈综合后，输入到电流控制

器，也可采使用滞环、最优策略甚至 PID 对定子电流进行调节。

⑫ 上述方案，是根据矢量图中各量的相互关系进行运算的，以获得所需的三相定子电流和励磁电流。虽未直接采用 2/3 变换，但意义是一样的。其特点是励磁可控。其合成的气磁场为 ψ_R^*，矢量控制以它为定向依据。在此前提下的各矢量关系构成了矢量控制系统。

（3）几点说明

① 上述两个例子，都是在一定的假设条件下得到的近似结果；同步电动机的矢量控制系统的确比较简单；一般都用电流型逆变器；可以进行滞环、最优等电流跟踪型调节。

② 对于大多数的凸极同步电动机而言，需要考虑凸极效应，即定子绕组的交轴电感与直轴电感不相等（$L_{1d} > L_{1q}$ 或 $L_{1d} < L_{1q}$），这样会产生一个倍频的反应转矩，致使合成的功角特性发生向前或后的仰或倾，从而改变了电动机的整体功角特性。

③ 功角特性是同步电动机稳定运行的标志，只有在上升段才不致失步，这对不调速的同步电动机是不难的，一般只要不让负载的突变导致 β 角拉大到超过临界点即可。但是，如果同步电动机进行调速，情况就有些不一样了，因为，当变频的梯度过大，定子旋转磁场的转速瞬间突变，将会使 β 角发生巨大的变化。例如增频，β 角可能在瞬间超过临界角，致使电动机失步。为应对这种突变，就需要电动机的电磁转矩也应在瞬间加大，使电动机的转速也瞬间跟上，快速地加大到指定频率所对应的转速，并保证 β 仍处于临界角度以内，才能使电动机继续保持同步运行。同样，在减频时，如果变频的梯度过大，也可能因发生转速震荡而导致失步。因此，矢量调节系统一定要保证定子电流的快速调节性，即动态反应要快，以满足调频调速时稳定运行的需要。

④ 鉴于同步电动机功能特性有稳定段与非稳定段，显然应采用像矢量调节这样的调速策略，使用双环反馈控制这样的方法，再应用能快速反应的电流型逆变器。如果在调速时采用逐级变化变频，应该说电动机是可以始终处于稳定段工作的。而且，由于其功角范围还比较宽，故电动机对负载变化的应时能力还是比较强的，可以认为这种系统的鲁棒性比较好。但是，如果在调频时，不是逐级，而是跳级调频，就有可能发生瞬间使电动机的功角超过临界值的情况。这时，如果系统的调节响应性不够，则将会导致电动机因转速震荡而失步，使系统崩溃。因此，建议系统建立起来后，应对系统的调速响应进行评价（计算和模拟试验），以便确定系统在变频时的最大变频梯度。在实际操作中，务必遵循这一界限。此外，还可以在控制系统中对变频梯度进行自动设限，以确保系统调速时的稳定性。

⑤ 采用同步电动机调速的系统，如果电动机未设异步起动环节（包括起动绕组与自动同步环节），电动机应采用软起动方案，即频率从 0 到 f_{ref}，逐级变频起动。

前面介绍的同步电动机的转子磁极，包括凸极和隐极，一般是采用直流电来励磁。目前，同步电动机的转子磁极越来越多地采用永磁式的结构。这种电动机除了励磁不能调节，还不设异步起动绕组以外，其他的均与电励磁同步电动机相同。此外，为使定子绕组感应出的电动势波形为正弦波，要求对永磁磁极的形状进行适当处理。由于材料和技术的进步，中、小型同步电动机的转子越来越多地采用永磁材料（如铁氧体、稀土钴、钕铁硼等），其特点是不再使用励磁绕组，体积小、制造方便、矫顽磁力强、经久耐用、使用安全，并且价格不算太贵，应用推广前景好。用这种材料做转子的同步电动机统称为永磁同步电动机。

永磁式同步电动机三相定子也采用三桥全控式电流型逆变器供电，逆变器的逆变方式也采用 SPWM 或 SVPWM 型逆变方式，因此，永磁同步电动机所获得的电压也呈正弦形，流过的电流也会呈正弦形，因此可以把它也归为正弦波永磁同步电动机。正弦波同步电动机的矢量控制，前面已经比较详细地介绍过了，这里就不再就正弦波永磁式同步电动机 PMSM 调速进行介绍了。

8.4　梯形波永磁同步电动机的调速系统

8.4.1　梯形波永磁同步电动机的基本工作原理

另外，还有一种小功率永磁式同步电动机，为了简化结构、降低成本，一般采用定子绕组集中化、磁极瓦状化，这种结构制造起来十分方便，而且还可以仿照传统直流电动机调压调速，是目前多种家用电器中电力传动的普遍形式。下面，对这种电动机进行具体的分析。

这种永磁式同步电动机在磁路上进行了一些改进，即采用面装瓦形磁钢（见图 8-9），使磁场分布不是正弦而是呈梯形；其次，定子绕组也不采用分布式绕组，而使用集中整距绕组，这样一来，在结构上就相对简单得多。

之所以采取这样的结构形式，除了构造简单之外，还有一个重要的内在特性，那就是这样的处理可以提供类似直流电动机的性能。也就是说，当采用上述构造后，只要让逆变器供给三相绕组的电压呈方形波（直流），而电流也是方形的电流，且相电压和相电流同相，这样就能获得类似直流电动机的工作形式和工作性质。上述这种设计理念，就是从直流电动机的工作原理出发，采用三相同步电动机的工作形式，从而构成了无换向式的直流电动机这种特殊的结构和工作形态。这种电动机由于是采用三相同步电动机的基本结构，即三相电压、三相绕组、永磁式凸极转子，所以仍属永磁同步电动机的范畴。但是，由于其工作原理又有直流机状态，即直流电源、直流（方形）电流，并在永磁方形磁极下受力，

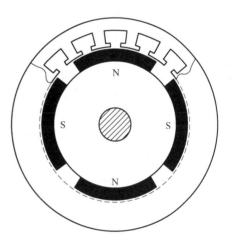

图 8-9　四极面装瓦形永磁转子
同步电动机铁心结构

所以工作实际上又是像一般的直流电动机一样。但是，它没有机械式的换向器和电刷，因此被称为无换向器式直流电动机。由于它的调速原理从内部而言，仍然是调频，所以，从大类上来说，它仍然应该归为自控变频的交流同步电动机调速这一大类。

由于其是调直流电压即可达到调频的目的，有人就把它叫作"直流变频"电动机，但是这种叫法不妥，直流是指外部调节它的供给的直流电压，并非是指内部的"频率调节"，直流是无频率可言的，即直流的频率为 0Hz。电动机调速时，它的三相电流在幅值上不变，但三相频率是变化的，故实质应该是变频的。只不过，三相幅值相等的电流合在一起，无论是怎样频率变化的，其总体就如同一个不变的直流。这只是总电流的外在表现，不是内在工作电流的实际情况。并且，直流频率怎会可变！要注意，对于变频技术，无论用什么策略，它都是交流的频率变化，绝不是什么直流的变频。有些厂商这样说，是想宣传其产品具有"直流"般优越的调节性能而已。在下面的讨论中可以看到，这种无换向器电动机的调速性

能不如正弦波永磁同步电动机，但是其具有结构简单、制造方便、价格低廉的优点。早期这种电动机多用于小功率情况。当电机功率加大后，其方形电流中所包含的大量高次谐波必须要在整流（滤波）电路中处理掉，不能反馈到整流器的输入端，否则对电网造成有害的影响。

由于电动机绕组中流过的电流是方波的（实际上因电磁惯性呈梯形波），而转子磁场也呈方波（实际上也是梯形波），这样一来，电动机的电磁转矩就将在平波中间出现缺口。这个缺口就是因三相之间换相时梯形波下降所产生的。首先，看一下三相中 A 相的电动势（磁场）、电流及转矩的波形，如图 8-10 所示。

在图 8-10 中，由于 A 相电流实际上也是梯形的（绕组中存在电感），电动机的转矩将在电流波形之外，左、右出现 60° 的陷阱，即每相将出现两个陷阱。其他两相，即 B、C 两相，分别滞后 120°，情况与 A 相相同。

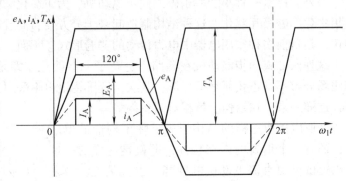

图 8-10 A 相的电动势（磁场）、电流和转矩的波形

应当指出的是，由于三相绕组每极每相的相带只有 60°，而每相电流导通时间为 120°，流过的又是直流电流（梯形波），在这种情况下，为了在气隙中获得对称的分布，对于定子绕组，每次就只能允许有两相导通，而另一相必须关断，否则瞬间磁场在气隙中的分布就不会呈对称状态。

如图 8-11 所示，如果由一相入、从两相出，则因为是直流电流关系，两相流出的电流各一半。这样一来，定子磁场在空间的分布便不会呈对称形式，只好采取每次导通只有两相的办法，使得在空间只有 120° 分布。这与时间上每相电流导通为 120° 恰好形成在时空上均处于"对称"的要求。

如图 8-11a 所示，$\omega_1 t = 0$° 瞬间，B 相电流正向进入，C 相电流负向流出，A 相断开。此时，定子磁动势（磁场）F_1（ψ_1）方向按右手定则确定为向上。若定子电流在此时换相，C→A，即 C 相断开、A 相接入，让 A 相电流负向流出，而 B 相电流方向不变。这样，再用右手定则确定定子磁动势（磁场）F_1（ψ_1），可以发现它逆时针旋转了 60°，它将吸住转子磁极 N 逆时针旋转（也可以将转子磁通 N 的方向射向定子绕组，导体 A′ 和 B 中有电流而在磁场中受力，按左手定则，应受顺时针方向的力，由于定子不动，自然，转子逆时针方向转动），于是出现从图 8-11b 所示到图 8-11c 所示的情况。同理，在转子转了 60° 后，若再次换相，即 A→B、B 相断开、C 相代替 B 相、A 相不变，定子磁动势（磁场）F_1（ψ_1）将再向前旋转 60°，它将吸引转子 N 极向前又旋转 60°，即转到 120° 处，由图 8-11d 所示到图 8-11e 所示。如此继续下去，当换相 6 次，再回到图 8-11a 所示情况时，即定子电流换向 6 次，转子也就旋转 1 周，这就是 BDCM 的基本工作原理。

综上所述，可以看出，定子绕组通过三相逆变器进行换相的原则如下：

① 每一时刻只能保持两相导通，一相正一相负，两相串联，共同承受直流电源电压 U_d，流过直流电流，如图 8-11 所示的 i_B 和 $-i_A$。

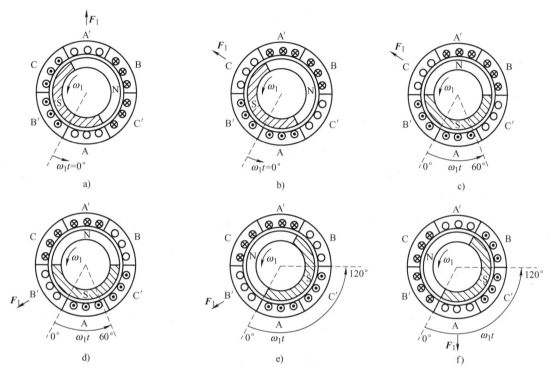

图 8-11　梯形波永磁同步电动机（BDCM）定子电流换向与转子磁极转动情况

② 定子电流的换相顺序应当为

正向　　A→B→C→A→B→C→…

负向　　B′→C′→A′→B′→C′→A′→…

③ 与之对应的，逆变器功率器件切换的次序为

上臂　VT1→VT2→VT3→VT1→VT2→VT3→…

下臂　VT5→VT6→VT4→VT5→VT6→VT4→…

应特别注意的是上、下臂切不可同时导通，否则会引起电源相间短路。

④ 换向间隔为 60°。

⑤ 每相导通（无论正负）持续 120°。

8.4.2　梯形波永磁同步电动机的电磁转矩

由于三相绕组在直流状态下导通时，只能有两相（见图 8-12），即一进一出，所有电动机的输入电磁功率为

$$P = e_A i_A + e_B i_B + e_C i_C = 2E_1 I_1 \tag{8-11}$$

变换成电磁转矩为

$$T = \frac{P}{\omega_2} = \frac{2E_1 I_1}{2\pi f/p} = p\,\frac{4.44 f W_1 \Phi_f I_1}{\pi f} = K_T \Phi_f I_1 \tag{8-12}$$

式中，$E_1 = 4.44 f W_1 \Phi_f$，为定子绕组感应电动势；Φ_f 为永磁转子的每极磁通；$K_T = \dfrac{4.44 p W_1}{\pi}$，为电机结构系数；$I_1$ 为定子电流；p 为极对数；W_1 为定子绕组匝数；f 为电源频率。

8.4.3 梯形波永磁同步电动机的转矩波动问题

在1个电流周期（2π）内，三相定子电流与转子磁场所产生的转矩在各自的相位上相互叠加，得到电动机总的转矩如图8-12所示。其幅值为一相的2倍（同时导通的只有两相）。又因三相绕组是一个接一个的连续换相，每一相都会出现2个陷，各相依次叠加起来，便会每隔60°出现1个陷。1个周期（2π）内会出现等距的6个陷，陷的大小与定子绕组电感有关。它的存在使电动机的转矩出现波动，这是这种电动机的缺点。

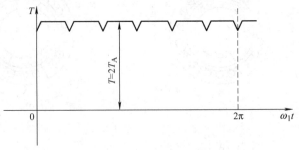

图8-12　梯形波永磁同步电动机的转矩波动情况

8.4.4 几点说明

（1）瓦型的转子磁极（见图8-9）气隙磁通遂呈梯形分布。其中，顶部为幅值，两边近似按梯形分布。这是磁通因磁路的边缘效应（即一个极不可能突变为另一个极），自然而然地呈梯形分布。

（2）如果设转子因惯量而较均匀地旋转（无下陷小陷），则在定子绕组中将感应出梯形的感应电动势，而且三相绕组都是如此，且相互之间在相位上互差120°。

（3）如果逆变器采用的是直流电压PWM方式，则定子绕组中将流过近似方形的电流，如果考虑绕组的电磁惯量和切换时间的交错（以免相间短路），可以认为这个电流基本上也是梯形波。由于设计换相信号间隔为60°，这样一来，电流波幅值部分导通每相就只有120°（电角度）。

（4）由于结构上的对称关系和换相角60°的设计，绕组感应电动势 e 和绕组电流 i 的波形便在120°范围内严格同步，因此，它们共同产生的转矩将与其幅值的积成正比，并为恒定值（严格地说每个周期有6个小的波动）。

（5）由于瓦型转子的磁通 Φ_f 呈梯形，除边缘处外，其幅值为常数，可视为不变的磁场；而定子绕组电流 I_1 也呈梯形，幅值也为常数，且 Φ_f（E_1）和 I_1 又是同相的（见图8-10）。因此，其电磁转矩在120°以内自然也是一个不变值，只是在磁极边缘和电流上升段，因 Φ_f 和 I_1 平均值的减小，转矩 T 才要小一些。这种情况，在转子磁场转动的1个周期（2π）里，将每隔60°出现1次，从而使得转矩将随转角在1个周期时间内出现6个缺口，如图8-11所示。即这种梯形波同步电动机的转矩不是绝对恒值，而是会波动的，波动的次数是相数的2倍，而波幅视结构参数而定。

（6）从电磁转矩式(8-12)来看，鉴于它和直流电动机基本上是一样的，那么，其调节的方法就不外乎两种：

1）如果磁场 Φ_f 不变，则调节定子绕组电流的幅值 I_1 就可以调节电磁转矩的大小，在外部负载不变的情况下，使电动机的转速发生变化，从而达到调速的目的。而改变 I_1 的目的，可以通过改变逆变器的电源电压 U_d 的方法来实现。因此，其调速的方法就变成调节逆变器供电电压的高低了，这和直流电动机就一致了。

2）改变磁场 Φ_f 的大小，一般是弱磁的，即利用直轴反应的负反馈来实现。显然，当 Φ_f 下降时，会使绕组的反向电动势下降，从而使绕组电流 I_1 迅速增加。如果外负载不大反小的话（恒功率条件下），电动机的转速将迅速上升。这和直流电动机调速也是一样的，即弱磁升速。由于其条件是外负载转矩变小，电动机的输出功率保持不变，故这种调速方法属于恒功率调速。如果外负载转矩不变，这种方法是不能用的。这是因为，为使电动机转矩和负载转矩平衡，在弱磁下，电动机的电流 I_1 会大大增加，超过额定值，使绕组过热，发生故障。这是不允许的。

（7）这种梯形波的同步电动机，可以获得直流电动机的调速性能，还可以使用和直流电动机一样的调速方法，因此，完全可以不用什么"矢量控制"这类麻烦的调速策略了。而且，还因波形是梯形，无法构成单纯的基波矢量，无法使用"矢量变换"。故此类电动机的调速，就和直流电动机的一样，都是直接采用双环调节系统来实现提高调速性能的目的。这种电动机结构简单、操作方便，故在较小功率设备上得到广泛应用。

（8）这种电动机的转矩每周期将出 6 个缺口波动，当功率大了、调速低了，这 6 个缺口的波动相对来说就会十分显著，有时甚至使电动机无法正常工作。故其调速范围就受到限制，功率也不建议做大，一般仅限在几千瓦以内，尤其适用于仪表和伺服机构。近年来，通过技术的提高，也用于 10kW 以下的家用电器，如电冰箱、空调和洗衣机等。

8.4.5 永磁同步电动机的换相问题

上面提到的正弦波永磁同步电动机和梯形波永磁同步电动机可统称为永磁同步电动机，只是在具体结构上各有不同。尽管如此，它们都存在着一个共同的问题——换相问题。即，定子三相绕组通电的相序如何排定，什么时候进行变换。下面就来具体进行分析和叙述。

1. 正弦波永磁同步电动机

当采用矢量调节时，就需要知道该凸极转子离旋转坐标基轴 d 轴的角度，即 θ，以便在进行矢量坐标变换时使用它。就是对于一般的励磁凸极同步电动机，采用矢量控制时也是如此。

这个角 θ 对应到逆变器上，就是用来控制在什么时候，三相电压在给定频率下，如何按其所决定的相位来进行切换。即，决定逆变器中功率器件切换的时间。

由于 $\theta = \omega_1 t$，所以有

$$t = \frac{\theta}{\omega_1} \tag{8-13}$$

如果给出 θ，那么在不同的 ω_1 下（调频），电流型逆变器多相切换的时间不一样。即，逆变器按三相切换规律，其控制信号的切换时间将是不同的。这样，才能保证绕组中电流的频率是所需要的频率。因此可以认为，这种电动机的逆变器的切换，就相当于直流电动机电枢绕组中电流的换向。这也是一种换向，绕组中流过电流的方向发生了变化。在永磁同步电动机中是换相（逆变器切换电压，从而决定了该相绕组中电流的方向），在直流机中是换向（电刷和整流器将绕组中的电流从一个方向换到另一个方向），这两个过程的目的是一致的，都是使绕组中流过的电流恰与对应的磁场共同产生同一方向的转矩。

2. 梯形波永磁同步电动机 [又称无刷直流电动机（Brushless DC Moter，BDCM）]

该电动机更是直接模拟直流电动机的工作状态。即，在定子绕组之中，使用三相全控桥

式电路，将直流电压 U_d 按 A→B→C→A→… 的方式，切向电动机定子各相绕组，且每次只接两相，剩一相轮空。此时，接通的两相为串联，流过的电流对一相为正，对另一相必为负，以构成回路。这样一来，在 1 个周期以内，使得在电动机转子磁场 Φ_f 之下总有一个直流电流，其方向应使其与磁场作用后产生的转矩始终是同一方向。这样，电动机在此同方向转矩作用下，便可持续旋转，而且因转子磁场 Φ_f 恒定（永磁），定子电流 I_1 恒定（直流电压），故电磁转矩 T 恒定。只要调节外加的直流电压 U_d 的高低，便可改变绕组中流过电流的大小和转矩的大小，改变电动机的转速，达到调速的目的。可见，这种形式的电流的确和直流电动机一样，可以采用调节电源电压的方法来进行调速。但是应该看到，由于它的"电枢"是三相对称绕组，因此流过电流的情况应当是在 1 个周期内每相担负 2/3（时间）。而且，为构成回路，绕组电流有正有负。正向电流比较好理解，而负向电流所对应的极正好也反过来。这样，其所产生的转矩也就和正向电流产生的转矩方向相同，一道叠加，构成电动机的全电磁转矩。

（1）换向起始点的确定

为了严格地做到按时换向，就应该明确永磁转子和定子绕组之间的相对位置，以便确定 $\omega t = 0$ 的具体位置。如图 8-10 所示，可以发现以下几点：

1）转子为两极分界线（即直流电动机中所谓的几何中性线）。

2）定子绕组则应为 A 相绕组的前端，即 A 与 C′ 之间的交界处。

3）只有这两处重合时，才能从 A 开始按拍接入直流电压，如上面规定的那样，从这开始，每隔 60° 换 1 次相。

由于定子是固定不动的，所以实际上应该知道的就是转子的位置。即，何时转子的几何中性线经过 A 相的首端。这就需要在转子上加一个能够反映几何中性线的装置——转子位置检测器。检测器的形式有多种，早期有电磁感应式、接近开关式，后来有霍尔器件式、光电码盘式和旋转变压器式等。具体的结构和使用方法可参看有关旋转位置传感器的资料。

（2）换相示意电路

下面仅讨论正 A 相持续导通 120° 下，负 B 相如何换到负 C 相，如图 8-13 所示。

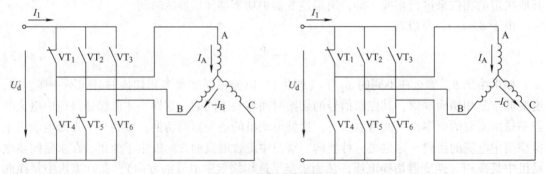

图 8-13　换相示意电路图

当 $\omega_1 t = 0°$ 时，功率器件 VT1 和 VT5 导通，其余器件截止，于是形成正 A 相、负 B 相的串联电路，流过的直流电流 $I_1 = I_A = -I_B$。此电流持续 60° 后，负相开始换相，即 VT5→VT6，形成正 A 相、负 C 相的串联电路，流过直流电流 $I_1 = I_A = -I_C$。以后，再经 60° 正向相开始换相，即由 A→B，而负 C 相则不必换，而是再保持 60°，即共持续 120°。相关详细内容将在下面专门叙述。

（3）换相规律

$$A→B→C→A→B→C→\cdots$$
$$B'→C'→A'→B'→C'→A'→\cdots$$

其中，→表示 60°。

也就是说，自 $\omega t = 0°$，过 60°，首先是负相换相，再过 60°正相换相，再过 60°负相换相，再过 60°正相换相。

正相换相次序为 A→B→C→A→$\cdots$，每相导通 120°。

负相换相次序为 B'→C'→A'→B'→$\cdots$，每相导通 120°。

（4）换相控制信号的波形

根据上面分析的结果，可以画出 PWM 的控制信号的波形，如图 8-14 所示。

如图 8-14 所示，PWM 每次导通时均只有两个器件。即，两相导通，一相电流为正，另一相为负。然后，每经过 60°，就有一个负电流相换相。例如，开始是器件 VT1 使 A 相导通，VT5 使 B'导通，形成 A 和 B'两相组成的回路。过 60°，VT5 截止，换成 VT6 导通，使得 B'→C'，组成 A 和 C'回路。A 导通满 120°了，则器件 VT1 截止、VT2 导通，将正相换相成 B，即 A→B。此时，应仍保持 VT6 导通，形成 B 和 C'回路。再经 60°后，负相换相、VT6 截止、VT4 导通，形成 B 和 A'回路。每隔 60°，就有一相换相，直至完成 1 个周期。自然，以后的每个周期的换向规律均与第一周期相同。

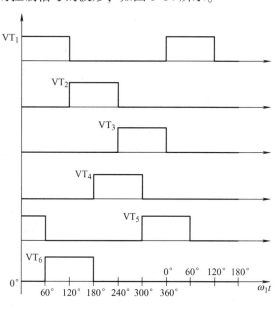

图 8-14　换相控制信号的波形

8.4.6　梯形波永磁同步电动机的调速方法

由于这种电动机的电流和磁场都不是正弦形式的，故不能直接用"矢量调节"的概念和方法来进行调速分析，只能采用类似直流电动机的办法来进行调速，常用的方法有如下 3 种：

① 调节逆变器输入电压。应用可变压的（全控桥）整流器进行供电，优点是可使电源的电压和电流连续、纹波小，转矩的波动相对要小些；缺点是设备（可控整流器）的费用相对要高一些。

② 对逆变器导通与截止时间进行调制。即调逆变器的导通占空比，这和直流电动机调电压占空比类似。其优点是不用另加可控整流设备；缺点是电流和电压的通、断会引起较大的电流和转矩脉动。

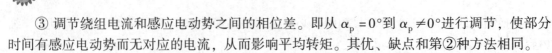

③ 调节绕组电流和感应电动势之间的相位差。即从 $\alpha_p = 0°$ 到 $\alpha_p \neq 0°$ 进行调节，使部分时间有感应电动势而无对应的电流，从而影响平均转矩。其优、缺点和第②种方法相同。

由上可知，除方法①外，方法②和③都需要对逆变器的导通与截止时间进行调制。方法②是调占空比，方法③是调换相时间。因此，从对逆变器的导通时间进行调制这一概念来讲，正弦波永磁电动机进行矢量调节类似对逆变器导通时间进行调制，虽然在调制的理论根据上完全不一样。因此，鉴于调节方法上的类似，本书将这部分内容并入同步电动机和的矢量调节部分一起讨论，这样是合适的。

8.4.7　梯形波永磁同步电动机的调速系统

图 8-15 所示为以位置控制为参量的无刷梯形波永磁同步电动机伺服控制系统。

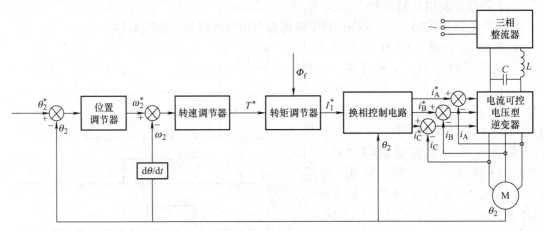

图 8-15　无刷梯形波永磁电动机的伺服控制系统

在图 8-15 中，位置、速度和转矩调节器可视为外环，而电流型逆变器中使用的滞环控制器可视为内环。这和直流电动机的控制系统十分相似。

系统中的位置反馈由转子位置传感器来完成，速度反馈可由位置反馈信号 θ 取微分求得，即 $\omega_1 = d\theta/dt$。电流反馈可用电流互感器来完成，合成气隙磁通 Φ_R 可视为常值，可以由磁通模型曲线 $\Phi_R = f(t)$ 来获得。至于换向电路，可用专门的 μPC 或 DSP 芯片，再加相应的驱动电路来完成。

8.5　关于同步电动机矢量控制软件编程问题

与异步电动机一样，同步电动机矢量控制也属于交流电动机调速的"调速策略"范畴。其中，无换向器直流电动机的控制可作为一种特殊情况，其控制方法和系统稍为简单。正弦波永磁同步电动机调速的矢量控制系统比较庞杂、附加调节环节多，同样不宜采用一般的汇编语言或 DSP 处理方法来进行编程，故打算在本书第 9 章介绍。本书第 9 章将介绍采用基于嵌入式系统的高级软件——嵌入式操作系统——的解决方法。这里也就不提供有关它的程序逻辑流程图了，特此说明。

第9章　电子换向直流电动机

9.1　引言

20世纪60年代以前，普通带机械整流器的传统直流电动机，由于优良的调速性能，一直是可调速电气传动的主要执行机构。但是，到了20世纪70年代，由于晶闸管器件和交流变频技术的出现，特别是德国人发明了矢量调节这种新的交流调速方法以后，打破了可调速电力传动领域内直流电动机一统天下的局面。从几千瓦到几千千瓦的可调速交流电力传动系统纷纷出现，遍及轻工、机械制造、化工、冶炼、轧钢、交通运输等各行业，正逐步取代直流电气传动系统。但是交流传动系统也有一些固有的缺点，如低速时的噪声、发热和不稳定性，以及变频器价格偏高、调速范围仍然有限等。因此，这又让人们想到直流传动系统，如果能够抛弃结构复杂、有火花使工作不甚可靠且价格较高的机械换流器，代之以电子元器件组成的无火花换向器，完全保留传统直流电动机的优良调速性能，而造价又比较低。那么，这种新的电机将以较高的性价比，重新获得用户的偏爱，与交流传动系统一争高下，重新成为电气传动系统（特别是大容量系统）的主流。作者就是以上述理念来研制新的一代直流电动机——电子换向直流电动机。

通常所说的"无刷式直流电动机"，是人们用来代替传统直流电动机的无火花运行常用方案。但是，这种电动机其实是一种采用晶闸管或IGBT控制的变频调速同步电动机，并非真正意义上的直流电动机。它的运行原理只和直流电动机相似而不相同。所以，其性能，特别是调速性能，还是与直流电动机有相当大的距离。其可贵之处是实现了无火花运行。但因线路复杂致造价较高，又因其实质上是交流运行致效率较低，从而限制了其应用范围。所以，它不能真正代替直流电动机，但却是改造直流电动机运行火花的一种较现实的替代技术。

真正意义上的无刷式直流电动机，应该是工作原理和传统直流电动机完全相同、特性完全一样，但是却无机械换向器，即无电刷和换向片，取而代之的是电子换向器，以便完成绝不可少的电枢元件的电流换向工作，从而达到无火花换向。这个要求，随着电子元器件技术的不断进步、微机芯片及智能控制方法的应用，终于可以实现了。下面就来叙述它的工作原理。

9.2　工作原理

传统直流电动机对换向器的主要电气要求是：电刷安置在电枢几何中性线上（考虑到电枢的工作情况，安置在物理中性线上），每一个电枢元件对应一个换向片，以便电枢电流的进与出，当元件到达几何中性线上时立即进行换向。

为满足上述要求，新的电子换向电动机采取了如下措施：

1）采用一进一出两个 MOS 反方向并联，以代替换向片，有多少个换向片就用多少对 MOS。

2）当到达几何中性线（或者物理中性线）时，才导通 MOS，立即进行电流换向。

为实现上述目的，在结构上必须将电枢与磁极的相对位置倒换过来，即电枢不动而让磁极转动，这样一来，电枢便可以直接与外接 MOS 相连，由不动的 MOS 控制其电流换向而不产生火花。磁极可做成凸极型，采用永磁或电磁式均可。由于转动的磁极结构比较简单，这里不多作讨论。电枢主电路的连接也不并不困难。因此，研制的重点便放在对电枢换向控制的具体电路上。图 9-1 所示为电子换向直流电动机结构示意图，电枢采用 48 槽、4 极、磁极做成凸极型，几何中线上放置的是高频电磁铁（其用途另叙）。

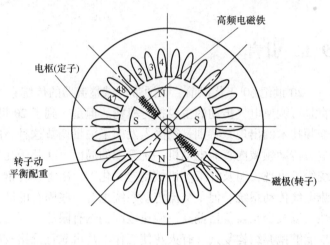

图 9-1　电子换向直流电动机截面结构示意图

电子换向直流电动机的电路原理框图如图 9-2 所示。

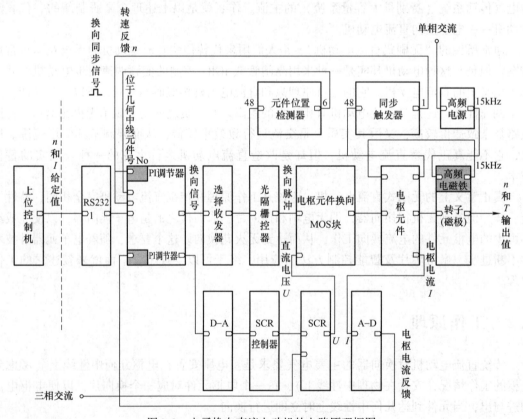

图 9-2　电子换向直流电动机的电路原理框图

电机电枢采用 48 槽、4 极，单叠右行整距绕组，即 $Y_k = 1$、$Y_1 = 12$。用 Protel 设计的电枢主电路及换向器电路原理图如图 9-3 和图 9-4 所示。

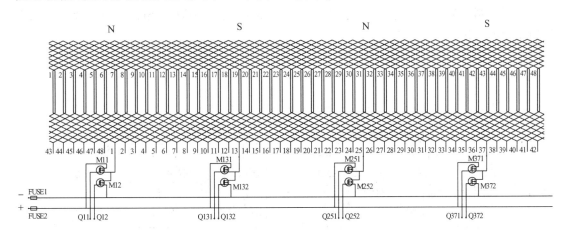

图 9-3　电子换向器主电路原理图（4 个支路均只连 1 个绕组）

换向器控制电路原理图如图 9-5a 所示，由于包含的单元和元器件很多，为了便于讲解遂将其分解为 9 个部，如图 9-5b ~ 图 9-5j 所示。

整个控制电路核心为 CPU，本例选用的是 MCS87C51。其第一个输出口的 $P_{0.0}$ ~ $P_{0.7}$ 作为控制 48 对 MOS 栅极的信号输出端。由于是 2 对极，同时导通的是 2 对支路，因此只需要 24 个栅控信号，采用 3 块 74LS245 收发器，分 3 次分别选通，每次分送 8 个信号，3 次便可以分送 24 个栅控信号。信号按编号和指定循环方向，一个接一个地分送，即从 S_1 开始，之后 S_2，直到 S_{24}，再从头开始继续循环。为隔离干扰和耦合栅控电压，每个输出端均使用单独的光电耦合器（PC817）。收发器的选通，由 CPU 的第 2 个 I/O 口的 $P_{2.0}$ ~ $P_{2.2}$ 控制。为了反映哪一个电枢元件正处于几何中性线上，专门设计了位置检测器，它由 7 个优先编码器 74LS148 和 3 个多路转换器共同构成 48-6 的专门电路，有 48 个输入端和 6 个输出端。前者（图 9-5 左下所示的 U_{1-2} 或 U_{2-3}），通过每一个简单的整流、整形、反向、光电耦合电路之后，接到 48 个电枢元件端；后者接到 CPU 的 $P_{1.0}$ ~ $P_{1.5}$，用以识别正处于几何中性线上器件的编号。在转子几何中性线上，安置一个特殊设计的高频电磁铁，其产生的磁链，将在对应处的电枢元件内感应一个高频电动势，以正处于中性线上的元件的感应电动势为最大，经整流后通过斯密特触发器变成负脉冲电平，再经反向后，以正电平方式推动光电耦合器，最后以 "0" 信号形式给 48-6 检测器。元件编号由 CPU 识别后，放入对应寄存器，作为换向触发脉冲首送地址。为了使元件严格地在中性线上换向，还专门设计了换向 "同步触发器"。它由 6 个多路输入与非门 74LS30 和 3 个多路输入与门 74LS11 构成。其 48 个输入端并联到 48-6 的输入端上，唯一的输出端则接到 CPU 的 $P_{1.6}$ 上。当表示元件到达几何中性线上时的负脉冲出现时，此 48-1 电路将向 $P_{1.6}$ 送出 "1" 信号，CPU 便会利用此信号的前沿作为输出换向信号的时间，送出换向触发信号，从而达到换向严格同步的目的。此外，为了使电枢电流在起动过程中保持恒定，从而达到恒加速起动，CPU 还对电枢电流进行了电流反馈 PI 调节，使用串行 A-D 和 D-A 作为调节量的输入和输出。至于电机输出转矩（电流）和转速的给定值，则由上位机经 RS-

232 由 CPU 的串口输入。为了保证电机的转速稳定，将 48-1 得到的信号，经软件折算成转速，作为转速反馈输入，再在 CPU 中进行转速 PI 调节。同样，通过 D-A 对 SCR 的输出电压进行控制，调节转速保持恒定。至于转子上的高频（15kHz）电磁铁的电流，将由专门的高频电源供给。

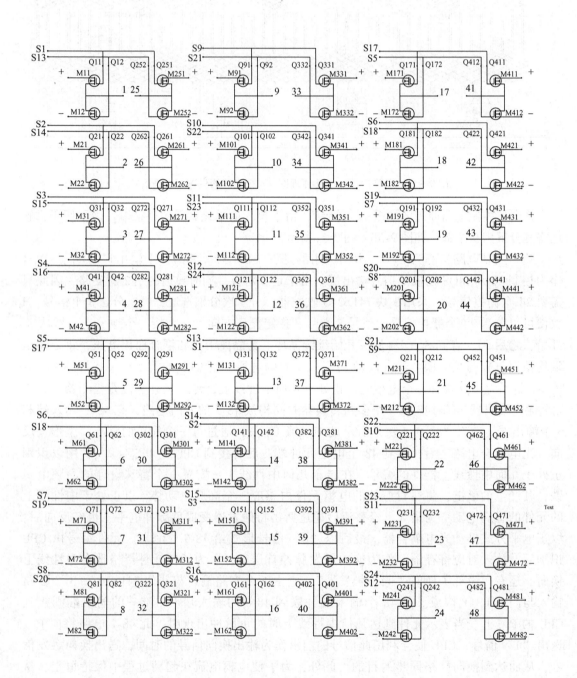

图 9-4　换向器电路原理图

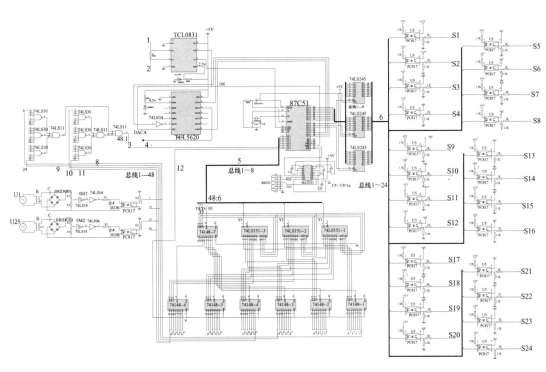

a) 换向器控制电路原理图

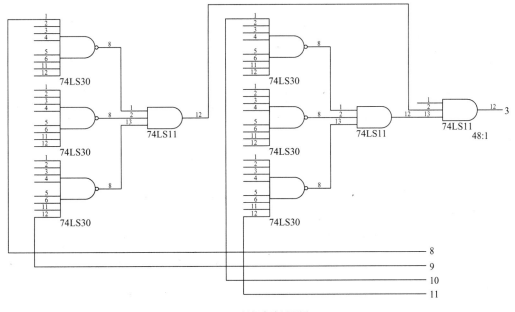

b) 局部电路原理图1

图 9-5　换向器控制电路原理图和局部分解电路原理图

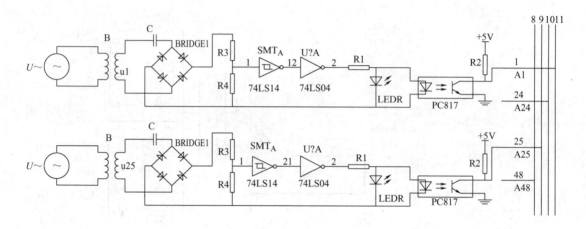

c) 局部电路原理图2

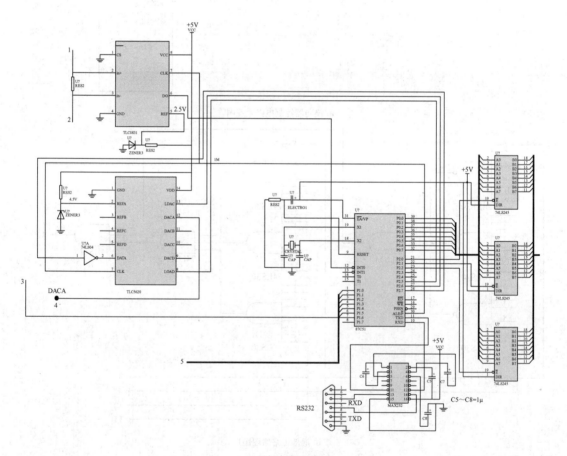

d) 局部电路原理图3

图 9-5 换向器控制电路原理图和

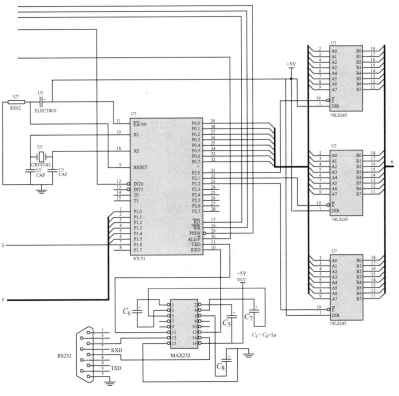

e) 局部电路原理图4

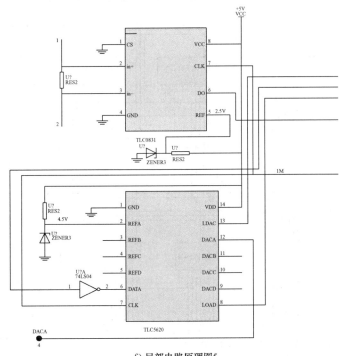

f) 局部电路原理图5

局部分解电路原理图（续）

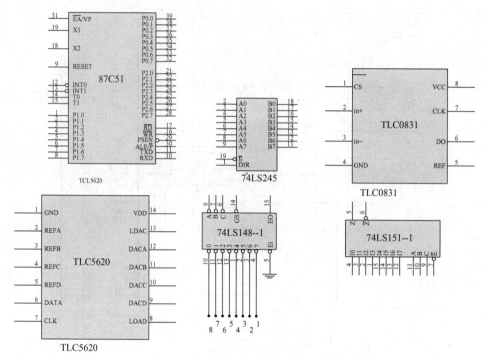

g) 局部电路原理图6

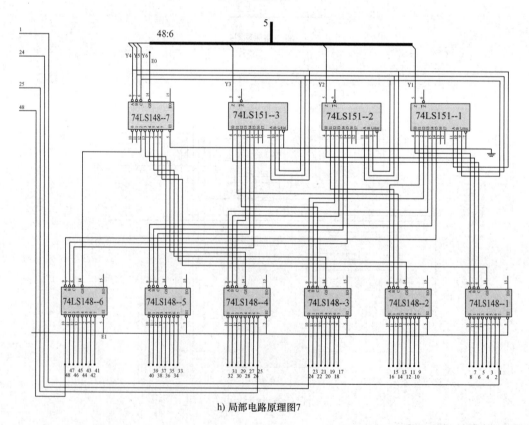

h) 局部电路原理图7

图 9-5　换向器控制电路原理图和

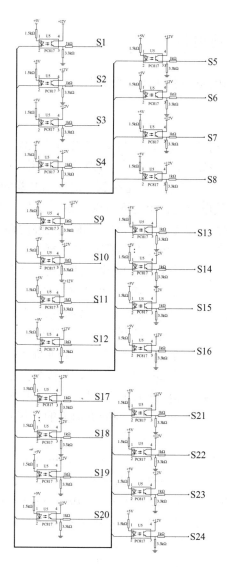

i) 局部电路原理图8

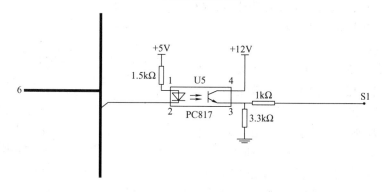

j) 局部电路原理图9

局部分解电路原理图（续）

9.3 主电路和控制电路

下面对主电路和控制电路分别进行详细叙述。

9.3.1 主电路

如图 9-3 和图 9-4 所示,电枢绕组的结构和传统直流电动机完全一样,只不过放在定子上而已,所以其展开图就和传统直流绕组一样,从头至尾封闭。每个绕组元件也伸出一端,序号为 1~48,不同的是不接到换向片上,而是接到一对反向并联的 MOS 上,再经 MOS 接直流电压,按极性顺向连接。直流电压由三相交流电压经 SCR 提供,控制 SCR 的导通角,便可调节直流电压的大小。MOS 的饱和全导通是通过对其输入足够的栅极电来达到的,截止则撤销其栅控电压。由于是整距绕组,与传统电机安置电刷一样,位于几何中性线处元件必须换向。即,电流从元件 1 的上层进,串联 N 极下 12 个元件之后,从元件 12 的下层(即抽头 13)出。由于是 2 对极,第二对极面下则是,电流从元件 25 的上层进,串联 N 极下 12 个元件之后,从元件 36 的下层(即抽头 37)出。只要正确而有效地控制这几组元件端子上的 MOS 的栅压,即仅对 MOS 的 Q1-1、Q13-2、Q25-1、Q37-2 供给栅压令其饱和导通,而其余所有的 MOS 均保持截止。这样,便可以得到元件 1 到元件 12、元件 25 到元件 36、元件 24 到元件 13、元件 48 到元件 37,共 4 条并联支路(叠绕组 $2a = 2p = 4$)。这和传统直流电动机没什么区别。

为明显表示出 48 个元件是如何分为 4 个支路的,可以画出它们是如何首尾相连,在对应磁极下上、下层因电流方向相同,从而受同方向力的作用。4 条支路的电路图如图 9-6 所示,可以明显看出如下顺序:

上层元件换向顺序为 1→2→3→4→5→6→7→8→9→10→11→12,以及

25→26→27→28→29→30→31→32→33→34→35→36;

下层元件换向顺序为 24→23→22→21→20→19→18→17→16→15→14→13,以及

48→47→46→45→44→43→42→41→40→39→38→37。

还要指出的是,由于是 2 对极,每对极换向的循环应按每对极所跨的 360°电角度(即 180°机械角)一换,而绕组编号是按槽号,故循环周期就只需接按机械角 180°一换,即按槽号 1→24→1 一换。

为弄清楚各个支路中电流从一个元件到另一个元件的走向,建议读者将定子绕组展开图放大,先将 N、S 极中线所对应的 4 个端子所接的 MOS 正、反画出;接着,首先从第 1 个元件上层边(端子 1)起,右行走通 12 个元件后,从 12 号元件的下层边(端子 13)出。

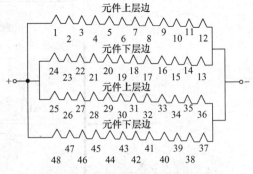

图 9-6 电子换向直流电动机 4 条
支路的电路结构图

再看元件 25→元件 36,即端子 25→37,从第 25 元件上层边(端子 25)起,右行走通 12 个元件后,从 36 号元件的下层边(端子 37)出。上述两支路中各元件上层边的电流方向应该一致(如向上),对应的都是 N 极。接下来要看的是下层边的两支路,先从 24 号元件的下

层边（即从端子 25）开始，首先进入元件 24 下层（位于 36 槽），然后左行过 12 个元件后，从元件 13 的上层边（即端子 13）处出。再看元件 48→元件 37，即端子 1→37，从第 1 元件下层边（端子 1）起，左行过 12 个元件后，从 37 号元件的的上层边（端子 37）出。上述两支路中各元件上层边的电流方向也应该一致（向下），对应的都是 S 极。

换向信号完全由 CPU 控制和输出，其进入的元件号如图 9-4 所示，其对应连接的定子绕组引出端子如图 9-3 所示。由于是 2 对极，N 极对应的是上层元件，起始于元件 1 和 25，接电源正极。又因全节距 $y_1 = 12$，每极面下应串 12 个元件，故两支路电流输出端应为元件 12 和 36；下层输出端 13 和 37，接电源负极，电流串联方向为右行。此时，由于 1 和 25，已接电源正极，电流又可从元件 24 和 48 下层进入，再从其上层流出，各左行串联 12 个元件后，于元件 13 和 37 上层边（即端子 13 和 37）流出，回到电源负极，从而形成电流反向的另外两条支路，它们正好对应 S 极。这样一来，定子绕组受力就和 N 极下绕组元件受力方向完全一致，即向左。绕组元件受力后会向左移动，若元件 1 左移，它就会移到 S 极下，为使其受力不变，则必须换向，具体措施就是将其截止，而让元件 2 来代替它。由于元件 2 随转动而离开几何中性线，感应的高频电动势瞬时下降至 0，经元件位置 48-6 反馈的电平立刻为 0。CPU 会自动用电平"1"将元件 1 的控制电压封锁，从而使元件 1 立即截止。它将串联到另一反向支路中去工作，即进行了换向。简言之，谁离开几何中性线谁就换向。换向只发生在该元件经过几何中性线时，之前为正向，过后为反向，且换向后并非让其反向 MOS 一直导通，应该在它之后的下一个元件换向后立即截止，以便在下一轮换向之前，与所连的 MOS 不导通的情况下串联在反向支路中进行工作。等到它再次来到几何中性线时，再次正向导通，CPU 会自动用电平"0"将元件 1 再次导通，完成换向，如此循环不已。所有的绕组元件均按此原则进行换向。相关程序的具体内容见换向软件：子程序 c。

这样，端子 2 接正电源的 MOS 导通，同时端子 14 接电源负极的 MOS 导通。与此同时，其他 3 条支路也进行相应的换向。则定子绕组所受的合力不变，继续运动。

同理，只要向后序的端子的 MOS 同步地依次改变控制信号，并一直循环，定子绕组的受力就会一直保持下去。若将定子绕组固定不动，则转子磁极就会向右方持续旋转，这就是用电子换向器来代替机械换向器的基本原理。

在 4 条支路在换向过程中，换向信号只需做 1→24→1 不断循环。首个换向信号同时送到端子 1、25 和 13、37，接着再按下面将要介绍的 48-1 同步触发器的信号，依次逐个使后序的绕组元件换向，并注意同号元件端的两个 MOS 绝不能同时触发导通，以避免引起电源短路。这在控制电路设计时应充分考虑，如使用联锁技术，以保证主电路的绝对可靠。

接下来的问题是，如何才能使元件一个一个地到达几何中性线便换向。这只有借助带智能控制的换向控制电路了，下面对其进行详细介绍。

9.3.2　控制电路

电机磁极向右旋转，元件 1 便会转到 S 极下，为保持其受力方向不变，则必须改变其电流方向，即必须马上换向。其措施是，立即将 Q1-1 和 Q13-2 截止，Q2-1 和 Q14-2 导通。这样一来，元件 1 因已进入另一支路，其中的电流将从下层边进、上层边出，进行换向。对于元件 25 也是如此，即 Q25-1 和 Q37-2 截止，Q26-1 和 Q38-2 导通。元件 25 也因进入另一支路，元件中的电流将从下层边进、上层边出，元件中的电流也会换向。这个方法的特点是，谁到达几何中性线谁导通，谁离开谁截止，以便使离开的元件换向。那么，这和传统直流机的换向——"谁到达正电刷处（几何中性线上）谁接电（正电压），谁离开谁换向"完全相同。只不过用 MOS 来代替换向机构罢了。

为便于说明，请参考图 9-3 所示的上层边右行换向的两元件支路，即 1 到 12、25 到 36。上面虽然只介绍了一个元件的换向情况，但其余元件换向的情况是相同的。第 2 个换向的应该是 2 到 13、26 到 37，第 3 个换向的应该是 3 到 14、27 到 38……

至于下层边左行换向的两元件支路，即 24 到 13、48 到 37，换向情况也相同，只不过由于是下进上出，故换向方向刚好相反，为左行。例如，24 到 12 就是电流从槽 36 下层（即元件 24 的下层，端子 25）进，左行经过 12 个元件后，从槽 13 的上层（即元件 13 的上层，端子 13）出。同理，48 到 37 就是电流从槽 48 下层（即元件 36 的下层，端子 1）进，左行经过 12 个元件后，从槽 37 的上层（即元件 37 的下层，端子 37）出。随着换向顺序的前进（方向向右，即 2，3，4…23，24，1，2），左行支路中的电流便会一到中性线上便自行换向。

总之，只要每次换向都是换出一个元件后换入一个元件，便可在换向态动中始终保持 4 个支路，上层元件对应主磁极 N，下层元件对应主磁极 S，就和传统直流电动机使用固定的电刷来保持磁极下总有 12 个元件的情况完全等效。

换向器控制电路原理图如图 9-5 所示。下面介绍其输出部分、输入部分、控制部分等。

1. 光电耦合栅控器

它由 24 个光电耦合器 PC817 组成，可以分别送出 24 个 +12V 栅控电压，并依次送到电枢元件所连接的 48 对（即 96 个）MOS 的栅极（如 Q1-1，Q13-2，…，Q48-1，Q12-2 等），每次送 1 个，控制两组 4 个 MOS，如 Q1-1 和 Q13-2，Q25-1 和 Q37-2，由栅控输出端子 S1 送出。第一个栅控换向脉冲送到第一个处于几何中性线上的元件，如元件 1；之后，第二个栅控换向脉冲送向第二个到几何中性线上的元件，如元件 2，第二个栅控换向脉冲由端子 S2 送出，以此类推。24 个脉冲一次控制两组 4 个 MOS，如 Q1-1 和 Q13-2，Q25-1 和 Q37-2，共有 96 个 MOS。当循环到 S24 之后，再回 S1 继续循环，周而复始。至于脉冲循环分送的规律（程序）则由 CPU 来控制。

2. CPU 及相关环节

选用带内部存储器和多 I/O 口的 MCS 51 系列芯片 87C51，用其主要输出口 P1 口作栅控换向脉冲控制端口，每一轮可依次输出 8 个脉冲。脉冲首先送向第一个选通收发器 74LS245，它又由 CPU 的引脚 $P_{2.0}$ 控制选通，收发器经总线输出到第一组 8 个光电耦合器，控制 S1 到 S8；接着，$P_{2.1}$ 选通第二个收发器（先关掉第一个），而它通过总线连第二组 8 个光电耦合器，控制着 S9 到 S18；之后，$P_{2.2}$ 选通第三个收发器（先关掉第二个收发器），控制 S19 到 S24，循环下去又回到 S1 到 S8，周而复始。为了实现 CPU 输出的脉冲控制程序，必须为其采集对程序必不可少的信息。采集信息的三个装置如下：①判断那个元件正处于电机磁极的几何中性线上，这就需要一个"元件位置检测器"；②确保换向触发脉冲都在元件到达中性线上时立即送出，这就需要一个换向"同步触发器"；③还要一个能随时发出几何中性线标志的专门的传感器，即在磁极几何中性线上设置一个特殊装置——高频电磁铁（另行专门设计）。

下面就来对这 3 个信息装置进行说明。

（1）高频电磁铁

高频电磁铁由铁心和线圈两部分组成，类似一般的电磁铁，不同之处在于它的线圈通过的是 15kHz 的高频交流电；铁心用铁氧体材料制成，具体形状和结构经专门设计。将它固定在转子 S、N 极之间的几何中性线上。为适应转子的动态平衡，在其对称方向处还设置一个完全相同的镜像转子动平衡配重，该配重由非磁性材料制成。高频电磁铁所需要的高频交流电压（12V、15kHz）由专门的高频电源提供。当电源接通后，磁铁将在几何中性线处产生高频磁通，该磁通便会在附近的电枢元件中感应出高频电动势，以正处在中性线上的元件感应的电动势为最大，其他的元件次之。感应的高频电动势可以从每个元件的两端引出。

（2）元件位置检测器

它是由 7 个编码器 74LS148 和 3 个多路转换器 74LS151，按并行扩展的形式组成的 48-6 优先编码器，并行扩展可以获得较高的编码速度。在此优先编码器中，用 1 个作为优先编码器分别对 6 个初级编码器的输出端 GS 进行优先编码，作为高位输出 Y4 ~ Y6；再从 6 个初级编码器中选择优先的输出端作为低位输出 Y1 ~ Y3。6 个初级编码器，每个编码器有 8 个输入端，共计 48 个输入端，正好使每个绕组元件输出的高频信号（图 9-5 左下所示的 U_{1-13} 或 U_{2-14}）通过后序每一个简单的整流、整形、反向、光电耦合电路之后，接 48 个电枢元件的输出端子。而优先编码器的 6 个输出端则通过 P1.0 ~ P1.5 送到 CPU，进行十进制编码识别。6 根线可识别数量为 $2^6 = 64$，这里只用到 48。优先编码器的选通是由 P2.7 来完成的。

48-6 优先编码器的作用过程：当电动机尚未起动时，电枢与转子磁极之间的相对位置是任意的，哪个电枢元件正好处在磁极几何中性线上外面（包括 CPU）是无法知道的，而这又是起动电动机时先送哪 4 个 MOS 栅控电压所必须知道的。只有先让正处于几何中性线上的元件（组）的 MOS 导通，才能获得最大的起动转矩，所以要用该电路来采集电枢元件位置的编号。正好处在磁极几何中性线上的元件感应最大的电动势，通过施密特触发器（鉴幅作用），48-6 检测器的某一输入端有信号输入，然后 48-6 检测器输出信号到 CPU 去识别。这样 CPU 就能知道是第几号元件正好处在磁极几何中性线上，以便先向它对应的 MOS 送导通栅控电压。

下面来分析 48-6 优先编码器的具体工作原理。设系统初始化时选通端 E1 均为 1，即各初级编码芯片均被封锁，为等待输入作准备；接着，系统开通，E1 = 0，并假设有一个信号输入（0 为有效）。例如，元件 No1 正处在几何中性线上，此时 74LS148-1 的 1 号输入端（引脚 4）为 0，于是其优先输出端 A = 0、B = 0、C = 0，组合输出端 GS = 0，这将使得附加优先编码器 74LS148-7 的 D7 = 0、A = B = C = 0（即 Y4 = Y5 = Y6 = 0）。74LS148-7 的 A = B = C = 0 反过来又使 3 个转换器 74LS151 的输入端均为 0，而选通端 E 又已接地，于是就使得 3 个转换器中的 74LS151-1 的 Y1 = Z = D0 = 0、74LS151-2 的 Y2 = Z = D0 = 0、74LS151-3 的 Y3 = Z = D0 = 0。结果是，整个 48-6 检测器的总输出为 Y1 = Y2 = Y3 = Y4 = Y5 = Y6 = 0，CPU 便会识别为 No = 0，即元件 1（软件将自动加 1）正处在几何中性线上，应对它所连的 MOS 送栅控电压，使其导通。同理，任何编号的元件，只要它处于几何中性线上，48-6 检测器，即 48-6 优先编码器，将送出相应的二进制数，而 CPU 会自动识别其为某个十进制编号。有时正巧几何中性线在两个元件中间，此时会有 2 个输入，2 个编号，可用软件处理：选后一个为首送元件编号。48-6 检测器实际上相当于传统直流电动机的电刷定位装置（刷握）。所以，使用它以后，可使电动机元件换向在位置上完全和传统电流电动机一样。顺便还说明一点，48-6 检测器只是在电动机尚未起动时，即静止状态，来识别栅压首送元件编号。在有首送元件编号之后，换向脉冲循环的方向将由 CPU 按软件来加以处理，即正转循环方向为 1→2→3→…→48→1→…，反转循环方向为 48→47→46→…→1→48→…。

（3）同步触发器

它由 6 个 8 路输入与非门 74LS30 和 3 个 3 路输入与门 74LS11 构成，其 48 个输入端并联到 48-6 检测器的输入端上，唯一的输出端则接到 CPU 的 P1.7，利用信号的上升沿去触发换向脉冲。由于此电路实际上是一个多路与非门，只要 48 路中任何一路有输入，它都将输出一个与输入同步的信号"1"。而 48 路只有在某个元件到达几何中性线时才会有输入，而且也只有它才有输入，而此时正是需要送换向脉冲之时，CPU 将恰好于此时利用此输入信号的上升沿去触发换向脉冲，使此元件换向。这样，就能使每个元件都是在抵达几何中性线上时进行换向。换言之，这样可使所有元件的换向时刻均与其抵达几何中性线的时间同步。只有这样，才能使电动机在工作原理上和传统直流电动机一样。48-1 同步器是用于电动机动态参数检测的装置，可以检查绕组元件的动态位置。因此，它除了可以测出起动之初谁处于几何线上外，还能动态地反映在换向过程中哪个元件此时正好处在几何中线上。相应绕组元件刚好使 48-6 检测器的输入端向 CPU 的 P1.7 给出信号"1"，利用此输入信号的上升沿去触发换向脉冲，使元件换向。这样一来，换向的时间和频率便能与转子转速同步，从而形成"自频式"换向，满足和传统直流电动机一样的换向要求。由于采用了 48-6 检测器和 48-1 同步器这两个特殊环节，所以解决了电动机电枢元件正确换向的地点和时间问题，使得电动机具有和传统直流电动机一样的工作原理和性能。这样，传统直流电动机的特性和参数及各种计算和使用方法、应用范围等，也可适用于这种电动机。这也是该电动机有别于其他各种各样无换向器式电动机的特别之处。

（4）运行参数输入与输出

共有 3 个部分：运行参数给定器、电枢电流反馈器、电流 PI 调节输出器。

1）运行参数给定器

为了实现准确的运行参数给定，采用的是数字输入。即，由上位控制计算机通过 RS-232 标准接口，向 CPU 输入参数，通过软件进行处理。由于控制计算机串口 RS-232 的电平是 +10V、-10V，而单片机 CPU 的串口 RXD、TXD 使用的是 TTL 电平（+5V、0V），因此在两个电平之间使用了专门的 RS-232 电平转换器 MAX 232。MAX 232 由 +5V 单电源供电。

2）电枢电流反馈器

为了用软件对电枢电流进行 PI 调节，必须对电流实施实时数字采样，所以采用了 A-D 转换器。为了节省 CPU 引脚，采用的是串行 A-D 转换器 TLC0831C，使用的时钟频率为 1MHz，由 CPU 的 ALE 脚提供，参考电压 $U_{ref} = 2.5V$，通过采样分流器 Ra，电流信号从 in + 和 in - 输入 TLC0831C，然后以数字形式从 DO 脚输出到 CPU 的中断输入端，在 CPU 内进行电枢电流 PI 调节。由于 A-D 转换器为 8 位，采样精度为 1/256。

3）电流 PI 调节输出器

经 CPU 执行软件 PI 调节处理后，对电枢电流进行调整的输出将由 P2.7 送到 D-A 转换器的 DATA 脚，经 D-A 转换后再由 DACA 脚输出到 SCR 的控制电路，对 SCR 的输出电压进行调节，直到电枢电流保持恒值为止。D-A 转换器也是 8 位串行 TCL5620，时钟信号也由 CPU 的 ALE 脚提供，频率为 1MHz，参考电压 $U_{ref} = 4.5V$。D-A 转换器的输入端 DATA 连到

CPU 的 P2.7 脚。系统初始化后，此引脚为高电平，故通过一个反向器接通。DATA 脚平时为低电平，转换器的输出端经 DACA 脚，最后输出 4.5V 以内的直流调节电压。转换器还有两个控制端：一个是 DAC 寄存器加载引脚 LDAC，它与 CPU 的 P2.6 脚相连；另一个是串口输出控制引脚 LOAD，它与 CPU 的 P2.5 脚相连。LDAC 的作用：当其信号为高时，DAC 寄存器不进行刷新（维持原有数据），D-A 只是从 CPU 中把串行数据一个一个地读为到输入寄存器 A 中变成并行数据，并加以锁存；一旦其信号变为低（由 CPU 通过 P2.6 控制）后，DAC 寄存器才进行刷新。LOAD 的作用：当其为高电平时，DAC 寄存器不刷新（维持原有数据），只有到 LOAD 信号由高变低（由 CPU 的 P2.5 控制）时，利用的是信号下降沿，把并行数据从寄存器 A 中读到寄存器 B 中并加以锁存（即刷新寄存器 B）；与此同时，把锁存数据对应的模拟电压送到 DACA 输出端。

除了上述 3 个单元电路之外，还有一点这里要特别加以说明，那就是电动机系统的转速 PI 调节环节。系统里已经有了 48-1 同步器，其脉冲是动态的，单位时间内的脉冲个数除以 48（槽数），便是电动机的转速，所以转速反馈已是现成的，不用另外采集；而时钟又可从 CPU 的主频中分频得到，也不必从外面输入。这样一来，只要使用软件处理，便可以实现电动机转速 PI 调节，达到恒速运行的目的。

（5）专用高频电源

该电源用来给转子磁极上的高频电磁铁供电。其电路原理图如图 9-7 所示，是一个标准的晶体振荡高频电源电路，频率为 15kHz，电源电压为 +12V，输出交流电压为 5V，输出功率为 40W。其分为 3 个部分：晶体振荡部分、电压放大部分、功率放大部分。之所以采用乙类推挽放大，是希望提高输出功率的缘故。

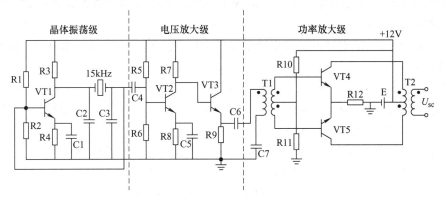

图 9-7　专用高频电源电路原理图

9.4　电子换向直流电动机的电源

该电源采用一般标准的三相全桥 SCR 可控电源，有一点需要注意，在连接 SCR 控制电路时，应保证 D-A 转换器的输出与控制电路相吻合，以便对电动机进行必要的反馈控制。

9.5　电子换向直流电动机的应用范围

对于该类电动机，较小功率的可广泛用于变频电冰箱、变频空调机、电动汽车及其他需要调速的大众生活类产品上；中、大功率的可用在工业领域要求大范围、高精度调速的系统中；10MW 以上的大型机组，由于可采用多电力电子器件并串使用，原则上不存在极限问题，所以也可以具有很强的竞争力。

9.6 电子换向直流电动机的工作程序

1. 准备（系统初始化）

1）CPU 各输出口均置 1，各寄存器清 0，保证系统无 MOS 块栅控电压输出，即所有的 MOS 块均不导通。

2）RS-232 输入必须为 0，保证 SCR 控制给定为 0，以保证电机供电电压为 0。

3）各附加单元的工作开关均置于"关断"状态。

2. 正方向起动（转子为顺时针方向旋转）

1）闭合各有关单元的电源开关，做好起动的准备。

2）由 RS-232 输入起动指令：

① 转向，正向为 1，反向为 0。

② 负载电流值。

③ 起动电流值。

④ 负载要求达到的转速值。

3）CPU 将根据输入数据，做好以下工作：

① 根据负载转速和起动电流值，决定 SCR 输出直流电压的数值，并通过 D-A 转换器和控制电压来实现。

② 从 48-6 位置检测器读取当前正处于几何中性线上的元件编号，作为首个接收换向触发脉冲的元件。

③ 确定换向脉冲循环的方向。正向，取数 $N_1 = n + 1$，即 $1\to2\to3\to4\to\cdots\to24\to1$，设置增量计数器；反向，取数 $N_0 = n - 1$，即 $1\to24\to23\to22\to21\to\cdots\to2\to1$，设置减量计数器。

4）根据 48-1 同步器发送的信号，从首个接收换向触发脉冲的元件开始，发送换向脉冲，使首个编号元件组导通（2 对极面下共有 4 组，即 4 条支路并联导通），电枢流过电流，电动机产生转矩，开始转动，实现正向起动。

5）由 CPU 控制，按循环方向，再利用 48-1 同步器发送的信号前沿，一个接一个地对电枢元件组进行换向。这样，电动机会加速到负载所要求的转速，并在此转速下继续稳定地进行元件换向，稳速运转。

3. 反方向起动

情况与正方向起动基本上相同，只是在 RS-232 输入时指定为反方向，即方向指令为 0，其余过程一样。

4. 调速

改变 SCR 输出的直流电压数值，即可以调节电动机的转速，这和传统直流电动机相同。SCR 输出的改变，是通过 RS-232 输入调速指令改变转速给定值来达到的。至于换向问题，由于有 48-1 同步器，就可以保证在速度改变的情况下，换向脉冲与需要换向的元件持续地同步。

5. 制动

本程序中的制动指的是自由停车，由 RS-232 输入停车指令，先使换向脉冲全部停止（即无 MOS 栅控电压输入，所有的 MOS 都截止），然后 SCR 也截止，电动机将在无电压情况下，自由停车。至于其他形式的停车方式，另行讨论。

6. 恒加速起动问题

为使传动系统在最短时间内加速到稳定转速，可以利用软件程序，对电动机进行电流 PI 调节。保持起动电流为恒值，这可以保持恒起动转矩进行加速，待转速接近给定值的 95% 时（由 48-1 同步器送来的信号与 CPU 内部时钟共同计算后，得出实时转速数值，即同步器又成为转速传感器），由 CPU 发出稳速指令，相应减降低 SCR 输出的直流电压，使电动机加速度减小，直至转速稳定在给定值为止。

7. 恒转速问题

为使传动系统的转速在外扰下稳定，利用同步器为转速传感器，应用软件程序，对电动机进行转速 PI 调节，可使电动机在负载变化、外电压波动等外部干扰下，转速稳定。

上述 6、7 两点介绍的调节方法均在电动机内完成，不需另加元器件。因此，本电动机在性能上，不像传统直流电动机那样仅是简单的转动的能量转换器，而是具备自动调节能力来达到最佳运行状态。

9.7　关于电子换向直流电动机的可靠性问题

9.7.1　可靠性

由于电子换向直流电动机去掉了机械式换向器，因此不会产生火花，当然也就不存在由于火花所引起的一系列问题，如因环火而烧坏换向器、对其他电器设备产生电火花干扰、频繁更换磨损电刷等问题。因此，它的工作比传统直流电动机可靠得多。

9.7.2　可靠性的不确定性问题

由于电子换向直流电动机在换向电路中大量使用了电子器件，特别是电力电子器件，如果器件的质量没有保证或连接不甚可靠，则整机的工作可靠程度也就不高。20 世纪 70 年代到 80 年代时，电子器件和电力电子器件技术还不够成熟，质量普遍不够高，基本上为分立器件，因此用量一大，可靠性可能会大大降低。所以，当时虽然也有人（如在英国）尝试过用电子换向器来代替机械式换向器，但终因电子器件不够可靠和电路复杂，而没有成功发展起来。

现在，情况有了根本性的变化，大规模和超大规模集成电路技术的成熟，特别是制造工艺的极大进步，使得由电子器件组成的电子电路，因集成和封装严密而变得非常可靠。这一点，在现代各种家电产品上已经得到充分的证明。十年不坏的电子产品并非天方夜谭，谁都不会再去怀疑现代计算机的可靠程度。在电力电子器件方面，由于使用碳化硅作为基底材料，使得元件的电流密度大大增加、体积大大缩小、功耗大大降低、可靠性大大提高，而价格却日渐便宜。所以，今日高电压大电流的电力电子器件应用非常广泛，如 IGBT、VMOS、GTO 等。它们在交流或直流调速系统中的普遍应用就是例子。因此，可以这样说：超大规模集成技术的成熟，新的基底材料的应用，都大大地提高了电子器件的可靠程度，使得在新的技术中安心地使用这些元器件成为可能。

9.7.3 可靠性措施

1. 控制电路部分

如图9-5所示，从传感器到CPU、A-D/D-A、驱动器，电流都不超过1A，电压不高于12V，所以，可全部集成在一个芯片上，制成专用芯片，从而使价格较低，而可靠性却大大提高。

2. 电力电子器件部分

如图9-3和图9-4所示，其中主要是数量众多（96个）的VMOS（或IGBT），各组有完全一致的接法，即都是奇数器件的阴极（漏极）与偶数器件的阳极（源极）相连。未连接的阳极都并联到直流电源的正极，未连接的阴极都并联到直流电源的负极。至于各个控制极则分开引出。这样就可以设计成全部（或分块）电力电子器件集成在一起（充分考虑散热条件），制成一个整体电力电子换向器，就如同整体机械式换向器一样。但电子换向器是放在电动机外的，置于控制箱内，便于连接和更换。其与电动机绕组出线间一对一地连接，正像机械式换向器的升高片一对一相焊接一样。

9.7.4 换向器置于电动机外的好处

（1）元器件更换十分方便

万一元器件有损，只需将接线端子打开，便可进行更换，更换所需时间短，也很方便。

（2）容易解决散热问题

由于单独置于机外，可以专门采用强制风冷或水冷，这对提高电子元器件的寿命和可靠性大有好处。

（3）其他好处

将控制单元和电力（功率）单元分开分别集成化，还会带来其他好处：第一，由于采用的是电压控制型的电力电子器件，不同器件均可使用相同的控制单元（模块），这就使得器件生产更方便，即只做一种控制单元而功率单元可做成各种各样的等级，然后根据需要进行搭配。第二，功率单元可以分多个等级生产，如10A、100A、1000A等，使用时按需要进行组合即可，这样就使生产工艺变得十分简单，也使产品的质量可靠、造价低廉。

（4）排除故障简便

一旦电动机的换向器发生故障，由于可以在机外迅速更换，耗时比传统电动机的更换要短得多，并且操作很方便。传统电动机换向器故障，一般均需停机、卸机、吊起、进厂大修、耗工多、耗时长，操作过程和工艺复杂。

9.8 电子换向式直流电动机运行主程序逻辑流程图

1. 主程序逻辑流程图

下面给出电子换向式直流电动机运行时所必需的主程序逻辑流程图（图9-8），以便编写运行程序。无论采用什么型号的微处理器，下述主程序逻辑框图都是适用的，只是具体的指令有所不同。用哪一种CPU，就用该种CPU所对应的指令进行编写。

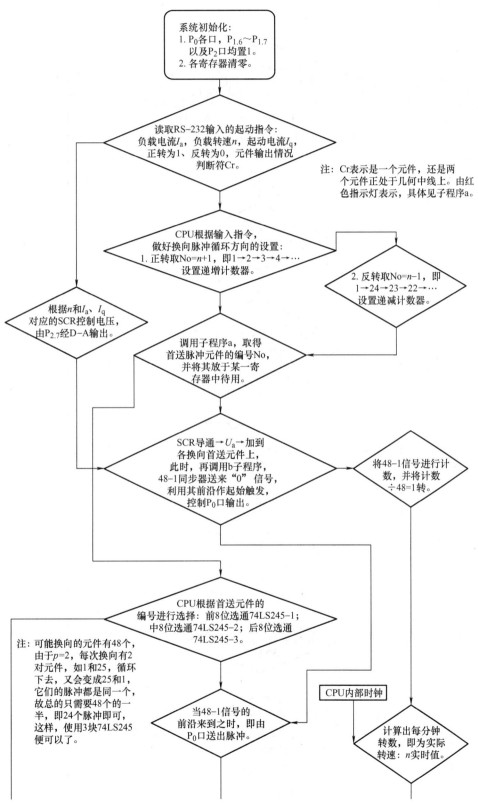

图 9-8　电子换向式直流电动机主程序逻辑流程图

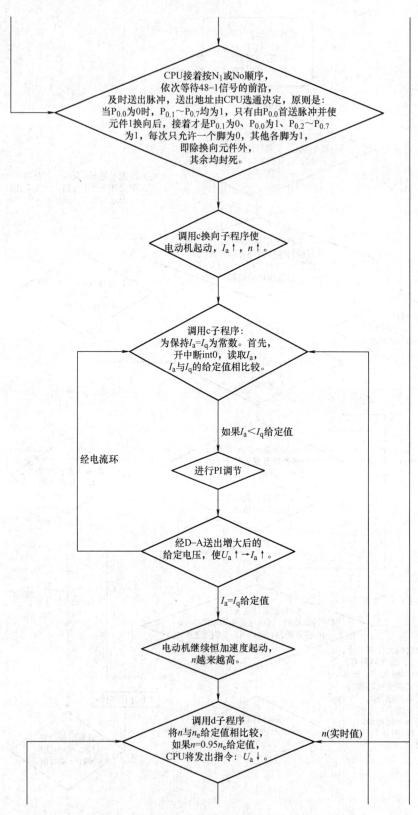

图 9-8 电子换向式直流电动机主程序逻辑流程图（续）

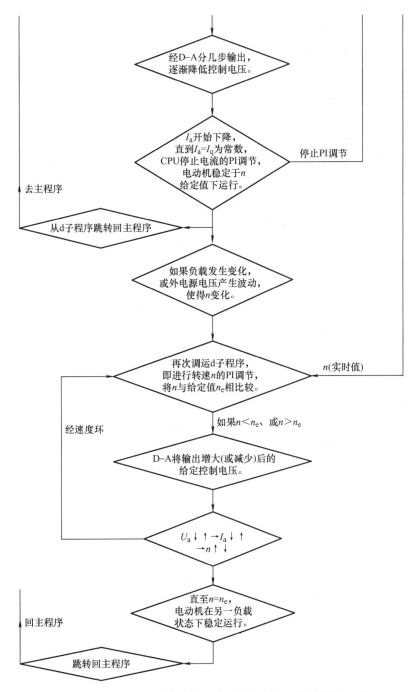

图 9-8 电子换向式直流电动机主程序逻辑流程图（续）

2. 各子程序内容

（1）a 子程序（元件位置采样程序）

条件：15kHz 高频载波电源合上开关，开始向专门设置在几何中线上的线圈 L 供电，高频电磁铁产生的磁通将在处于其附近的电枢元件中感应出高频电动势，以正处于几何中线上的元件感应电动势为最大，其余相邻的元件次之。这样一来，最大感应电动势再通过后接的全桥整流、施密特触发器鉴幅、分压、反向等，最后送出大约 4V 的直流电平信号，再经光电隔离元件变为"0"信号送出，而其他的则均被滤掉。如果是某两个元件刚好位于几何中线左右两侧，此两元件的感应电动势会相等，均能通过输入电路，会同时对 48-6 检测器输入两个"0"信号，由于 74lS148 的高位优先性质，只送出反映高位（D7）对应接线的元件序号，而按换向要求，应当是次高位（D6）为首送元件较好，因此，只好借 CPU 进行判断，以识别序号加 1 为首送元件。到底是一个元件还是两个元件有输出，可借助于红色发光管点亮来人工判断，如为两个输出，则通过 RS-232 置入区别符 Cr 为 1，如只有一个输入（大部分情况如此）则置 Cr 为 0。至于送出的直流电平的大小，可通过分压电阻进行调节。

程序：

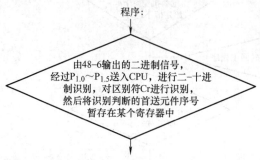

由48-6输出的二进制信号，经过P$_{1.0}$～P$_{1.5}$送入CPU，进行二-十进制识别，对区别符Cr进行识别，然后将识别判断的首送元件序号暂存在某个寄存器中

（2）b 子程序（触发脉冲同步程序）

条件：由 48-6 位置检测器输入端并联而来的 48-1 同步器，在经过 74LS30 与 74LS11 汇总之后，由中断口 int0 输入 CPU，任何一个电枢元件有输出（即该元件经过几何中性线）时，它的输出处便会出现"1"信号（即 CPU 开中断），利用此 1 信号的前沿（上升沿），去触发换向脉冲，使正经过几何中性线的电枢元件所接的 MOS 块导通，元件组通电，即元件换向时刻与其经过中性线的时刻同步。

程序：

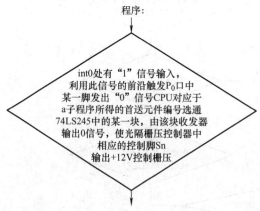

int0处有"1"信号输入，利用此信号的前沿触发P$_0$口中某一脚发出"0"信号CPU对应于a子程序所得的首送元件编号选通74LS245中的某一块，由该块收发器输出0信号，使光隔栅压控制器中相应的控制脚Sn输出+12V控制栅压

（3）c 子程序（换向子程序）

条件：正处于几何中性线的电枢元件 1 所接的正向 MOS 块导通，元件 1 通电，其余元件 2→12 所接的正、反向的 MOS 块均截止，元件 13 所接的反向 MOS 块导通，这样形成 1→12 元件导通的元件组（上层边对应于 N 极，下层边对应于 S 极），用同样原则还可形成 25→48 元件导通的元件组（上层边对应于下一个 N 极，下层边对应于下一个 S 极）。元件 1 左移一个槽距后，其位置传感电势为 0，CPU 用"1"电平将元件 1 的控制电压封锁，让元件 1 立即截止，然后，再将其所连接的反向 MOS 块导通，以便它反向接入元件 48→38 那一元件组

承受电压，作为另一支络，从而完成元件 1 的换向。接着导通的是元件 2，其换向方式将与元件 1 相同。待第 3 个元件导通时，应立即将元件 1 的反向 MOS 块截止，使它呈正、反向 MOS 块均截止状态，串联在反向组中一直工作到下一次再换向为止，此举甚为重要，以免局部元件发生短接。所有元件的换向方式均按此执行。

程序：

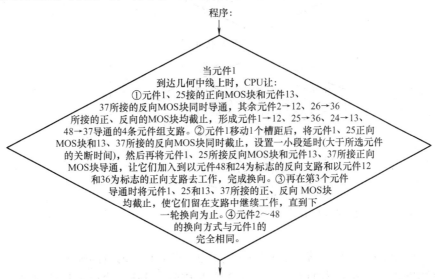

当元件1
到达几何中线上时，CPU让：
①元件1、25接的正向MOS块和元件13、
37所接的反向MOS块同时导通，其余元件2→12、26→36
所接的正、反向的MOS块均截止，形成元件1→12、25→36、24→13、
48→37导通的4条元件组支路。②元件1移动1个槽距后，将元件1、25正向
MOS块和13、37接的反向MOS块同时截止，设置一小段延时(大于所选元件
的关断时间)，然后再将元件1、25所接反向MOS块和元件13、37所接正向
MOS块导通，让它们加入到以元件48和24为标志的反向支路和以元件12
和36为标志的正向支路去工作，完成换向。③再在第3个元件
导通时将元件1、25和13、37所接的正、反向MOS块
均截止，使它们留在支路中继续工作，直到下
一轮换向为止。④元件2～48
的换向方式与元件1的
完全相同。

（4）d 子程序（恒电流 PI 调节程序）：

条件：由 RS-232 输入指令，确定：①起动电流 $I_a = I_q$ 为常数；②稳定的负载电流 $I_a = I_f$；上述两数值，由操作者根据负载情况，即负载的大小、性质、转速要求的高低等，预先排成表格，用时对应选取，CPU 将对应的（数字化）给定值，输出到 D-A 转换器，然后转换成模拟量输出，从而控制 SCR 的系统输出直流电压的高低。电机起动后，随着转速 n 的上升，电枢反电势 E_a 会上升，从而使 I_a 下降，再经 A-D 采电枢电流之样，以数字形式输入到 CPU 中去，再与 I_a 的给定值比较，在 CPU 内部进行软件化的 PI 调节，通过 D-A 反过去改变 SCR 的输出直流电压，用以保持 $I_a = I_q$ 为常数和 $I_a = I_f$ 为常数。

程序：

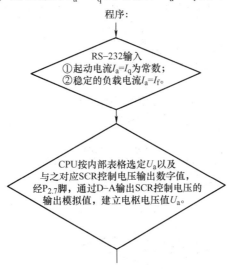

RS-232输入
①起动电流$I_a=I_q$为常数；
②稳定的负载电流$I_a=I_f$。

CPU按内部表格选定U_a以及
与之对应SCR控制电压输出数字值，
经$P_{2.7}$脚，通过D-A输出SCR控制电压的
输出模拟值，建立电枢电压值U_a。

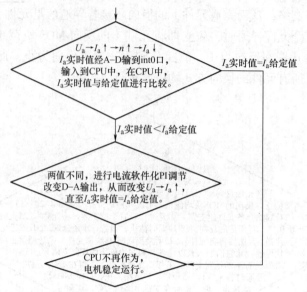

（5）e 子程序（恒转速 PI 调节程序）

条件：

1）由 CPU 将晶振的频率信号中分出一个时钟，作为转速的时间标准。

2）由同步器 48-1 中抽出的信号，经 int0 进入 CPU，开辟一个区域作计数器。

3）程序使得从某一时刻开始计数，可以定时采样，例如每 10s 采 1 次，采样开始时，同时计数，这样便可以得到：N 个脉冲/s，而每个脉冲的机械角度为 1/48 周（转），于是有 $n = (1/48) \times N$ 转/s $= N/48/s = N \times 60$ 转/48min $= N$ 转/1.37min。其中，N 为输入的每秒脉冲数。

程序：

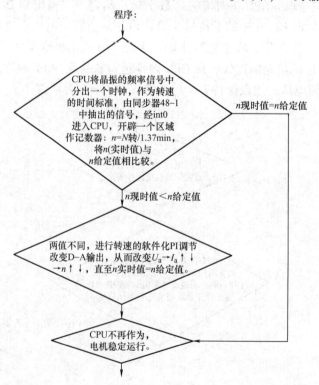

第 10 章　三相电子换向直流电动机

10.1　多相电子换向直流电动机的改进

10.1.1　多相电子换向直流电动机面对的问题

对于本书第 9 章介绍的电子换向直流电动机，通过定子旋转磁场分析可以看到，它实质上是采用 IGBT 控制的变频调速的多相同步电动机。其调速性能是相当优越的，调速的方法又与传统直流电动机是一样的，十分简单。但是，由于其所使用的开关器件多，使得造价高和可靠性低，严重限制了其实用性。要想使这种电动机具有的竞争力，必须设法解决以下问题。

1. 将多相电路器件的数目降到最低

对于大功率电动机，如 1000kW，有 $Z_1 \leqslant 200$，如 $Z_1 = 4 \times 48 = 192$，则换向器件数为 $2m = 2Z_1 = 384$。这种电动机一般都是低速的，如 $2p = 2 \times 10 = 20$。此时，支路换向器件中电流的数值为 $I_{dm} = \dfrac{1}{2p}I_d = \dfrac{1}{20}I_d$。此时的器件增价比（与 3 相 6 个器件相比）为 $k = \dfrac{384}{6} \times \dfrac{1}{20} = 3.2$，与中小功率 $Z_1 = 48$ 时的器件增价比 $k = \dfrac{96}{6} \times \dfrac{1}{4} = 4$ 相差不多。但是，由于大功率器件的成品率比小功率器件要低，因此其价格往往相对较高，且不一定与功率成正比。所以，很多情况下，选择小功率器件并联使用还要划算一些。至于具体如何选择，需依器件的实际性价比而定，不好盲目估计。此外，由于大规模集成电路技术越来越成熟，MOS 工艺制造的成品率提高，芯片内集成器件不会导致可靠性的降低，因此该方式（包括控制和保护单元）只要能将元器件数量降到最低，仍应予以考虑。

2. 将电子换向器做成集成电路

将电子换向器电路（如图 9-2 所示）做成专门的集成电路。这样，可以大大减少相应的控制电路元器件数量，降低电子换向器的造价。

3. 优化电压调节范围

优化系统整流，使其 $\cos\varphi = 1$，电压调节范围尽量宽。

4. 优化占空比电压调节

如果电压调节使用的是占空比调节，应加大滤波电容器的电容值，使直流电压波形尽可能平直。

如果上述问题解决得好，就可以充分发挥出其调速优点：方法简单、调速范围宽、可以很方便地在四个象限上工作等。但是，直流调速在中、大功率的应用，一定要看系统性价比再决定。至于小功率的电动机，如家电用的无刷直流电动机，数量极多，就是电子换向直流电动机会受到重视的一个例证。虽然这种无刷直流电动机在结构上采取的办法和电子换向直流电动机稍有不同，但其主要的思路是相同的（即采用直接调压来调速）。不过这种无刷直流电动机只用三相，主要元器件用量要少得多，但谐波转矩和谐波电流要大许多，这对大功率电动机是不允许的，因为会对负载和电网的影响很大。所以，无刷直流电动机一般只限用在几十瓦以下的情况为好。

10.1.2 电子换向直流电动机的改造

1. 直流电动机中有多相绕组

首先，在这里对多相绕组（m 个线圈）的定义特别说明一下：本书第 9 章是仿照传统直流电动机电枢绕组的接线形式（即环形封闭式绕组）来进行接线的，只是改到了定子上，以便与静止的逆变器相连。这样的环形封闭式绕组，由于是通过 m 个换向片（连接到 m 个线圈）来进行换向的，所以可被认为是一个"多相"绕组。这种由 m 个换向片来分割的环行封闭式多相绕组，与一个槽一相的多相星形联结开启式绕组在结构、工作方式上十分相近，但不相同。环形封闭式绕组虽然也是多相换接，但它在每次换接后的工作中，并不是让换进来的绕组承受全相电压，而是让它与上次和前面几次已经换进来工作的多个绕组串联工作，并和其他几条支路共同以并联形式承受直流电压（线电压）。自然，一个线圈承受的电压就低得多。而且，每个线圈并非次次换向，它从换进支路后一直工作下去，直到该支路中所有线圈都换过一遍，它也被换出后，线圈的换向才算完成。并不是第二个元件一来换向，第一个元件就被换出，这和一槽一相多相星形联结开启式多相绕组不同的地方，这是传统直流机绕组结构特别之处。因此，为明确概念，不妨将开启式多相绕组定名为"独立多相绕组"，来表明它是一个单独的实体多线圈绕组，每个绕组在电流换（方）向时（即换相时）独立承受相电压。把封闭绕组中单个元件进行换向的情况定名为"非独立多相绕组"，来表明它在每次换向时不是独立的，而是和其他线圈串联起来工作，不独立承受直流电压，只承受部分电压。由于整套闭式绕组确实在一个电周期内有 m 个线圈被换向，这就和 m 相独立绕组被分别换向的工作情况十分类似，只不过它们换向时是去参加另一组线圈的工作而已。

上述"非独立多相绕组"能够形成旋转磁场的概念，对于带机械换向器和电刷的传统直流电动机也是适用的。在传统的情况下，处于每个极面下的电枢环形封闭绕组，理论上会产生一个呈三角形分布的电枢磁场。这是因为，按电机学中对电枢反应磁场的理论分析，连续的线负荷（即安培线数）呈三角形分布，故电枢磁动势、磁场也呈三角形分布，最大值在磁极中心线上，过零值在几何中性线上，与主磁极恰好相差 90°。然而，由于齿槽的实际情况，线负荷并非连续，而是按槽断续的，再计及几何中性线处磁阻较大的情况，使得电枢磁动势、磁场实际上呈近似平顶塔状多梯形分布，如图 10-1 所示。

图 10-1 中，除了给出了电枢上绕组通过电流后沿电枢表面产生呈阶梯形分布的磁场（即磁场瞬间的波形），还给出了这个阶梯磁场相对于电枢绕组向右前进，而电枢则因受力向左旋转。在传统直流电动机中，这两个方向的速度恰好相等，于是，使得阶梯磁场对不动的 N 极、S 极呈相对静止的状态。

（1）具体的换向情况

设一个极面下的槽数为 N，以第一个元件为电枢（起始）位置的标志 3，当电枢第一组的元件经电刷流入电流后，它们又会因受洛伦兹力而跑开，如向左。于是，第一个元件将瞬间离开这个极面，换入第 $N+1$ 个元件，使极面下仍保持 N 个元件，由于经过电刷流入的电

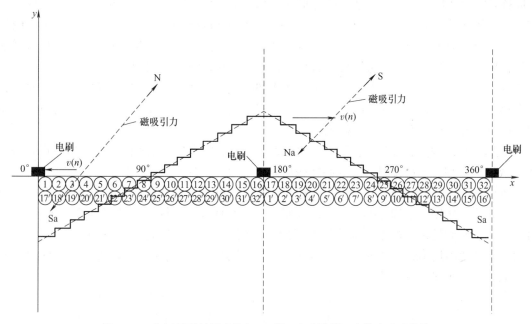

图 10-1　多相环形封闭式绕组一对极面下的磁场阶梯波波形曲线

流方向不变，故仍可产生一个不动的电枢磁场。但是，相对于第一组元件移动后的位置而言，这个阶梯磁场就相当于向右移动了 1 个槽距。换进来的第二组元件，同样为首的元件（绕组的第二个元件）也会因受力向左移动，离开这个极面。第二组元件刚才产生的多阶梯磁场，也同样相对于第二个元件本身向右移动了 1 个槽距，但相对于第一个元件来说，则是向右移动了 2 个槽距。如此下去，整个极面下每个元件为首的那组换进来所形成的电枢磁场，相对于磁极位置都是不动的。但是，相对于第一组元件转动后所在的实时位置而言，多阶梯电枢磁场就向右移动了 N 个槽距，从而形成了电枢多阶梯磁场相对于第一个元件实时位置动态地向右移动的情况。这样，相对于电枢的第一个元件，即电枢（起始）位置的标志而言，电枢环形绕组所产生的多阶梯磁场，就变成了向右旋转的旋转磁场。由于电枢元件的实体向左旋转，而电枢磁场却同速地向右旋转，相对于定子极面来说，就呈现静态不动的局面，满足了定、子磁场相互吸引、相对静止且两者的轴线错开 90°的需要。

此外，还可以看到，主磁场的 N 极吸引着电枢的 S_a 极，而其 S 极则吸引着电枢的 N_a 极。在传统直流电动机中，两者相互静止且相互吸引，而电枢则不停地逆时针旋转。如果观察者站在电枢上，便会发现电枢磁场和主磁场都是相对地沿顺时针方向旋转，这就是本书从旋转磁场的角度来诠释传统直流电动机工作原理的角度。这和载流导体在磁场中受力而运动的传统观点有所不同（传统观点是从直流发电机中导体在磁场中移动产生感应电动势的角度出发）。对各类电动机都可以用旋转磁场吸引磁极旋转的观点进行解释。例如，对于电子换向直流电动机，就可以认为是定子旋转磁场吸着转子磁极进行旋转。至于同步电动机、异步电动机，就更好解释了。

（2）对电子换向直流电动机的解释

在使用电子器件进行换向的直流电枢中，对于"非独立多相绕组"，由于只是使用电力电子器件替代了换向器，并依同样的换向规则进行换向，所以定子绕组电流所产生的磁场也就同样是一种依次向前移动的塔形阶梯形式磁场。电子换向器每换向 1 次，将使所串联线圈产生的磁场向前移动 1 步。这样，每个极面下的全距塔形阶梯形式磁通就会因一个线圈换进、一个换出而不断变化。那么，对固定不动的定子的内沿而言，会形成按一定方向旋转的磁场，即以塔形阶梯形式步进的旋转磁场。这和 m 相的"独立多相绕组"产生的依相序方向的旋转磁场，确实十分相似。在采用电子器件来进行换相的交流电动机中，m 相的"独立多相绕组"，经过 $2m$ 个逆变器件，送入 m 相电流，在 1 个电周内将有 m 个线圈依次换相，便会形成依相序方向旋转的磁场。

由此可见，"非独立多相绕组"产生的以塔形阶梯形式步进的旋转磁场，其（正弦基波的）效果和多相或三相绕组形成的旋转磁场完全等效，物理本质是一样的。

塔形阶梯形波可以分解成 1 个基波和多个高次谐波，其中以基波为主，高次（主要是 3 次）可以采用短距、多槽等办法来加以抑制。上述两种旋转磁场完全是等效的。即，"独立多相绕组"是利用多相电流的变化使磁场旋转，而"非独立多相绕组"是利用直流电流的依次换向来使磁场旋转，两者可谓"异曲同工"。于是，利用电子换向器可以将直流电动机等效成一台多相交流电动机。

本书之后再提到多相和多相绕组，都是指"非独立多相绕组"。这是因为，它才具有实用价值。虽然所用换向元件多是目前的不足之处，但以后可以设法将其减少到最低程度。

"非独立多相绕组"与"独立多相绕组"有一点是相同的，那就是它们的换向元件数量都是 $2m = 2Z_1$。正因为如此，才称它们都是"多相绕组"，相数都为 m，其意义有一定的转折，这和电机学中对相的定义确有一定差别。不过，这是为了满足以后分析电子换向直流电动机时的需要，请读者注意这一特殊的约定。还有一点要说明，如果要想获得圆形的旋转磁场，"独立多相绕组"就必须外加 m 相对称电压，在实际中这一点比较难于实行。例如，要求增多电动机接线抽头以获得多相绕组，一般是不现实的；或者采用三相绕组实行多重式供电，这就要求使用更多的逆变桥器件或特殊的多相变压器，在造价上不划算，会大大降低装置的性价比，没有采用的价值，只有理论分析上的意义。

至此，就以塔形阶梯形式前进的旋转的磁场和三相绕组形成的旋转磁场完全等效作为理论根据，把电子换向直流电动机当作一台多相同步电动机来看待。

此外，由于采用了"定子旋转磁场吸引着转子磁极进行旋转"的观点，所以以将全部电动机的工作原理统一起来，也为将电动机的定子绕组由多相改为三相提供了有力的理论依据。

2. 电子换向直流电动机多相绕组改造的原则

从上面的诸多分析看来，如里仍然沿用非独立多相闭式绕组（即传统直流绕组）来做定子绕组，即便改成电子换向器控制，虽然性能良好，但线路复杂、造价高，应用推广有相当难度。所以，必须设法对它进行改造：首先是相数的减少，最好是采用三相，以大大减少功率开关器件数量，才能降低造价；另外，必须保留其电枢磁场的正弦分布和调压调速特点，使它能像传统直流电动机一样地工作。

解决这些矛盾困难很大，10.2 节将进行讨论，希望找到出路。为此，10.2 节必须对同步电动机和电子换向直流电动机及无刷式直流电动机的结构进行较详细的分析。

10.2　三相（和多相）同步电动机、无刷直流电动机与电子换向直流电动机在结构上的细微区别

本书第 8 章介绍过三相正弦波永磁同步电动机和三相梯形波永磁同步动机的差别。前者是三相同步电动机，后者是无刷直流电动机。两者的细微差异如下：

① 气隙磁场的分布不同，一为正弦波分布，一为梯形波分布。

② 定子绕组的分布不同，一为分布式绕组，一为集中式绕组。

③ 调速控制的方式不同，一为矢量变换调节（复杂），一为电压占空比式 PWM 调节（简单）。

这两种永磁同步电动机和电子换向直流电动机进行比较，它们之间的异同点如下：

① 电机的电源电压形式相同，都是由交流经整流后变成的直流，但逆变后的交流电压相数不同，一为三相，一为多相。

② 磁场分布基本相同，只有梯形波同步电动机有些不同，可以看作是削峰的正弦波。

③ 定子绕组的相数不同，一个是接成三相（或者多相），一个则接成（闭式）多相，因此使用的换向功率器件数目也就不同。

④ 调速控制方法不同，一个主要是矢量变换，一个是电压调节（方法简单）。

由上可见，如果把直流电动机当作一种多相同步电动机的话，从理论上是完全可以的。只不过，除功率器件增多外，最主要的是要采用"矢量变换"的方法，才能进行有效的连续调速，而不能简单地采用调电源电压的办法。但是，本书第 9 章介绍过，可以采用一系列的附加控制电路，即转子位置传感器和功率器件触发脉冲顺序控制器。它们的作用，实际上就相当于转子磁场定位的矢量控制，变化电源电压就相当于改变电枢电流（绕组元件中的交流）中的转矩分量。

电子换向直流电动机可以等效为一台多相 $m = Z_1$ 的同步电动机，但它又和传统的同步电动机有些细节上的不同，主要体现在下述几个方面：

（1）气隙磁场分布的异同

同步电动机为了产生"正弦"分布的磁场，各相绕组均采用的是分布式绕组，使电流在分布式绕组中产生呈近正弦分布的定子磁场。其基波为纯正弦波，其他的高次谐波则被大大地削弱。而传统的直流电动机，其定子磁场也会呈正弦分布。至于转子磁场，则一般多为梯形波分布，而气隙磁通原则上应该是定、转子磁场两者之和。这样一来，气隙磁场在带负载时就有了一般电机学介绍的那种马鞍形状态，它也不是正弦或梯形的，而是左低右高的马鞍形。这是建立在电枢感应磁动势以磁极分界线为中心呈三角形分布而得到的。电枢磁动势的三角形分布又是以"全电流定律"为基础的，以电枢电流连续分布为前提。实际上，电枢导体不可能连续分布，而是以槽为单位分布（实际上只能这样生产），因此它实际上是呈三角阶梯形分布的（即前面提到过的近似平顶塔状多梯形分布）。经短距方式处理后，高次谐波被大大削弱，基波（即正弦波）便成为其主要的波形。

由于传统直流电动机采用电子换向器后，可等效成一台多相同步电动机，因此可以得出以下两点：

① 多相同步电动机的定子（即电子换向直流电动机的"电枢"）磁场，是一个多相绕

组产生的呈正弦分布的旋转磁场。

② 多相同步电动机的转子磁场，是基波呈正弦分布的转子磁场。

如果这样处理，则其气隙磁场也是由这两个磁场合成的呈正弦分布的气隙磁场。

（2）并联支路中的元件数目不同

对于三相同步电动机，每相只有 1 个支路，是该相各个极面下的所有元件（即 $Z_1/3$）串联的支路。直流电动机如采用叠式绕组，其并联支路数为 $2a = 2p$，如 $p = 2$，则有 4 个支路并联，而每一个支路中串联的元件数为 $Z_1/4$；如 $p = 1$，则每一个支路中串联的元件数变为 $Z_1/2$。故串联元件数的一般计算式为 $Z_1/2p$。也就是说，元件数量随极对数的增多而减少，不是一个固定的数值。如果是机械式换向器，则串联的换向元件应减少 1 个（即处于电刷下的那个短路元件）。

正是由于上面这些差别，对于同步电动机，由于它每个极面下每相（1 个支路）只有 1/3 的槽数分布，分布状态相对要集中一些；传统直流电动机则是每个极面下的全部槽数均属支路，其分布状态相对来说就要拉开得多。在采用直流电压 U_d 供电的情况下，同步电动机中定子绕组电流 I_d 的幅值是不会变化的。之所以能产生正弦基波，靠的就是绕组的分布，其分布状态决定了除基波外的高次谐波的多少和幅值大小。显然，同步电动机这种绕组分布状态必然会引起较多较大的谐波。在同样的槽数条件下进行对比，直流电动机绕组的分布状态就要好得多，故其产生的谐波就要少得多。

（3）使用的功率器件数量和总价格不同

三相同步电动机使用的功率器件数量为 $2m = 2 \times 3 = 6$，而电子换向直流电动机使用的功率器件数量则为 $2m = 2Z_1$。如果 $Z = 48$，则 $2m = 96$，要比三相多 16 倍，不过器件的参数又有所不同，如表 10-1 所示。

若器件的单价与电流成正比，则多相与三相相之比 $k = \dfrac{96}{6} \times \dfrac{1}{4} = 4$，即总价格只比三相的贵 4 倍。

表 10-1　三相与多相的器件参数

参数 \ 相数	三相	多相
器件工作电压	U_d	U_d
器件工作电流	I_d	$\dfrac{1}{2p}I_d$
器件数量	$2m$	$2m = 2Z_1$

（4）谐波情况不同

如果三相逆变器采用 PWM 方法，1 个电周期换相 6 次，所形成的旋转磁场的轨迹为正六边形，将在转矩曲线上有 6 个凹点；若相数 $m = 24$，逆变器主电路也采用 PWM 方法，1 个电周期要换向 24 次，则所形成的旋转磁场的轨迹为正 24 边形，更接近圆形，这样，转矩曲线上对应的 24 个凹点间距很近，且变化的幅值很小，故可以获得比较平稳的转矩。

与之相应，定子感应电动势中的最大谐波（即 3 次谐波）的幅值，也会因转矩曲线上凹点的增多、变化幅值的缩小而大大地缩小。其变化幅值几乎可以忽略不计（极限情况为 $m \to \infty$，磁动势多边形变成了圆形，3 次及其以上奇次谐波的幅值将为零，感应电动势只剩基波）。由于谐波的大大减少，所以可以认为定子感应电动势就是一个直流的反向电动势，从而大大提高了电能转换的效率（直流电动机比三相同步电动机效率要高）。

（5）结论

① 三相同步电动机比多相同步电动机（电子换向直流电动机）结构上相对简单，造价

也相对低一些。

② 多相逆变器比三相逆变器的器件多，这在一定程度上降低了系统的可靠性。但随着集成电路质量的提高，这一缺点正在逐渐解决。

③ 在控制电路上，多相比三相要复杂，若采用集成电路，则两者的区别就不会太大。

④ 多相比三相的转矩品质和电流品质要优越得多。

⑤ 哪种性价比好，需要根据具体案例来确定，以能满足要求为准。

10.3　关于定子绕组非正弦分布（如梯形、三角形分布）磁场的分解问题

1. 非正弦波的分解

从 10.2 节的分析可以知道，同步电动机的定子磁场呈正弦分布，传统直流电动机的电枢磁场则呈三角形分布，电子换向直流电动机的定子磁场却呈近似正弦波（塔状梯形波）的分布。至于转子，同步电动机的磁极如果为凸极式，特别是使用永磁材料的，永磁式的磁极一般多制造成瓦状或片状，然后在固定的钢架之上面装，或者插入固定的钢架中（插入式）。这样的结构形式，磁极产生的磁力线在气隙中的分布，往往只能是中间密、两边疏，一般呈梯形分布或三角形分布。就是在隐极式的情况下，磁极绕组按分布式布置，其构成的磁场也会和定子磁场一样，呈阶梯形分布，依然是中间密、两边疏。传统直流电动机、电子换向直流电动机的磁极均和凸极式同步电动机相同，呈阶梯形分布。总之，它们中的大部分实际的分布多不是正弦形式的，而是呈周期对称（对横轴）形式的。

对于呈周期变化并与 x 轴对称的函数曲线，可以使用傅里叶级数进行分解。

（1）梯形分布

$$\left.\begin{array}{ll} 当 0 \leqslant x < \alpha\ 时，& y = f(x) = \dfrac{ax}{\alpha} \\[2mm] 当 \alpha \leqslant x \leqslant \pi - \alpha\ 时，& y = f(x) = a \\[2mm] 当 \pi - \alpha \leqslant x \leqslant \pi\ 时，& y = f(x) = \dfrac{a(\pi - x)}{\alpha} \end{array}\right\} \tag{10-1}$$

其傅里叶级数为

$$y = \frac{4}{\pi}\frac{a}{\alpha}\left(\sin\alpha\sin x + \frac{1}{3^2}\sin 3\alpha\sin 3x + \frac{1}{5^2}\sin 5\alpha\sin 5x + \cdots\right) \tag{10-2}$$

其中一个特殊情况是，当 $\alpha = \dfrac{\pi}{3}$ 时，有

$$y = \frac{6\sqrt{3}}{\pi^2}a\left(\sin x - \frac{1}{5^2}\sin 5x + \frac{1}{7^2}\sin 7x - \frac{1}{11^2}\sin 11x + \cdots\right) \tag{10-3}$$

即 3 次和 3 的倍数次谐波没有了。

从 $\alpha = 1° \rightarrow \alpha = 10°$，并设系数 $a = 1$，进行计算，可以发现在这范围内，可以获得一个粗略的通式：

$$y \approx 1.273\left(\sin x + \frac{1}{3}\sin 3x + \frac{1}{5}\sin 5x + \frac{1}{7}\sin 7x + \cdots\right) \tag{10-4}$$

从式（10-4）可以看出以下几点：

1）除基波为正弦外，其余谐波为高次的正弦波，但它们的幅值随次数大幅衰减。因此，当梯形波梯度较陡时，磁通基本上可以认为是呈正弦分布的。

2）函数中只剩下奇次谐波。

3）当（两边）梯坡的时间与平顶波时间相等时，即 $\alpha = \dfrac{\pi}{3}$ 各占 $\dfrac{1}{3}$ 时，3 次和 3 的倍数次谐波将消失。由于它们的幅值是谐波中较大的，故在这种情况下谐波的影响最小。

该波形常用在大部分无刷电动机的定子绕组电流中，其 3 次谐波可削弱，但 5 次谐波还是比较大的。

（2）三角形分布

$$y = f(x) = x \qquad \left(-\frac{\pi}{2} \leqslant x \leqslant \frac{\pi}{2} \right) \tag{10-5}$$

其傅里叶级数为

$$y = f(x) = \frac{4}{\pi} \left(\sin x - \frac{1}{3^2}\sin 3x + \frac{1}{5^2}\sin 5x - \frac{1}{7^2}\sin 7x + \frac{1}{9^2}\sin 9x - \cdots \right) \tag{10-6}$$

这种情况下（如直流电动机的电枢反应磁通的分布就是如此），基波主要为正弦波，其余多次谐波均存在且幅值较大，由于在某些相位会出现负值，使基波的转矩形成许多波动小坑。

（3）方波分布

$$y = f(x) = a \qquad (0 < x < \pi) \tag{10-7}$$

其傅里叶级数为

$$y = \frac{4a}{\pi} \left(\sin x + \frac{1}{3}\sin 3x + \frac{1}{5}\sin 5x + \frac{1}{7}\sin 7x + \cdots \right) \tag{10-8}$$

这种情况与斜度很陡的梯形波的结果很近似，也是在基波的基础上，附加多个幅值衰减的高次谐波，即

$$y = 1.273 \left(\sin x + \frac{1}{3}\sin 3x + \frac{1}{5}\sin 5x + \frac{1}{7}\sin 7x + \cdots \right) \tag{10-9}$$

这种波形常出现在小型的无刷电动机的定子绕组中，其中 3 次和 5 次谐波比较大。

（4）多阶梯均匀周期对称分布

这是常说的分布式绕组的情况，主要是出现在隐极式同步电动机的转子和一般交流电动机的定子磁场中，如图 10-2 所示。

图 10-2 所示的曲线，就是一般电动机 A 相全距分布式叠绕组的磁势分布情况，图中，三相绕组相带宽为 60°，如果设定每相每极槽数为 7，每个槽相差为 10°，7 个槽首尾共差 60°。如果每个全距线圈的磁势波呈方形波，前半波为正（N 极），后半波为负（S 极），然后，将 7 个方波依次叠加，即将逐一滞后 10°（对称于 x 轴）的方波在 360° 内叠加，结果，就可以获得如图 10-2 所示的曲线，它呈现为七台阶形波，其中上升与下降各占 60°，平顶占 60°，一个半波恰好 180°，第一台阶起始处为滞后 30°。

2. 谐波问题

为方便分析各个方波（台阶）中各次谐波的具体分布情况，先将它们的傅里叶级数表达式逐一写出：

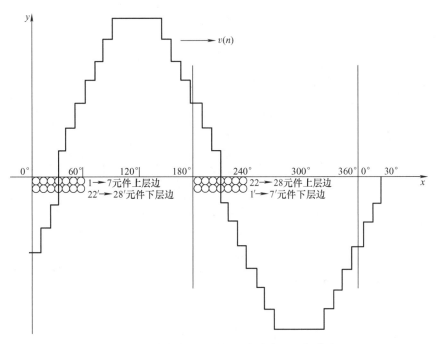

图 10-2 多阶梯均匀周期对称分布的叠加曲线

$$y = \frac{4a}{\pi}\left(\sin x + \frac{1}{3}\sin 3x + \frac{1}{5}\sin 5x + \frac{1}{7}\sin 7x + \cdots\right) \tag{10-10}$$

$$y = \frac{4a}{\pi}\left[\sin(x-10°) + \frac{1}{3}\sin(3x-30°) + \frac{1}{5}\sin(5x+ -50°) + \frac{1}{7}\sin(7x+ -70°) + \cdots\right] \tag{10-11}$$

$$y = \frac{4a}{\pi}\left[\sin(x-20°) + \frac{1}{3}\sin(3x-60°) + \frac{1}{5}\sin(5x-100°) + \frac{1}{7}\sin(7x-140°) + \cdots\right] \tag{10-12}$$

$$y = \frac{4a}{\pi}\left[\sin(x-30°) + \frac{1}{3}\sin(3x-90°) + \frac{1}{5}\sin(5x-150°) + \frac{1}{7}\sin(7x-210°) + \cdots\right] \tag{10-13}$$

$$y = \frac{4a}{\pi}\left[\sin(x-40°) + \frac{1}{3}\sin(3x-120°) + \frac{1}{5}\sin(5x-200°) + \frac{1}{7}\sin(7x-280°) + \cdots\right] \tag{10-14}$$

$$y = \frac{4a}{\pi}\left[\sin(x-50°) + \frac{1}{3}\sin(3x-150°) + \frac{1}{5}\sin(5x-250°) + \frac{1}{7}\sin(7x-350°) + \cdots\right] \tag{10-15}$$

$$y = \frac{4a}{\pi}\left[\sin(x-60°) + \frac{1}{3}\sin(3x-180°) + \frac{1}{5}\sin(5x-300°) + \frac{1}{7}\sin(7x-420°) + \cdots\right] \tag{10-16}$$

如果将上述 7 个级数同频相加，即基波加基波、3 次加 3 次、5 次加 5 次、7 次加 7 次……可以看到，随着次数增加，同频谐波相差越大，它们的矢量和将越来越小。以幅值最大的 3 次为例，为作比较观察，对矢量进行求和，如图 10-3 所示。

图 10-3 中，矢量①～⑦的模长定为"1"，相差 30°。可以看出，7 个矢量中矢量①与⑦反相，互相抵消；③与⑤（相差 60°）相加，其和为 $\sqrt{3}$；②与④（相差 60°）相加，其和也为 $\sqrt{3}$。这 4 个矢量之和约为 3.35，再与矢量⑥相加，7 个矢量之和约为 3.65。可以看到，3 次谐波被削减了一半；其他高次谐波更因彼此接近反相，相互抵消，被大大削减。由此可以看出，基本上可以认为分布式绕组只剩下基波。正因为如

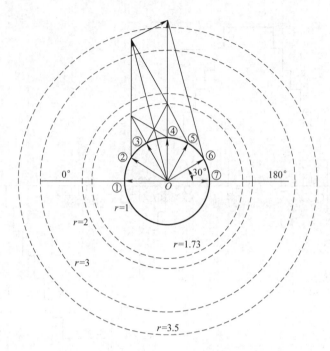

图 10-3　分布式绕组中 3 次谐波被削弱的示意图

此，为使绕组能产生正弦分布的磁通，电动机绕组（无论交流还是直流）应尽可能采用分布式绕组的形式。

实际上，这就是梯形波分布。因为绕组元件实际上是嵌在一个个槽里的，而且一相又只能占有 60° 相带宽度，所以，它的分布与梯形波分布的顶、梯各占 1/3 宽（$\alpha = \pi/3$）的情况［式(10-3)］更为相似。故要实现的最后结果是完全一致的，即 3 次谐波几乎完全消失。只不过，因实际波形存在阶梯，尚不能像直线梯形波那样实现 3 次和 3 的倍数次谐波均消失，其阶梯波还要剩下大约 1/2，但对 3 次谐波的削弱已经很不错了，且实际情况就只能如此。

总结：对于 x 轴对称的周期分布波，均可分解出以正弦基波为主的多次谐波。其中起主要作用的是正弦基波，其他的高次谐波幅值均有相当大的衰减。并且，为多阶梯形分布时，会对影响最大的 3 次谐波的削减作用最大。这是各种形式的磁场分布中效果较为理想的，可以获得十分接近正弦的波形。各相呈正弦分布的脉动磁通合成在一起，就会最终形成一个沿定子气隙呈正弦分布并以一定速度向前移动的磁通，即定子旋转磁场。这在前面关于电机学内容的描述中已经给出了数学表达式。

多相或三相交流电动机正是应用流过各相绕组的电流，在定子和转子间的气隙中产生旋转磁场，并可以空间矢量图的形式表示。电子换向直流电动机的定子磁场呈多阶梯形分布。根据上述傅里叶级数分析，其主要的空间分布波形基波是正弦的，故同样可以用空间矢量图表示，其转子磁场则呈梯形或近正弦的梯形分布。由此可见，无论是交流电动机还是电子换向直流电动机，由于采用分布式绕组，它们的定子都能获得尽可能接近正弦、较为理想的磁场分布形式。

10.4　电子换向直流电动机定、转子磁路结构的详细分析

10.4.1　磁场正弦波分布的结构

1. 定子

主要是依靠定子绕组的分布和短距，来实现基波正弦分布，其他的谐波被大大削弱。

2. 转子

主要是在磁极形状上进行控制，使之尽可能地让磁通呈正弦分布（永磁式和励磁式的都是如此，且前者效果更好）。

10.4.2　旋转实现正弦分布磁场

1. 定子

定子绕组中流过近似正弦波的电流，其方式有以下几种：

（1）多相绕组

可以使用电子式换向器获得呈阶梯形分布并沿定子内沿前进的磁场。也就是说，其基波的矢量轨迹可视为圆形的旋转磁场。但是，用这种方式获得旋转磁场，如前所述，是需要大量功率开关器件的。这除造价高之外，还存在因元器件多引起的可靠性较低的问题。这些都是多相（闭式）绕组的缺欠之处，有必要进一步改进。

（2）三相绕组

这是获得旋转磁场最好的办法，在交流电动机上已充分体现出来。因此，可以考虑用三相绕组去代替多相绕组来获得旋转磁场，这样，多相绕组的缺点就可得以解决。应用三相绕组去获得旋转磁场，在交-直-交逆变方式中常用的有以下 3 种方法：

1）六拍式 PWM 法。此方法因输入的是方波，故谐波较大。

2）SPWP 法。此方法可输入接近正弦的电流，故谐波很小，但功率器件通断频率大大提高，开关功耗加大，电效率受影响，且需解决好元器件的散热问题。

3）SVPWM 法。此方法系 PWM 的线性组合供电，可以获得近圆形的旋转磁场，效果最佳，但亦有功率器件开关频率增加、功耗较大和散热问题。

2. 转子

电子换向直流电动机和同步电动机，由于采用凸极磁极，可依靠本身的机械旋转，自然获得呈近似正弦分布的旋转磁场。异步电动机则依靠感应关系，可以产生对应的正弦分布的转子旋转磁场。

3. 气隙磁场

由于它是定、转子磁场的叠加，而这两者已经正弦化了，故可以采用时、空矢量相加的办法加以处理。它也是一个呈正弦分布且与定子磁场相差一定角度的旋转磁场。

10.4.3　纯梯形波的定、转子磁场问题

这主要是指三相永磁无刷直流电动机。这种电动机的磁路结构缘于传统直流电动机，会

产生梯形波的磁场。自然，其气隙磁场也是梯形波的。在这种分布的磁场中，为了获得足够大的转矩，只有让绕组中通过方波（实际上因电感的作用也是梯形波）电流，且需使两者同相。鉴于这种电动机的结构稍微特殊，不便引用矢量分析，故一般都单列出来，另加阐述（如本书第 8 章介绍的 BDCM）。

10.5　三相电子换向直流电动机

10.5.1　用三相结构来改进电子换向直流电动机

通过上述较为细微的分析可以知道，选择多相结构的电子换向直流电动机，虽然可以抛弃机械式的换流器，并获得良好的直流电动机性能，但同时也存在一定的问题。一方面，使用的逆变开关器件太多，造价必高，系统的性价比会大大降低；另一方面，控制电路过于复杂。这些都会限制其应用。

为了去敝存利，设计采用下述方案：

1）定子绕组采用三相制，且用的是分布、短距绕组，这样可以最大限度地抑止高次谐波，获得近似的正弦分布的磁场。

2）为了获得近圆形的旋转磁场，对三相全控桥逆变器进行 SVPWM 调制，扇区分割时的小区数 j 应等于或稍大于每极每相下槽数，即 $j \geqslant \dfrac{Z_1}{6p}$。采用这样的扇区分割方式，就是要使形成的磁场和前面提到的"非独立多相绕组"形成的磁场效果一样。

公式的推导的原理和过程：在"非独立多相绕组"所形成的塔形阶梯形磁场中，只要每个极面下的槽数够多，所产生的高次谐波就很小，起作用的就是正弦基波。这个正弦基波再沿气隙前进，便形成旋转磁场。所以，要想使三相绕组中每个绕组元件在流过直流电流的情况下，还能产生近圆形的旋转磁场，而不是六拍的六边形旋转磁场，就应使 SVPWM 的扇区分割中每个扇区的小区数量够多。这使得此时旋转磁场向前的速度也和"非独立多相绕组"所形成的塔形阶梯形式磁场一样，一个槽一个槽地向前（一个槽相当一个小区）。这样一来，可得到每极每相槽数公式

$$\frac{Z_1}{2p} = 3j$$

式中，j 就相当于 1 个极面下 1 相的槽数。所以，扇区分割小区数就至少要等于或稍大于 j，即 $j \geqslant \dfrac{Z_1}{6p}$。这个公式是三相能替代多相的根本依据，也是能够开发出三相电子换向直流电动机的基础。

3）对大功率电动机，采用 2 到 3 重式的六拍逆变器，目的也是获得近圆形的旋转磁场。

4）此外，为准确地通过 CPU 向逆变器件提供控制信号，必须在转子上安装位置传感器（如风扇转速条码识别器），以便获得磁极几何中性线的位置、转子速度等信息。

5）有了定子的圆形旋转磁场之后，要将转子磁极尽量做成能使其磁通呈正弦分布的形式。

6）在控制方面，采用新的思路。在直流侧（整流器到逆变器之间）控制好直流电压和直流电流，类似控制传统直流电动机那样；再按直流调速系统的办法配置各个线性调节器，充分发挥内 3 外 2 的双环调节作用，达到高品质动静态特性的目的。这样就可以在四象限中自如地进行起动、调速、制动等工作。至于让定子旋转磁场矢端轨迹为圆形，则完全依靠 SVPWM 技术来实现。

　　总之，采用定子绕组三相制，虽然所用的逆变器数量最少，可大大提高电动机和控制系统的性价比，但一定要使旋转磁场也能近似达到圆形。这样才能使转矩少波动，电流中的高次谐波降到最小，使它对电网的影响降到最低，同时还使噪声降到最低，改善对环境的影响。上述这种做法对大功率电动机尤为重要，因为，在那种场合下，高次谐波电流对电网电流波形的影响十分严重，所以要求在此种情况下电动机电流的波形尽量接进正弦。

　　前面介绍过的无刷直流电动机，由于特殊的磁路和电路设计，为了获得磁场和电流同相，以便产生较为平滑的转矩，故采用的是二二制导通办法，即三相绕组中每次只有两相通电，第三相则轮空。这样一来，电动机的结构功率就只用了 2/3，虽然是两相同时导通，而为了实现连续切换，还必须采用三相电路，从而造成功率冗余，这是该结构的严重缺陷。因此，从充分发挥结构功率、节约材料、减少无谓损耗的角度出发，应当采用三三导通制，即经典的六拍式导通制。如果在此基础上再使用分布和短距式绕组，则所形成的磁场在空间上将是呈正弦分布的。另外，电流（电压）在六拍导通的基础上，采用多小区 SVPWM，其结果就和在对称分布的三相绕组中流过正弦三相电流所产生的磁场相当。这样，在电动机定子上，必然会出现矢端轨迹为圆形的旋转磁场，从而获得与同步电动机一样的圆形的定子旋转磁场，它将吸引转子磁极匀速旋转，并呈现直流电动机的优良特性。

10.5.2　三相电子换向直流电动机的调速系统

　　下面，就按前面的思路组成一个"三相结构的直流电动机调速系统"，对外直内交的电动机，可以进行额定转速以下的调压调速及额定转速以上的调磁升速。

　　另外，虚线框以内为交流部分，以外则全为直流部分。为方便读者，做如下的解释和叙述。

1. 主电路的组成

　　三相交流电压经过可控全波整流桥变成直流，经电抗器和电容器滤波后供给后面的三相逆变桥，进行 SVPWM（可以认为是一种多重制主电路），形成三相正弦电压（实为马鞍形，见本书附录 A），供给后面的三相同步电动机，进行调频调速。这种主电路方案，只要扇小区取得够多，就可以在定子上获得近圆形的旋转磁场。

2. 控制电路的组成

　　直流的控制电路可分为两个部分。

　　（1）额定转速以下调压部分

　　由 3 个调节器组成内、外两环控制电路，外环为转速反馈，内环为直流电流与直流电压反馈，调节器采用 PI 调节器，可保证所调物理量的动、静态品质达到最佳，反馈均为负反馈。其中，直流电流反馈取自整流器侧，用两相经 VD 整流后获得（u_i）；直流电压反馈来自整流滤波之后（u_u）。另外，速度反馈可取自转子上的测速发电机 TG，通过积分，可以

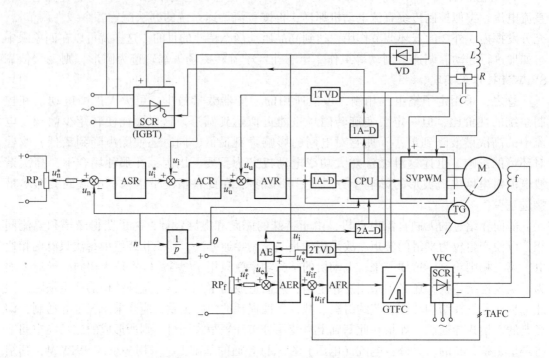

图 10-4　三相电子换向直流电动机的电控框图

RP_n—额定转速以下的调节电位器　RP_f—额定转速以上的调节电位器　ASR—转速调节器　ACR—电流调节器

AVR—电压调节器　AER—反向电动势调节器　AFR—励磁电流调节器　1TVD、2TVD—主电路直流电压隔离变换器

AE—反向电动势运算器　TG—测速发电机（可以在转子风扇上画上白色条码，应用条码识别方式制成的转速传感器）

VFC—励磁电源　GTFC—励磁触发器　TAFC—励磁电流反馈　M—主电动机　f—励磁绕组

SVPWM—电压空间矢量脉宽调制器　CPU—主微处理器

获得转子的位置；或者取自电动机风扇上的特别标识，经过转换形成电压，其值正比于转速。此标识的位置应正好处于转子磁极的几何中性线上，以便为转子磁场定向。此外，为防止主回路电流过大，在电流调节器的输出处，可设置限制措施（如加一个稳压管）。控制信号最后经过 1A-D 送到 CPU。在这里，用 CPU 去控制 SVPWM 输出的频率和相位，从而像通常直流电动机控制电压一样，去控制这里的交流同步电动机，达到调速的目的。其中，额定转速以下或以上调节的方向均由 CPU 程序判断决定。

（2）额定转速以上的升速调节部分（仅限于恒功率调速）

它由两个环节构成：励磁电流负反馈调节器与定子电动势负反馈调节器。前者能调节并保持励磁电流稳定；后者则负责在速度达到额定值的 95% 时，励磁电流能自动减弱，达到继续升速的目的。其中，前者信号来自励磁电流直流互感器，而后者信号则来自直流电压（2TVD）u_v 减去电动机漏阻抗压降 u_i 之后的反向电动势运算器 AE。由于是经 SVPWM 调频调速，故速度上调的信号须经反向电动势运算器 AE 通过 2A-D 送到 CPU，再由 CPU 通过程序判断。如满足上调条件（速度达到额定值的 95% 或以上），则 CPU 会将 SVPWM 频率进一步调高，电动机速度将超过额定转速。之所以还将反向电动势反馈到 AER 之前，目的是通过它进一步使电动机的励磁稳定，从而使速度更加稳定。

246

（3）交流控制电路

交流控制电路的元器件很少，仅包括 1A-D、2A-D 和 CPU（或 DSP）。用它们来准确地控制 SVPWM 的控制极的输入信号，以便在调压（或调磁）时，改变那些控制极的输入信号的频率和相位，从而达到平滑调速的目的。在进行 SVPWM 控制程序设计时，应注意下列计算：

1）扇区小区周期

$$T_0 = \frac{1}{6jf_c}$$

式中，j 为每个扇区中的小区数；f_c 为额定转速相对应的逆变频率，由 ACR 输出的电压经 1A-D 和 CPU 计算得到。

2）预想电压空间矢量

$$U_r = \frac{U_d}{\cos(60° - \theta_i)}$$

式中，U_d 和 θ_i 为调速实时采样时数值；U_d 由控制调节（AVR）的输出电压值 U_t 对应获得；$\theta_i = \theta + \frac{N\pi}{3j}$，为采样 U_r 时旋转若干圈后落在扇区中的位置，其中 N 为 U_r 旋转总周数，有

$$N = \frac{1}{2\pi} \int_0^{\Delta t} \omega_2 \, dt$$

式中，Δt 为采样周期；ω_2 为转子转速，由测速传感器 TG 提供。旋转总周数 N 由积分器以数字信号送到 CPU，存储于 CPU 的专门计数器中，再由 CPU 按 $\theta_i = \theta + \frac{N\pi}{3j}$ 进行运算，便可以得到 θ_i。这里有

$$j = \frac{Z_1}{6p}$$

式中，Z_1 为定子槽数；p 为电动机的极对数。

θ 是 U_r 采样时在扇区中的具体位置，即落在哪个扇区，可利用本书第 5 章介绍的扇区确定法来确定。该方法得出的值会有误差，但误差小于 60°，相对于 θ_i 来说是很小的数值。

3）电压分量

$$U_\alpha = U_r \cos\theta_i, \quad U_\beta = U_r \sin\theta_i$$

有了这些主要数据之后，再按本书第 5 章介绍的 SVPWM 的控制软件编写方法，设计相关子程序，以备调用。

（4）调速要求

上述方案，看起来是一个交、直流混合的调速方案——外直内交。它完全满足如下两个调速要求：

① 在直流外电路上，管住电压，以便调节；管住电流（通过主电路交流变换），防止过载。

② 在内部交流电路上，管住 SVPWM 频率和相位。这由 CPU 和转子磁极几何中性线信号来精确控制，使之能形成圆形旋转磁场。这和传统直流电动机应用（位于磁极几何中性线上）电刷来精确控制是完全一样的，只是方法和手段有所不同。

所以，完全有把握说，三相电子换向直流电动机和传统机械换向直流电动机，无论从外工作原理还是调速技术上都是完全一样！在中、大功率电动机应用中，该方法完全可以取代传统直流电动机和交流电动机。

在此还必须指出，从结构和原理上来看，上述三相电子换向直流电动机本质上就是一台用SVPWM控制的三相同步电动机，因此它的动态数学模型完全可以使用三相同步电动机的动态数学模型。即，用相应的框图替代电动机，从而就构成了整个控制系统框图。

还有一点应该指出，图10-4所示的大部分控制环节都有其对应的传递函数，完全可以用软件程序取代硬件，形成全软件化的控制系统。即，用软件实现各个控制和调节环节的传递函数，进行具体的设计和仿真，就可以对整个系统的性能进行评价和调整。

（5）交、直流调速系统的调和

不难看出，上述调速方案，虽未在形式上直接在交流侧进行"矢量控制"和"磁场定位"。但在实际上，通过CPU，由直流控制电路的调节电压 u_u 控制着输入主电压 U_d 的高低，而有

$$u_r = \frac{U_d}{\cos(60° - \theta_i)}$$

$$u_\beta = u_r \sin\theta_i = U_d \frac{\sin\theta_i}{\cos(60° - \theta_i)}$$

式中，θ_i 为通过TG反馈的 ω_2 经积分器和CPU而得出。这样，u_i 和 θ_i 控制着 u_β，等于进行了"矢量控制"。至于"磁场定位"，CPU中已经有 $\theta_i = \theta + \frac{N\pi}{3j}$，这是转子采样时的具体位置，即转子磁极的几何中心线位置，也就等于实现了转子磁场定位。从以上两项措施来看，本方案和"矢量控制"方法几乎没有两样，只是实施的方法不同罢了。但是，该方案没有复杂烦琐的数学运算，避开了可能碰到的数学非线性和解耦等问题，如果实行全软件化控制，硬件环节大大减少，其可靠性和性价比将会大大提高，实用性也会大大增强，尤其是面对大功率电动机应用其优势更为显著。

本方案，可以视为直流调速技术的一次回归，其原理没有什么问题，结构也十分简单，完全可以达到传统直流电动机的全部性能。至于在实施过程中可能还会遇到的问题，就只好让实践来解决了。

应当指出的是，交流调速系统已经得到很大发展，虽然还存在一些难题有待解决；直流调速系统这些年来，确实是冷冷清清，虽然它曾辉煌一时。随着电力电子器件和计算机技术的飞跃式发展和应用，在电动机调速领域，作者认为已经不好硬性地将其划分交流调速和直流调速了。换一种说法就是，两者可以互补：从主电路去看，它可以被认为是直流的，所以去控制主直流电压和电流，只要其内部定子上能够产生一个圆形的旋转磁场，它就会像传统直流电动机一样来使用，可以认它为直流调速系统；另一方面，在电动机的内部，确是按交流电动机原理工作的，即定子旋转磁场拖着转子磁场跑，只不过它已经被限制在三相并加了许多新花样进去。两种看法都可以，一外一里，不用分派而应互补。这样，电动机向前发展会更方便、前途更光明。这也是作者在进行电动机运行统一理论分析时，经东北大学刘宗富教授的启发和指点，逐步悟出来的一个道理。在此提出，供同行们参考。

从这里可以初步看出，通过三相电子换向直流电动机的解析，交、直流两类电动机的运行原理是可以进行统一的，即可以使用"统一理论"来对它们进行解释。简言之，交流电动机通过 $d\text{-}q$ 坐标变换可以等效为一台直流电动机（即采用现代交流矢量变换调速技术），而通过电子换向器直流电动机则可以等效为一台交流电动机（作者的创见）。

关于各类电动机运行的统一理论，本书第 11、12 章会详细叙述。

10.5.3　三相电子换向直流电动机的动态数学模型和传递函数

如图 10-4 所示，三相电子换向直流电动机结构上与同步电动机完全相同，只是将定子供电的逆变器设计成 SVPWM 形式。因此，它的动态数学模型和传递函数，就完全可以引用同步电动机的动态数学模型和传递函数（具体的推导和分析见本书 11.3.3 节），即

$$
\begin{bmatrix} u_{\mathrm{D}} \\ u_{\mathrm{Q}} \\ u_{\mathrm{f}} \end{bmatrix} = \begin{bmatrix} R_1 + L_{\mathrm{D}}p & L_{\mathrm{Df}}p & -L_{\mathrm{Q}}\omega_1 \\ L_{\mathrm{D}}\omega_1 & R_1 + L_{\mathrm{Q}}p & L_{\mathrm{Df}}\omega_1 \\ L_{\mathrm{Df}}p & 0 & R_{\mathrm{f}} + L_{\mathrm{f}}p \end{bmatrix} \begin{bmatrix} i_{\mathrm{D}} \\ i_{\mathrm{Q}} \\ i_{\mathrm{f}} \end{bmatrix} \tag{10-17}
$$

再在上式前面加上前述两个坐标变换，即 3/2 和 VR 变换，再加上转子运动方程，得到的就是三相电子换向直流电动机的动态数学模型。其中的转子运动方程为

$$
T_{\mathrm{E}} = T_{\mathrm{L}} + \frac{J}{n_{\mathrm{p}}} \frac{\mathrm{d}\omega}{\mathrm{d}t} \tag{10-18}
$$

至于电磁转矩，则可用下式表示：

$$
T_{\mathrm{E}} = n_{\mathrm{p}} L_{\mathrm{fD}} i_{\mathrm{f}} i_{\mathrm{Q}} + n_{\mathrm{p}} (L_{\mathrm{D}} i_{\mathrm{Q}} - L_{\mathrm{Q}} i_{\mathrm{D}}) \tag{10-19}
$$

式中，$n_{\mathrm{p}} L_{\mathrm{fD}} i_{\mathrm{f}} i_{\mathrm{Q}}$ 为主电磁转矩，是 q 轴有功电流 i_{Q} 与全体磁场 $n_{\mathrm{p}} L_{\mathrm{fD}} i_{\mathrm{f}} = K_{\mathrm{E}} \varPhi$ 作用的结果；$n_{\mathrm{p}} (L_{\mathrm{D}} i_{\mathrm{Q}} - L_{\mathrm{Q}} i_{\mathrm{D}})$ 为由交、直流磁路磁阻不等引起的磁阻转矩。

三相电子换向直流电动机的传递函数框图如图 10-5 所示。

图 10-5 给出了上述电动机的传递函数，再加上控制系统各个环节的传递函数，就可以利用数学方法将它们数字化，并编写控制程序，然后便可直接应用仿真程序进行电动机的调速控制。可以利用相应的仪器测量输入和输出，观察控制系统和电动机运行的动、静态特性，视情况修改有关参数，直到运行的动、静态特性达到要求为止。电动机动态数学模型和传递函数，也为新电动机和新控制系统的设计、分析和改进提供了十分有效的手段，具有非常现实的意义。

三相电子换向直流电动机 M 配上图 10-4 所示的直流控制电路，就变成了一台崭新的直流电动机——电子智能化电动机。它在内部是一台带 SVPWM 逆变器的三相交流同步电动机；但在逆变器之外，则是一台带微处理器的多环控制直流电动机，可以完全按照直流电动机的调速方式（调压和调磁）来进行调速，在 4 个象限上进行工作。这样，就从根本上模糊了交流电动机和直流电动机的边界。更确切地说，它集交、直两种电动机于一体。与传统电动机最大的不同之处就在于，它不是一台孤立的电动机，而是电动机及其系统。虽然从框图上看，它好像同传统的电动机和调速系统一样，但确有其独特之处。那就是它是一个整体，不好随意分开，最好由一家厂商配套制造，作为一个独立的产品销售，才能充分显示其优点——良好的调速性能、简易的调速方法、高的性价比。并且，这样也方便客户对这些优点进行选取折中。

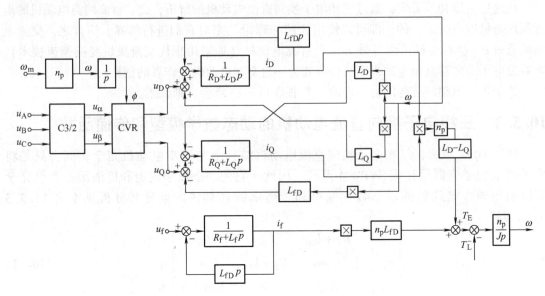

图 10-5 三相电子换向直流电动机的传递函数框图

10.5.4 三相电子换向直流电动机的远景

显然，与本章介绍的那种多相电子换向直流电动机相比，三相电子换向直流电动机的整体结构要简练得多。这主要是得力于先进的 SVPWM 逆变技术和微处理器的应用。由此可见，在电力传动中引入先进的电子技术的必要性和迫切性，它将使电力传动及其控制系统发生质的变化。此外，三相电子换向直流电动机引入了微处理器，它自然很容易和本章介绍的嵌入式系统，通过总线通信，从而集成到嵌入式电动机控制系统中，相应软件也可以进一步集成。这样，可以更加方便用户选用，能面对更大的应用范围和应用群体。

应当指出的是，上述三相电子换向直流电动机的转子采用的是他励或永磁形式，是完全仿照传统直流电动机结构的。采用他励的好处，是可以使用调磁来调速。其实，如果转速不需要上调，转子结构也可以采用由定子感应的方式（需处理好转子磁场位置问题，如有需要，应另行研究），即采用异步电动机的转子结构，从而构成异步式的三相电子换向直流电动机。从工作原理上说，仍然可以采用调直流侧电压来调速，只是不能向基速以上调节，这一点对恒转矩负载来说并无大碍，所以采用异步式转子是完全可以的。转子无论是采用同步式或异步式，都可以构成三相电子换向直流电动机。这里，"换向"的物理意义略有变化，它原来是指从直流电枢中每个绕组元件在经过电刷时电流方向进行换向，这里变成定子绕组在逆变器中轮流切换（相序）。"换向"是 180° 一换，而"换相"则是 60°（六拍）一换，于 SVPWM 中切换的角度 θ 就更小。由此可见，换向和换相（角）只是大同小异而已。为保持传统习惯，本书保留"换向"一词，仍称为"三相电子换向直流电动机"。至于无刷直流电动机，由于也是采用相序切换来进行换流，自然属于三相电子换向直流电动机，只不过由于其结构过于简单，以致性能较差，尤其是其转矩上的凹坑和谐波，限制了应用的范围，只适合用于较小功率电动机。三相电子换向直流电动机则不一样。虽然它结构复杂得多，但在电子技术已十分发达的今天，这些问题都已经得到了完善的解决。其优秀的运行特性相对之下就显得非常突出。故完全有可能超越其他电动机而成为电传自动控制系统中的首选。

三相电子换向直流电动机作为一种新式电动机，值得设计单位和生产厂商重视和开发，它的优势和应用价值将在未来的实际应用中充分展示出来，尤其是对大功率电力传动系统会更加显著。

可以预见，三相电子换向直流电动机的结构简单、调速方法只需调压（直流电压）和调磁便可以在四象限运行，并且直流电动机的效率比交流电动机高。因此，对于中、大功率的应用，它必可与交流调速系统一争高低。那么，对于快速发展的新兴产业（如电动汽车、高速列车）及传统产业（如轧钢、船舶动力），它可以逐步取代交流传动系统，成为主力。

第11章　电动机运行的统一分析理论：交、直流电动机的统一分析理论

11.1　引言

20世纪30年代以来，尤其是20世纪50年代，交、直流电动机普遍使用，人们需要对它们的运动状态进行量化分析，以便确切掌握起动、调速、停车等工作性能和控制规律。由于当时的条件有限，直流电动机的分析比较深入和完整，而交流电动机的分析则不然。由于当时的交流调速方法甚少，性能也差，应用范围有限，加上交变量的分析所使用的数学工具比较烦琐，因此，对交流电动机的运行分析比较肤浅和不成熟。其中，只有对起动时的瞬态分析有较为成熟的研究成果，至于调速则多偏重于方法分析和工作状态的叙述。这些都和当时工业对电动机的要求及与之配套的控制手段的发展程度有关。

发达国家在20世纪60年代，我国在20世纪70年代，随着工业生产的迅速发展，生产机械对电动机调速性能的要求越来越高，加上电子工业蓬勃兴起和半导体器件的出现及应用，电动机，特别是交流电动机的调速和控制具备了良好的的物质条件。特别是晶闸管和晶体管的成功应用，极大地促进了电动机调速控制系统性能的提高，与之相配的调速系统分析理论也日益成熟起来，形成了有关电动机调速系统（当时通称为自动电力拖动系统）工作状态比较完整的分析理论。

20世纪70年代以来，我国高等院校和科研单位逐渐将"电机原理"和"电力拖动自动控制"这两个原来独立的课题，结合起来进行分析和研究。例如，作者当时在武汉钢铁学院（现为武汉科技大学）电气化教研室编写的教材《电机原理及应用》、华中工学院（现为华中科技大学）电力拖动教研室编写的《电机原理及应用》，都开始在这方面进行了初步尝试。那时，受苏联教材的影响，对于电动机的调速控制问题，国内大部分教材仍将它分别归入《电力拖动基础》和《电力拖动自动控制》两门课程之中。专门另编的教材，如华东工学院的杨兴瑶先生编著的《电动机调速的原理及系统》，是发展电力拖动基础课程的一种新的尝试。

20世纪80年代，随着交流电动机调速系统的迅速发展，国内完整的包括交流调速的著作和教材一部接一部地编写出来，如东北工学院（现为东北大学）佟纯厚教授主编的《近代交流调速》、成都工学院（现已并入四川大学）刘竞成教授主编的《交流调速系统》。20世纪90年代初，由上海工业大学（现已并入上海大学）陈伯时教授主编的高校教材《电力拖动自动控制系统》出版，该书对交、直流调速系统从自动控制角度作了全面阐述，成为这方面一本重要的基础著作。之后，陈伯时、陈敏逊两位教授主编的电气自动化丛书中的《交流调速系统》，又加进了有关方面新近发展的内容。到2006年，由沈阳工业大学王成元教授等人编著了《电机现代控制技术》（国家自然科学基金项目）。这一时期还有多部由高

校教师编写的有关自动电力拖动的书籍出版，作为电气自动化专业教材来使用。上述这些著作，对电动机的调速都进行了比较详细的分析和阐述。它们的共同特点仍然是把电动机与控制电动机的系统分开进行叙述，并着重于对系统的理论依据和方法进行分析和研究。这样的论述方式是沿用20世纪50年代以来苏联教材《电力拖动基础》（ОСНОВЫ ЭЛЕКТР-ОПРИВОДА）的结果。采用电力拖动系统分析的方式的好处是使读者在学习完电机原理之后，集中精力来具体分析电动机的调速控制（当然还包括起动、制动等环节），这在调速新方法日增、系统日益复杂的情况下是十分必要的。但是，这也有一个缺点，那就是将电动机和控制系统截然分开后，削弱了对电机结构与性能的进步与适应性的研究和分析。固然，自电机结构确定至今，一百多年来，其基本结构没有什么变化，变化的主要是材料和一些结构细节。这与电机能量转换基本规律——电磁感应和电动力学是不变的这一客观事实有关。时至今日，人们还没有发现并实现这两个规律以外的其他方式的电–机械能量转换方式。但是，这并不等于在这两个基本规律的基础上，对电机，尤其是电动机的结构与运行方式进行改进就无能为力了。相反，近些年来，各种新的调速方式不断出现，实际上就是从侧面证明，与传统电动机的情况相比，改进是可能、可行，也是必要的。只不过，最好能将电机结构和控制系统结合起来，并相互配合改进，这样效果可能更好。

为了逐步实现电机与系统的紧密结合，首先还得对当前存在的各种电机的理论进行统一，这样才能大大减少理论分析时的工作量。电机的统一理论研究实际上已经进行了半个多世纪，一般认为从20世纪50年代末（1959年）美国学者G. Kron的"双轴电机理论"开始，直到目前在分析各种交流电动机的运行方式时，基本上都会利用他的这一理论。

双轴电机理论又称双轴原型电机（Two axis primitive machine）理论。它的基本原理就是将实际结构为多相系统的电机，通过空间坐标变换，归结为两相系统（即双坐标轴）的原型电机，而双轴电机的运行原理分析就简单多了。这一理论，主要是针对交流电机。20世纪80年代，阿德金斯出版了他的名著《交流电机统一理论》，就是通过坐标变换，把各种三相的交流电机都等效成直角坐标的两相电机，再把直角坐标的两相电机变换到同步旋转的直、交轴坐标（即d-q坐标）上，分别通过对转矩分量和励磁分量的控制，就可以把交流电机等效为一台直流电机，从而可以采用分析直流电动机的那些方法和工具。因此，双轴原型电机理论也叫d-q坐标变换理论。20世纪80年代前后，国内一些学者也做了这方面的研究工作，如哈尔滨电工学院的王振永教授的《控制电机的统一理论》。2010年由上海大学汤浩天教授主编的《电力传动控制系统——运动控制系统》一书，对以G. Kron提出的两种双轴原型电机模型为基础的直流电机数学模型和交流电动机的数学模型分别作了介绍，是目前电机统一理论分析比较丰富和详细的研究资料。按照G. Kron的想法，根据电动机的结构形式，以电机定、转子绕组的轴线在空间固定与否来进行划分，从而提出了两种原型电机模型，分别按结构形式相近去统一该类电机。例如，使用电机定、转子绕组的轴线在空间固定的模型去统一传统直流电动机，电机定、转子绕组的轴线在空间不固定或不同步的模型去统一交流异步和交流同步电动机。这样，就出现交、直两类电机各自统一的两个数学模型，而不是各类电机都通用的一个统一数学模型。之所以出现这种情况，固然和当时的传统直流电动机的结构有关，或者还与其分析和叙述方式（载流导体在磁场中受力）有关。由于对交、直两类电动机的工作原理的不同认识，出现这种情况也是很自然的。随着电子技术的发展，通过电力电子和微处理器技术，对传统直流电机的换向器进行电子化改造。在此基础上，采用旋转磁场吸引的观点来分析和解释直流电动机，才有可能不再按电机定、转子绕组的轴线在空间固定与否来进行区分，而直接按 G. Kron 的 d-q 双轴理论来建立交、直两类电机的统一理论。作者的这一观点，本章后面将分别进行叙述和分析。

直流电动机的分析方法，经过近百年来的研究与实践，从稳态到动态，从起动到稳定运行再到调速、制动，这一系列内容都已有了十分详尽的分析和表达，在计算公式表达上也比较全面和准确。所以，过去的统一理论研究，主要集中在对各类交流电动机上，而最终的目的则是将它们等效为直流电动机，以便利用已有的直流电动机的研究成果，尤其是在其组成闭合控制系统中，能方便地应用的各种线性调节器（如 PID 调节器）。这将大大简化对交流电动机运行状态的分析，也便于理解。

随着电子元器件和集成电路的飞速发展，30 多年来，直流电动机也发生了变化。除了其控制系统的智能化发展以外，另一个重要的进展就是对机械换向器的电子化改造。其突出代表就是电子换向直流电动机——无刷直流电动机。但是，由于这种电动机目前采用的电源是三相交流电源，在分析归类上，还是把它归为三相变频同步电动机一类，称为三相（梯形波）永磁同步电动机。之所以这样，是因为这种电动机在结构上和三相同步电动机已经基本相同，而仍然把它叫作交流的三相（梯形波）永磁同步电动机，似乎直流电动机非要带换向器不可，否则就不算是直流电动机。这种习惯受如下几种因素的影响：

① 外加电源为三相交流母线而不是直流母线。

② 没有明显的换向器。

③ 定子是三相绕组而不是多相绕组。

其实，本书第 8 章对无刷电机的分析已经指出，其基本工作原理就是在模拟直流电动机，实际上已经是一台直流电动机了，只不过有以下几点不同：

① 其直流母线是经三相交流整流而来。

② 采用了可控的电力电子器件构成简单的电子换向器，来代替机械式的换向器。

③ 为了减少功率器件，只采用三相全桥式变频器，故仍保持了"三相"这个交流特点。

可以假设，如果定子绕组采用的是 m 相，按电机定子槽数 Z_1 来设置绕组线圈，并采用闭合联结，又配以 $m=Z_1$ 个功率器件来换向，便可构成具有的 m 相全控桥的电子整流器的真正的直流电动机。具体的例子就如本书第 9 章所述的那样。

正如前面所说，交流电动机可以通过 d-q 坐标变转等效成直流机，直流电动机通过电子换向器等效成交流电动机。那么，就可以认为，两种类型电动机的运行原理是相互等效的，换句话说，它们是可以统一的。

由此可见，只要把 $m=3$ 推广到 $m=Z_1$，则交流电动机就和直流电动机没有什么区别了，所有过去用于统一交流电动机的分析理论和方法，都可以推及至直流电动机，从而可以构成全面覆盖交、直两类电动机的"电动机统一理论"。

11.2 交、直流电动机的统一工作原理

11.2.1 交流电动机的统一工作原理

如本书 2.2.3 节所述，以定、转子磁场相互吸引、同速同向旋转为依据，交流异步电动

机和同步电动机的工作原理便完全相同。其中，对于同步电动机，定、转子磁场轴线之间相差一个功角 $\beta(\beta \leqslant 90°)$，一般选额定功角在 30° 左右，以保证电动机具有足够（3 倍左右）的过载能力；对于异步电动机，定、转子磁场轴线之间也应相差一个角度，也不能大于 90°，但以转差的形式来进行有效的调节，故不会出现"失步"的问题，其过载能力则以临界转矩 T_{CR} 的大小来界定，一般以 $T_{CR} = (1.6 \sim 2.3) \, T_N$（$T_N$ 为额定转矩），即过载能力 $\lambda = 1.6 \sim 2.3$ 为宜。

11.2.2　直流电动机的统一工作原理

本书 9.3.2 节介绍过，电子换向直流电动机的定子（电枢）绕组所产生的塔状阶梯磁场，会随着换向程序一个槽距一个槽距地向前（如向右）移动，可以构成沿定子内沿的旋转磁场。这个磁场的分布经傅里叶级数分解，主要是正弦基波和其他高次谐波。因此，以正弦基波为主的这个旋转磁场将吸引转子磁极同步旋转。同样，本书第 10.1 节对传统机械整流直流电动机的电枢绕组产生的三角形阶梯磁场进行过分析，相对于电枢本身，它也是沿电枢外沿一个槽距一个槽距地向前（右方）旋转，从而构成电枢磁场吸引磁极相对静止，而让电枢以与其旋转磁场反向同步旋转，以完成电能向机械能的转换。传统带机械整流器的直流电动机，由于电刷的位置固定在定子磁极的几何中性线上，使得电枢磁场的轴线被固定于此，故其与磁极的轴线互差 90°。有时为了防止气隙磁通畸变而增大电刷火花，会将电刷逆转向移动一个角度（此处称物理中线），此时电枢磁场的轴线与磁极的轴线间的夹角 β 便会小于 90°（注意：仅限传统带机械整流器的直流电动机）。

上述两种工作方式都是直流电动机的工作原理，唯一不同的是，由于整流器的结构不同，电枢磁场的分布形状有些差别。其中，一个为塔状阶梯形分布，一个为三角形阶梯形分布。但两者的傅里叶级数分解的正弦基波是一样的，仅高次谐波有些区别。采取短距等措施消除主要的 3 次和 5 次谐波后，这两种磁场分布就基本上一样了。具体的波形分析在本书 9.3 节已叙述过。至于三相无刷直流电动机，可以看成是多相的一个特例，从本书 10.4 节的叙述中已经知道，它也是定子磁场吸引着转子磁极，按绕组电压切换程序，两者同步旋转，属于电子换向的范畴。

11.2.3　交、直流两类电动机的统一工作原理

通过上面两节的叙述和分析，不难看出，所有的交、直流电动机的基本工作原理都是相同的。基于电动力学，都是载流导体（无论在定子上或在转子上）在磁场中受力，导致定、转子间发生相对运动，从而完成电能向机械能的转换，而其物理本质都是，定子旋转磁场之所以要吸引着转子磁极（磁场）并同步旋转，是为了达到系统磁路中磁场能量最大化，即尽力使定、转子间磁场轴线角度缩小的目的，正因为如此，轴线间差角越大，产生的转矩也就越大。所以，可以依此把它们的基本工作原理进行统一描述。

总之，使用旋转磁场吸引磁极的分析方法，可以把交、直流两大类电动机的工作原理完全统一起来，这是本书的特殊分析方式，和传统的分析方式有相当的不同，在传统的分析中，是限于电机的具体结构，只能分开来叙述；而现在，由于使用了电子换向器来代替了机械换向器，使直流电动机在结构上发生了变化，从而可以采用旋转磁场吸引磁极的方式来进行更为直接的叙述。即便是对于传统直流电动机，对图 10-1 所示多相环形封闭式绕组，1

对极面下的磁场阶梯波波形曲线的分析。可以看出，虽然定子磁极看似固定，但相对转子电枢而言，无疑它是旋转着的，当观察者站在旋转着的电枢上来看问题时，定、转子上的磁场都是旋转着的磁场，因此，两者之间存在着相互吸引、相对于观察者而言，它们都是旋转磁场的结论是完全成立的。所以，旋转磁场理论对传统直流电动机亦是适用的。至此，旋转磁场理论便可以成为解释各类电动机工作理的基本理论，为各类电动机的统一理论奠定了基础。在这里，作者还要着重指出：按照电动机定、转子旋转磁场相互吸引驱使电机转子转动的观点，其实交、直两类电动机的工作原理是完全相同的。作者认为，磁场之间的相互作用，比载流导体在磁场中受力更能阐述清楚电动机工作原理的物理本质。

11.3　各类电动机运行方式的统一分析

11.3.1　统一的基本动态数学模型

由于各类电动机的工作原理都可以用旋转磁场理论来加以统一，因此，它们的运行方式分析也应该可以用统一的模式来进行。统一模式的原始依据是，各类电动机都是依靠定子旋转磁场牵引转子磁场从而推动转子实体旋转来进行来工作的，因此，分析定、子旋转磁场的状态如特性，就能分析各类电动机的工作状态和特性。

形成旋转磁场的最简单条件，无论是定子还是转子，需要的就是要有两个相互垂直的绕组，再通入互差90°的两相电流，便可以形成一个按一定方向旋转的磁场。两个相互垂直的绕组可以依其穿过中心的轴线来进行标志，即直轴和交轴（d 轴和 q 轴），称其为 d、q 两轴绕组定子或 d、q 两轴转子绕组。当然，定、转子各自都还应配以相应的铁心，以利于磁通顺畅通过。

为简单计，以下的分析和运算中，模型电动机均设为 1 对极，即 $p=1$，因此转子速度 ω 既是机械角速度，又是电角速度，当实际电机为多极时，应将电角速度 ω 除以极对数后才是机械角速度 ω_m，两者关系为 $\omega = n_p \omega_m$。在今后叙述中，如未加下标或特别说明，ω 均为电角速度，这一点请读者注意。

下面，就在双轴原型电动机的基础上进行统一数学模型的推导。为了照顾到与交、直流两类电动机的实际结构状态尽量接近，选择定子为空间互差90°的 D、Q 绕组，通以两相相差90°的交流电流，转子为利用集电环导电的电励磁极绕组 f，通以直流电流，或者采用永磁磁极（以后均可用 d、q 等效绕组表示）的电子换向型电动机作例子，如图11-1所示。

由于定子绕组是固定不动的，所以它的轴线也就固定不动；而转子绕组是旋转的，所以它的轴线也就是转动的。这样一来，定、转子绕组的轴线将因转子的转动而无法固定在一起，也就无法进行相同的空间坐标表示，不便于列写统一的定、转子电压平衡方程，因此，要设法将它们的轴线统一到同一个空间复平面中才行。统一的办法就是：定子用同样结构的两个直流绕组来代替它们，并让这两个直流 D、Q 绕组与转子（d、q 绕组）同步旋转，它们所产生的合成磁场就如同不动的交流绕组所产生的合成磁场一样，即完全等效。

使用上述方法的好处是，只使用一种形式的双轴电机模型便可以分析全部交、直流电动机，并由此引出它们的统一数学模型，从而避免对交、直流两类电动机分别建立模型的麻烦，使之成为真正的"统一"数学模型。对于电子换向型的直流电动机和各类交流电动机而言，上述分析方式对观察者而言比较直观，对传统型直流电动机，则只需站在电枢上去观察就可以了。观察者的位置不会影响电动机定、转子电压平衡方程式的书写，电压平衡方程式只与定、转子绕组间的相对位置和与旋转磁场的相对速度，以及相关的参数有关。因此，所推导出的数学模型就属于定、转子绕组（包括它们的坐标轴线）旋转的双轴原型电机的动态数学模型。

经过上述等效改变之后，定、转子绕组的轴线便统一到同一空间复平面中，且绕组的轴线与 d、q 坐标重叠，并相对静止，定、转子绕组连同轴线一齐以 ω 转速逆时针方向旋转。

图 11-1 所示的是一台双轴（d、q）原型电机的模型图，它就是 G. Kron 双轴（d、q）原型电机。

为了配合定子绕组的 d、q 轴之分，旋转中的转子励磁绕组所产生的旋转磁场也依空间坐标的投影在空间复平面上划分成 d、q 分量，与之相应，可以认为转子磁场的 d、q 分量对应虚拟的 d、q 绕组。为区别计，定子绕组（包括磁场）标大写 D、Q，转子的绕组（包括磁场）标小写 d、q，这样就可以将旋转的定、转子直流绕组拓扑图画出来，如图 11-2 所示。

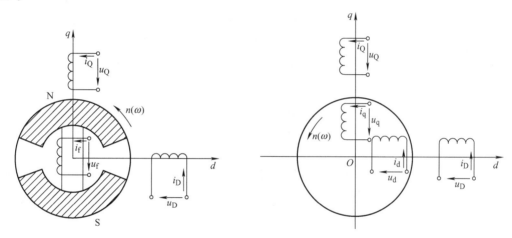

图 11-1　双轴原型电机模型图　　　　图 11-2　双轴原型电机模型拓扑图

必须指出的是，经过上述处理，定、转子绕组都是旋转的直流绕组，彼此之间相对静止，同轴之间的绕组有互感和自感，垂直的绕组之间只有自感而无互感。绕组的旋转是在空间复平面中发生的，只涉及磁场和绕组间的互感，而绕组中的时间复平面中的参量不受此种变换的影响，即绕组中以时间相量表达的电压平衡方程式中的参数如电压、电流以及压降和反电势均应按实际存在（即未作处理时）的实际参数进行列入，不受变换的影响。由于 d、q 两轴绕组互相垂直，它们之间设有电磁感应的关系，这样，两个绕组的电压平衡方程将是相互独立的。电压平衡方程的左边是输入电压，右边则应当包括电阻压降、电感压降、运动电势（磁场旋转切割定子绕组所产生的，见图 11-1，因为定子绕组实际上是不动的，即与旋转磁场之间存在着相对速度关系）。

写出来的定子绕组电压平衡方程为

$$u_{\mathrm{D}} = i_{\mathrm{D}} R_{\mathrm{D}} + p\psi_{\mathrm{D}} + e_{\mathrm{D}} \tag{11-1}$$

$$u_{\mathrm{Q}} = i_{\mathrm{Q}} R_{\mathrm{Q}} + p\psi_{\mathrm{Q}} + e_{\mathrm{Q}} \tag{11-2}$$

式中，R_D、R_Q 分别为定子绕组 D 和定子绕组 Q 的电阻；ψ_D、ψ_Q 为定子绕组 D、Q 的电感磁链；p 为微分算子（请注意，在此之前 p 代表极对数，为与相关资料用符一致，从这里开始，p 代表算子，极对数另用符号 n_p）；$e = G\omega$，为旋转磁场在定子绕组中感应的旋转运动电势。

定子的磁链方程则为

$$\psi_D = L_D i_D + L_{Dd} i_d \tag{11-3}$$

$$\psi_Q = L_Q i_Q + L_{Qq} i_q \tag{11-4}$$

将磁链和运动电动势代入电压平衡方程式，有

$$u_D = i_D R_D + L_D \frac{di_D}{dt} + L_{Dd} \frac{di_d}{dt} + e_D \tag{11-5}$$

$$u_Q = i_Q R_Q + L_Q \frac{di_Q}{dt} + L_{Qq} \frac{di_q}{dt} + e_Q \tag{11-6}$$

式中，L_D 和 L_Q 为两个绕组的自感，是常数；L_{Dd} 和 L_{Qq} 为两轴上同轴绕组间的互感，由于位置固定，所以也是常数；e_D 和 e_Q 为运动电动势，由于定子的 D 绕组和 Q 绕组在实际中是固定的，因此，会受到定子旋转磁场和转子磁场旋转切割，从而在定子的两轴绕组中产生相应的运动电动势。运动电动势是一个变数，是所切割的旋转磁场磁链 $\psi(\psi_D，\psi_d，\psi_Q，\psi_q)$ 和切割速度 ω 的乘积。其中交轴磁通 $(\psi_Q，\psi_q)$ 在旋转中切割定子 D 绕组，于 D 绕组中产生的电动势为

$$e_D = \psi_{Dd}\omega + \psi_{Dq}\omega = -G_{DQ} I_Q \omega - G_{Dq} i_q \omega \tag{11-7}$$

直轴磁通 $(\psi_D，\psi_d)$ 在旋转中切割定子 Q 绕组，于 Q 绕组中产生的电动势为

$$e_Q = \psi_{Qd}\omega + \psi_{Qq}\omega = G_{QD} i_D \omega + G_{Qd} i_d \omega \tag{11-8}$$

至于 G_{DQ} 前面的 "+" 号或 "–" 号，将由感应电动势相对于 D、Q 绕组中电流的规定正方向来具体标定（具体推导见附录 J）。其原则是，在电压平衡方程中作为压降项，q 轴磁场在 D、d 绕组中产生的运动电势项前标 "–"，而 d 轴磁场在 Q、q 绕组运动电势项前标 "+"。

至于转子绕组 d、q，有如同定子的平衡关系，但因转子磁极不会切割其本身的绕组（见图 11-1），定子旋转磁场与转子绕组同步，故均不产生旋转运动电动势（如转子绕组与旋转磁场相对速度不为 0，例如在异步电动机中就是如此，则应将所产生的运动电动势计入）。因此，在这里，转子电压平衡方程中的运动电动势项为 0，有

$$u_d = i_d R_d + L_d \frac{di_d}{dt} + L_{Dd} \frac{di_D}{dt} \tag{11-9}$$

$$u_q = i_q R_q + L_q \frac{di_q}{dt} + L_{Qq} \frac{di_Q}{dt} \tag{11-10}$$

转子的磁链方程则为

$$\psi_d = L_d i_d + L_{dD} i_D \tag{11-11}$$

$$\psi_q = L_q i_q + L_{qQ} i_Q \tag{11-12}$$

将式(11-5)、式(11-6)、式(11-9)、式(11-10) 写成矩阵方程，并考虑式(11-3)、式(11-4)、式(11-7)、式(11-8)、式(11-11)、式(11-12) 的关系，有

$$\begin{bmatrix} u_{\mathrm{D}} \\ u_{\mathrm{Q}} \\ u_{\mathrm{d}} \\ u_{\mathrm{q}} \end{bmatrix} = \begin{bmatrix} R_{\mathrm{D}}+L_{\mathrm{D}}p & -G_{\mathrm{DQ}}\omega & L_{\mathrm{Dd}}p & -G_{\mathrm{Dq}}\omega \\ G_{\mathrm{QD}}\omega & R_{\mathrm{Q}}+L_{\mathrm{Q}}p & G_{\mathrm{Qd}}\omega & L_{\mathrm{Qq}}p \\ L_{\mathrm{Dd}}p & 0 & R_{\mathrm{d}}+L_{\mathrm{d}}p & 0 \\ 0 & L_{\mathrm{Qq}}p & 0 & R_{\mathrm{q}}+L_{\mathrm{q}}p \end{bmatrix} \begin{bmatrix} i_{\mathrm{D}} \\ i_{\mathrm{Q}} \\ i_{\mathrm{d}} \\ i_{\mathrm{q}} \end{bmatrix} \tag{11-13}$$

状态方程为

$$\boldsymbol{u} = (\boldsymbol{R}+\boldsymbol{L}p+\boldsymbol{G}\omega)\boldsymbol{i} = \boldsymbol{Z}\boldsymbol{i} \tag{11-14}$$

式中，$\boldsymbol{R}$、$\boldsymbol{L}$、$\boldsymbol{G}$、$\boldsymbol{Z}$ 为电动机的电阻矩阵、电感矩阵、运动电势系数矩阵、阻抗矩阵。

$$\boldsymbol{R} = \begin{bmatrix} R_{\mathrm{D}} & 0 & 0 & 0 \\ 0 & R_{\mathrm{Q}} & 0 & 0 \\ 0 & 0 & R_{\mathrm{d}} & 0 \\ 0 & 0 & 0 & R_{\mathrm{q}} \end{bmatrix}$$

$$\boldsymbol{L} = \begin{bmatrix} L_{\mathrm{D}} & 0 & L_{\mathrm{Dd}} & 0 \\ 0 & L_{\mathrm{Q}} & 0 & L_{\mathrm{Qq}} \\ L_{\mathrm{Dd}} & 0 & L_{\mathrm{d}} & 0 \\ 0 & L_{\mathrm{Qq}} & 0 & L_{\mathrm{q}} \end{bmatrix}$$

$$\boldsymbol{G} = \begin{bmatrix} R_{\mathrm{D}}+L_{\mathrm{D}}p & -G_{\mathrm{DQ}}\omega & L_{\mathrm{Dd}}p & -G_{\mathrm{Dq}}\omega \\ G_{\mathrm{QD}}\omega & R_{\mathrm{Q}}+L_{\mathrm{Q}}p & G_{\mathrm{Qd}}\omega & L_{\mathrm{Qq}}p \\ L_{\mathrm{Dd}}p & 0 & R_{\mathrm{d}}+L_{\mathrm{d}}p & 0 \\ 0 & L_{\mathrm{Qq}}p & 0 & R_{\mathrm{q}}+L_{\mathrm{q}}p \end{bmatrix}$$

另外，电压和电流在状态表达式中为

$$\boldsymbol{u} = \begin{bmatrix} \boldsymbol{u}_{\mathrm{D}} & \boldsymbol{u}_{\mathrm{Q}} & \boldsymbol{u}_{\mathrm{d}} & \boldsymbol{u}_{\mathrm{q}} \end{bmatrix}^{\mathrm{T}}$$

$$\boldsymbol{i} = \begin{bmatrix} \boldsymbol{i}_{\mathrm{D}} & \boldsymbol{i}_{\mathrm{Q}} & \boldsymbol{i}_{\mathrm{d}} & \boldsymbol{i}_{\mathrm{q}} \end{bmatrix}^{\mathrm{T}}$$

当磁场沿定子内沿呈正弦分布时，定子绕组中运动电动势系数 G 可用绕组电感 L 来表示，这样更方便于以后的具体计算，其推导见附录 J。其系数关系为

$$G_{\mathrm{DQ}} = L_{\mathrm{Q}}, G_{\mathrm{Dq}} = L_{\mathrm{Qq}}, G_{\mathrm{QD}} = L_{\mathrm{D}}, G_{\mathrm{Qd}} = L_{\mathrm{Dd}}$$

式(11-13) 变为

$$\begin{bmatrix} u_{\mathrm{D}} \\ u_{\mathrm{Q}} \\ u_{\mathrm{d}} \\ u_{\mathrm{q}} \end{bmatrix} = \begin{bmatrix} R_{\mathrm{D}}+L_{\mathrm{D}}p & -L_{\mathrm{Q}}\omega & L_{\mathrm{Dd}}p & -L_{\mathrm{Qq}}\omega \\ L_{\mathrm{D}}\omega & R_{\mathrm{Q}}+L_{\mathrm{Q}}p & L_{\mathrm{Dd}}\omega & L_{\mathrm{Qq}}p \\ L_{\mathrm{Dd}}p & 0 & R_{\mathrm{d}}+L_{\mathrm{d}}p & 0 \\ 0 & L_{\mathrm{Qq}}p & 0 & R_{\mathrm{q}}+L_{\mathrm{q}}p \end{bmatrix} \begin{bmatrix} i_{\mathrm{D}} \\ i_{\mathrm{Q}} \\ i_{\mathrm{d}} \\ i_{\mathrm{q}} \end{bmatrix} \tag{11-15}$$

转子运动方程为

$$T_{\mathrm{E}} = T_{\mathrm{L}} + \frac{J}{n_{\mathrm{p}}}\frac{\mathrm{d}\omega}{\mathrm{d}t} \tag{11-16}$$

式中，T_{L} 为负载转矩；J 为电机转动惯量；n_{p} 为电机极对数（前 10 章中曾用的是 p）。至于电磁转矩，有

$$
\begin{aligned}
T_E &= n_p(\psi_D i_Q - \psi_D i_D) \\
&= n_p\left[(L_D i_D + L_{Dd} i_d) i_Q - (L_Q i_Q + L_{Qq} i_q) i_D\right] \\
&= n_p\left[L_D i_D i_Q + L_{Dd} i_d i_Q - L_Q i_Q i_D - L_{Qq} i_q i_D\right] \\
&= n_p\left[i_D i_Q (L_D - L_Q) + L_{Dd} i_d i_Q - L_{Qq} i_q i_D\right] \\
&= n_p\left[(L_{Dd} i_d i_Q - L_{Qq} i_q i_D) + i_D i_Q (L_D - L_Q)\right]
\end{aligned}
\tag{11-17}
$$

式中，$n_p(L_{Dd} i_d i_Q - L_{Qq} i_q i_D)$ 为主电磁转矩，系定子 Q 轴有功电流 i_Q 与转子 d 轴励磁 $L_{Dd} i_d$ 乘积，再减去转子 q 轴有功电流 i_q 与定子 D 轴励磁 $L_{Dd} i_d$ 乘积的结果，前者为主；$n_p i_D i_Q(L_D - L_Q)$ 为由交、直磁路磁磁阻不等引起的磁阻转矩。以上转矩的结果将随电动机的具体结构而定，有的项可能为 0，这在以后分析中将会看到。

式(11-15) 和式(11-16) 就是定、转子绕组旋转的双轴原型电机的动态数学模型。

在上面动态数学公式中，由于绕组的电阻和自感是常数，而互感却因定子绕组和转子绕组相对静止（人为地让定子绕组与转子一道转动起来）也变成是常数，只有运动电动势一项是 ω 的函数，由它可能出现多变量及由此而产生系统变量间的耦合问题。故需对此作一些特别的处理，如磁场定向、解耦，或者忽略运动电动势的影响，使系统从多变量变成单变量，上述双轴原型电动机在旋转坐标下的动态数学模型才可以认为呈"线性"形式，从而便于在系统中使用线性调节器和两轴变量的独立控制。

上述旋转坐标下的动态数学模型可以作为所有电动机的基础动态数学模型，不同的电动机，由于具体结构不同，可以在上述状态方程的各参数矩阵中体现各自特点，包括参数的非线性和多维性，都可以因类而异，只要将它们进行对应地修改，就能正确反映该类电动机的真实数学模型。

对于三相定子绕组，可以采用克拉克变换（3/2 变换）将它们在静止坐标中进行变换，将 A、B、C 三相定子绕组转换成静止的 D、Q 两相垂直绕组，这样，就可以消除三相绕组间的互感，从而减少方程式的阶数，并应用两相垂直无互感，列出两绕组独立的电压平衡方程。在此基础上，再应用反派克变换［旋转变换（VR）］进行坐标转换，将静止的 D、Q 两相绕组变换成旋转的 D、Q 两相绕组，这样便可以直接应用上述旋转双轴原型电机的动态数学模型。

找出上述数学模型的意义有 3 个：①根据数学模型画出以电动机的传递函数表示的框图，以作后面软件编程之用；②从中分析各环节（尤其是包含有逆变器、变换器、调节器和反馈环节的情况下）中的参数配置，以便调整；③供以后的系统工作状态仿真之用。

11.3.2 双轴原型电机的动态数学模型的传递函数形式

图 11-3 是根据（11-15）和式(11-16) 双轴原型电机的动态数学模型，并给出了所有环节的传递函数及关系。

由于各类电动机的定子绕组实际上是固定不动的。例如，三相电动机，其三相定子绕组便是按 120°相位差固定在定子铁心之中，它们的三相定子磁场（磁通、磁链、磁势）是固定的，只有定子合成磁场在空间是旋转的。前面已经说过，基于旋转合成磁场的等效原理，通过相数的静止坐标变换，三相定子磁链（或磁动势、电压和电流，后同）可以等效成对静止的二相定子磁链。如果再通过旋转变换，更可将静止的二相定子磁链转换成旋转的二相定子磁链。因此，如果在有了上述统一的旋转双轴原型电机的动态数学模型之后，通过与静

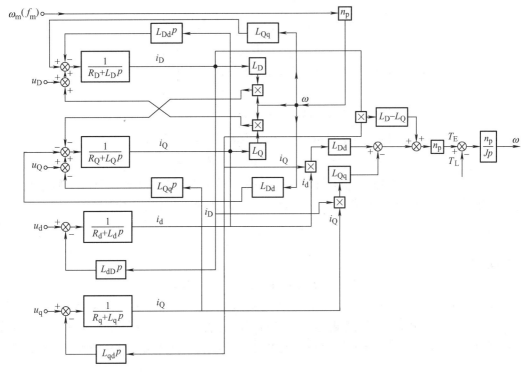

图 11-3　旋转双轴原型电机的动态数学模型框图

止坐标变换的连接，就可以得到三相电动机的完整的动态数学模型。下面就来完成这一连接。

首先，给出 3/2 变换和 VR 变换相应的框图，如图 11-4 所示。

然后，只需将图 11-3 和 图 11-4 所示通过 u_D 和 u_Q 相接起来，就可以得到三相交流电动机的动态数学模型图。至于直流电动机，由于只有一相，再考虑观

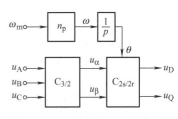

图 11-4　3/2 变换和 VR 变换框图

察者位置上的不同不会影响到电动机工作原理的物理实质，就不用再连接相数变换，而直接采用旋转的动态数学模型作为直流电动机的统一动态数学模型。

11.3.3　旋转双轴原型电机的动态数学模型在各类电动机中的应用

1. 在同步电动机中的应用

首先，将图 11-3 所示的旋转双轴原型电动机模型中将转子 d 轴（无功分量）绕组作为励磁绕组，令其为 f 绕组，再去掉转子 q 轴（有功分量）绕组。于是，电动机的电压平衡方程矩阵式便为

$$\begin{bmatrix} u_D \\ u_Q \\ u_f \\ 0 \end{bmatrix} = \begin{bmatrix} R_D + L_D p & -L_Q \omega & L_{fD} p & 0 \\ L_D \omega & R_Q + L_Q p & L_{fD} \omega & 0 \\ L_{fD} p & 0 & R_f + L_f p & 0 \\ 0 & 0 & 0 & 0 \end{bmatrix} \begin{bmatrix} i_D \\ i_Q \\ i_f \\ 0 \end{bmatrix}$$

$$= \begin{bmatrix} R_D + L_D p & -L_Q \omega & L_{fD} p \\ L_D \omega & R_Q + L_Q p & L_{fD} \omega \\ L_{Df} p & 0 & R_f + L_f p \end{bmatrix} \begin{bmatrix} i_D \\ i_Q \\ i_f \end{bmatrix} \tag{11-18}$$

由于定子 D、Q 绕组对称，式中可以有 $R_D = R_Q = R_1$，以及 $L_{fD} = L_{Df}$、$\omega = \omega_1$。式 (11-18) 最终为

$$\begin{bmatrix} u_D \\ u_Q \\ u_f \end{bmatrix} = \begin{bmatrix} R_1 + L_D p & -L_Q \omega_1 & L_{Df} p \\ L_D \omega_1 & R_1 + L_Q p & L_{Df} \omega_1 \\ L_{Df} p & 0 & R_f + L_f p \end{bmatrix} \begin{bmatrix} i_D \\ i_Q \\ i_f \end{bmatrix} \tag{11-19}$$

再在式 (11-19) 前面加上前述两个坐标变换，即 3/2 和 VR 变换，再加上转子运动方程，得到的就是三相同步电动机的动态数学模型。其中的转子运动方程为

$$T_E = T_L + \frac{J}{n_p} \frac{d\omega}{dt} \tag{11-20}$$

电磁转矩则为

$$T_E = n_p L_{fD} i_f i_Q + n_p (L_D i_Q - L_Q i_D) \tag{11-21}$$

式中，$n_p L_{fD} i_f i_Q$ 为主电磁转矩，系 q 轴有功电流 i_Q 与全体磁场 $n_p L_{fD} i_f = K_E \phi$ 作用的结果；$n_p (L_D i_Q - L_Q i_D)$ 为由交、直磁路磁阻不相等引起的磁阻转矩。这些结论与很多参考资料的推导结果完全一致，证明前述旋转双轴原型电机的动态数学模型确实有一般性，可应用于同步电动机。

对应式 (11-19) 和式 (11-20) 的旋转双轴原型电机的动态数学模型的框图，如图 11-5 所示。

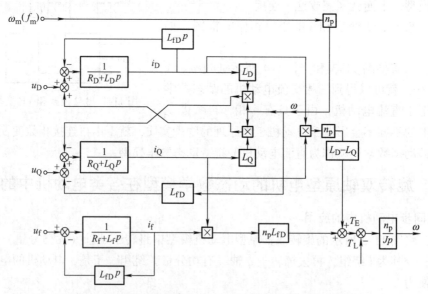

图 11-5　旋转双轴原型同步电动机的动态数学模型的框图

再加上 3/2 变换和 VR 变换框图，便是三相同步电动机的动态数学模型图。

2. 在直流电动机中的应用

同理，上述双轴原型电机的动态数学模型除适用于同步电动机外，也适合同样具有凸极

转子的电子换向直流电动机、无刷电动机和传统直流电动机。不同电动机只需将结构上的特征在相应参数表达出来，即在状态参数矩阵 **R**、**L**、**G**、**Z** 中加以反映，就可得出具体的该类电动机的数学模型，即个性在共性中的具体体现。

下面就先来证明一下上述统一模型的动态数学公式对传统直流电动机同样是适用的。在上述双轴原理图中，只要将定、转子调换位置，就是一台不折不扣的传统直流电动机，只不过在表达上将电枢分成了 d、q 轴两个部分，实用中只取 d（励磁分量）即可。传统直流电动机电枢绕组的轴线因电刷是固定的而固定，而绕组本身是同步旋转的，其所产生的电枢磁场则相对绕组反向同步旋转，从而满足与定子磁极相对静止的关系。这一点本书已详细叙述。正是这种绕组实际上转动而其磁场静止的现象，便称为"伪静止"绕组。"伪静止"绕组最大的特点是切割主磁极的磁力线，从而产生感应电动势。其方向总是反电流流入的方向，所以称为反电动势，又因系绕组运动而起，故叫作运动电动势。上述双轴模型电动机中的定子绕组 d 和 q，看起来是静止的，但相对主磁极来说，如果观察者站在主磁极上，则可以看到定子绕组是逆向转动的，故它们也属于伪静止绕组，也会因切割主磁通而产生运动电动势，所以在绕组电压平衡方程中必须将它们计入。

还有一点需要说明，那就是在前面双轴原型电机的模型未采用传统直流电动机的结构，而采用电枢为定子、磁极为转子的形式。这是因为作者认为机械换向器终究会被淘汰，而电子换向器才有生命力，所以采用了电子换向器的结构。这样，一方面为分析电子换向直流电动机作铺垫，一方面也为分析同步电动机的动态数学模型作准备。

对于传统直流电动机，只需要将图 11-1 所示的定、转子互换位置，则矩阵方程改写为

$$\begin{bmatrix} u_d \\ u_q \\ u_D \\ u_Q \end{bmatrix} = \begin{bmatrix} L_{Dd}p & 0 & R_d + L_d p & 0 \\ & L_{Qq}p & 0 & R_q + L_q p \\ R_D + L_D p & -L_Q \omega & L_{Dd}p & -L_{Qq}\omega \\ L_D \omega & R_Q + L_Q p & L_{Dd}\omega & L_{Qq}p \end{bmatrix} \begin{bmatrix} i_d \\ i_q \\ i_D \\ i_Q \end{bmatrix} \tag{11-22}$$

之后，将 d 轴（励磁分量）上现在不动的定子绕组 d 当作励磁绕组 f，q 轴上的现在转动的转子绕组 Q 当作电枢绕组 a，并且去掉 q 绕组和 D 绕组，式中凡与去掉的 q、D 轴有关的互感和系数项均应为 0。于是有

$$\begin{bmatrix} u_d \\ 0 \\ 0 \\ u_Q \end{bmatrix} = \begin{bmatrix} R_d + L_d p & 0 & 0 & 0 \\ 0 & 0 & 0 & 0 \\ 0 & 0 & 0 & 0 \\ 0 & R_Q + L_Q p & L_{Dd}\omega & 0 \end{bmatrix} \begin{bmatrix} i_d \\ 0 \\ 0 \\ i_Q \end{bmatrix} \tag{11-23}$$

考虑到 d 轴变为励磁 f 轴，Q 轴现变为电枢轴 a，电枢转速为相对不动的磁极的转速 ω_{af}，$L_{Dd}\omega = G_{Qd}\omega_{Qd} = L_{af}\omega_{af}$，就有

$$\begin{bmatrix} u_f \\ 0 \\ 0 \\ u_a \end{bmatrix} = \begin{bmatrix} R_f + L_f p & 0 & 0 & 0 \\ 0 & 0 & 0 & 0 \\ 0 & 0 & 0 & 0 \\ L_{af}\omega_{af} & 0 & 0 & R_a + L_a p \end{bmatrix} \begin{bmatrix} i_f \\ 0 \\ 0 \\ i_a \end{bmatrix} \tag{11-24}$$

如果将上述方程具体写成微分方程，其中的电枢绕组电压平衡方程就是

$$u_a = (R_a + L_a p) i_a + L_{af}\omega_{af} i_f \tag{11-25}$$

由于磁极 f 是固定不动的，只有电枢旋转，故式中的相对转速 $\omega_{fa} = \omega_a$，式(11-25) 最终可表达为

$$u_a = (R_a + L_a p) i_a + L_{fa} \omega_a i_f \qquad (11\text{-}26)$$

励磁绕组的电压平衡方程式为

$$u_f = (R_f + L_f p) i_f \qquad (11\text{-}27)$$

再写成矩阵式为

$$\begin{bmatrix} u_a \\ u_f \end{bmatrix} = \begin{bmatrix} R_a + L_a & L_{fa}\omega_a \\ 0 & R_f + L_f \end{bmatrix} \begin{bmatrix} i_a \\ i_f \end{bmatrix} \qquad (11\text{-}28)$$

加上转子运动方程式，有

$$T_E = T_L + J \frac{d\omega}{dt} \qquad (n_p = 1) \qquad (11\text{-}29)$$

这样得到了传统直流电动机的双轴原型电机的动态数学模型，与其他文献的推导结果完全一致。

对于他励传统直流电动机，励磁电流固定，应有 $i_f = I_f$、$i_a = I_a$、$u_a = U_a$、$L_{af}\omega_{af} i_a = E_a$，电枢的电压平衡方程式变为

$$U_a = (R_a + L_a p) i_a + E_a \qquad (11\text{-}30)$$

其形式与本书第 2 章式(2-12) 是对应的。

他励传统直流电动机基于式(11-28) 和式(11-29) 的简化动态数学模型如图 11-6 所示。

3. 在电子换向器式直流电动机中的应用

（1）在多相电子换向直流电动机中的应用

这里指的就是本书第 10 章中介绍的那种全电子元器件换向器的多相电子换向直流电动机。它的基本工作原理与传统直流电动机完全一样，只不过把机械换向器改成电子换向器，定、转子的位置作了互换，其他结构无任何变化。故其动态数学模型就与传统直流电动机一样。但定、转子的位置作了互换，故在动态数学模型中应将上、下两行进行对调，于是有以下方程：

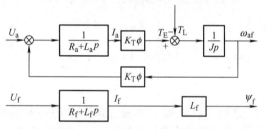

图 11-6　他励传统直流电动机的
简化型的动态数学模型框图

电压平衡方程为

$$\begin{bmatrix} u_f \\ u_a \end{bmatrix} = \begin{bmatrix} 0 & R_f + L_f \\ R_a + L_a & L_{fa}\omega \end{bmatrix} \begin{bmatrix} i_f \\ i_a \end{bmatrix} \qquad (11\text{-}31)$$

加上转子运动方程有

$$T_E = T_L + J \frac{d\omega}{dt} \qquad (n_p = 1) \qquad (11\text{-}32)$$

这便是多相电子换向直流电动机的双轴原型电机的动态数学模型。可以采用图 11-6 所示框图作为与之相应的动态数学模型框图，这是因为两个回路是完全独立的，谁在上谁在下没有关系。

还有一点要说明：在电子换向直流电动机中，多相 m 是指非独立多相定子绕组中元件

电流换向的相数，与独立多相定子绕组不一样。它只是表述电子换向中，1 个电周期内有 $m = \dfrac{Z}{p}$ 个元件需要换向，才能仿照机械换向器中所起的作用和保证定子旋转磁场转向不变，与独立多相定子绕组不同。因此，它不涉及坐标变换，也就不会出现变换系数 k 的问题，在后序的动态数学模型框图和传逆函数表述中，也就不需要再连接相数变换环节。同理，对传统直流电动机这一观点也是适合的，只是表示在 1 个电周内有 $m\,\dfrac{Z}{p}$ 个元件需要换向，故在传统直流电动机的动态数学模型框图和传逆函数表述中，也不需要再连接相数变换环节。

（2）在三相电子换向直流电动机中的应用

这里指的就是本书第 10 章中介绍的那种外直内交的三相制式电子换向直流电动机（见图 10-4）。其内部结构其实就是一台同步电动机，故其动态数学模型就与同步电动机完全一样。其推导过程本节已给出，推导结果为式（11-19）和式（11-20）。至于动态数学模型框图，完全可使用图 11-5 所示框图，只不过在和图 11-4 所示连接 VR 和 3/2 变换后，先变成"内"三相同步电动机；然后，再去和"外"面的控制系统（见图 10-4）的框图相连，才能形成完整的三相电子换向直流电动机。简言之，由于 SVPWM 逆变后是对电动机定子的独立三相绕组供电，故存在坐标变换（包括静止和旋转），所以它的全动态数学模型框图就应该包括 3/2 和 VR 变换环节。这一点请读者在使用时充分注意。

4. 在异步电动机中的应用

至于异步电动机，由于转子磁极是由多相绕组组成，其电流又是由旋转磁场感应而来，以致异步电动机的定、转子速度不同。转子绕组将在旋转中与定子绕组有多种相互感应。其中，除自感是常数外，彼此间的互感将因定、转子转速不同而有相差，于是便和两者间相互的位置角度 θ 有关。这样，互感将是时间的非线性函数。也就是说，异步电动机的数学模型将是一组多维、高阶和非线性的状态方程。除此以外，旋转磁场与定、转子绕组之间都有不同的相对转速关系（定子绕组不动、转子以低于同步转速旋转），因此，它们的电压平衡方程中都存在运动电动势，需要计及。所以，异步电动机数学模型推导也要复杂些。

因此，作为特例，首先应将定、转子按双轴处理（3/2）变换后的两相垂直绕组可以得到解耦，从而使其三相数学模型的非线性程度降低，形成定、转子的 d 绕组和 q 绕组。然后，再应用本书第 6 章的矢量变换方法，将三相定、转子在上述 4 个方程的模式上将互感处理好，并进行转子磁场定向和电动机及控制系统的解耦，异步电动机也能等效成为一台直流电动机。故，双轴原型电机的动态数学模型对异步电动机是适用的。下面就来进行这一推导工作。

在 11.3.1 节列写转子方程时，曾经指出，如果转子绕组与定、转子的旋转磁场不同步，即异步，转子绕组将会因受到磁场切割而产生运动电动势，此时应将这些运动电动势列入其中。按这种安排，便可以简单地导出适用于异步电动机的旋转双轴原型电动机的动态数学模型。不过，为了加深认识，下面将异步电动机的转子具体化，即分解成 d 和 q 两个绕组，再按上述思想进行逐步的分析和推导，最终导出异步电动机的旋转双轴动态数学模型。这样详细的叙述可帮助于读者深刻理解。

首先，先将按统一理论可以画出异步电动机的双轴原型电机模型，如图 11-7a 所示。其特点是，定子是固定不动的，而转子则是以转子转速 ω_2 旋转。为了将它们的轴线统一到同一个空间复平面中，必须像前面图 11-2 所示的双轴原型电机模型一样，在定子绕组不动的情况下，将它产生的旋转磁场和转子的旋转磁场统一到同一空间复平面上来（两者在转速上是相对静止的）。这样就可以在相同的 d、q 轴的前提下，建立定、转子的电压平衡方程式。相应方法是，先将两相静止定子绕组及其相应的静止 d、q 坐标，即 α、β 坐标，用 VR 变换变成以定子旋转磁场转速 ω_1 旋转的两相旋转 d、q 磁场（及相应的 d、q 旋转绕组）。这样，就可以得出图 11-7b 所示的异步电动机的旋转双轴绕组柘扑图。

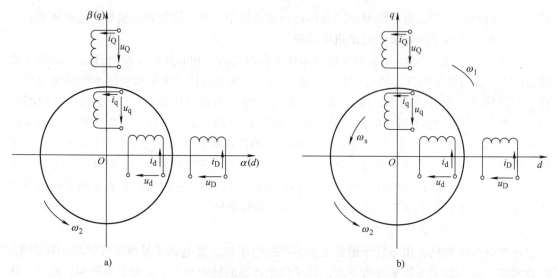

图 11-7　异步电动机的柘扑的旋转交流绕组图

图 11-7b 中，D、Q 为定子两相绕组，它们产生的旋转磁通，既和三相绕组产生的旋转磁场等效，又和用转速为 ω_1 但其中流过直流电流的 d_1 和 q_1 直流绕组所产生的磁场等效，其转速均为 ω_1。同样地，转子三相绕组亦等效为流过直流电流的两相绕组 d_2 和 q_2，其转速为 ω_2。它比定子旋转磁场的转速 ω_1 要慢（以保持原有的交流感应关系），两者之差为 $\omega_s = \omega_1 - \omega_2$，称为转差。它也是转子绕组相对于 d、q 轴线的相对速度 $\omega_{12} = \omega_s$。这里所用的方法，完全是按照图 11-1 所示的电子换向电动机例子的思路来的，只不过所关注的是"异步"这一特点。即，转子绕组不再和定子旋转磁场同步，在它里面会因相对切割而产生转子绕组的运动电动势，必须在相应的转子电压平衡方程式中反映出来。处理好这一问题后，前面使用这一例子推导出来的旋转双轴原型电机的动态数学模型，便完全适用于异步电动机。

为了充分说明上述观点的正确性，下面，还是再作一遍原始性推导，即从确立定、转子的电压平衡方程式开始。

由于所设置的定、转子的 d 绕组和 q 绕组都是对称相同，故它们的电阻、自感及定转子之间的互感都各自相同，即 $R_{1d} = R_{1q} = R_1$、$R_{2d} = R_{2q} = R_2$、$L_{1d} = L_{1q} = L_1$、$L_{2d} = L_{2q} = L_2$、$L_{1d2d} = L_{1q2q} = L_m$。

此外，实际中的定、转子绕组还存在因旋转磁通切割它们导体而产生的运动电动势，具体情况如下：定子不动，而定、转子磁场均会切割定子绕组，分别在定子绕组中产生运动电动势，并按 d、q 两轴分解，对应于定子 d、q 绕组分别有，$e_{1d} = L_1 \omega_1 i_{id}$ 为定子 d 磁场产生的；$e_{m1d} = L_m \omega_1 i_{2d}$ 为转子 d 磁场产生的；$e_{1q} = L_1 \omega_1 i_{1q}$ 为定子 q 磁场产生的；$e_{m2q} = L_m \omega_1 i_{2q}$

为转子 q 磁场产生的。由于转子磁场与定子磁场同步，故切割速度均为 ω_1。

同理，由于转子绕组虽然是转动的，但它的转速总是比旋转磁场要慢一些，因此，它与定、转子磁场间均有相对速度，便会有旋转磁通切割转子绕组，分别在转子绕组中产生运动电势，并按 d、q 两轴分解。定、转子磁场在空间的转速均为 ω_1，而转子的转速为 ω_2，方向又与定子磁场方向相同，故定子磁场切割转子绕组的速度就是两者相对转差，即 $\omega_1 - \omega_2 = \omega_s$。至于转子磁场切割转子绕组的相对速度也为 ω_s，这是因为，转子磁场与定子磁场在空间同步，故应为 ω_1，转子转速为 ω_2，自然，它们之间的相对速度便是 $\omega_1 - \omega_2 = \omega_s$。这样一来，旋转磁场切割转子 d、q 绕组后所产生的运动电动势分别有：$e_{2d} = L_2 \omega_s i_{2d}$，是转子 d 磁场产生的；$e_{m2d} = L_m \omega_s i_{1d}$，是定子 d 磁场产生的；$e_{2q} = L_2 \omega_s i_{2q}$，是转子 q 磁场产生的；$e_{m2q} = L_m \omega_s i_{1q}$，是定子 q 磁场产生的。这里最大特点就是定、转子绕组都有运动电动势。

至于各运动电动势前的 "＋" 号、"－" 号问题，其确定原则见附录 J，与上述旋转双轴原型电动机的动态数学模型推导中一样，即凡是 d 轴磁场产生的均为 "－" 号，凡是 q 轴磁场产生的均为 "＋" 号。

用上述这些绕组的参量写出各绕组的动态微分方程为

$$u_{1d} = i_{1d}R_1 + L_1 \frac{\mathrm{d}i_{1d}}{\mathrm{d}t} + L_m \frac{\mathrm{d}i_{1d}}{\mathrm{d}t} - L_1 \omega_1 i_{1d} - L_m \omega_1 i_{2d} \tag{11-33}$$

$$u_{1q} = i_{1q}R_1 + L_1 \frac{\mathrm{d}i_{1q}}{\mathrm{d}t} + L_m \frac{\mathrm{d}i_{1q}}{\mathrm{d}t} + L_1 \omega_1 i_{1q} + L_m \omega_1 i_{2q} \tag{11-34}$$

$$u_{2d} = i_{2d}R_2 + L_2 \frac{\mathrm{d}i_{2d}}{\mathrm{d}t} + L_m \frac{\mathrm{d}i_{1d}}{\mathrm{d}t} - L_2 \omega_s i_{2d} - L_m \omega_s i_{1d} \tag{11-35}$$

$$u_{2q} = i_{2q}R_2 + L_2 \frac{\mathrm{d}i_{2d}}{\mathrm{d}t} + L_m \frac{\mathrm{d}i_{2q}}{\mathrm{d}t} + L_2 \omega_s i_{2q} + L_m \omega_s i_{1q} \tag{11-36}$$

将式(9-31)~式(9-34) 写成矩阵方程，有

$$\begin{bmatrix} u_{1d} \\ u_{1q} \\ u_{2d} \\ u_{2q} \end{bmatrix} = \begin{bmatrix} R_1 + L_1 p & -L_1 \omega_1 & L_m p & -L_m \omega_1 \\ L_1 \omega_1 & R_1 + L_1 p & L_m \omega_1 & L_m p \\ L_m p & -L_m \omega_s & R_2 + L_2 p & -L_2 \omega_s \\ L_m \omega_s & L_m p & L_2 \omega_s & R_2 + L_2 p \end{bmatrix} \begin{bmatrix} i_{1d} \\ i_{1q} \\ i_{2d} \\ i_{2q} \end{bmatrix} \tag{11-37}$$

遂有状态方程

$$\boldsymbol{u} = (\boldsymbol{R} + \boldsymbol{L}p + \boldsymbol{G}\omega)\boldsymbol{i} = \boldsymbol{z}\boldsymbol{i} \tag{11-38}$$

式中，$\boldsymbol{R}$、$\boldsymbol{L}$、$\boldsymbol{G}$、$\boldsymbol{Z}$ 分别为电动机的电阻矩阵、电感矩阵、运动电势系数矩阵、阻抗矩阵。

$$\boldsymbol{R} = \begin{bmatrix} R_1 & 0 & 0 & 0 \\ 0 & R_1 & 0 & 0 \\ 0 & 0 & R_2 & 0 \\ 0 & 0 & 0 & R_2 \end{bmatrix}$$

$$\boldsymbol{L} = \begin{bmatrix} L_1 & 0 & L_m & 0 \\ 0 & L_1 & 0 & L_m \\ L_m & 0 & L_2 & 0 \\ 0 & L_m & 0 & L_2 \end{bmatrix}$$

$$G = \begin{bmatrix} -L_1 & & -L_m & \\ L_1 & & L_m & \\ & -L_2 & & -L_m \\ L_2 & & L_m & \end{bmatrix}$$

$$Z = \begin{bmatrix} R_1 + L_1 p & -L_1 \omega_1 & L_m p & -L_m \omega_1 \\ L_1 \omega_1 & R_1 + L_1 p & L_m \omega_1 & L_m p \\ L_m p & -L_2 \omega_s & R_2 + L_2 p & -L_m \omega_s \\ L_2 \omega_s & L_m p & L_m \omega_s & R_2 + L_2 p \end{bmatrix}$$

并有电压和电流的矩阵表达式:

$$u = \begin{bmatrix} u_{1d} & u_{1q} & u_{2d} & u_{2q} \end{bmatrix}^T, \quad \begin{bmatrix} i_{1d} & i_{1q} & i_{2d} & i_{2q} \end{bmatrix}^T$$

上述式(11-37) 和式(11-38),再加上式(11-20) 的转子运动方程式 $T_E = T_L + \dfrac{J}{n_p}\dfrac{d\omega}{dt}$,就组成异步电动机适用的旋转双轴原型电机的动态数学模型。

由于使用了旋转磁场理论和方法,就可以回避出现"两个"统一的原型电机动态数学模型这个麻烦,从而只使用一个统一的原型电机动态数学模型。此外,也要注意,使用的是旋转磁场理论,所以得到的是"旋转"双轴原型电机的动态数学模型。相对于三相异步电动机,它只需再进行 VR 和 2/3 变换,便成为异步电动机适用的全动态数学模型。可以看出,上述使用的分析方法比较直观和简洁,读者阅读起来会更为通顺,理解起来会更为容易。

式(11-37) 和式(11-38) 表示的是一台双馈的绕线转子异步电动机,数学模型仍然十分复杂,可作进一步简化。首先,可将转子绕组出线端短接,形成不外接电阻或电抗的普通型异步电动机,或者等效成一台笼型异步电动机。此时,转子电压为 0,即式(11-35) 和式(11-36) 左端为 0,可以解出转子电流:

$$i_{2d} = \frac{1}{L_2}(\psi_{2d} - L_m i_{1d}) \tag{11-39}$$

$$i_{2q} = \frac{1}{L_2}(\psi_{2q} - L_m i_{1q}) \tag{11-40}$$

应用异步电动机的定、转子磁链方程,将上两式代入定子磁链和电压方程,同时还进行按转子磁场定向,即将转子磁链 ψ_2 的方向选做 d 轴,从而使 $\psi_{2d} = \psi_2$、$\psi_{2q} = 0$,可以导出电动机新的的定子电压平衡方程式:

$$u_{1d} = (R_1 + \sigma L_1 p)i_{1d} + \frac{L_m}{L_2}p\psi_2 - \sigma L_1 \omega_1 i_{1q} \tag{11-41}$$

$$u_{1q} = (R_1 + \sigma L_1 p)i_{1q} + \frac{L_m}{L_2}\omega_1 \psi_2 + \sigma L_1 \omega_1 i_{1d} \tag{11-42}$$

式中, $\psi_2 = \dfrac{L_m}{1 + T_2 p}i_{1d}$; $\sigma = 1 - \dfrac{L_M^2}{L_1 L_2}$,为电动机的漏磁系数; $T_2 = \dfrac{L_2}{R_2}$,为转子绕组的电磁时间常数。

再加上转子运动方程式:

$$T_E - T_L = \frac{J}{n_p}\frac{d\omega}{dt} \tag{11-43}$$

电磁转矩推导为

$$T_{\mathrm{E}} = \frac{L_{\mathrm{m}}}{L_2} n_{\mathrm{p}} \psi_2 i_{1\mathrm{q}}\tag{11-44}$$

式(11-41)～式(11-43)便是交流异步电动机在转子磁场定向下的动态数学模型，其中的电磁转矩为

$$T_{\mathrm{E}} = \frac{L_{\mathrm{m}}}{L_2} n_{\mathrm{p}} \psi_2 i_{1\mathrm{q}} = \frac{L_{\mathrm{m}}}{L_2} W_2 \phi_2 i_{1\mathrm{q}} = K_{\mathrm{T}}' \phi_2 i_{1\mathrm{q}}\tag{11-45}$$

它表示，此时的异步电动机和直流电动机一样，电磁转矩就等于定子 q 轴电流，也就是本书第 6 章提到过的有功电流与转子磁通的乘积。

异步电动机在转子磁场定向下的旋转双轴动态数学模型框图如图 11-8 所示。

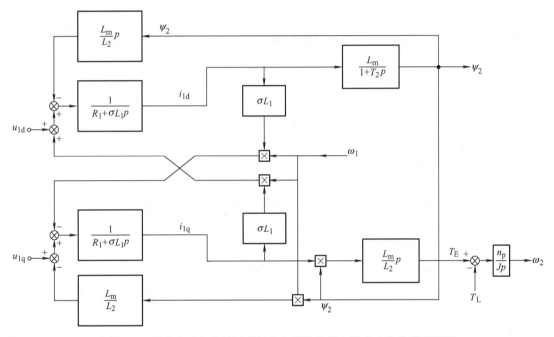

图 11-8　异步电动机在转子磁场定向下的旋转双轴动态数学模型框图

上述异步电动机在转子磁场定向下的旋转双轴动态数学模型框图，只需在前面加上坐标变换环节，即 3/2 和 VR 变换单元，便成为异步电动机在转子磁场定向下的（全）动态数学模型框图。至于其他控制状态下的数学模型，则可根据其控制原则，在式(11-37)和式(11-38)的基础上另行推导。

至此，实际中的三相交流电动机，已经变换成一台表现在 d、q 旋转坐标上的直流电动机。如果观察者与电动机一道以 ω_1 速度旋转，就会见到一台具有 d、q 绕组的直流电动机，便可按直流电动机模式来控制其工作。

11.4　统一的调速技术基础

传统电动机的调速方式十分复杂，其中有些是耗能型的，有的是要求改绕组接线的。这些现在已不大采用了，而采用得最为广泛的是低耗能的变频调速。即，通过改变电动机外加

电压的频率来改变电动机定子旋转磁场的转速，从而改变转子的转速。变频调速对交流电动机而言是比较显而易见的，对直流电动机则不大容易看出来。从外部看直流电动机是采用调电压高低来调速的，但是，如果从内部（即电枢）看，实际上也是变频调速。电子换向直流电动机就比较直观，改变换向信号的频率就能改变通入电枢的电流频率而实现变频，从而改变电枢旋转磁场的转速，也就能改变转子磁极的速度，这是变频调速。就是对于传统直流电动机，当改变电枢电压时，首先是使电枢电流改变，接着是绕组受力改变，电枢转速自然就改变了；为了达到"伪"静止传绕组–电枢绕组与不动的磁极之间的相对静止关系，电枢旋转磁场反转的速度必须改变，如果折算和等效其他形式产生的旋转磁场变速，这也就是一种变频（变化旋转磁场转动频率）调速。由此可见，变频调速可以是各类电动机的统一调速手段。

11.5　现代电动机统一的调速方法

如前所述，由于现代电力电子器件的发展，计算机技术的产生和快速进步，使得人们有可能尝试去对各种电动机进行新的本质上一样的现代调速方法——调频调速的方法。即，使用多相（主要是三相）全控桥式电路，向电动机供给经逆变后的不同频率定子电压的办法，调节电动机定子旋转磁场的旋转速度，从而改变转子的旋转速度。这是当代所有电动机都可采用和最适合采用的调速方法——变频调速。

目前，变频调速的方法可以分为多种，如变电压、变频调速控制（包括 PWM、SPWM、SVPWM 三种脉宽调制方法），矢量变换调速控制（VC），直接转矩调速控制（DTC），以及无传感器控制、神经单元控制、人工智能控制等。凡是可以进行对送入电动机的电流频率进行高精度控制（幅值、频率和相位）、高性能动态控制（快速、准确、抗干扰等）的控制模式，都可以移植到调速技术中。特别是借助机计算机技术和大规模集成电路的发展，目前，已经可以将许多控制方法应用到调速实时性要求甚高的场合，而不论其系统采用的是什么形式的电动机了。

11.6　应用举例

前面，已经全面阐述了以动态数学模型为理论基础的电动机的统一理论，它适用于交、直流两类电动机。在各类电动机中，以异步电动机的转速控制技术最为复杂，因此，下面就举两个异步电动机的应用例子。

对于异步电动机，应用磁和转矩闭环控制的直接矢量控制系统，用以证明：只要在异步电动机前面加上必要的坐标变换、磁场定向、解耦等环节，便可以构成一个性能犹如直流电动机转速控制一样的交流调速系统。它从应用的角度证明交、直流电动机经过技术处理后，在运行使用上完全是统一的。

11.6.1　例1　异步电动机位置伺服控制按转子磁通定向的矢量控制系统

异步电动机转子磁场定向控制的位置伺服传动系统，如图 11-9 所示。

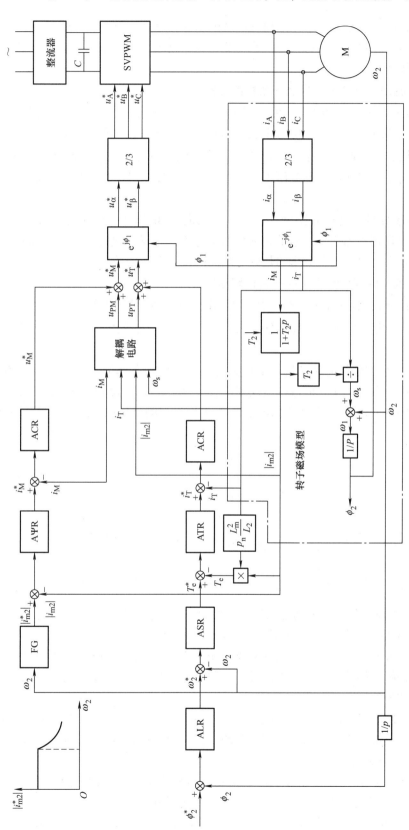

图 11-9　异步电动机转子磁场定向控制的位置伺服传动系统

这个例子，本书第6章关于矢量控制原理电路部分已介绍过其相关原理。为了方便读者进一步理解电路的控制过程，再补充一些有关控制电路较详细的说明。下面介绍各个控制与调节环节的工作情况。

1. 定子电流的磁场分量由最上一条框路给定

1）使用转速磁通函数发生器 FG 可获得在基速以下恒磁、基速以上弱磁的磁场给定 $|I_{m2}^*|$。它与实际磁场分量 $|I_{m2}|$ 综合，就能起到鉴别作用。再进入磁通调节器起到稳定和快速调节作用，磁通调节器输出量 I_{m2}^* 再与实际励磁电流分量 I_{m2} 综合后，进入励磁电流调节器，这也是起到稳定和快速调节作用，再将它变成电压信号 U_M^*，使之为 M-T 定向坐标中的磁场定向分量。

2）实际磁场分量和励磁电流分量及实际的定向轴 M 与静止横坐标轴 α 之间的相位差 θ_M，均由转子磁通观测器提供。它的输入信号 I_A、I_B、I_C 来自电流互感器，ω_2 来自测速发电机。输出与输入之间的关系应用的是磁通观测间接运算法中的电流模型。

2. 定子电流的转矩分量由中间一条框路给定

1）系统的控制量是位置转角 θ_2，其大小取决于在一定时间内的转子转速 ω_2，而 ω_2 则取决于转矩 T，即定子电流中的转矩分量 I_T。由此可见，位置转角 θ_2 的给定就是定子电流中的转矩分量 I_T 的给定。

2）为了在整个物理量的转换过程中将量均进行最佳动态调节，这一路各个环节均设置了相关的调节器，引入了实际值进行负反馈综合。其中，ω_2 由测速发电机提供，θ_2 则用 ω_2 积分（一定时间内）获得，转矩 T 和电流 I_T 均由磁通观测器提供，此外，电动机 M 的式子还引用了如下关系：

$$\left.\begin{aligned} T &= p_n \frac{L_M^2}{L_2} I_T \times |I_{m2}| \\ \omega_s &= \frac{1}{T_2}\left(\frac{1 + T_2 p}{i_M}\right) i_T \end{aligned}\right\} \tag{11-46}$$

式中，$|I_{m2}|$ 为转子动态（全）磁场分量幅值，即 $I_{m2} = I_M\left(\dfrac{1}{1 + T_2 p}\right)$，它是在转子磁链 Ψ_2 发生变化时，在转子绕组中感出的动态励磁分量 $\left(\dfrac{L_2}{L_M}\right) I_m$ 与静态励磁分量 I_M 之和。其中，I_m 为与 Ψ_2 变化量对应的附加转子励磁电流。当由动态转入静态后，有 $I_{m2} = I_M$。

3）定子电流的两个给定分量的调节值再经解耦（由实际量经解耦电路）后，以电压信号形式输入动、静坐标变换器，使之变换成两相静止坐标值，再进行 2/3 坐标变换，变成对逆变器三相全控桥元件控制极的控制信号，控制三相绕组应引入的电压空间矢量，对电动机进行矢量变换调速控制。

4）框图中最下一路为实际量反馈输入，输入量经反变换后变成旋转坐标 M-T 下的参量，分别送到相应的反馈点去，包括送到磁通观测器去进行运算，然后送解耦电路去进行解耦。

5）通过上述分析可以看出：

① 通过坐标变换，可以使用分别控制励磁和转矩两个已经解耦的独立分量，去控制三相（或多相）电动机的转速，就像控制传统的直流电动机那样。

② 两个控制分量均经过多级调节器，进行动态最佳调节，可以获得良好的动、静态品

质，调节器一般可采用 PD 形式（内含参量间变换系数）。

11.6.2　例 2　异步电动机励磁和转矩闭环控制的直接矢量控制系统

图 11-10 给出了闭环控制的直接矢量控制系统标准原理图。它包含了两个闭环回路：磁场（励磁）环和速度环。其中磁场（励磁）环采用了两个调节器：一个是转子磁链调节器 AψR；另一个是励磁电流调节器 ACMR，它们的作用是保持励磁电流稳定。速度环采用了两个调节器：一个是速度调节器 ASR；另一个是转矩电流调节器 ACTR，它们的作用是保持转矩和转速的稳定。图中，转子磁链调节器 AψR 的输入是转子磁链给定值 [由 $\psi_2^* = f(\omega)$ 决定，可以在基速上、下进行调速]，输出则是励磁电流给定值 i_M^*。转速调节器 ASR 的输入为转子转速 ω 的给定与反馈值之差，输出则是转矩电流 i_T^*。接着，再通过 ACMR 和 ACTR 将两电流转换成两电压给定值，再通过 VR 和 2/3 变换，进而去控制 SVPWM，从而控制异步电动机的调速。还有一点要注意，那就是在转速调节器 ASR 中还应该加上另外两个环节：一个是 $\dfrac{L_2}{p_n L_m}$，为函数关系；还有一个是 $\div \psi_2$，为解耦环节。加上它们的理由可看本书图 6-22 所示，目的在于使磁场（励磁）环和速度环（即 ψ_2 和 ω 两个环），成为两个完全解耦的独立控制子系统，就如同在直流电动机的调速系统中见到的完全一样。

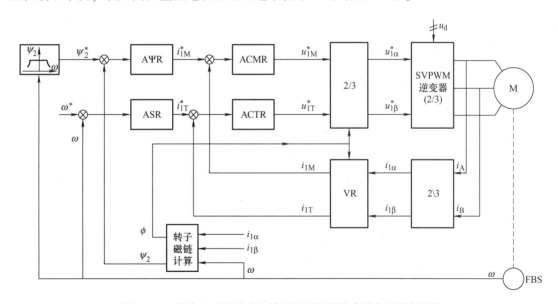

图 11-10　异步电动机励磁和转矩闭环控制的直接矢量控制系统

AψR—磁链调节器　ASR—转速调节器　ACMR—励磁电流调节器　ACTR—转矩电流调节器

11.6.3　三相交流异步电动机动态数学模型如何与控制系统相连接

针对例 1 的异步电动机位置伺服控制按转子磁通定向的矢量控制系统，图 11-11 所示框图基于其三相交流异步电动机 M 的态数学模型（见图 11-8）。即，将定子三相电压端（u_A、u_B、u_C）接到图 11-9 所示的 SVPWM 逆变器，位置给定端 θ_2^* 也接到相应的位置给定端 θ_2^*，转子输出转速 ω_2 也反馈到相应的转子输出转速 ω_2 端，以便获得位置反馈。图 11-9 所示的其他各环节的接法不变，转速反馈不一定使用测速发电机，可使用专用测速模块将电动机风扇上标志的白色条码读出即可。

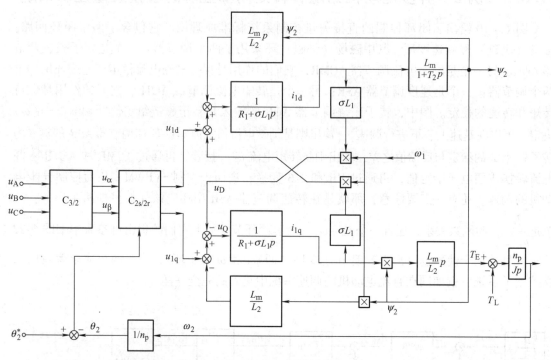

图 11-11　带给定和转速反馈的三相异步电动机在转子磁场定向下的动态数学模型框图

同理，也可根据图 11-10 所示的三相交流异步电动机动 M 的动态数学模型框图，接到控制系统 M 处，将转速反馈接到转子转速反馈线上即可。图 11-10 所示的控制系统其他环节均可不变，这样可将两图相拼接，便可获得包括电动机在内的异步电动机励磁和转矩闭环控制的直接矢量控制系统的全结构框图。

11.6.4　异步电动机动态数学模型的作用

上述控制调环节均有相应的传递函数，并标于相应位置，前后环节之间又充分反映了各进、出量之间的物理关系，完全反映整个控制系统的控制调节关系，这给今后采用全软件化控制提供了良好条件。有关各环节的传递函数，图 11-9 和图 11-10 所示框图已给出，尚待选定的有各个 PID 调节器、函数发生器 FG、解耦电路、坐标变换器、转子磁场估算器等，以及在主电路中的整流器、逆变器的传递函数，而这些环节的传递函数都有标准形式。所以，只待电动机选定，系统就可以确定，再把这些环节的传递函数逐个填入框中，整个电动机调速控制系统的具有传递函数的框图便可以确定下来。

如果再将异步电动机的动态数学模型和上述得到的调速控制系统（传递函数）相连，就可以获得电动机与控制系统的全传递函数框图，为整个"电动机调速系统"控制全软件化奠定良好的基础。控制全软件化的具体做法比较复杂，可在专门的软件编写人员协助下，另行研究完成。

应当指出的是，异步电动机的动态数学模型，除在理论上具有对电动机运行方式有分析之用外，更重要的是在实践上还具有参与整个调速控制系统进行提前运行仿真的作用。这和过去那种电动机不参与控制系统分析和仿真的情况相比，应该是一个进步。

按照上述观点，会将全软件化的电传控制系统纳入到下面将介绍的 EMCOS 之中，以应用软件的形式在操作系统中运行，并可实现计算机仿真。

关于电动机控制系统计算机仿真的研究，近些年来发展很快。仿真常用的有 MATLAB/Simulink 仿真软件，在近些年升级后的 Simulink 中大多提供各类型电动机及其控制系统的标准数学模型。例如，MATLAB6.5/Simulink6.0 就提供各类电动机自动控制系统所需的各种单元，包括 PWM 有源整流单元、直流环节、PWM 逆变器、三相异步电动机、带励磁绕组的同步电动机、转速控制器、转矩磁链矢量控制器等主电路，其他的控制环节有函数发生器、坐标变换器、PID 调节器、乘除单元、磁场观察器、解耦环节等。这样可以完成各类调速系统的仿真调试，如异步和同步电动机的矢量控制、直接转矩控制，直流电动机闭环调速控制等。

在 MATLAB 仿真平台上，所有的仿真工作都以全软件形式进行，按 MATLAB 和连接方式，根据控制系统连接框图，从 Simulink 工具箱中选择必需的仿真模块，接在 MATLAB 平台上，使之转换成仿真工作图（即控制系统仿真模型）；再按要求填入各个仿真模块的相关参数，连接好相应的环节，输入相关运行参量，便可以在视窗提供界面的示波器和显示表格中获得输出结果；再根据工作需要（必要的动、静特性）对参数作相应的调整，直到满意为止。

有了计算机仿真技术，就不用真正连接实际的电动机和控制系统，通过仿真操作按所要求的动、静特性去调整和最终确定所有的参数，甚至对电动机的结构给出合理的要求，以便制造厂商按这些要求去生产最恰当的电传和控制设备，满足使用单位的要求。

关于对电力传动自动控制系统的 MATLAB/Simulink 技术，可查阅专门的相关资料，由于这部分内容已超出本书计划的内容，故不进行介绍。

11.7　统一理论分析的结论

1. 理论基础

利用的是原型电机定、转子旋转磁场相互作用原理。

2. 理论分析工具

分析工具包括以 d、q 轴为坐标的矢量变换和磁场定向，以及电子换向器。

3. 实践方法

以电机为主体的包括多控制元件的调速系统（可称为电子智能化电动机），包括如下方案：

1）逆变电压（电流）加入（即调制）方式：PWM，SPWM，SVPWM。

2）调速系统方案：使用各种脉宽调制的变压、变频调速；带 PID 调节的矢量控制系统；直接转矩控制系统；带滞环器的电流调节系统；无传感器调速系统；智能调速系统；多相制式电子换向直流电动机；三相电子换向直流电动机等。

4. 应用范围

应用范围包括电子换向直流电动机、交流异步电动机、交流同步电动机、各类伺服电动机。

上述各类电动机，在统一理论的指导下，使用了坐标变换，应用双轴绕组动态数学模型之后，它们就成为一台具有高性能的新的电动机——电子智能化电动机。其中，尤以电子换向直流电动机最典型。

5. 特例

也可使用矢量分析，即将梯形波用傅里叶级数分解为正弦基波和多次谐波，将基波矢量化后，同样可用矢量变换方式构成各类调速系统。不过，因其适用的情况功率不大，谐波影响对电源干扰可以不考虑，要考虑的是谐波对转矩波动的影响。如果系统的惯量足够，且要求不高，如风机、水泵之类的负载，为求控制系统简单，它可作首选的调速电动机。

11.8 统一理论的后续讨论

本书已经详细而全面地介绍了现代交流调速技术，并应用电动机统一分析理论对它们的运行状态进行了解析。另外，11.3.3 节还将电动机统一理论应用到传统直流电动机的分析，推导出它的动态数学模型，并画出相应的传递函数框图，这就证明了电动机统一理论对分析各类交、直流电动机均适用。

传统直流电动机虽然在逐步退出历史舞台，但是，和传统交流电动机一样，在现代电子技术和微处理器技术的支持下，它可以得到改造和进步，也可以实现"现代"直流调速技术。

具体来说，"现代"直流调速技术指的是，在微电子技术和电力电子技术的支持下，使用电子开关来代替传统的机械换向器。它又由微电子元器件（系统核心是微处理器）组成的控制电路进行操控，从而完全按照机械换向器的工作模式进行换向工作，使之成为电子换向器去替代机械换向器，制成多相的电子换向直流电动机。使用电子换向器的最大好处就在于无电刷、无摩擦、无火花，从根本上解决了换向过程中存在的有害问题。至于电动机的调速，仍旧使用简便的调压调速方法，即改变交-直-交系统中整流器的电压（采用晶闸管或IGBT）的方法，来调节整流电压，从而达到电动机输入电压的调节，实现电动机调压调速的目的。

除了在传统直流电动机结构的基础上用电子技术改造整流器外，还可以应用 SVPWM 技术将电动机定子绕组的结构从多相改造为三相，从根本上将它改造成外直内交的新的三相电子换向（相）直流电动机，使之能充分地利用各类线性调节器，组成一个性能优良的现代直流调速系统。它完全可以与现代交流调速系统竞争，充分发挥现代电子技术和微处理器技术的强大优势。

多相电子换向直流电动机，由于其定子（电枢）绕组的基本结构与传统直流电动机完全相同，故动态数学模型也与之相同。而三相电子换向直流电动机，又由于其定、转子绕组的基本结构与交流同步电动机完全相同，故其动态数学模型便与交流同步电动机的动态数学模型完全一致，具体的已在本书第 10 章介绍过。

至此，完全有理由相信，通过本书第 10 章和第 11 章内容的论述，一定可以让读者了解"现代"直流调速技术，甚至尝试开启"现代"直流调速技术新时代。

第12章 电动机运行统一理论的实践方案：电子智能化电动机

12.1 引言

为了更加充分地发挥电子智能化电动机的优势，可以借助先进的微处理器技术，将它作为智能化电动机的"大脑"。这样，就可以适应各种不断更新的控制策略，并使控制系统微型化，便于使电动机和控制系统一体化生产和一体化运行，从而大大提高整个运动系统的性价比和可靠性。

为此，可以仿照个人计算机方式，组成一个硬件和操作系统一体的微型控制系统，置于电子化电动机之前，从而构成由微处理器和逆变器及电动机组合的完整的机电一体化系统。并且，在此基础上，可进一步采用当前流行的嵌入式系统，构成嵌入式的机电一体化机。

下面，就来具体地介绍这种系统的相关构思和具体内容。

首先，是在统一理论下建立一个系统控制平台——基本电动机控制系统（Electoric Motor Control Operating System，EMCOS），包括硬件和软件。

12.2 基本电动机控制系统

12.2.1 硬件

在逆变智能单元的基础上，EMCOS 建立以单片机为中心的微处理器控制服务系统。其中，微处理器的选择十分重要。主要是它的处理速度，一定要跟得上系统实时控制的要求。为节约成本，一般可采用 8 位机。常用的 8 位单片机有 MC8051、MC2051、C166/167、PIC16－18 等。对实时要求高的，应采用 16 位或 32 位甚至更高（如 64 位）的处理器，如 MC8096、pu32 或 MIPS32 4K、MIPS64 20K 等。

以任何一种单片机（微处理器）为中心，根据"电机统一理论"，构建电动机调速的统一控制系统，如图 12-1 所示。

图 12-1 中，点画线线框所示就是调速电机的控制系统。显然，它是一个典型的微单片机系统，即通称的"微控制系统"。不同型号的单片机，其内容可能稍有差异，但主结构基本上是相同的。

控制系统的输出部分可采用常用的人机对话界面，包括键盘和显示器，可采用通用的主机型的设备，也可以采用专用型的设备。后者可以做到体积小、造价低、携带方便等。而前者则很容易与其他上级控制管理层系统连接，方便管理和控制，由于当前上位 PC 造价低廉，也是一个值得选择的方案。

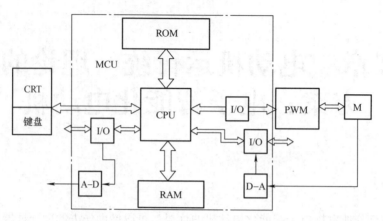

图 12-1　电子智能化电动机调速的统一控制系统

12.2.2　软件

为了贯彻统一理论的理念，除了硬件之外，其控制软件也应做到"统一"。即，一台电动机的控制系统，可以任意运行各种调速控制方案和调速方法。为此，不妨将控制软件又分为两部分来进行设计。

1. MCU 的操作系统

过去的单片机操作系统，一般都采用针对专门单一的控制任务，使用汇编语言进行编程。在这里，由于是"统一"的操作系统，即使采用了某一型的微处理器，也不直接采用它的汇编程序来进行程序设计，而是"间接"的。换句话说，建议先采用高级语言，如 C ++，来进行软件编写，然后，通过编译程序，将前沿级（即下级）的汇编语言连接起来使用。此外，为了调度与管理各种应用软件，系统还应该增加一级，即上位机（上级），并且让它最终以窗口的形式出现，便于操作。上、下两级如果均采用 C ++ 语言编程，就可以采用总线（如 PCI、CAN 等）通信，这样就将两极控制调速系统统一起来，作为一个控制整体。有输入和输出的人机界面、调速层、控制执行层，从而构成一个完整的电动机自动控制系统。

用来调速和管理应用软件的这个上位系统，称为微控操作系统（Microcontroller Unit Operating System，MCUOS）。它的任务如下：

1）输入、输出调度。

2）参数输入和修改。

3）采用调速方案（方法）的调度与执行。

总之，它是一个 MCU 的通用操作系统，不管用在哪一种电动机上，不管采用什么样的调速系统和方法，均可通过它调出具体的应用程序来执行。它就是一个通用的软件操作系统，一个软件操作平台。

2. 应用软件

这里指的应用软件，是指前面所阐述过的那些调速方案和方法的具体的汇编程序（也可采用 C ++ 表达，编译程序链接）。具体的应用软件如下：

（1）逆变器接入方式软件

1）六拍 PWM（仅用于无刷直流电动机）。

2）SPWM。

3）SVPWM。

（2）调速方案执行软件

1）变压、变频控制（直接使用上述 3 种脉宽调制法中任一种）。

2）矢量变换控制。

3）直接转矩控制。

4）无传感器控制。

5）电流滞环控制。

6）误差最小控制。

7）智能控制。

8）多相电子换向直流电动机控制。

9）三相电子换向直流电动机控制。

应当指出的是，在上述各种调速方法和方案中，各种控制、反馈、解耦、综合等软件环节，均不再采用硬件，而是以传递函数的方式，经数学变换后，再经 D-A 转换变成数据，送入控制系统，再根据控制逻辑流程关系，使用高级编程语言进行程序编写。因此，除了在控制框图中留有其传递函数的位置外，在软件中就只能看到它是一组数据或是一个等待调用的子程序了。

至此，只要专门制成上述各种应用程序（也可能进一步开发），可以将它们固化在 ROM 中。工作时，使用 MCUOS 调用，就可以进行你想采用的那种调速方法了。

当然，由于电动机实用中可能采用不同的转子结构（同步、异步、直流），它们的特性如要反映到系统中，可以在编写应用程序时考虑，如在软件中加上前缀予以标明，这样在 MCUOS 调用时就可以有所区别。

总之，就是要将所有调速方法和方案都软件化，利用 MCUOS 进行调用，这样既方便又简单。电机制造厂商需制成电动机并附带操作硬件，即可出厂销售，可以完全不考虑它将来具体实施那一种调速方法和方案，这样就可以大大减少硬件设备的制造任务和成本。而所生产的这种调速电动机，与一般电动机不同，它本身就具有调速功能，只要配上所需的软件，该电动机就可以按照要求进行工作。自然，应用软件的独立，除了减少硬设备环节的投资外，最大的好处如下：

1）提高了系统的通用性和可靠性。

2）方便开发出更加完善的应用软件。

12.3 嵌入式调速系统

12.3.1 嵌入式调速系统的定义

本书已经介绍过，这样的以软件为控制主体的系统，实质上就是一个对调速电动机的"嵌入"系统。它的作用专一，就是为电动机调速（按生产机的需要）用的。它完全满足 IEEE 对嵌入式控制系统的定义。

1）它面向用户、面向产品（电动机），面向应用（控制生产机械速度），具有很强的专用性（调速）。

2）它应用先进的计算机技术、半导体技术、电子技术，将它们与生产机械的具体应用紧密结合。

3）它是根据应用（调速）需要对硬、软件均进行了必要的裁剪，使之既满足应用系统的功能，又十分可靠、成本低、体积小。

因此，对统一理论和理念下的电动机调速控制系统，就完全可以借用已经发展得非常成熟（相对而言）的嵌入式系统的全套技术；在此基础上，针对电动机运行所必要的多个状态，如起动、调速、制动等（包括四象限控制）；在受控对象部分增加必要的信号反馈，就能构成一个十分先进的嵌入式电动机调速控制系统。

12.3.2　电动机嵌入式系统的组成

1. 硬件层

（1）微处理器

对较小功率调速要求一般的电动机，采用 8 位或 16 位处理器，如 51 系列、96 系列或 PIC16—18 系列，完全能够满足调速系统的要求；对中等以上到大容量、调速精度要求高的（如位置调节时），采用 16—32—64 位处理器，如 C16 系列、pu32 或 mips32 4k、mips64 20k、ARM 系列等。此外，近年发展起来的 DSP（数字信号处理器），由于其高速处理的特点，也在嵌入式系统中得到广泛应用，是硬件层可选单元之一。

（2）存储器

包括缓存（Cache）、主内存，辅内存 3 种，三者到底各用哪些设备和容量，可根据电动机容量的大小和调速品质要求来加以确定，并在使用说明书中予以说明，便于使用者选择。

（3）通用设备接口和 I/O 接口

例如 A-D、D-A、I/O（RS-232、RS-485）和 USB 接口，以及高级的总线接口、红外接口等，可以视具体情况预留。

2. 软件层

嵌入式操作系统（Embedded Operation System，EOS）是这一层的主要调节软件，负责系统硬和软件的全面调度分配、协调和控制相应上位机和下位机之间的信息通信。

1）对于较小功率电动机

使用 8 位处理器的系统，一般采用 μC/OS Ⅱ 操作系统，即可得到所需的软件支持。

2）对于中、大功率电动机

一般应使用 16 位或 32 位处理器的系统，采用 μCLinux 或 Arm-Linux 操作系统才能获得理想的支持。一方面是这种电动机调速要求较高，使用的应用软件就较多，需要 32 位机这样比较全面的处理器；另一方面，这样的硬件系统也才能为性能较高像 Linux 这样的操作系统提供必要的硬件平台。

3）EOS 负责的主要具体任务

主要任务有任务调度、同步机制、中断处理、文件中断等。此外，它在结构上应该以控制电动机运行状态为中心，尽可能紧缩其软件规模，即达到"量体裁衣"的程度。当然，在生产机械调速要求较高的情况下，反馈信号多、信息多，甚至还有可能和上级管理层相联系（通信），此时嵌入的操作系统就比较庞大了。一般在工业上，多采用改进后的 Linux 系统。

3. 中间层

它是硬件层和软件层之间的连接支持层，一般称之为 BSP（Board Support Package）。它的任务是专门用来处理硬件层各分层（片、板、系统）的初始化问题。还有，就是它将作为硬件相关的每个设备的驱动程序，使这些设备能在操作系统的指挥下，顺利运转起来。因此，可以认为，中间层是一个软件。它完成主操作系统不需要过多关注的分支事情、处理好系统初始化、数据的输入/输出操作，以及硬件设备的功能配置。这样，可以让上位开发人员不用过多关心下层硬件的具体情况，只需根据 BSP 提供的接口信息，专心地开发精干的操作系统。

12.3.3　关于应用软件问题

电动机自动化调速的任务特点是，生产机械要求各不相同、功率大小不同、电动机具体结构也不完全相同（同步、异步、直流）等，使得控制系统虽可以嵌入特定的带应用程序的操作系统，但是，为了满足电动机调速的通用性和制造厂商在制造方面的通用性，这里并不想将应用程序直接嵌入操作系统。反之，要把它们专门独立出来，形成独立模块，便于任意调用，以便一机构成多种调速性能，满足上述两个通用条件。因此，将操作系统只当成一个调度协调者、一个平台，让它去组织各个应用软件的具体应用，用它去处理好这个应用中的初始化、信息通信、设备驱动等之间协调调度。如此看来，电动机调速控制中的嵌入系统规模要大得多，主要是由于应用软件品种较多的缘故。在这里，"嵌入"在更大程度上是指将统一后的调速控制系统"嵌入"到统一后的电动机中，形成一个统一的产品。由于嵌入系统发展已经比较成熟，就可以借助这一领域内的技术力量，开发出品质良好的调速控制系统。这种嵌入操作系统和应用软件的电动机，由于可以运用各种带有人工智能的控制模式，所以称为"电子智能化电动机"。

应用软件除了上面提到的那些目前已经开发出来的控制方法和方案的软件程序外，随着新的调速方法的出现，还可以针对这些新方法不断开发新的调速软件。所以，应用软件的单独列出，有连续开发和不断开发的重大意义。

12.4　结　论

带有嵌入式控制系统的调速电动机是一个整体，不再像过去那样，生产电动机的只管生产电动机，使用者再去设计、组装控制系统，然后才能应用于生产机械。新的电子智能化电动机，是一台智能控制的调速电动机，生产厂商应该生产的就是这么一个整体；使用者购买的也就是这个整体，只是在应用时按所需选择生产机械所需配置的应用软件，设置好应有的输入/输出，再使用系统操作系统进行操作控制，就能达到该生产机械所需的调速目的。

由此，可以看出如下特点：

1）电机-控制操作系统形成了一体化。

2）生产厂商必须一体化生产。

3）用户只需按需配置输入/输出，再选择好应用软件。

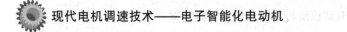

4）操作者按操作系统提示进行操作，生产机械即能达到所需的调速目的。

因此，针对这些特点，还要进行如下工作：

1）生产厂商除了生产电动机外，还需自行或委托有关单位开发设计嵌入式控制系统，包括开发多种应用软件。

2）从前面所提到的多种调速方法、方案可以看出，电机调速的应用软件种类是比较多的，因此，不宜将它们与操作软件捆绑在一起固化，可以另设 ROM 插口，以便用户在购买时有更多选择余地，要啥买啥，以减少用户投资。

3）由于控制系统是一项复杂的项目，即基本上是过去的"电力拖动自动控制系统"，而今要纳入电机生产厂商一起生产，必然导致电机生产厂商做出重大改变，这无疑是一个巨大的挑战。但这是可以解决的，因为这些控制问题都是已有解决办法的，并且还可以充分应用目前计算机发展的成果，只是把它们聚合在一起使用而已。但这种聚合又不是凑合，而是一种新的"统一"的思维，把电动机和控制系统在新的计算机技术和电子技术的基础上，有机地结合起来，既方便用户，又有利于生产厂商，是一件值得去尝试的事情。这也是技术发展到一定阶段应有的量变到质变的事情。

至此，应用电动机统一理论，把电动机统一起来了，又把其调速方法统一起来了，最后又把电动机的控制系统也统一起来，构成一种新的可以任选、任调的带有智能化控制的电动机，即"电子智能化控制电动机"。更具体一点来说，"电子智能化控制电动机"的定义就是："微处理器电子控制器 + 电力电子变换器 + 电动机 = 电子智能化控制电动机"，简称为"电子智能化电动机"。这是一种采用嵌入式处理的新型的机电一体化电动机。在现代电子技术的支持下，对较小功率电动机，可采取将控制器制成集成电路芯片，然后与电力电子器件组成模块，再与电动机构成一体。在大、中功率应用中，为便于散热，可将模块另组成控制柜，然后再与电动机的端子相连。上述方案可供电机制造厂商或系统控制柜制造厂商选用。

尊敬的读者，这就是前面花这么多篇幅去分析讨论最终所要达到的目的。当然，这也是当今技术发展的必然之路，作者将其用文字、公式、图形及一些叙述把各部分内容联起来，作为一种见解，公之于众，希望起到"抛砖引玉"的作用。

附　　录

附录 A　临界转差率和临界转矩公式的推导

三相异步电动机的转矩公式为

$$T = 3p \left(\frac{E'_{20}}{\omega_1}\right)^2 \frac{s\omega_1 r'_2}{r'^2_{22} + s^2 \omega_1^2 L'^2_{20}} = C\left[\frac{f(s)}{g(s)}\right]$$

其中，$C = 3p \left(\dfrac{E'_{20}}{\omega_1}\right)^2$，3 表示相数为三相；$f(s) = s\omega_1 r'_2$；$g(s) = r'^2_2 + s^2 \omega_1^2 L'^2_{20}$。

下面利用商的导数公式 $\left[\dfrac{f(s)}{g(s)}\right]' = \dfrac{f(s)'g(s) - g(s)'f(s)}{g(s)^2}$，求 $\dfrac{\mathrm{d}T}{\mathrm{d}s} = C\left[\dfrac{f(s)}{g(s)}\right]'$。

$$\begin{aligned}
\frac{\mathrm{d}T}{\mathrm{d}s} &= C \frac{(\omega_1 r'_2 s)'(r'^2_2 + \omega_1^2 L'^2_{20} s^2) - (r'^2_2 + \omega_1^2 L'^2_{20} s^2)'(\omega_1 r'_2 s)}{(r'^2_2 + \omega_1^2 L'^2_{20} s^2)^2} \\
&= C \frac{\omega_1 r'_2 (r'^2_2 + \omega_1^2 L'^2_{20} s^2) - (2\omega_1^2 L'^2_{20} s)(\omega_1 r'_2 s)}{(r'^2_2 + \omega_1^2 L'^2_{20} s^2)^2} \\
&= C \frac{\omega_1 r'_2 r'^2_2 + \omega_1 r'_2 (\omega_1^2 L'^2_{20} s^2) - \omega_1 r'_2 (2\omega_1^2 L'^2_{20} s^2)}{(r'^2_2 + \omega_1^2 L'^2_{20} s^2)^2} \\
&= C \frac{\omega_1 r'_2 r'^2_2 - \omega_1 r'_2 (2\omega_1^2 L'^2_{20} s^2)}{(r'^2_2 + \omega_1^2 L'^2_{20} s^2)^2} \\
&= C \frac{\omega_1 r'_2 (r'^2_2 - 2\omega_1^2 L'^2_{20} s^2)}{(r'^2_2 + \omega_1^2 L'^2_{20} s^2)^2}
\end{aligned}$$

若令 $\dfrac{\mathrm{d}T}{\mathrm{d}s} = 0$，必有 $(r'^2_2 - \omega_1^2 L'^2_{20} s^2) = 0$，即 $r'^2_2 = \omega_1^2 L'^2_{20} s^2$，于是有 $s^2 = \dfrac{r'^2_2}{\omega_1^2 L'^2_{20}}$，最终可得到

$$s = \pm \frac{r'_2}{\omega L'_{20}}$$

临界转差率应取正值，有

$$s_{\mathrm{CR}} = \frac{r'_2}{\omega L'_{20}}$$

若将 $s_{\mathrm{CR}} = \dfrac{r'_2}{\omega L'_{20}}$ 代入转矩公式，可得到临界转矩 T_{CR}

$$T_{\mathrm{CR}} = 3p \left(\frac{E'_{20}}{\omega_1}\right)^2 \frac{\omega_1 r'_2 \left(\dfrac{r'_2}{\omega_1 L'_{20}}\right)}{r'^2_2 + \left(\dfrac{r'_2}{\omega_1 L'_{20}}\right)^2 \omega_1^2 L'^2_{20}}$$

$$= 3p \left(\frac{E'_{20}}{\omega_1}\right)^2 \frac{1}{r'^2_{22} + r'^2_2}\left(\frac{r'^2_2}{L'_{20}}\right)$$

$$= 3p \left(\frac{E'_{20}}{\omega_1}\right)^2 \frac{r'^2_2}{r'^2_{22} + r'^2_2} \frac{1}{L'_{20}}$$

$$= 3p \left(\frac{E'_{20}}{\omega_1}\right)^2 \frac{1}{2L'_{20}}$$

$$= \frac{3}{2}p \left(\frac{E'_{20}}{\omega_1}\right)^2 \frac{1}{L'_{20}}$$

附录 B 各扇区矢分量作用时间的推导

I 扇区：100，110。

根据矢量在直角坐标上的投影，分别等于两矢分量在相同轴上投影之和，即

$$X(\alpha)\text{轴} \qquad u_r\cos\theta = \frac{2}{3}U_d \frac{T_M}{T_0}\cos0° + \frac{2}{3}U_d \frac{T_L}{T_d}\cos60° \qquad (\text{B-1})$$

$$Y(\beta)\text{轴} \qquad u_r\sin\theta = \frac{2}{3}U_d \frac{T_M}{T_0}\sin0° + \frac{2}{3}U_d \frac{T_L}{T_0}\sin60° \qquad (\text{B-2})$$

先计算式（B-1），可以直接得到 T_L，即

$$u_r\sin\theta = \frac{2}{3}U_d \frac{T_L}{T_0}\sin60°$$

于是有

$$T_L = \frac{3}{2}T_0 \frac{1}{U_d} \frac{1}{\sin60°}u_r\sin\theta = \frac{3}{2}T_0 \frac{1}{U_d}\frac{2}{\sqrt{3}}u_r\sin\theta = \sqrt{3}\frac{u_r}{U_d}T_0\sin\theta = \sqrt{3}\frac{u_r}{U_d}T_0\sin(\theta - 0°)$$

再将 T_L 值代入式（B-1），便可以求出 T_M，即

$$u_r\cos\theta = \frac{2}{3}U_d \frac{T_M}{T_0}\cos0° + \frac{2}{3}U_d \frac{1}{T_0}\cos60°\sqrt{3}\frac{u_r}{U_d}T_0\sin(\theta - 0°)$$

$$= \frac{2}{3}U_d \frac{T_M}{T_0} + \frac{2}{3}U_d \frac{1}{T_0}\frac{1}{2}\sqrt{3}\frac{u_r}{U_d}T_0\sin\theta$$

移项后有

$$\frac{2}{3}U_d \frac{T_M}{T_0} = u_r\cos\theta - \frac{2}{3}U_d \frac{1}{2}\sqrt{3}\frac{u_r}{U_d}\sin\theta = u_r\cos\theta - \frac{u_r}{\sqrt{3}}\sin\theta$$

整理后得

$$T_M = \frac{3}{2}\frac{T_0}{U_d}\left(u_r\cos\theta - \frac{u_r}{\sqrt{3}}\sin\theta\right) = \frac{3}{2}\frac{u_r}{U_d}T_0\left(\cos\theta - \frac{1}{\sqrt{3}}\sin\theta\right)$$

$$= \sqrt{3}\frac{u_r}{U_d}T_0\left(\frac{\sqrt{3}}{2}\cos\theta - \frac{1}{2}\sin\theta\right) = \sqrt{3}\frac{u_r}{U_d}T_0(\sin60°\cos\theta - \cos60°\sin\theta)$$

$$= \sqrt{3}\frac{u_r}{U_d}T_0\sin(60° - \theta)$$

同理，也很容易计算出 II 扇区的矢分量作用时间。由于此扇区已超过60°，因此，若仍

以主矢量 $\boldsymbol{u}_{\mathrm{r}}$ 距离第一矢分量的角度为 θ 的话，则处于 Ⅱ 扇区的主矢量 $\boldsymbol{u}_{\mathrm{r}}$ 距离 X 轴的角度将为

$$\theta' = 60° + \theta$$

在这种情况下，主矢量 $\boldsymbol{u}_{\mathrm{r}}$ 在直角坐标上的投影与此时的矢分量（110，010）的相应投影，所组成的两个恒等式为

$$X(\alpha)\text{轴} \qquad u_{\mathrm{r}}\cos\theta' = \frac{2}{3}U_{\mathrm{d}}\frac{T_{\mathrm{M}}}{T_0}\cos60° + \frac{2}{3}U_{\mathrm{d}}\frac{T_{\mathrm{L}}}{T_0}\cos120° \qquad (\text{B-3})$$

$$Y(\beta)\text{轴} \qquad u_{\mathrm{r}}\sin\theta' = \frac{2}{3}U_{\mathrm{d}}\frac{T_{\mathrm{M}}}{T_0}\sin60° + \frac{2}{3}U_{\mathrm{d}}\frac{T_{\mathrm{L}}}{T_0}\sin120° \qquad (\text{B-4})$$

首先把正弦和余弦的数值算出来，代入后，式(B-3)和式(B-4)成为

$$u_{\mathrm{r}}\cos\theta' = \frac{2}{3}U_{\mathrm{d}}\frac{T_{\mathrm{M}}}{T_0}\frac{1}{2} - \frac{2}{3}U_{\mathrm{d}}\frac{T_{\mathrm{L}}}{T_0}\frac{1}{2} = \frac{1}{3}U_{\mathrm{d}}\frac{T_{\mathrm{M}}}{T_0} - \frac{1}{3}U_{\mathrm{d}}\frac{T_{\mathrm{L}}}{T_0} \qquad (\text{B-5})$$

$$u_{\mathrm{r}}\sin\theta' = \frac{2}{3}U_{\mathrm{d}}\frac{T_{\mathrm{M}}}{T_0}\frac{\sqrt{3}}{2} + \frac{2}{3}U_{\mathrm{d}}\frac{T_{\mathrm{L}}}{T_0}\frac{\sqrt{3}}{2} = \frac{\sqrt{3}}{3}U_{\mathrm{d}}\frac{T_{\mathrm{M}}}{T_0} + \frac{\sqrt{3}}{3}U_{\mathrm{d}}\frac{T_{\mathrm{L}}}{T_0} \qquad (\text{B-6})$$

将式(B-5)两边乘以 $\sqrt{3}$，得

$$\sqrt{3}u_{\mathrm{r}}\cos'\theta = \frac{\sqrt{3}}{3}U_{\mathrm{d}}\frac{T_{\mathrm{M}}}{T_0} - \frac{\sqrt{3}}{3}U_{\mathrm{d}}\frac{T_{\mathrm{L}}}{T_0} \qquad (\text{B-7})$$

现在，将式(B-6)与式(B-7)相加，得

$$u_{\mathrm{r}}\sin\theta' + \sqrt{3}u_{\mathrm{r}}\cos\theta' = \frac{\sqrt{3}}{3}U_{\mathrm{d}}\frac{T_{\mathrm{M}}}{T_0} + \frac{\sqrt{3}}{3}U_{\mathrm{d}}\frac{T_{\mathrm{M}}}{T_0} = \frac{2}{3}\sqrt{3}U_{\mathrm{d}}\frac{T_{\mathrm{M}}}{T_0} = \frac{2}{\sqrt{3}}U_{\mathrm{d}}\frac{T_{\mathrm{M}}}{T_0}$$

即

$$u_{\mathrm{r}}\sin\theta' + \sqrt{3}u_{\mathrm{r}}\cos\theta' = \frac{2}{\sqrt{3}}U_{\mathrm{d}}\frac{T_{\mathrm{M}}}{T_0}$$

便可以求得

$$T_{\mathrm{M}} = \frac{\sqrt{3}}{2}\frac{T_0}{U_{\mathrm{d}}}u_{\mathrm{r}}(\sin\theta' + \sqrt{3}\cos\theta') = \sqrt{3}\frac{u_{\mathrm{r}}}{U_{\mathrm{d}}}T_0\left(\frac{1}{2}\sin\theta' + \frac{\sqrt{3}}{2}\cos\theta'\right)$$

$$= \sqrt{3}\frac{u_{\mathrm{r}}}{U_{\mathrm{d}}}T_0(\sin120°\cos\theta' - \cos120°\sin\theta') = \sqrt{3}\frac{u_{\mathrm{r}}}{U_{\mathrm{d}}}T_0\sin(120° - \theta')$$

式中，$\theta' = \theta + 60°$。

式(B-6)减式(B-7)，得

$$u_{\mathrm{r}}\sin\theta' - \sqrt{3}u_{\mathrm{r}}\cos\theta' = \frac{\sqrt{3}}{3}U_{\mathrm{d}}\frac{T_{\mathrm{L}}}{T_0} + \frac{\sqrt{3}}{3}U_{\mathrm{d}}\frac{T_{\mathrm{L}}}{T_0} = 2\frac{\sqrt{3}}{3}U_{\mathrm{d}}\frac{T_{\mathrm{L}}}{T_0} = \frac{2}{\sqrt{3}}U_{\mathrm{d}}\frac{T_{\mathrm{L}}}{T_0}$$

所以，有

$$T_{\mathrm{L}} = \sqrt{3}\frac{u_{\mathrm{r}}}{U_{\mathrm{d}}}T_0\left(\frac{1}{2}\sin\theta' - \frac{\sqrt{3}}{2}\cos\theta'\right) = \sqrt{3}\frac{u_{\mathrm{r}}}{U_{\mathrm{d}}}T_0(\cos60°\sin\theta' - \sin60°\cos\theta')$$

$$= \sqrt{3}\frac{u_{\mathrm{r}}}{U_{\mathrm{d}}}T_0\sin(\theta' - 60°)$$

式中，$\theta' = \theta + 60°$。

按同样的方法，求出 Ⅲ 扇区 ~ Ⅵ 扇区的矢分量的导通时间。

Ⅲ 扇区，$\theta' = \theta + 120°$。

在这种情况下，主矢量 $\boldsymbol{u}_r$ 在直角坐标上的投影与此时的矢分量（010，011）的相应投影，所组成的两个恒等式为

$$X(\alpha)\text{轴} \qquad u_r\cos\theta' = \frac{2}{3}U_d\frac{T_M}{T_0}\cos120° + \frac{2}{3}U_d\frac{T_L}{T_0}\cos180° \qquad (\text{B-8})$$

$$Y(\beta)\text{轴} \qquad u_r\sin\theta' = \frac{2}{3}U_d\frac{T_M}{T_0}\sin120° + \frac{2}{3}U_d\frac{T_L}{T_0}\sin180° \qquad (\text{B-9})$$

首先，首先把正弦和余弦的数值算出来，代入后，式（B-8）和式（B-9）成为

$$u_r\cos\theta' = \frac{2}{3}U_d\frac{T_M}{T_0}\left(-\frac{1}{2}\right) + \frac{2}{3}U_d\frac{T_L}{T_0}(-1) = -\frac{1}{3}U_d\frac{T_M}{T_0} - \frac{2}{3}U_d\frac{T_L}{T_0} \qquad (\text{B-10})$$

$$u_r\sin\theta' = \frac{2}{3}U_d\frac{T_M}{T_0}\frac{\sqrt{3}}{2} + \frac{2}{3}U_d\frac{T_L}{T_0}0 = \frac{\sqrt{3}}{3}U_d\frac{T_M}{T_0} = \frac{1}{\sqrt{3}}U_d\frac{T_M}{T_0} \qquad (\text{B-11})$$

根据式（B-11），可以得

$$T_M = \sqrt{3}\frac{u_r}{U_d}T_0\sin\theta' = \sqrt{3}\frac{u_r}{U_d}T_0\sin(180° - \theta')$$

再将式（B-11）乘以 $\frac{1}{\sqrt{3}}$，得

$$\frac{1}{\sqrt{3}}u_r\sin\theta' = \frac{1}{3}U_d\frac{T_M}{T_0} \qquad (\text{B-12})$$

式（B-10）与式（B-12）相加，得

$$\frac{1}{\sqrt{3}}u_r\sin\theta' + u_r\cos\theta' = -\frac{2}{3}U_d\frac{T_L}{T_0}$$

便可以求出

$$\begin{aligned}
T_L &= -\frac{3}{2}\frac{T_0}{U_d}u_r\left(\frac{1}{\sqrt{3}}\sin\theta' + \cos\theta'\right) = \sqrt{3}\frac{u_r}{U_d}T_0\left(-\frac{\sqrt{3}}{2}\frac{1}{\sqrt{3}}\sin\theta' - \frac{\sqrt{3}}{2}\cos\theta'\right) \\
&= \sqrt{3}\frac{u_r}{U_d}T_0\left(-\frac{1}{2}\sin\theta' - \frac{\sqrt{3}}{2}\cos\theta'\right) = \sqrt{3}\frac{u_r}{U_d}T_0(\cos120°\sin\theta' - \sin120°\cos\theta') \\
&= \sqrt{3}\frac{u_r}{U_d}T_0(\sin\theta'\cos120° - \cos\theta'\sin120°) = \sqrt{3}\frac{u_r}{U_d}T_0\sin(\theta' - 120°)
\end{aligned}$$

Ⅳ扇区，$\theta' = \theta + 180°$。

在这种情况下，主矢量 $\boldsymbol{u}_r$ 在直角坐标上的投影与此时的矢分量（011，001）的相应投影，所组成的两个恒等式为

$$X(\alpha)\text{轴} \qquad u_r\cos\theta' = \frac{2}{3}U_d\frac{T_M}{T_0}\cos180° + \frac{2}{3}u_r\frac{T_L}{T_0}\cos240° \qquad (\text{B-13})$$

$$Y(\beta)\text{轴} \qquad u_r\sin\theta' = \frac{2}{3}U_d\frac{T_M}{T_0}\sin180° + \frac{2}{3}u_r\frac{T_L}{T_0}\sin240° \qquad (\text{B-14})$$

首先，首先把正弦和余弦的数值算出来，代入后，式（B-13）和式（B-14）成为

$$u_r\cos\theta' = \frac{2}{3}U_d\frac{T_M}{T_0}(-1) + \frac{2}{3}U_d\frac{T_L}{T_0}\left(-\frac{1}{2}\right) = -\frac{2}{3}U_d\frac{T_M}{T_0} - \frac{1}{3}U_d\frac{T_L}{T_0} \qquad (\text{B-15})$$

$$u_r\sin\theta' = \frac{2}{3}U_d\frac{T_M}{T_0}0 + \frac{2}{3}U_d\frac{T_L}{T_0}\left(-\frac{\sqrt{3}}{2}\right) = -\frac{1}{\sqrt{3}}U_d\frac{T_L}{T_0} \qquad (\text{B-16})$$

根据式（B-16），可以得

$$T_L = -\sqrt{3}\frac{u_r}{U_d}T_0\sin\theta' = \sqrt{3}\frac{u_r}{U_d}T_0(-\sin\theta') = \sqrt{3}\frac{u_r}{U_d}T_0\sin(\theta'-180°)$$

式（B-16）乘以 $\frac{1}{\sqrt{3}}$ 后再减式（B-15），得

$$\frac{1}{\sqrt{3}}u_r\sin\theta' - u_r\cos\theta' = \frac{2}{3}U_d\frac{T_M}{T_0}$$

由此可得

$$T_M = \frac{3}{2}\frac{T_0}{U_d}u_r\left(\frac{1}{\sqrt{3}}\sin\theta' - \cos\theta'\right) = \sqrt{3}\frac{u_r}{U_d}T_0\left(\frac{\sqrt{3}}{2}\frac{1}{\sqrt{3}}\sin\theta' - \frac{\sqrt{3}}{2}\cos\theta'\right)$$

$$= \sqrt{3}\frac{u_r}{U_d}T_0\left(-\frac{\sqrt{3}}{2}\cos\theta' + \frac{1}{2}\sin\theta'\right) = \sqrt{3}\frac{u_r}{U_d}T_0(\sin240°\cos\theta' - \cos240°\sin\theta')$$

$$= \sqrt{3}\frac{u_r}{U_d}T_0\sin(240° - \theta')$$

V 扇区，$\theta' = \theta + 240°$。

在这种情况下，主矢量 $\boldsymbol{u}_r$ 在直角坐标上的投影与此时的矢分量（001，101）的相应投影，所组成的两个恒等式为

$$X(\alpha)\text{轴} \qquad u_r\cos\theta' = \frac{2}{3}U_d\frac{T_M}{T_0}\cos240° + \frac{2}{3}U_d\frac{T_L}{T_0}\cos300° \qquad (\text{B-17})$$

$$Y(\beta)\text{轴} \qquad u_r\sin\theta' = \frac{2}{3}U_d\frac{T_M}{T_0}\sin240° + \frac{2}{3}U_d\frac{T_L}{T_0}\sin300° \qquad (\text{B-18})$$

首先把正弦和余弦的数值算出来，代入后，上面两式成为

$$u_r\cos\theta' = \frac{2}{3}U_d\frac{T_M}{T_0}\left(-\frac{1}{2}\right) + \frac{2}{3}U_d\frac{T_L}{T_0}\left(+\frac{1}{2}\right) = -\frac{1}{3}U_d\frac{T_M}{T_0} + \frac{1}{3}U_d\frac{T_L}{T_0} \qquad (\text{B-19})$$

$$u_r\sin\theta' = \frac{2}{3}U_d\frac{T_M}{T_0}\left(-\frac{\sqrt{3}}{2}\right) + \frac{2}{3}U_d\frac{T_L}{T_0}\left(-\frac{\sqrt{3}}{2}\right) = -\frac{1}{\sqrt{3}}U_d\frac{T_M}{T_0} - \frac{1}{\sqrt{3}}U_d\frac{T_L}{T_0} \qquad (\text{B-20})$$

式（B-20）乘以 $\frac{1}{\sqrt{3}}$，有

$$\frac{1}{\sqrt{3}}u_r\sin\theta' = \frac{1}{\sqrt{3}}\left(-\frac{1}{\sqrt{3}}U_d\frac{T_M}{T_0} - \frac{1}{\sqrt{3}}U_d\frac{T_L}{T_0}\right) = -\frac{1}{3}U_d\frac{T_M}{T_0} - \frac{1}{3}U_d\frac{T_L}{T_0} \qquad (\text{B-21})$$

式（B-19）与式（B-21）相加，得

$$\frac{1}{\sqrt{3}}u_r\sin\theta' + u_r\cos\theta' = -\frac{1}{3}U_d\frac{T_M}{T_0} - \frac{1}{3}U_d\frac{T_M}{T_0} = -\frac{2}{3}U_d\frac{T_M}{T_0}$$

可以求出

$$T_M = -\frac{3}{2}\frac{T_0}{U_d}u_r\left(\frac{1}{\sqrt{3}}\sin\theta' + \cos\theta'\right) = \sqrt{3}\frac{u_r}{U_d}T_0\left(-\frac{1}{2}\sin\theta' - \frac{\sqrt{3}}{2}\cos\theta'\right)$$

$$= \sqrt{3}\frac{u_r}{U_d}T_0\left(-\frac{\sqrt{3}}{2}\cos\theta' - \frac{1}{2}\sin\theta'\right) = \sqrt{3}\frac{u_r}{U_d}T_0(\sin300°\cos\theta' - \cos300°\sin\theta')$$

$$= \sqrt{3} \frac{u_r}{U_d} T_0 \sin(300° - \theta')$$

再用式(B-19) 减去式(B-21)，得

$$u_r \cos\theta' - \frac{1}{\sqrt{3}} u_r \sin\theta' = \frac{1}{3} U_d \frac{T_L}{T_0} + \frac{1}{3} U_d \frac{T_L}{T_0} = \frac{2}{3} U_d \frac{T_L}{T_0}$$

所以，有

$$T_L = \sqrt{3} \frac{u_r}{U_d} T_0 \left(\frac{\sqrt{3}}{2} \cos\theta' - \frac{1}{2} \sin\theta' \right) = \sqrt{3} \frac{u_r}{U_d} T_0 (-\sin240° \cos\theta' + \cos240° \sin\theta')$$

$$= \sqrt{3} \frac{u_r}{U_d} T_0 (\cos240° \sin\theta' - \sin240° \cos\theta') = \sqrt{3} \frac{u_r}{U_d} T_0 \sin(\theta' - 240°)$$

Ⅵ扇区，$\theta' = \theta + 300°$。

在这种情况下，主矢量 $\boldsymbol{u}_r$ 在直角坐标上的投影与此时的矢分量（001，101）的相应投影所组成的两个恒等式为

$$X(\alpha)轴 \qquad u_r \cos\theta' = \frac{2}{3} U_d \frac{T_M}{T_0} \cos300° + \frac{2}{3} U_d \frac{T_L}{T_0} \cos360° \qquad (B\text{-}22)$$

$$Y(\beta)轴 \qquad u_r \sin\theta' = \frac{2}{3} U_d \frac{T_M}{T_0} \sin300° + \frac{2}{3} U_d \frac{T_L}{T_0} \sin360° \qquad (B\text{-}23)$$

首先把正弦和余弦的数值算出来，代入后，式(B-22) 和式(B-23) 成为

$$u_r \cos\theta' = \frac{2}{3} U_d \frac{T_M}{T_0} \frac{1}{2} + \frac{2}{3} U_d \frac{T_L}{T_0} 1 = \frac{1}{3} U_d \frac{T_M}{T_0} + \frac{2}{3} U_d \frac{T_L}{T_0} \qquad (B\text{-}24)$$

$$u_r \sin\theta' = \frac{2}{3} U_d \frac{T_M}{T_0} \left(-\frac{\sqrt{3}}{2} \right) + \frac{2}{3} U_d \frac{T_L}{T_0} 0 = -\frac{\sqrt{3}}{3} U_d \frac{T_M}{T_0} \qquad (B\text{-}25)$$

根据式(B-25)，可得

$$T_M = -\sqrt{3} \frac{u_r}{U_d} T_0 \sin\theta' = \sqrt{3} \frac{u_r}{U_d} T_0 (-\sin\theta') = \sqrt{3} \frac{u_r}{U_d} T_0 \sin(360° - \theta')$$

式(B-24) 乘以$\sqrt{3}$后和式(B-25) 相加，得

$$\sqrt{3} u_r \cos\theta' + u_r \sin\theta' = \frac{2}{\sqrt{3}} U_d \frac{T_L}{T_0}$$

可以得

$$T_L = \frac{\sqrt{3}}{2} \frac{1}{U_d} T_0 (\sqrt{3} u_r \cos\theta' + u_r \sin\theta') = \sqrt{3} \frac{u_r}{U_d} T_0 \left(\frac{\sqrt{3}}{2} \cos\theta' + \frac{1}{2} \sin\theta' \right)$$

$$= \sqrt{3} \frac{u_r}{U_d} T_0 (-\sin300° \cos\theta' + \cos300° \sin\theta')$$

$$= \sqrt{3} \frac{u_r}{U_d} T_0 (\cos300° \sin\theta' - \sin300° \cos\theta')$$

$$= \sqrt{3} \frac{u_r}{U_d} T_0 \sin(\theta' - 300°)$$

附录 C　各相相电压公式的推导

说明：幅值为线电压的平均值，即 $\frac{1}{2}U_d$。矢分量工作时间 T_M 和 T_L 按各扇区中使用的各拍电压矢量中开关状态取值。例如，对于电压矢量 100（ABC），110（ABC），相邻两拍的矢分量的工作时间，前者为 T_M，后者为 T_L。此时对 I 扇区而言，由于对应的相邻两拍矢分量的 A 相电压矢量均为"1"，故 T_M = "＋"、T_L = "＋"。对于 B 相，则因在 100 对应"0"，而在 110 对应"1"，故 T_M = "－"、T_L = "＋"。同理，对于 I 扇区，C 相由于电压矢量均为"0"，于是，T_M = "－"、T_L = "－"。以后的扇区均以类似原则来决定 T_M 和 T_L。

A 相：I 扇区——100，110。

$$
\begin{aligned}
u_{AO1} &= \frac{U_d}{2T_0}(T_M + T_L) = \frac{U_d}{2T_0}\left[\frac{\sqrt{3}}{U_d}u_r T_0 \sin(60° - \theta) + \frac{\sqrt{3}}{U_d}u_r T_0 \sin\theta\right] \\
&= \frac{\sqrt{3}}{2}u_r\left[\sin(60° - \theta) + \sin\theta\right] = \frac{\sqrt{3}}{2}u_r(\sin60°\cos\theta - \cos60°\sin\theta + \sin\theta) \\
&= \frac{\sqrt{3}}{2}u_r\left(\frac{\sqrt{3}}{2}\cos\theta - \frac{1}{2}\sin\theta + \sin\theta\right) = \frac{\sqrt{3}}{2}u_r\left(\frac{\sqrt{3}}{2}\cos\theta + \frac{1}{2}\sin\theta\right) \\
&= \frac{\sqrt{3}}{2}u_r(\cos30°\cos\theta + \sin30°\sin\theta) = \frac{\sqrt{3}}{2}u_r\cos(\theta - 30°) \\
&= \frac{\sqrt{3}}{2}u_r\cos\left(\theta - \frac{\pi}{6}\right)
\end{aligned}
$$

A 相：II 扇区——110，010。

$$
\begin{aligned}
u_{AO2} &= \frac{U_d}{2T_0}(T_M - T_L) = \frac{U_d}{2T_0}\left[\frac{\sqrt{3}}{U_d}u_r T_0 \sin(120° - \theta) - \frac{\sqrt{3}}{U_d}u_r T_0 \sin(\theta - 60°)\right] \\
&= \frac{\sqrt{3}}{2}u_r\left[\sin(120° - \theta) - \sin(\theta - 60°)\right] \\
&= \frac{\sqrt{3}}{2}u_r(\sin120°\cos\theta - \cos120°\sin\theta - \sin\theta\cos60° + \cos\theta\sin60°) \\
&= \frac{\sqrt{3}}{2}u_r\left(\frac{\sqrt{3}}{2}\cos\theta + \frac{1}{2}\sin\theta - \frac{1}{2}\sin\theta + \frac{\sqrt{3}}{2}\cos\theta\right) = \frac{\sqrt{3}}{2}u_r\left(\frac{\sqrt{3}}{2}\cos\theta + \frac{\sqrt{3}}{2}\cos\theta\right) \\
&= \frac{\sqrt{3}}{2}u_r\sqrt{3}\left(\frac{1}{2}\cos\theta + \frac{1}{2}\cos\theta\right) \\
&= \frac{3}{2}u_r\cos\theta
\end{aligned}
$$

A 相：III 扇区——010，011。

$$
\begin{aligned}
u_{AO3} &= \frac{U_d}{2T_0}(-T_M - T_L) = \frac{U_d}{2T_0}\left[-\frac{\sqrt{3}}{U_d}u_r T_0 \sin(180° - \theta) - \frac{\sqrt{3}}{U_d}u_r T_0 \sin(\theta - 120°)\right] \\
&= -\frac{\sqrt{3}}{2}u_r\left[\sin(180° - \theta) + \sin(\theta - 120°)\right]
\end{aligned}
$$

$$= -\frac{\sqrt{3}}{2}u_r(\sin180°\cos\theta - \cos180°\sin\theta + \sin\theta\cos120° - \cos\theta\sin120°)$$

$$= -\frac{\sqrt{3}}{2}u_r\left(0 + \sin\theta - \frac{1}{2}\sin\theta - \frac{\sqrt{3}}{2}\cos\theta\right) = -\frac{\sqrt{3}}{2}u_r\left(\frac{1}{2}\sin\theta - \frac{\sqrt{3}}{2}\cos\theta\right)$$

$$= -\frac{\sqrt{3}}{2}u_r\left(-\frac{\sqrt{3}}{2}\cos\theta + \frac{1}{2}\sin\theta\right) = \frac{\sqrt{3}}{2}u_r\left(\frac{\sqrt{3}}{2}\cos\theta - \frac{1}{2}\sin\theta\right)$$

$$= \frac{\sqrt{3}}{2}u_r(\cos30°\cos\theta - \sin30°\sin\theta) = \frac{\sqrt{3}}{2}u_r\cos(\theta + 30°)$$

$$= \frac{\sqrt{3}}{2}u_r\cos\left(\theta + \frac{\pi}{6}\right)$$

A 相：Ⅳ扇区——011，001。

$$u_{AO4} = \frac{U_d}{2T_0}(-T_M - T_L) = \frac{U_d}{2T_0}\left[-\frac{\sqrt{3}}{U_d}u_rT_0\sin(240° - \theta) - \frac{\sqrt{3}}{U_d}u_rT_0\sin(\theta - 180°)\right]$$

$$= -\frac{\sqrt{3}}{2}u_r[\sin(240° - \theta) + \sin(\theta - 180°)]$$

$$= -\frac{\sqrt{3}}{2}u_r(\sin240°\cos\theta - \cos240°\sin\theta + \sin\theta\cos180° - \cos\theta\sin180°)$$

$$= -\frac{\sqrt{3}}{2}u_r\left(-\frac{\sqrt{3}}{2}\cos\theta + \frac{1}{2}\sin\theta - \sin\theta - 0\right) = \frac{\sqrt{3}}{2}u_r\left(\frac{\sqrt{3}}{2}\cos\theta + \frac{1}{2}\sin\theta\right)$$

$$= \frac{\sqrt{3}}{2}u_r(\cos30°\cos\theta + \sin30°\sin\theta) = \frac{\sqrt{3}}{2}u_r\cos(\theta - 30°)$$

$$= \frac{\sqrt{3}}{2}u_r\cos\left(\theta - \frac{\pi}{6}\right)$$

A 相：Ⅴ扇区——001，101。

$$u_{AO5} = (-T_M + T_L) = \frac{U_d}{2T_0}\left[-\frac{\sqrt{3}}{U_d}u_rT_0\sin(300° - \theta) + \frac{\sqrt{3}}{U_d}u_rT_0\sin(\theta - 240°)\right]$$

$$= \frac{\sqrt{3}}{2}u_r[-\sin(300° - \theta) + \sin(\theta - 240°)]$$

$$= \frac{\sqrt{3}}{2}u_r(-\sin300°\cos\theta + \cos300°\sin\theta + \sin\theta\cos240° - \cos\theta\sin240°)$$

$$= \frac{\sqrt{3}}{2}u_r\left(\frac{\sqrt{3}}{2}\cos\theta + \frac{1}{2}\sin\theta - \frac{1}{2}\sin\theta + \frac{\sqrt{3}}{2}\cos\theta\right) = \frac{\sqrt{3}}{2}u_r\left(\frac{\sqrt{3}}{2}\cos\theta + \frac{\sqrt{3}}{2}\cos\theta\right)$$

$$= \frac{3}{2}u_r\cos\theta$$

A 相：Ⅵ扇区——101，100。

$$u_{AO6} = \frac{u_r}{2T_0}(T_M + T_L) = \frac{U_d}{2T_0}\left[\frac{\sqrt{3}}{U_d}u_rT_0\sin(360° - \theta) + \frac{\sqrt{3}}{U_d}u_rT_0\sin(\theta - 300°)\right]$$

$$= \frac{\sqrt{3}}{2}u_r[\sin(360° - \theta) + \sin(\theta - 300°)]$$

$$= \frac{\sqrt{3}}{2} u_{\mathrm{r}} (\sin360^\circ\cos\theta - \cos360^\circ\sin\theta + \sin\theta\cos300^\circ - \cos\theta\sin300^\circ)$$

$$= \frac{\sqrt{3}}{2} u_{\mathrm{r}} \left(0 - \sin\theta + \frac{1}{2}\sin\theta + \frac{\sqrt{3}}{2}\cos\theta \right) = \frac{\sqrt{3}}{2} u_{\mathrm{r}} \left(\frac{\sqrt{3}}{2}\cos\theta - \frac{1}{2}\sin\theta \right)$$

$$= \frac{\sqrt{3}}{2} u_{\mathrm{r}} (\cos30^\circ\cos\theta - \sin30^\circ\sin\theta) = \frac{\sqrt{3}}{2} u_{\mathrm{r}} \cos(\theta + 30^\circ)$$

$$= \frac{\sqrt{3}}{2} u_{\mathrm{r}} \cos\left(\theta + \frac{\pi}{6} \right)$$

B 相：Ⅰ扇区——100，110。

$$u_{\mathrm{BO1}} = (-T_{\mathrm{M}} + T_{\mathrm{L}}) = \frac{U_{\mathrm{d}}}{2T_0} \left[-\frac{\sqrt{3}}{U_{\mathrm{d}}} u_{\mathrm{r}} T_0 \sin(60^\circ - \theta) + \frac{\sqrt{3}}{U_{\mathrm{d}}} u_{\mathrm{r}} T_0 \sin\theta \right]$$

$$= \frac{\sqrt{3}}{2} u_{\mathrm{r}} [-\sin(60^\circ - \theta) + \sin\theta] = \frac{\sqrt{3}}{2} u_{\mathrm{r}} (-\sin60^\circ\cos\theta + \cos60^\circ\sin\theta + \sin\theta)$$

$$= \frac{\sqrt{3}}{2} u_{\mathrm{r}} \left(-\frac{\sqrt{3}}{2}\cos\theta + \frac{1}{2}\sin\theta + \sin\theta \right) = \frac{\sqrt{3}}{2} u_{\mathrm{r}} \left(-\frac{\sqrt{3}}{2}\cos\theta + \frac{3}{2}\sin\theta \right)$$

$$= \frac{3}{2} u_{\mathrm{r}} (\cos30^\circ\sin\theta - \sin30^\circ\cos\theta) = \frac{3}{2} u_{\mathrm{r}} \sin(\theta - 30^\circ)$$

$$= \frac{3}{2} u_{\mathrm{r}} \sin\left(\theta - \frac{\pi}{6} \right)$$

B 相：Ⅱ扇区——110，010。

$$u_{\mathrm{BO2}} = \frac{U_{\mathrm{d}}}{2T_0} (T_{\mathrm{M}} + T_{\mathrm{L}}) = \frac{U_{\mathrm{d}}}{2T_0} \left[\frac{\sqrt{3}}{U_{\mathrm{d}}} u_{\mathrm{r}} T_0 \sin(120^\circ - \theta) + \frac{\sqrt{3}}{U_{\mathrm{d}}} u_{\mathrm{r}} T_0 \sin(\theta - 60^\circ) \right]$$

$$= \frac{\sqrt{3}}{2} u_{\mathrm{r}} [\sin(120^\circ - \theta) + \sin(\theta - 60^\circ)]$$

$$= \frac{\sqrt{3}}{2} u_{\mathrm{r}} (\sin120^\circ\cos\theta - \cos120^\circ\sin\theta + \sin\theta\cos60^\circ - \cos\theta\sin60^\circ)$$

$$= \frac{\sqrt{3}}{2} u_{\mathrm{r}} \left(\frac{\sqrt{3}}{2}\cos\theta + \frac{1}{2}\sin\theta + \frac{1}{2}\sin\theta - \frac{\sqrt{3}}{2}\cos\theta \right)$$

$$= \frac{\sqrt{3}}{2} u_{\mathrm{r}} \sin\theta$$

B 相：Ⅲ扇区——010，011。

$$u_{\mathrm{BO3}} = \frac{U_{\mathrm{d}}}{2T_0} (T_{\mathrm{M}} + T_{\mathrm{L}}) = \frac{U_{\mathrm{d}}}{2T_0} \left[\frac{\sqrt{3}}{U_{\mathrm{d}}} u_{\mathrm{r}} T_0 \sin(180^\circ - \theta) + \frac{\sqrt{3}}{U_{\mathrm{d}}} u_{\mathrm{r}} T_0 \sin(\theta - 120^\circ) \right]$$

$$= \frac{\sqrt{3}}{2} u_{\mathrm{r}} [\sin(180^\circ - \theta) + \sin(\theta - 120^\circ)]$$

$$= \frac{\sqrt{3}}{2} u_{\mathrm{r}} (\sin180^\circ\cos\theta - \cos180^\circ\sin\theta + \sin\theta\cos120^\circ - \cos\theta\sin120^\circ)$$

$$= \frac{\sqrt{3}}{2} u_{\mathrm{r}} \left(0\cos\theta + \sin\theta - \frac{1}{2}\sin\theta - \frac{\sqrt{3}}{2}\cos\theta \right) = \frac{\sqrt{3}}{2} u_{\mathrm{r}} \left(\frac{1}{2}\sin\theta - \frac{\sqrt{3}}{2}\cos\theta \right)$$

$$= \frac{\sqrt{3}}{2} u_r (\sin 30° \sin\theta - \cos 30° \cos\theta) = -\frac{\sqrt{3}}{2} u_r (\cos 30° \cos\theta - \sin 30° \sin\theta)$$

$$= -\frac{\sqrt{3}}{2} u_r \cos (\theta + 30°)$$

$$= -\frac{\sqrt{3}}{2} u_r \cos \left(\theta + \frac{\pi}{6} \right)$$

B 相：Ⅳ扇区——011，001。

$$u_{BO4} = (T_M - T_L) = \frac{U_d}{2T_0} \left[\frac{\sqrt{3}}{U_d} u_r T_0 \sin (240° - \theta) - \frac{\sqrt{3}}{U_d} u_r T_o \sin (\theta - 180°) \right]$$

$$= \frac{\sqrt{3}}{2} u_r \left[\sin (240° - \theta) - \sin (\theta - 180°) \right]$$

$$= \frac{\sqrt{3}}{2} u_r (\sin 240° \cos\theta - \cos 240° \sin\theta - \sin\theta \cos 180° + \cos\theta \sin 180°)$$

$$= \frac{\sqrt{3}}{2} u_r \left(-\frac{\sqrt{3}}{2} \cos\theta + \frac{1}{2} \sin\theta + \sin\theta + 0 \right) = \frac{\sqrt{3}}{2} u_r \left(-\frac{\sqrt{3}}{2} \cos\theta + \frac{3}{2} \sin\theta \right)$$

$$= \frac{\sqrt{3}}{2} u_r \sqrt{3} \left(\frac{\sqrt{3}}{2} \sin\theta - \frac{1}{2} \cos\theta \right) = \frac{3}{2} u_r (\cos 30° \sin\theta - \sin 30° \cos\theta)$$

$$= \frac{3}{2} u_r \sin (\theta - 30°)$$

$$= \frac{3}{2} u_r \sin \left(\theta - \frac{\pi}{6} \right)$$

B 相：Ⅴ扇区——001，101。

$$u_{BO5} = \frac{U_r}{2T_0} (-T_M - T_L) = \frac{U_d}{2T_0} \left[-\frac{\sqrt{3}}{U_d} u_r T_0 \sin (300° - \theta) - \frac{\sqrt{3}}{U_d} u_r T_0 \sin (\theta - 240°) \right]$$

$$= \frac{\sqrt{3}}{2} u_r \left[-\sin (300° - \theta) - \sin (\theta - 240°) \right]$$

$$= \frac{\sqrt{3}}{2} u_r (-\sin 300° \cos\theta + \cos 300° \sin\theta - \sin\theta \cos 240° + \cos\theta \sin 240°)$$

$$= \frac{\sqrt{3}}{2} u_r \left(\frac{\sqrt{3}}{2} \cos\theta + \frac{1}{2} \sin\theta + \frac{1}{2} \sin\theta - \frac{\sqrt{3}}{2} \cos\theta \right)$$

$$= \frac{\sqrt{3}}{2} u_r \sin\theta$$

B 相：Ⅵ扇区——101，100。

$$u_{BO6} = (-T_M - T_L) = \frac{U_d}{2T_0} \left[-\frac{\sqrt{3}}{U_d} u_r T_0 \sin (360° - \theta) - \frac{\sqrt{3}}{U_d} u_r T_0 \sin (\theta - 300°) \right]$$

$$= -\frac{\sqrt{3}}{2} u_r \left[\sin (360° - \theta) + \sin (\theta - 300°) \right]$$

$$= -\frac{\sqrt{3}}{2} u_r (\sin 360° \cos\theta - \cos 360° \sin\theta + \sin\theta \cos 300° - \cos\theta \sin 300°)$$

$$= -\frac{\sqrt{3}}{2}u_r\left(0 - \sin\theta + \frac{1}{2}\sin\theta + \frac{\sqrt{3}}{2}\cos\theta\right) = -\frac{\sqrt{3}}{2}u_r\left(\frac{\sqrt{3}}{2}\cos\theta - \frac{1}{2}\sin\theta\right)$$

$$= -\frac{\sqrt{3}}{2}u_r(\cos30°\cos\theta - \sin30°\sin\theta) = -\frac{\sqrt{3}}{2}u_r\cos(\theta + 30°)$$

$$= -\frac{\sqrt{3}}{2}u_r\cos\left(\theta + \frac{\pi}{6}\right)$$

C 相：I 扇区——100，110。

$$u_{CO1} = \frac{U_d}{2T_0}(-T_M - T_L) = \frac{U_d}{2T_0}\left[-\frac{\sqrt{3}}{U_d}u_rT_0\sin(60° - \theta) - \frac{\sqrt{3}}{U_d}u_rT_0\sin\theta\right]$$

$$= -\frac{\sqrt{3}}{2}u_r[\sin(60° - \theta) + \sin\theta] = -\frac{\sqrt{3}}{2}u_r(\sin60°\cos\theta - \cos60°\sin\theta + \sin\theta)$$

$$= -\frac{\sqrt{3}}{2}u_r\left(\frac{\sqrt{3}}{2}\cos\theta - \frac{1}{2}\sin\theta + \sin\theta\right) = -\frac{\sqrt{3}}{2}u_r\left(\frac{\sqrt{3}}{2}\cos\theta + \frac{1}{2}\sin\theta\right)$$

$$= -\frac{\sqrt{3}}{2}u_r(\cos30°\cos\theta + \sin30°\sin\theta) = -\frac{\sqrt{3}}{2}u_r\cos(\theta - 30°)$$

$$= -\frac{\sqrt{3}}{2}u_r\cos\left(\theta - \frac{\pi}{6}\right)$$

C 相：II 扇区——110，010。

$$u_{CO2} = \frac{U_d}{2T_0}(-T_M - T_L) = \frac{U_d}{2T_0}\left[-\frac{\sqrt{3}}{U_d}u_rT_0\sin(120° - \theta) - \frac{\sqrt{3}}{U_d}u_rT_0\sin(\theta - 60°)\right]$$

$$= \frac{\sqrt{3}}{2}u_r[-\sin(120° - \theta) - \sin(\theta - 60°)]$$

$$= \frac{\sqrt{3}}{2}u_r(-\sin120°\cos\theta + \cos120°\sin\theta - \sin\theta\cos60° + \cos\theta\sin60°)$$

$$= \frac{\sqrt{3}}{2}u_r\left(-\frac{\sqrt{3}}{2}\cos\theta - \frac{1}{2}\sin\theta - \frac{1}{2}\sin\theta + \frac{\sqrt{3}}{2}\cos\theta\right) = \frac{\sqrt{3}}{2}u_r(-\sin\theta)$$

$$= -\frac{\sqrt{3}}{2}u_r\sin\theta$$

C 相：III 扇区——010，011。

$$u_{CO3} = \frac{U_d}{2T_0}(-T_M + T_L) = \frac{U_d}{2T_0}\left[-\frac{\sqrt{3}}{U_d}u_rT_0\sin(180° - \theta) + \frac{\sqrt{3}}{U_d}u_rT_0\sin(\theta - 120°)\right]$$

$$= \frac{\sqrt{3}}{2}u_r[-\sin(180° - \theta) + \sin(\theta - 120°)]$$

$$= \frac{\sqrt{3}}{2}u_r(-\sin180°\cos\theta + \cos180°\sin\theta + \sin\theta\cos120° - \cos\theta\sin120°)$$

$$= \frac{\sqrt{3}}{2}u_r\left(0 - \sin\theta - \frac{1}{2}\sin\theta - \frac{\sqrt{3}}{2}\cos\theta\right) = \frac{\sqrt{3}}{2}u_r\left(-\frac{\sqrt{3}}{2}\cos\theta - \frac{3}{2}\sin\theta\right)$$

$$= -\frac{\sqrt{3}}{2}u_r\sqrt{3}\left(\frac{1}{2}\cos\theta + \frac{\sqrt{3}}{2}\sin\theta\right) = -\frac{3}{2}u_r(\sin30°\cos\theta + \cos30°\sin\theta)$$

$$= -\frac{3}{2}u_r\sin(\theta + 30°)$$

$$= -\frac{3}{2}u_r\sin\left(\theta + \frac{\pi}{6}\right)$$

C 相：Ⅳ扇区——011，001。

$$u_{CO4} = \frac{U_d}{2T_0}(T_M + T_L) = \frac{U_d}{2T_0}\left[\frac{\sqrt{3}}{U_d}u_r T_0\sin(240° - \theta) + \frac{\sqrt{3}}{U_d}u_r T_0\sin(\theta - 180°)\right]$$

$$= \frac{\sqrt{3}}{2}u_r(\sin240°\cos\theta - \cos240°\sin\theta + \sin\theta\cos180° - \cos\theta\sin180°)$$

$$= \frac{\sqrt{3}}{2}u_r\left(-\frac{\sqrt{3}}{2}\cos\theta + \frac{1}{2}\sin\theta - \sin\theta\right) = \frac{\sqrt{3}}{2}u_r\left(-\frac{\sqrt{3}}{2}\cos\theta - \frac{1}{2}\sin\theta\right)$$

$$= -\frac{\sqrt{3}}{2}u_r\left(\frac{\sqrt{3}}{2}\cos\theta + \frac{1}{2}\sin\theta\right) = -\frac{\sqrt{3}}{2}u_r(\cos30°\cos\theta + \sin30°\sin\theta)$$

$$= -\frac{\sqrt{3}}{2}u_r\cos(\theta - 30°)$$

$$= -\frac{\sqrt{3}}{2}u_r\cos\left(\theta - \frac{\pi}{6}\right)$$

C 相：Ⅴ扇区——001，101。

$$u_{CO5} = \frac{U_d}{2T_0}(T_M + T_L) = \frac{U_d}{2T_0}\left[\frac{\sqrt{3}}{U_d}u_r T_0\sin(300° - \theta) + \frac{\sqrt{3}}{U_d}u_r T_0\sin(\theta - 240°)\right]$$

$$= \frac{\sqrt{3}}{2}u_r[\sin(300° - \theta) + \sin(\theta - 240°)]$$

$$= \frac{\sqrt{3}}{2}u_r(\sin300°\cos\theta - \cos300°\sin\theta + \sin\theta\cos240° - \cos\theta\sin240°)$$

$$= \frac{\sqrt{3}}{2}u_r\left(-\frac{\sqrt{3}}{2}\cos\theta - \frac{1}{2}\sin\theta - \frac{1}{2}\sin\theta + \frac{\sqrt{3}}{2}\cos\theta\right) = \frac{\sqrt{3}}{2}u_r(-\sin\theta)$$

$$= -\frac{\sqrt{3}}{2}U_r\sin\theta$$

C 相：Ⅵ扇区——101，100。

$$u_{CO6} = \frac{U_d}{2T_0}(T_M - T_L) = \frac{U_d}{2T_0}\left[\frac{\sqrt{3}}{U_d}u_r T_0\sin(360° - \theta) - \frac{\sqrt{3}}{U_d}u_r T_0\sin(\theta - 300°)\right]$$

$$= \frac{\sqrt{3}}{2}u_r[\sin(360° - \theta) - \sin(\theta - 300°)]$$

$$= \frac{\sqrt{3}}{2}u_r(\sin360°\cos\theta - \cos360°\sin\theta + \sin\theta\cos300° - \cos\theta\sin300°)$$

$$= \frac{\sqrt{3}}{2}u_r\left(0 - \sin\theta - \frac{1}{2}\sin\theta - \frac{\sqrt{3}}{2}\cos\theta\right) = \frac{\sqrt{3}}{2}u_r\left(-\frac{3}{2}\sin\theta - \frac{\sqrt{3}}{2}\cos\theta\right)$$

$$= -\frac{\sqrt{3}}{2}u_r\left(\frac{3}{2}\sin\theta + \frac{\sqrt{3}}{2}\cos\theta\right) = -\frac{\sqrt{3}}{2}u_r\sqrt{3}\left(\frac{\sqrt{3}}{2}\sin\theta + \frac{1}{2}\cos\theta\right)$$

$$= -\frac{3}{2}u_{\mathrm{r}}\left(\cos 30°\sin\theta + \sin 30°\cos\theta\right) = -\frac{3}{2}u_{\mathrm{r}}\sin\left(\theta + 30°\right)$$

$$= -\frac{3}{2}u_{\mathrm{r}}\sin\left(\theta + \frac{\pi}{6}\right)$$

结果为

$$u_{\mathrm{AO}} = \begin{cases} \dfrac{\sqrt{3}}{2}u_{\mathrm{r}}\cos\left(\theta - \dfrac{\pi}{6}\right) & 0 \leqslant \theta \leqslant \dfrac{\pi}{3} \\[2mm] \dfrac{3}{2}u_{\mathrm{r}}\cos\theta & \dfrac{\pi}{3} < \theta \leqslant \dfrac{2}{3}\pi \\[2mm] \dfrac{\sqrt{3}}{2}u_{\mathrm{r}}\cos\left(\theta + \dfrac{\pi}{6}\right) & \dfrac{2}{3}\pi < \theta \leqslant \pi \\[2mm] \dfrac{\sqrt{3}}{2}u_{\mathrm{r}}\cos\left(\theta - \dfrac{\pi}{6}\right) & \pi < \theta \leqslant \dfrac{4}{3}\pi \\[2mm] \dfrac{3}{2}u_{\mathrm{r}}\cos\theta & \dfrac{4}{3}\pi < \theta \leqslant \dfrac{5}{3}\pi \\[2mm] \dfrac{\sqrt{3}}{2}u_{\mathrm{r}}\cos\left(\theta + \dfrac{\pi}{6}\right) & \dfrac{5}{3}\pi < \theta \leqslant 2\pi \end{cases}$$

$$u_{\mathrm{BO}} = \begin{cases} \dfrac{3}{2}u_{\mathrm{r}}\sin\left(\theta - \dfrac{\pi}{6}\right) & 0 \leqslant \theta \leqslant \dfrac{\pi}{3} \\[2mm] \dfrac{\sqrt{3}}{2}u_{\mathrm{r}}\sin\theta & \dfrac{\pi}{3} < \theta \leqslant \dfrac{2}{3}\pi \\[2mm] -\dfrac{\sqrt{3}}{2}u_{\mathrm{r}}\cos\left(\theta + \dfrac{\pi}{6}\right) & \dfrac{2}{3}\pi < \theta \leqslant \pi \\[2mm] \dfrac{3}{2}u_{\mathrm{r}}\sin\left(\theta - \dfrac{\pi}{6}\right) & \pi < \theta \leqslant \dfrac{4}{3}\pi \\[2mm] \dfrac{\sqrt{3}}{2}u_{\mathrm{r}}\sin\theta & \dfrac{4}{3}\pi < \theta \leqslant \dfrac{5}{3}\pi \\[2mm] -\dfrac{\sqrt{3}}{2}u_{\mathrm{r}}\cos\left(\theta + \dfrac{\pi}{6}\right) & \dfrac{5}{3}\pi < \theta \leqslant 2\pi \end{cases}$$

$$u_{\mathrm{CO}} = \begin{cases} -\dfrac{\sqrt{3}}{2}u_{\mathrm{r}}\cos\left(\theta - \dfrac{\pi}{6}\right) & 0 \leqslant \theta \leqslant \dfrac{\pi}{3} \\[2mm] -\dfrac{\sqrt{3}}{2}u_{\mathrm{r}}\sin\theta & \dfrac{\pi}{3} < \theta \leqslant \dfrac{2}{3}\pi \\[2mm] -\dfrac{3}{2}u_{\mathrm{r}}\sin\left(\theta + \dfrac{\pi}{6}\right) & \dfrac{2}{3}\pi < \theta \leqslant \pi \\[2mm] -\dfrac{\sqrt{3}}{2}u_{\mathrm{r}}\cos\left(\theta - \dfrac{\pi}{6}\right) & \pi < \theta \leqslant \dfrac{4}{3}\pi \\[2mm] -\dfrac{\sqrt{3}}{2}u_{\mathrm{r}}\sin\theta & \dfrac{4}{3}\pi < \theta \leqslant \dfrac{5}{3}\pi \\[2mm] -\dfrac{3}{2}u_{\mathrm{r}}\sin\left(\theta + \dfrac{\pi}{6}\right) & \dfrac{5}{3}\pi < \theta \leqslant 2\pi \end{cases}$$

附录 D 线电压的推导

线电压为两相电压之和，即

$$u_{AB} = u_A + u_B, u_{BC} = u_B - u_C, u_{CA} = u_C - u_A$$

相电压在 6 个扇区又不能用同一个公式表示，因此，只好一个扇区一个扇区地对应相加。又由于按规定，正方向实质上是相减的，故实际的计算是：按扇区对应相减，然后再把结果总地加起来，就可获得线电压的表达式。

先看 AB 线电压。第一项为

$$u_{AB1} = u_{A1} - u_{B1}$$

有

$$u_{AB1} = \frac{\sqrt{3}}{2}u_r\cos(\theta - 30°) - \frac{3}{2}u_r\sin(\theta - 30°)$$

$$= \sqrt{3}\,u_r\frac{1}{2}(\cos\theta\cos30° + \sin\theta\sin30°) - \sqrt{3}\,u_r\frac{\sqrt{3}}{2}(\sin\theta\cos30° - \cos\theta\sin30°)$$

$$= \sqrt{3}\,u_r\left(\frac{1}{2}\frac{\sqrt{3}}{2}\cos\theta + \frac{1}{2}\frac{1}{2}\sin\theta - \frac{\sqrt{3}}{2}\frac{\sqrt{3}}{2}\sin\theta + \frac{1}{2}\frac{\sqrt{3}}{2}\cos\theta\right)$$

$$= \sqrt{3}\,u_r\left(\frac{\sqrt{3}}{2}\cos\theta - \frac{1}{2}\sin\theta\right) = \sqrt{3}\,u_r(\sin120°\cos\theta + \cos120°\sin\theta)$$

$$= \sqrt{3}\,u_r\sin(\theta + 120°) = \sqrt{3}\,u_r\sin\left(\theta + \frac{2}{3}\pi\right)$$

第二项为

$$u_{AB2} = u_{A2} - u_{B2}$$

有

$$u_{AB2} = \frac{3}{2}u_r\cos\theta - \frac{\sqrt{3}}{2}u_r\sin\theta = \sqrt{3}\,u_r\left(\frac{\sqrt{3}}{2}\cos\theta - \frac{1}{2}\sin\theta\right)$$

$$= \sqrt{3}\,u_r(\sin120°\cos\theta + \cos120°\sin\theta) = \sqrt{3}\,u_r\sin(\theta + 120°)$$

$$= \sqrt{3}\,u_r\sin\left(\theta + \frac{2}{3}\pi\right)$$

第三项为

$$u_{AB3} = u_{A3} - u_{B3}$$

有

$$u_{AB3} = \frac{\sqrt{3}}{2}u_r\cos(\theta + 30°) + \frac{\sqrt{3}}{2}u_r\cos(\theta + 30°) = \sqrt{3}\,u_r\cos(\theta + 30°)$$

$$= \sqrt{3}\,u_r(\cos\theta\cos30° - \sin\theta\sin30°) = \sqrt{3}\,u_r\left(\frac{\sqrt{3}}{2}\cos\theta - \frac{1}{2}\sin\theta\right)$$

$$= \sqrt{3}\,u_r(\sin120°\cos\theta - \cos120°\sin\theta) = \sqrt{3}\,u_r\sin(\theta + 120°)$$

$$= \sqrt{3}\,u_r\sin\left(\theta + \frac{2}{3}\pi\right)$$

第四项为

$$u_{AB4} = u_{A4} - u_{B4}$$

有

$$u_{AB4} = \frac{\sqrt{3}}{2}u_r\cos(\theta - 30°) - \frac{3}{2}u_r\sin(\theta - 30°)$$

其形式与第一项完全相同，所以有

$$u_{AB4} = \sqrt{3}\,u_r\sin\left(\theta + \frac{2}{3}\pi\right)$$

此外，由于第五项和第六项也与第二项和第三项对应相同，故推导的结果也相同。

第五项为

$$u_{AB5} = u_{A5} - u_{B5} = \sqrt{3}\,u_r\sin\left(\theta + \frac{2}{3}\pi\right)$$

第六项为

$$u_{AB6} = u_{A6} - u_{B6} = \sqrt{3}\,u_r\sin\left(\theta + \frac{2}{3}\pi\right)$$

至此，得知 u_{AB} 各扇区线电压的表达式，都为 $\sqrt{3}\,u_r\sin\left(\theta + \dfrac{2}{3}\pi\right)$。也就是说，$u_{AB}$ 可以在整个周期内（$0 \sim 2\pi$）均用同一公式表示，具体的数值将随 θ 的变化而变化。于是，可以用一个公式来表示 AB 线之间的线电压，即

$$u_{AB} = u_A - u_B = \sqrt{3}\,u_r\sin\left(\theta + \frac{2}{3}\pi\right)$$

由上式可见，AB 之间的线电压呈正弦变化。

同理，$u_{BC} = u_B - u_C$、$u_{CA} = u_C - u_A$，也可以只推导出前三项，后三项因与前三项对应相同，可不需要再重复计算。

BC 线电压，第一项为

$$u_{BC1} = u_{B1} - u_{C1}$$

即

$$
\begin{aligned}
u_{BC1} &= \frac{3}{2}u_r\sin(\theta - 30°) + \frac{\sqrt{3}}{2}u_r\cos(\theta - 30°) \\
&= \sqrt{3}\,u_r\left[\frac{\sqrt{3}}{2}\sin(\theta - 30°) + \frac{1}{2}\cos(\theta - 30°)\right] \\
&= \sqrt{3}\,u_r\left[\frac{\sqrt{3}}{2}(\sin\theta\cos30° - \cos\theta\sin30°) + \frac{1}{2}(\cos\theta\cos30° + \sin\theta\sin30°)\right] \\
&= \sqrt{3}\,u_r\left[\frac{\sqrt{3}}{2}\left(\frac{\sqrt{3}}{2}\sin\theta - \frac{1}{2}\cos\theta\right) + \frac{1}{2}\left(\frac{\sqrt{3}}{2}\cos\theta + \frac{1}{2}\sin\theta\right)\right] \\
&= \sqrt{3}\,u_r\left(\frac{3}{4}\sin\theta + \frac{1}{4}\sin\theta\right) = \sqrt{3}\,u_r\sin\theta \\
&= \sqrt{3}\,u_r\sin(\omega t + 0°)
\end{aligned}
$$

即比 u_{AB} 落后 $120°$。

第二项为

$$u_{BC2} = u_{B2} - u_{C2}$$

即

$$u_{BC2} = \frac{\sqrt{3}}{2}u_r\sin\theta + \frac{\sqrt{3}}{2}u_r\sin\theta = \sqrt{3}\,u_r\sin\theta$$

第三项为

$$u_{BC3} = u_{B3} - u_{C3}$$

即

$$u_{BC3} = -\frac{\sqrt{3}}{2}u_r\cos(\theta+30°) + \frac{3}{2}u_r\sin(\theta+30°) = +\frac{3}{2}u_r\sin(\theta+30°) - \frac{\sqrt{3}}{2}u_r\cos(\theta+30°)$$

$$= \sqrt{3}\,u_r\left[\frac{\sqrt{3}}{2}\sin(\theta+30°) - \frac{1}{2}\cos(\theta+30°)\right]$$

$$= \sqrt{3}\,u_r\left[\frac{\sqrt{3}}{2}(\sin\theta\cos30° + \cos\theta\sin30°) - \frac{1}{2}(\cos\theta\cos30° - \sin\theta\sin30°)\right]$$

$$= \sqrt{3}\,u_r\left[\frac{\sqrt{3}}{2}\left(\frac{\sqrt{3}}{2}\sin\theta + \frac{1}{2}\cos\theta\right) - \frac{1}{2}\left(\frac{\sqrt{3}}{2}\cos\theta - \frac{1}{2}\sin\theta\right)\right] = \sqrt{3}\,u_r\left(\frac{3}{4}\sin\theta + \frac{1}{4}\sin\theta\right)$$

$$= \sqrt{3}\,u_r\sin\theta$$

至此，可知 $u_{BC} = u_B - u_C = \sqrt{3}\,u_r\sin\theta$。

CA 线电压，第一项为

$$u_{CA1} = u_{C1} - u_{A1}$$

即

$$u_{CA1} = -\frac{\sqrt{3}}{2}u_r\cos(\theta-30°) - \frac{\sqrt{3}}{2}u_r\cos(\theta-30°) = -\sqrt{3}\,u_r\cos(\theta-30°)$$

$$= -\sqrt{3}\,u_r(\cos\theta\cos30° + \sin\theta\sin30°) = \sqrt{3}\,u_r\left(-\frac{\sqrt{3}}{2}\cos\theta - \frac{1}{2}\sin\theta\right)$$

$$= \sqrt{3}\,u_r(\sin240°\cos\theta + \cos240°\sin\theta) = \sqrt{3}\,u_r\sin(\theta+240°)$$

$$= \sqrt{3}\,u_r\sin\left(\theta + \frac{4}{3}\pi\right)$$

与 u_{BC} 差 240°，与 u_{AB} 差 120°。

第二项为

$$u_{CA2} = u_{C2} - u_{A2}$$

即

$$u_{CA2} = -\frac{\sqrt{3}}{2}u_r\sin\theta - \frac{3}{2}u_r\cos\theta = \sqrt{3}\,u_r\left(-\frac{1}{2}\sin\theta - \frac{\sqrt{3}}{2}\cos\theta\right)$$

$$= \sqrt{3}\,u_r(\cos240°\sin\theta + \sin240°\cos\theta)$$

$$= \sqrt{3}\,u_r\sin\left(\theta + \frac{4}{3}\pi\right)$$

第三项为

$$u_{CA3} = u_{C3} - u_{A3}$$

即

298

$$u_{CA3} = -\frac{3}{2}u_r \sin(\theta + 30°) - \frac{\sqrt{3}}{2}u_r \cos(\theta + 30°)$$

$$= \sqrt{3}u_r\left[-\frac{\sqrt{3}}{2}\sin(\theta + 30°) - \frac{1}{2}\cos(\theta + 30°) \right]$$

$$= \sqrt{3}u_r\left(-\frac{\sqrt{3}}{2}\sin\theta\cos30° - \frac{\sqrt{3}}{2}\cos\theta\sin30° - \frac{1}{2}\cos\theta\cos30° + \frac{1}{2}\sin\theta\sin30° \right)$$

$$= \sqrt{3}u_r\left(-\frac{\sqrt{3}}{2}\frac{\sqrt{3}}{2}\sin\theta - \frac{\sqrt{3}}{2}\frac{1}{2}\cos\theta - \frac{1}{2}\frac{\sqrt{3}}{2}\cos\theta + \frac{1}{2}\frac{1}{2}\sin\theta \right)$$

$$= \sqrt{3}u_r\left(-\frac{1}{2}\sin\theta - \frac{\sqrt{3}}{2}\cos\theta \right) = \sqrt{3}u_r(\cos240°\sin\theta + \sin240°\cos\theta)$$

$$= \sqrt{3}u_r\sin\left(\theta + \frac{4}{3}\pi \right)$$

至此，可知 $u_{CA} = u_C - u_A = \sqrt{3}u_r\sin\left(\theta + \frac{4}{3}\pi \right)$。

结论：线电压为全正弦波，不会有谐波，且三相按相序互差120°，即 $u_{BC} = u_B - u_C$ 为 0°，则 $u_{AB} = u_A - u_B$ 超前120°，而 $u_{CA} = u_C - u_A$ 超前240°。可以排列成 CA→AB→BC→CA，属顺序排列。对于图5-19所示，也可用三相相电压正方向相加合成，结论与上述推导的完全一致，可以作为一种验证。

附录 E　DSP 处理中各扇区矢分量导通时间 T_M 和 T_L 的推导

1. I 扇区

图 E-1 为 I 扇区矢量投影关系。

如图 E-1 所示，矢分量的关系式为

$$\frac{T_M}{T_0}u_{100} = u_\alpha - \frac{u_\beta}{\tan60°}$$

于是有

$$T_M = \frac{T_0}{u_{100}}\left(u_\alpha - \frac{u_\beta}{\tan60°} \right) = \frac{T_0}{U_d}\frac{3}{2}\left(u_\alpha - \frac{u_\beta}{\sqrt{3}} \right)$$

因为有 $u_{100} = \frac{2}{3}U_d$，则

$$T_M = \frac{T_0}{2U_d}(3u_\alpha - \sqrt{3}u_\beta) = -\frac{T_0}{2U_d}(\sqrt{3}u_\beta - 3u_\alpha)$$

令 $\frac{T_0}{2U_d}(\sqrt{3}u_\beta - 3u_\alpha) = Z$，则

$$T_M = -Z$$

而 $\frac{T_L}{T_0}u_{110} = \frac{u_\beta}{\sin60°} = \frac{2}{\sqrt{3}}u_\beta$，于是有

$$T_L = \frac{T_0}{u_{110}}\frac{2}{\sqrt{3}}u_\beta = \frac{T_0}{U_d}\frac{3}{2}\frac{2}{\sqrt{3}}u_\beta$$

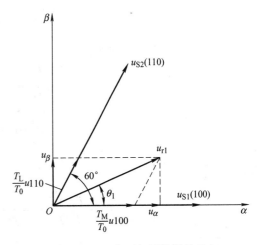

图 E-1　I 扇区矢量投影关系

因为有 $u_{110} = \dfrac{2}{3}U_d$，则

$$T_L = \sqrt{3}\,\dfrac{T_0}{U_d}u_\beta$$

令 $X = \sqrt{3}\,\dfrac{T_0}{U_d}u_\beta$，则有

$$T_L = X$$

于是，I 扇区矢分量导通时间为 $T_M = -Z$、$T_L = X$。

2. II 扇区

图 E-2 所示为 II 扇区矢量投影关系。

如图 E-2 所示，矢分量的关系式为

$$\frac{T_M}{T_0}u_{110}\cos 60° = u_\alpha + \frac{T_L}{T_0}u_{010}\cos 60°$$

$$\frac{T_L}{T_0}u_{010}\sin 60° = u_\beta - \frac{T_M}{T_0}u_{110}\sin 60°$$

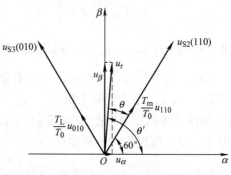

化简上面两式，有

$$\frac{T_M}{T_0}u_{110}\frac{1}{2} = u_\alpha + \frac{T_L}{T_0}u_{010}\frac{1}{2}$$

$$\frac{T_L}{T_0}u_{010}\frac{\sqrt{3}}{2} = u_\beta - \frac{T_M}{T_0}u_{110}\frac{\sqrt{3}}{2}$$

图 E-2　II 扇区矢量投影关系

进行变换，得

$$\frac{T_M}{T_0}u_{110} = 2u_\alpha + \frac{T_L}{T_0}u_{010} \tag{E-1}$$

$$\frac{T_L}{T_0}u_{010} = \frac{2}{\sqrt{3}}u_\beta - \frac{T_M}{T_0}u_{110} \tag{E-2}$$

式(E-2) 可以变换为

$$\frac{T_M}{T_0}u_{110} = \frac{2}{\sqrt{3}}u_\beta - \frac{T_L}{T_0}u_{010} \tag{E-3}$$

将式(E-1) 与式(E-3) 相加，有

$$2\frac{T_M}{T_0}u_{110} = 2u_\alpha + \frac{2}{\sqrt{3}}u_\beta$$

即

$$\frac{T_M}{T_0}u_{110} = u_\alpha + \frac{1}{\sqrt{3}}u_\beta$$

而 $u_{110} = \dfrac{2}{3}U_d$，所以有

$$T_M = \frac{T_0}{U_d}\frac{3}{2}\left(u_\alpha + \frac{1}{\sqrt{3}}u_\beta\right) = \frac{T_0}{2U_d}(3u_\alpha + \sqrt{3}\,u_\beta)$$

令 $Y = \dfrac{T_0}{2U_d}(3u_\alpha + \sqrt{3}\,u_\beta)$，则

$$T_{\mathrm{M}} = Y$$

再令式（E-1）减去式（E-3），有

$$0 = \left(2u_\alpha - \frac{2}{\sqrt{3}}u_\beta\right) + 2\frac{T_{\mathrm{L}}}{T_0}u_{010}$$

即

$$\frac{T_{\mathrm{L}}}{T_0}u_{110} = \left(\frac{1}{\sqrt{3}}u_\beta - u_\alpha\right)$$

因为 $u_{010} = \frac{2}{3}U_{\mathrm{d}}$，所以有

$$T_{\mathrm{L}} = \frac{T_0}{U_{\mathrm{d}}}\frac{3}{2}\left(\frac{1}{\sqrt{3}}\right) = \frac{T_0}{2U_{\mathrm{d}}}(\sqrt{3}u_\beta - 3u_\alpha) = Z$$

于是，Ⅱ扇区矢分量导通时间为 $T_{\mathrm{M}} = Y$、$T_{\mathrm{L}} = Z$。这里 $\theta < 30°$。

如果，$\theta > 30°$，则会因 $\boldsymbol{u}_{\mathrm{r}}$ 已处在 Ⅱ 象限中，上述公式中相应项做变换，发生了变化，即

$$T_{\mathrm{M}} = \frac{T_0}{2U_{\mathrm{d}}}(3u_\alpha + \sqrt{3}u_\beta) = \frac{T_0}{2U_{\mathrm{d}}}(\sqrt{3}u_\beta - 3u_\alpha) = Z$$

$$T_{\mathrm{L}} = \frac{T_0}{2U_{\mathrm{d}}}(\sqrt{3}u_\beta - 3u_\alpha) = \frac{T_0}{2U_{\mathrm{d}}}(\sqrt{3}u_\beta + 3u_\alpha) = Y$$

3. Ⅲ扇区

图 E-3 所示为Ⅲ扇区矢量投影关系。

如图 E-3 所示，矢分量的关系式为

$$\frac{T_{\mathrm{M}}}{T_0}u_{010} = \frac{u_\beta}{\sin 60°}$$

于是有

$$T_{\mathrm{M}} = \frac{T_0}{u_{010}}\frac{u_\beta}{\sin 60°} = \frac{T_0}{u_{010}}\frac{2u_\beta}{\sqrt{3}}$$

因为 $u_{010} = \frac{2}{3}U_{\mathrm{d}}$，则

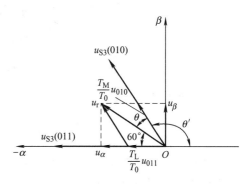

图 E-3　Ⅲ扇区矢量投影关系

$$T_{\mathrm{M}} = \sqrt{3}\frac{T_0}{U_{\mathrm{d}}}u_\beta = X$$

又因 $\dfrac{T_{\mathrm{L}}}{T_0}u_{011} = \left(u_\alpha - \dfrac{u_\beta}{\tan 60°}\right) = \left(u_\alpha - \dfrac{u_\beta}{\sqrt{3}}\right)$，于是有

$$T_{\mathrm{L}} = \frac{T_0}{u_{011}}\left(u_\alpha - \frac{u_\beta}{\sqrt{3}}\right) = \frac{T_0}{U_{\mathrm{d}}} \times \frac{3}{2}\left(u_\alpha - \frac{u_\beta}{\sqrt{3}}\right) = \frac{T_0}{2U_{\mathrm{d}}}(3u_\alpha - \sqrt{3}u_\beta)$$

$$T_{\mathrm{L}} = \frac{T_0}{2U_{\mathrm{d}}}(3u_\alpha - \sqrt{3}u_\beta)$$

而由于处于Ⅱ象限，所以上式变为

$$T_{\mathrm{L}} = \frac{T_0}{2U_{\mathrm{d}}}(-3u_\alpha - \sqrt{3}u_\beta) = -\frac{T_0}{2U_{\mathrm{d}}}(3u_\alpha + \sqrt{3}u_\beta) = -Y$$

于是，Ⅲ扇区矢分量导通时间为 $T_{\mathrm{M}} = X$、$T_{\mathrm{L}} = -Y$。

4. IV扇区

图 E-4 所示为IV扇区矢量投影关系。

如图 E-4 所示，矢分量的关系式为

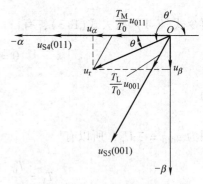

$$\frac{T_M}{T_0}u_{011} = u_\alpha - \frac{u_\beta}{\tan 60°}$$

于是有

$$T_M = \frac{T_0}{u_{011}}\left(u_\alpha - \frac{u_\beta}{\tan 60°}\right) = \frac{T_0}{u_{011}}\left(u_\alpha - \frac{u_\beta}{\sqrt{3}}\right)$$

因为有 $u_{011} = \frac{2}{3}U_d$，则

$$T_M = \frac{T_0}{2U_d}(3u_\alpha - \sqrt{3}u_\beta)$$

图 E-4　IV扇区矢量投影关系

由于处于坐标III象限，于是有

$$T_M = \frac{T_0}{2U_d}(-3u_\alpha + \sqrt{3}u_\beta) = \frac{T_0}{2U_d}(\sqrt{3}u_\beta - 3u_\alpha) = Z$$

又因为 $\frac{T_L}{T_0}u_{001} = \frac{u_\beta}{\sin 60°} = \frac{2}{\sqrt{3}}u_\beta$，于是有

$$T_L = \frac{T_0}{u_{001}}\frac{2}{\sqrt{3}}u_\beta = \frac{T_0}{U_d}\frac{3}{2}\frac{2}{\sqrt{3}}u_\beta$$

$$T_L = \sqrt{3}\frac{T_0}{U_d}u_\beta$$

同样，因在III象限，所以有

$$T_L = -\sqrt{3}\frac{T_0}{U_d}u_\beta = -X$$

于是，IV扇区矢分量导通时间为 $T_M = Z$、$T_L = -X$。

IV扇区的情况恰好与 I 扇区相反，故其结果也就恰好相反，只需对 I 扇区的最终式变换，即可得出上述结果。

5. V扇区

图 E-5 所示为V扇区矢量投影关系。

如图 E-5 所示，矢分量的关系式为

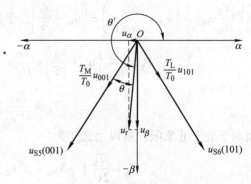

$$\frac{T_M}{T_0}u_{001}\cos 60° = u_\alpha + \frac{T_L}{T_0}u_{101}\cos 60°$$

$$\frac{T_L}{T_0}u_{101}\sin 60° = u_\beta - \frac{T_M}{T_0}u_{001}\sin 60°$$

此情况恰与 II 扇区相仿，因此有类似结果，即

$$T_M = \frac{T_0}{2U_d}(3u_\alpha + \sqrt{3}u_\beta)$$

$$T_L = \frac{T_0}{2U_d}(\sqrt{3}u_\beta - 3u_\alpha)$$

图 E-5　V扇区矢量投影关系

同样，$\theta < 30°$，u_α 和 u_β 为负，上两式变为

$$T_M = -\frac{T_0}{2U_d}(3u_\alpha + \sqrt{3}u_\beta)$$

$$T_L = \frac{T_0}{2U_d}(-\sqrt{3}u_\beta + 3u_\alpha) = \frac{T_0}{2U_d}(3u_\alpha - \sqrt{3}u_\beta)$$

则有 $T_M = -Y$，$T_L = -Z$。

于是，V 扇区矢分量导通时间为 $T_M = -Y$、$T_L = -Z$。

在 $\theta > 30°$ 时，则会因只有 u_β 为负，而 u_α 为正，结果使得导通时间刚好对调，即 $T_M = -Z$、$T_L = -Y$。

6. VI扇区

图 E-6 所示为 VI 扇区矢量投影关系。

如图 E-6 所示，矢分量的关系式为

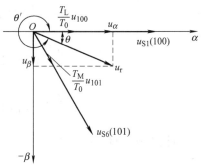

图 E-6 VI扇区矢量投影关系

$$\frac{T_M}{T_0}u_{101} = \frac{u_\beta}{\sin 60°}$$

$$\frac{T_L}{T_0}u_{100} = \left(u_\alpha - \frac{u_\beta}{\tan 60°}\right)$$

此扇区刚好和 III 扇区反向相似，故有相近的推导结果，即

$$T_M = \sqrt{3}\frac{T_0}{U_d}u_\beta \qquad T_L = \frac{T_0}{2U_d}(3u_\alpha - \sqrt{3}u_\beta)$$

而由于此扇区已处于坐标 IV 象限，u_α 为正，u_β 为负，因此变为

$$T_M = \sqrt{3}\frac{T_0}{U_d}u_\beta = -\sqrt{3}\frac{T_0}{U_d}u_\beta = -X$$

$$T_L = \frac{T_0}{2U_d}(3u_\alpha - \sqrt{3}u_\beta) = \frac{T_0}{2U_d}(3u_\alpha + \sqrt{3}u_\beta) = Y$$

于是，VI 扇区矢分量导通时间为 $T_M = -X$、$T_L = Y$。

最后，总结各扇区矢分量导通时间，见表 E-1。

表 E-1 各扇区矢分量导通时间

时 间	扇 区					
	I	II	III	IV	V	VI
T_M	$-Z$	Y	X	Z	$-Y$	$-X$
T_L	X	Z	$-Y$	$-X$	$-Z$	Y

此外，为了从另一角度验证上述结果的正确性，将表中的展开，看看能否得到与使用 u_r 和 θ 表示的公式有完全一致的结果。

验证如下：

I 扇区

$$T_M = -Z = -\frac{T_0}{2U_d}(\sqrt{3}u_\beta - 3u_\alpha) = \frac{T_0}{2U_d}(-\sqrt{3}u_r\sin\theta + 3u_r\cos\theta)$$

$$= \frac{\sqrt{3}\,T_0}{U_d}u_r\left(\frac{\sqrt{3}}{2}\cos\theta - \frac{1}{2}\sin\theta\right) = \frac{\sqrt{3}\,T_0}{U_d}u_r(\sin60°\cos\theta - \cos60°\sin\theta)$$

$$= \frac{\sqrt{3}\,T_0}{U_d}u_r\sin(60° - \theta)$$

$$T_L = X = \sqrt{3}\frac{T_0}{U_d}u_\beta = \sqrt{3}\frac{T_0}{U_d}u_r\sin\theta$$

II 扇区

$$T_M = Y = \frac{T_0}{2U_d}(3u_\alpha + \sqrt{3}\,u_\beta) = \frac{\sqrt{3}\,T_0}{U_d}u_r\left(\frac{\sqrt{3}}{2}\cos\theta' + \frac{1}{2}\sin\theta'\right)$$

$$= \frac{\sqrt{3}\,T_0}{U_d}u_r(\sin120°\cos\theta' - \cos\theta'\sin\theta')$$

$$= \frac{\sqrt{3}\,T_0}{U_d}u_r\sin(120° - \theta')$$

如代入 $\theta' = 60° + \theta$，有

$$T_M = \frac{\sqrt{3}\,T_0}{U_d}u_r\sin(120° - 60° - \theta)$$

于是得

$$T_M = \frac{\sqrt{3}\,T_0}{U_d}u_r\sin(60° - \theta)$$

$$T_L = Z = \frac{T_0}{2U_d}(\sqrt{3}\,u_\beta - 3u_\alpha) = \sqrt{3}\frac{T_0}{U_d}u_r\left(\frac{1}{2}u_\beta - \frac{\sqrt{3}}{2}u_\alpha\right)$$

$$= \sqrt{3}\frac{T_0}{U_d}u_r\left(\frac{1}{2}\sin\theta' - \frac{\sqrt{3}}{2}\cos\theta'\right) = \sqrt{3}\frac{T_0}{U_d}u_r(\sin\theta'\cos60° - \cos\theta'\sin60°)$$

$$= \sqrt{3}\frac{T_0}{U_d}u_r\sin(\theta' - 60°)$$

将 $\theta' = 60° + \theta$ 代入，便有

$$T_L = \sqrt{3}\frac{T_0}{U_d}u_r\sin(60° + \theta - 60°) = \sqrt{3}\frac{T_0}{U_d}u_r\sin\theta$$

其他扇区，如将 X、Y、Z（或 $-X$、$-Y$、$-Z$）代入，同样可以得到其用 u_r 和 θ 表示的公式，其结果完全相同。限于篇幅，就验证到此为止。

附录 F DSP 处理中 u_r 随机落入扇区的扇区号的确定方法

将三相中 A 相的电压矢量轴线放置于空间水平 α 轴上，得到图 F-1 所示的电压矢量图。

图中，选择 I 扇区 59°的合成矢量 $\pmb{u_r}$，代表该扇区的合成矢量，再把它分别向三相电压轴线上投影。于是，得到用 3 个分量 $\pmb{u_A}$、$\pmb{u_B}$、$\pmb{u_C}$。它们也是矢分量 u_α 和 u_β 分别向三相电压轴线上投影的结果。如图 F-1 所示，A、B 两相的电压矢量为正，C 相的电压矢量为负。

这表示，A、B 两相为上桥臂导通，C 相则为下桥臂导通。至于矢量的具体数字，可以通过 2/3 变换后的电压矢量矩阵方程，即反克拉克变换得

$$\begin{bmatrix} u_A \\ u_B \\ u_C \end{bmatrix} = \begin{bmatrix} 1 & 0 \\ -\dfrac{1}{2} & +\dfrac{\sqrt{3}}{2} \\ -\dfrac{1}{2} & -\dfrac{\sqrt{3}}{2} \end{bmatrix} \begin{bmatrix} u_\alpha \\ u_\beta \end{bmatrix}$$

即

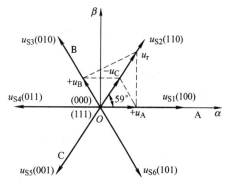

图 F-1　三相电压矢量与合成矢量及矢分量的电压矢量投影关系图

$$u_A = u_\alpha \qquad u_B = -\frac{1}{2}u_\alpha + \frac{\sqrt{3}}{2}u_\beta \qquad u_C = -\frac{1}{2}u_\alpha - \frac{\sqrt{3}}{2}u_\beta$$

现在，先来观察一下 I 扇区内合成矢量 $\boldsymbol{u}_r$ 向三相轴线投影的共同性质。为此，选 I 扇区 59°（最后 1°）的合成矢量 $\boldsymbol{u}_r$，用以代表该扇区的合成矢量，即 $\theta' = 59°$，来观察一下它有什么特点。此时，可以先得到

$$u_\alpha = u_r \cos 59° = 0.515 u_r \qquad u_\beta = u_r \sin 59° = 0.857 u_r$$

三相电压分别为

$$u_A = 0.515 u_r > 0$$

则 $S_A = 1$；

$$u_B = -\frac{1}{2}0.515 u_r + \frac{\sqrt{3}}{2}0.857 u_r = -0.2575 u_r + 0.741 u_r = 0.484 u_r > 0$$

则 $S_B = 1$；

$$u_C = -\frac{1}{2}0.515 u_r - \frac{\sqrt{3}}{2}0.857 u_r = -0.2575 u_r - 0.741 u_r = -0.998 u_r < 0$$

则 $S_C = 0$。

然后，再使用扇区特征数 No_{10}，便可以找到 I 扇区中合成矢量 $\boldsymbol{u}_r$ 的性质编号为

$$\mathrm{No}_{10} = 1 S_A + 2 S_B + 4 S_C = 1 + 2 + 0 = 3$$

即应定为新的特征数编号为 Ⅲ 扇区。

同理，可以推导出按逆时针方向的其余各扇区的特征数编号。

Ⅱ 扇区

首先有

$$u_\alpha = u_r \cos(60° + 59°) = u_r \cos 119° = -0.485 u_r \qquad u_\beta = u_r \sin 119° = 0.875 u_r$$

三相电压分别为

$$u_A = -0.485 u_r < 0$$

则 $S_A = 0$；

$$u_B = -\frac{1}{2}0.484 u_r + \frac{\sqrt{3}}{2}0.875 u_r = -0.242 u_r + 0.757 u_r = 0.515 u_r > 0$$

则 $S_B = 1$；

$$u_C = -\frac{1}{2}0.484 u_r - \frac{\sqrt{3}}{2}0.875 u_r = -0.242 u_r - 0.757 u_r = -0.998 u_r < 0$$

则 $S_C = 0$。

然后，再使用扇区特征数 No_{10}，便可以找到 II 扇区中合成矢量 $\boldsymbol{u}_r$ 的性质编号为
$$No_{10} = 1S_A + 2S_B + 4S_C = 0 + 2 + 0 = 2$$
即应定为新的特征数编号为 II 扇区。

III 扇区

首先有

$$u_\alpha = u_r\cos(120° + 59°) = u_r\cos179° = -0.9998u_r \qquad u_\beta = u_r\sin179° = 0.0174u_r$$

三相电压分别为

$$u_A = -0.9998u_r < 0$$

则 $S_A = 0$；

$$u_B = -\frac{1}{2}(-0.9998)u_r + \frac{\sqrt{3}}{2}0.0174u_r = 0.4999u_r + 0.015u_r = 0.5099u_r > 0$$

则 $S_B = 1$；

$$u_C = -\frac{1}{2}(-0.9998)u_r - \frac{\sqrt{3}}{2}0.0174u_r = 0.4999u_r - 0.0174u_r = 0.482u_r > 0$$

则 $S_C = 1$。

然后，再使用扇区特征数 No_{10}，便可以找到 III 扇区中合成矢量 $\boldsymbol{u}_r$ 的性质编号：
$$No_{10} = 1S_A + 2S_B + 4S_C = 0 + 2 + 4 = 6$$
即应定为新的特征数编号为 VI 扇区。

IV 扇区

首先有

$$u_\alpha = u_r\cos(180° + 59°) = u_r\cos239° = -0.515u_r \qquad u_\beta = u_r\sin239° = -0.857u_r$$

三相电压分别为

$$u_A = -0.515u_r < 0$$

则 $S_A = 0$；

$$u_B = -\frac{1}{2}(-0.515)u_r + \frac{\sqrt{3}}{2}(-0.857)u_r = 0.258u_r - 0.741u_r = -0.483u_r < 0$$

则 $S_B = 0$；

$$u_C = -\frac{1}{2}(-0.515)u_r - \frac{\sqrt{3}}{2}(-0.857)u_r = 0.258u_r + 0.741u_r = 0.999u_r > 0$$

则 $S_C = 1$。

然后，再使用扇区特征数 No_{10}，便可以找到 IV 扇区中合成矢量 $\boldsymbol{u}_r$ 的性质编号为
$$No_{10} = 1S_A + 2S_B + 4S_C = 0 + 0 + 4 = 4$$
即应定为新的特征数编号为 IV 扇区。

V 扇区

首先有

$$u_\alpha = u_r\cos(240° + 59°) = u_r\cos299° = 0.485u_r \qquad u_\beta = u_r\sin299° = -0.875u_r$$

三相电压分别为

$$u_A = 0.485u_r > 0$$

则 $S_A = 1$;

$$u_B = -\frac{1}{2}0.485u_r + \frac{\sqrt{3}}{2}(-0.875)u_r = -0.2425u_r - 0.757u_r = -0.999u_r < 0$$

则 $S_B = 0$;

$$u_C = -\frac{1}{2}0.485u_r - \frac{\sqrt{3}}{2}(-0.875)u_r = -0.2425u_r + 0.757u_r = 0.515u_r > 0$$

则 $S_C = 1$。

然后，再使用扇区特征数 No_{10}，便可以找到 V 扇区中合成矢量 $\boldsymbol{u}_r$ 的性质编号为

$$No_{10} = 1S_A + 2S_B + 4S_C = 1 + 0 + 4 = 5$$

即应定为新的特征数编号为 V 扇区。

VI 扇区

首先有

$$u_\alpha = u_r\cos(300° + 59°) = u_r\cos359° = 0.9998u_r \qquad u_\beta = u_r\sin359° = -0.0174u_r$$

三相电压分别为

$$u_A = 0.9998u_r > 0$$

则 $S_A = 1$;

$$u_B = -\frac{1}{2}0.9998u_r + \frac{\sqrt{3}}{2}(-0.0174)u_r = -0.4999u_r - 0.015u_r = -0.515u_r < 0$$

则 $S_B = 0$;

$$u_C = -\frac{1}{2}0.9998u_r - \frac{\sqrt{3}}{2}(-0.0174)u_r = -0.4999u_r + 0.015u_r = -0.485u_r < 0$$

则 $S_C = 0$。

然后，再使用扇区特征数 No_{10}，便可以找到扇区 VI 中合成矢量 $\boldsymbol{u}_r$ 的性质编号为

$$No_{10} = 1S_A + 2S_B + 4S_C = 1 + 0 + 0 = 1$$

即应定为新的特征数编号为 I 扇区。

按此新的扇区排序号，可列出新的（即 DSP 处理中常见的）导通时间表，见表 F-1。

表 F-1 按新的扇区排序号导通时间表

时　　间	扇　区					
	Ⅲ（Ⅰ）	Ⅱ（Ⅱ）	Ⅵ（Ⅲ）	Ⅳ（Ⅳ）	Ⅴ（Ⅴ）	Ⅰ（Ⅵ）
T_M	$-Z$	Y	X	Z	$-Y$	$-X$
T_L	X	Z	$-Y$	$-X$	$-Z$	Y

表 F-1 中，括号中数字为扇区逆向顺序编号，其前面数字则为扇区特征数，用来作为调速采样时合成矢量所落扇区的对应值，当 $No_{10} = 1S_A + 2S_B + 4S_C$ 计算出来后，就根据它在表 F-1 中对应查找相应的 T_M 和 T_L 的计算公式，即 X、Y、Z 和 $(-X)$、$(-Y)$、$(-Z)$。例如：当算出的 $No_{10} = 1S_A + 2S_B + 4S_C = 3$ 时，在表 F-1 第 1 列中（特征号为Ⅲ，顺序号为Ⅰ）找到 $T_M = -Z$、$T_L = X$。那么对应的公式为

$$X = \sqrt{3}\frac{T_0}{U_d}u_\beta \qquad Y = \frac{T_0}{2U_d}(3u_\alpha + \sqrt{3}u_\beta) \qquad Z = \frac{T_0}{2U_d}(\sqrt{3}u_\beta - 3u_\alpha)$$

如果采用偶数扇区为顺时针，则 T_M 和 T_L 的公式互换，见表 F-2。

表 F-2　偶数扇区为顺时针的导通时间表

时　　间	扇　　区					
	III	II	VI	IV	V	I
T_M	$-Z$	Z	X	$-X$	$-Y$	Y
T_L	X	Y	$-Y$	Z	$-Z$	$-X$

表 F-2 给出数据的用法和含义与上面论述类似，只不过其中的偶数列的 T_M 和 T_L 的公式互换，计算出的有所不同，但因送信号的方向也改成了顺时针，信号值仍与表 F-1 所示的一样。例如，$No_{10} = 1S_A + 2S_B + 4S_C = 2$，则应选 $T_M = Z$、$T_L = Y$，由于是顺时针控制，即先送 $T_L = Y$，后送 $T_M = Z$，即先 Y 后 Z，这样就和表 F-1 中的方法一致了。

附录 G　满足功率保持不变时坐标变换矩阵性质的证明

1. 原矩阵（即正矩阵）

为分析方便，矩阵前系数暂不计及，以后再分别加入。原矩阵为

$$A^+ = \begin{bmatrix} 1 & -\dfrac{1}{2} & -\dfrac{1}{2} \\ 0 & \dfrac{\sqrt{3}}{2} & -\dfrac{\sqrt{3}}{2} \\ K & K & K \end{bmatrix}$$

式中，A^+ 为变换的正矩阵，它实际上就是三相电流向在坐标系投影时的计算系数矩阵；K 为零轴补足列。

2. 求此矩阵的逆矩阵

1）按线性代数纯数学计算方法。首先，计算正矩阵的三阶行列式的值：

$$|A| = \begin{vmatrix} 1 & -\dfrac{1}{2} & -\dfrac{1}{2} \\ 0 & \dfrac{\sqrt{3}}{2} & -\dfrac{\sqrt{3}}{2} \\ K & K & K \end{vmatrix} = \dfrac{3}{2}\sqrt{3}K \neq 0$$

$K \neq 0$，表示逆矩阵存在。

2）接着，为了得到伴随矩阵，求代数余子式：

$$A_{11} = + \begin{vmatrix} \dfrac{\sqrt{3}}{2} & -\dfrac{\sqrt{3}}{2} \\ K & K \end{vmatrix} = \dfrac{\sqrt{3}}{2}K + \dfrac{\sqrt{3}}{2}K = \sqrt{3}K$$

$$A_{12} = - \begin{vmatrix} 0 & -\dfrac{\sqrt{3}}{2} \\ K & K \end{vmatrix} = -\dfrac{\sqrt{3}}{2}K$$

$$A_{13} = + \begin{vmatrix} 0 & \dfrac{\sqrt{3}}{2} \\ K & K \end{vmatrix} = -\dfrac{\sqrt{3}}{2}K$$

$$A_{21} = -\begin{vmatrix} -\dfrac{1}{2} & -\dfrac{1}{2} \\ K & K \end{vmatrix} = -\dfrac{K}{2} + \dfrac{K}{2} = 0$$

$$A_{22} = +\begin{vmatrix} 1 & -\dfrac{1}{2} \\ K & K \end{vmatrix} = K + \dfrac{K}{2} = \dfrac{3}{2}K$$

$$A_{23} = -\begin{vmatrix} 1 & -\dfrac{1}{2} \\ K & K \end{vmatrix} = -\left(K + \dfrac{K}{2}\right) = -\dfrac{3}{2}K$$

$$A_{31} = +\begin{vmatrix} -\dfrac{1}{2} & -\dfrac{1}{2} \\ \dfrac{\sqrt{3}}{2} & -\dfrac{\sqrt{3}}{2} \end{vmatrix} = \dfrac{\sqrt{3}}{4} + \dfrac{\sqrt{3}}{4} = \dfrac{\sqrt{3}}{2}$$

$$A_{32} = -\begin{vmatrix} 1 & -\dfrac{1}{2} \\ 0 & -\dfrac{\sqrt{3}}{2} \end{vmatrix} = \dfrac{\sqrt{3}}{2}$$

$$A_{33} = +\begin{vmatrix} 1 & -\dfrac{1}{2} \\ 0 & \dfrac{\sqrt{3}}{2} \end{vmatrix} = \dfrac{\sqrt{3}}{2}$$

3）求逆矩阵。采用的是伴随矩阵求逆法，有

$$\boldsymbol{A}^{-1} = \dfrac{1}{|\boldsymbol{A}|}\boldsymbol{A}^* = \dfrac{2}{3\sqrt{3}K}\begin{bmatrix} A_{11} & A_{21} & A_{31} \\ A_{12} & A_{22} & A_{32} \\ A_{13} & A_{23} & A_{33} \end{bmatrix}$$

$$= \dfrac{2}{3\sqrt{3}K}\begin{bmatrix} \sqrt{3}K & 0 & \dfrac{\sqrt{3}}{2} \\ -\dfrac{\sqrt{3}}{2}K & \dfrac{3}{2}K & \dfrac{\sqrt{3}}{2} \\ -\dfrac{\sqrt{3}}{2}K & -\dfrac{3}{2}K & \dfrac{\sqrt{3}}{2} \end{bmatrix} = \dfrac{2}{3}\begin{bmatrix} 1 & 0 & \dfrac{1}{2K} \\ -\dfrac{1}{2} & \dfrac{\sqrt{3}}{2} & \dfrac{1}{2K} \\ -\dfrac{1}{2} & -\dfrac{\sqrt{3}}{2} & \dfrac{1}{2K} \end{bmatrix}$$

令 $\dfrac{1}{2K} = K'$，则

$$\boldsymbol{A}^{-1} = \dfrac{2}{3}\begin{bmatrix} 1 & 0 & K' \\ -\dfrac{1}{2} & \dfrac{\sqrt{3}}{2} & K' \\ -\dfrac{1}{2} & -\dfrac{\sqrt{3}}{2} & K' \end{bmatrix}$$

3. 正矩阵的转置

$$A^{\mathrm{T}} = \begin{bmatrix} 1 & 0 & K \\ -\dfrac{1}{2} & \dfrac{\sqrt{3}}{2} & K \\ -\dfrac{1}{2} & -\dfrac{\sqrt{3}}{2} & K \end{bmatrix}$$

4. 逆矩阵与转置阵间的关系

使用了关系式 $K' = \dfrac{1}{2K}$，存在如下关系：

$$A^{-1} = \dfrac{2}{3}A^{\mathrm{T}}$$

可以看出，正矩阵的逆并不完全等于转置，两者有如下两点差异：

① 多了一个 $\dfrac{2}{3}$。

② 多了一个条件，即 $K' = \dfrac{1}{2K}$。

也就是说，从数学推导上来说，逆矩阵并不完全等于正矩阵的共轭转置阵。只有在某个特定条件下，如必须保持变换中某个指定的参量（如电动机功率）不变，两者才可能相等。

应当指出的是，电动机的功率是由电压和电流的乘积得来的。在上面的分析中，已将电压、电流处理成空间矢量。因此，两矢量之积构成的功率，一般并无方向，应为标量，即电压与电流的标积。标量的数值应保持不变。因此，如果将它在两种坐标系中进行投影变换，则必须设法使变换的两边相等。如果变换中参量数值发生变化，则应设法将变换系数加以相应的改变，使得变换符合标量的定义。也就是说，标量变换应当在所使用变换阵前，乘上一个对应于功率变换的系数。这样，才能保持功率守恒的标量约束。

由于在矢量控制中，电动机功率不会因坐标变换而改变（即系统应保持变换前后功率不变，这是必要的条件），因此，当进行3/2变换时，由于变换后会少了一相，投影后的电动机的总功率就会因相数的减少而减少，功率不变的约束无法做到。于是，为了达到电动机的总功率不变的约束，就必须将两相情况下的输入相电压和输入相电流均相应地进行提高，以弥补因相数减少带来的影响。即，应充分注意到3/2变换中两变的投影关系应该平衡。

① 如设三相时的相电压为"1"，则将两相时（变换后得到）的相电压值提升"$\sqrt{\dfrac{3}{2}}$"。

② 如设三相时的相电流为"1"，则将两相时（变换后得到）的相电流值也提升"$\sqrt{\dfrac{3}{2}}$"。

③ 相功率在三相情况时为"$1 \times 1 = 1$"，则两相情况时为"$\sqrt{\dfrac{3}{2}} \times \sqrt{\dfrac{3}{2}} = \dfrac{3}{2}$"。即，两相时的相电压是三相的 $\dfrac{3}{2}$ 倍。但是，由于两相时相数为2，故电动机总功率为 $2 \times \dfrac{3}{2} = 3$，与变换前的三相功率一样。也就是说，保持了系统的功率不变。

因此，如果进行坐标变换的话，为保持系统的功率不变，采用的变换阵就应当根据3/2变换时两侧平衡的原则，对变换阵加以修正，即在变换阵之前乘上相应的系数。

下面具体分析一下，在遵守功率不变的约束下，各个变换阵相应变化后的计算结果。

（1）电压和电流的变换阵

由于两相时电流因遵循功率不变，变换后应增大 $\sqrt{\dfrac{3}{2}}$ 倍，即两相侧乘以系数 $\sqrt{\dfrac{3}{2}}$，才能与三相侧投影平衡，于是可以得到如下公式：

$$\sqrt{\frac{3}{2}}\boldsymbol{I}^{+1} = \boldsymbol{A}^{+1}$$

经过移项后，得到

$$\boldsymbol{I}^{+1} = \sqrt{\frac{2}{3}}\boldsymbol{A}^{+1}$$

同理，得电压变换阵

$$\boldsymbol{U}^{+1} = \sqrt{\frac{2}{3}}\boldsymbol{A}^{+1}$$

（2）功率变换阵

同样，功率应在两相侧乘以系数 $\dfrac{3}{2}$，于是便有

$$\frac{3}{2}\boldsymbol{P}^{+1} = \boldsymbol{A}^{+1}$$

对于功率逆阵就应为

$$\frac{3}{2}\boldsymbol{P}^{-1} = \boldsymbol{A}^{-1}$$

对上式经过变换后，得

$$\boldsymbol{P}^{-1} = \frac{2}{3}\boldsymbol{A}^{-1}$$

根据本书 6.5 节的逆矩阵与转置阵间关系，有

$$\boldsymbol{A}^{-1} = \frac{2}{3}\boldsymbol{A}^{\mathrm{T}}$$

通过比较，可以发现，在功率不变的约束下，此时的逆矩阵 $\boldsymbol{A}^{-1}$ 和不带任何系数时的正矩阵的共轭转置阵 $\boldsymbol{A}^{\mathrm{T}}$ 完全相等，即 $\boldsymbol{A}^{-1} = \boldsymbol{A}^{\mathrm{T}}$。可见，只有充分满足"功率不变的约束"这一特殊条件，逆变阵方可等于转置阵。

自然，由于在两相情况下相电压应增高到三相时的 $\sqrt{\dfrac{3}{2}}$ 倍，故其相绕组匝数亦应相应增加同样的倍数，即 $N_2 = \sqrt{\dfrac{3}{2}}N_3$。相电流亦应增加到三相时的 $\sqrt{\dfrac{3}{2}}$ 倍。这一点后面的分析中会用到。

至此，可以看出，由三相变换成两相时，若保持系统功率不变，将得到下述 3 个重要结果：

① $\boldsymbol{A}^{-1} = \boldsymbol{A}^{\mathrm{T}}$。

② 相绕组匝数 $N_2 = \sqrt{\dfrac{3}{2}}N_3$，即 $\dfrac{N_3}{N_2} = \sqrt{\dfrac{2}{3}}$。

③ 转置阵 A^{T} 中 $K' = \dfrac{1}{2K}$。即，要求 K 能满足 $2K^2 = 1$。于是有 $K = \dfrac{1}{\sqrt{2}}$。

如果将上述结果代回电流变换阵，便能得到

$$
\begin{bmatrix} i_\alpha \\ i_\beta \\ i_0 \end{bmatrix} = \frac{N_3}{N_2} \begin{bmatrix} 1 & -\dfrac{1}{2} & -\dfrac{1}{2} \\ 0 & \dfrac{\sqrt{3}}{2} & -\dfrac{\sqrt{3}}{2} \\ K & K & K \end{bmatrix} \begin{bmatrix} i_A \\ i_B \\ i_C \end{bmatrix} = \sqrt{\frac{2}{3}} \begin{bmatrix} 1 & -\dfrac{1}{2} & -\dfrac{1}{2} \\ 0 & \dfrac{\sqrt{3}}{2} & -\dfrac{\sqrt{3}}{2} \\ \dfrac{1}{\sqrt{2}} & \dfrac{1}{\sqrt{2}} & \dfrac{1}{\sqrt{2}} \end{bmatrix} \begin{bmatrix} i_A \\ i_B \\ i_C \end{bmatrix}
$$

或

$$
\begin{bmatrix} i_\alpha \\ i_\beta \end{bmatrix} = \sqrt{\frac{2}{3}} \begin{bmatrix} 1 & -\dfrac{1}{2} & -\dfrac{1}{2} \\ 0 & \dfrac{\sqrt{3}}{2} & -\dfrac{\sqrt{3}}{2} \end{bmatrix} \begin{bmatrix} i_A \\ i_B \\ i_C \end{bmatrix}
$$

此外，还有另一种电流变换阵系数的推导方法。

在功率不变的约束下，利用正矩阵的逆阵等于其转置阵这一特殊条件，可顺利地获得逆矩阵。然后，再使用可逆阵之积为单位矩阵这一性质，求出相应的上述两个变换式参数。

首先，给出带变换时两侧匝比 $\dfrac{N_3}{N_2}$ 和元素 K 的正矩阵、逆矩阵表达式。正矩阵为

$$
C_{3/2} = \frac{N_3}{N_2} \begin{bmatrix} 1 & -\dfrac{1}{2} & -\dfrac{1}{2} \\ 0 & \dfrac{\sqrt{3}}{2} & -\dfrac{\sqrt{3}}{2} \\ K & K & K \end{bmatrix}
$$

逆矩阵为

$$
C_{3/2}^{-1} = \frac{2}{3} C_{3/2}^{\mathrm{T}} = \frac{2}{3}\frac{N_3}{N_2} \begin{bmatrix} 1 & 0 & K \\ -\dfrac{1}{2} & \dfrac{\sqrt{3}}{2} & K \\ -\dfrac{1}{2} & -\dfrac{\sqrt{3}}{2} & K \end{bmatrix}
$$

然后，根据两个矩阵相乘的积等于单位矩阵，进行具体计算。即

$$
\begin{aligned}
E = C_{3/2} C_{3/2}^{-1} &= \frac{N_3}{N_2} \begin{bmatrix} 1 & -\dfrac{1}{2} & -\dfrac{1}{2} \\ 0 & \dfrac{\sqrt{3}}{2} & -\dfrac{\sqrt{3}}{2} \\ K & K & K \end{bmatrix} \frac{N_3}{N_2} \begin{bmatrix} 1 & 0 & K \\ -\dfrac{1}{2} & \dfrac{\sqrt{3}}{2} & K \\ -\dfrac{1}{2} & -\dfrac{\sqrt{3}}{2} & K \end{bmatrix} \\
&= \left(\frac{N_3}{N_2}\right)^2 \begin{bmatrix} 1 & -\dfrac{1}{2} & -\dfrac{1}{2} \\ 0 & \dfrac{\sqrt{3}}{2} & -\dfrac{\sqrt{3}}{2} \\ K & K & K \end{bmatrix} \begin{bmatrix} 1 & 0 & K \\ -\dfrac{1}{2} & \dfrac{\sqrt{3}}{2} & K \\ -\dfrac{1}{2} & -\dfrac{\sqrt{3}}{2} & K \end{bmatrix}
\end{aligned}
$$

$$= \left(\frac{N_3}{N_2}\right)^2 \begin{bmatrix} \frac{3}{2} & 0 & 0 \\ 0 & \frac{3}{2} & 0 \\ 0 & 0 & 3K^2 \end{bmatrix} = \frac{3}{2}\left(\frac{N_3}{N_2}\right)^2 \begin{bmatrix} 1 & 0 & 0 \\ 0 & 1 & 0 \\ 0 & 0 & 2K^2 \end{bmatrix}$$

$$= 1$$

再将 $2K^2 = 1$ 代入，则第 3 行、第 3 列元素变为 1，最后结果为

$$\boldsymbol{C}_{3/2}\boldsymbol{C}_{3/2}^{-1} = \frac{3}{2}\left(\frac{N_3}{N_2}\right)^2 \begin{bmatrix} 1 & 0 & 0 \\ 0 & 1 & 0 \\ 0 & 0 & 1 \end{bmatrix} = 1$$

由上式，可以求出匝比，即 $\frac{3}{2}\left(\frac{N_3}{N_2}\right)^2 = 1$，得

$$\frac{N_3}{N_2} = \sqrt{\frac{2}{3}}$$

此外，根据上述 $2K^2 = 1$ 的条件，可以得

$$K = \frac{1}{\sqrt{2}}$$

至此，全部计算完毕，可以发现，其结果与计算结果一致。

附录 H 异步电动机定子电流两矢分量解耦的详细证明

下面从磁链（通）和转矩与定子电流的两个电流分量之间的数理关系，对"解耦"进行阐述，进一步认识"解耦"的具体物理意义，并推导出相关的公式。

1. 转子磁链与定子电流励磁分量的关系

异步电动机在两相（等值）状态下，即在复平面坐标系 α-β 坐标下，有如下的磁链方程和电压平衡方程：

$$\psi_{1\alpha} = L_1 i_{1\alpha} + L_m i_{2\alpha} \qquad \psi_{1\beta} = L_1 i_{1\beta} + L_m i_{2\beta}$$
$$\psi_{2\alpha} = L_2 i_{2\alpha} + L_m i_{1\alpha} \qquad \psi_{2\beta} = L_2 i_{2\beta} + L_m i_{1\beta}$$

和

$$u_{1\alpha} = R_1 i_{1\alpha} + p\psi_{1\alpha} - \omega_S \psi_{1\beta} \qquad u_{1\beta} = R_1 i_{1\beta} + p\psi_{1\beta} + \omega_S \psi_{1\alpha}$$
$$u_{2\alpha} = R_2 i_{2\alpha} + p\psi_{2\alpha} - \omega_S \psi_{2\beta} \qquad u_{2\beta} = R_2 i_{2\beta} + p\psi_{2\beta} + \omega_S \psi_{2\alpha}$$

对应于转子部分，并考虑一般常用的笼型转子，有

$$u_{2\alpha} = u_{2\beta} = 0 \qquad \omega_S = \Delta\omega = \omega_1 - \omega$$

需要说明的是，这里的 ω_S 对应的是图 6-25 所示的 $\Delta\omega$。

可以将转子部分的磁链方程联立，求解出转子电流两个分量为

$$i_{2\alpha} = \frac{1}{L_2}(\psi_{2\alpha} - L_m i_{1\alpha}) \qquad i_{2\beta} = \frac{1}{L_2}(\psi_{2\beta} - L_m i_{1\beta})$$

即

$$\psi_{2\alpha} = L_2 i_{2\alpha} + \frac{L_m}{L_2} i_{1\alpha} \qquad \psi_{2\beta} = L_2 i_{2\beta} + \frac{L_m}{L_2} i_{1\beta}$$

将所得到的转子磁链第一分量式代入上述转子电压平衡第一方程式，有

$$0 = R_2 i_{2\alpha} + p\psi_{2\alpha} - \omega_S \psi_{2\beta} = R_2 i_{2\alpha} + \frac{\mathrm{d}}{\mathrm{d}t}\psi_{2\alpha} - (\omega_1 - \omega)\psi_{2\beta}$$

得

$$\frac{\mathrm{d}}{\mathrm{d}t}\psi_{2\alpha} = -R_2 i_{2\alpha} + (\omega_1 - \omega)\psi_{2\beta}$$

再将所得到的转子电流第一分量式代入，得到转子磁链第一个方程：

$$\frac{\mathrm{d}}{\mathrm{d}t}\psi_{2\alpha} = -\frac{R_2}{L_2}(\psi_{2\alpha} - L_m i_{1\alpha}) + (\omega_1 - \omega)\psi_{2\beta}$$

同理，得到转子磁链第二个方程：

$$\frac{\mathrm{d}}{\mathrm{d}t}\psi_{2\beta} = -\frac{R_2}{L_2}(\psi_{2\beta} - L_m i_{1\beta}) - (\omega_1 - \omega)\psi_{2\alpha}$$

由于选择了转子磁场定向，故 $\psi_{2\beta} = 0$、$\psi_2 = \psi_{2\alpha}$。

于是，转子磁链第一个方程变为

$$\frac{\mathrm{d}}{\mathrm{d}t}\psi_2 = -\frac{R_2}{L_2}\psi_2 + \frac{R_2}{L_2}L_m i_{1\alpha} = -\frac{1}{\dfrac{L_2}{R_2}}\psi_2 + \frac{1}{\dfrac{L_2}{R_2}}L_m i_{1\alpha} = -\frac{1}{T_2}\psi_2 + \frac{L_m}{T_2}i_{1M}$$

式中，$T_2 = \dfrac{L_2}{R_2}$，为转子绕组电磁时间常数；$i_{1M} = i_{1\alpha}$，选择转子磁场定向后，代表励磁坐标的 M 轴同转子磁场 α 轴，故定子励磁分量就等于全励磁电流。

再将上式变化一下，得

$$\frac{\mathrm{d}}{\mathrm{d}t}\psi_2 = -\frac{1}{T_2}\psi_2 + \frac{L_m}{T_2}i_{1M}$$

改写为

$$p\psi_2 = -\frac{1}{T_2}\psi_2 + \frac{L_m}{T_2}i_{1M}$$

调整后变为

$$(1 + T_2 p)\psi_2 = L_m i_{1M}$$

即

$$\psi_2 = \frac{L_m}{1 + T_2 p}i_{1M}$$

通过上式，可以看出转子绕组是一个一阶的惯性环节，给定励磁电流后，磁通将以时间常数的指数形式上升，直到其稳定值。当电动机进入稳态后，$\psi_2 = L_m i_{1M}$。

上式还说明，转子磁场 ψ_2 只与定子励磁分量 $i_{1\alpha}$ 有关，而与转矩分量 $i_{1\beta}$ 无关，确实是独立的。

2. 电磁转矩与定子电流转矩分量的关系

由于电动机的电磁转矩公式为

$$T = \frac{p_n L_m}{L_2}(i_{1\beta}\psi_{2\alpha} - i_{1\alpha}\psi_{2\beta})$$

而因 $\psi_{2\beta} = 0$，便有

$$T = \frac{p_n L_m}{L_2} i_{1\beta} \psi_{2\alpha} = \frac{p_n L_m}{L_2} i_{1\beta} \psi_{2\alpha}$$

上式说明，当转子磁场 ψ_2 一定时，电磁转矩 T 只与定子电流的转矩分量 $i_{1\beta}$ 的大小有关，即改变定子电流的转矩分量的大小，确实可以改变电磁转矩。该电流分量确实应该叫转矩分量。

此外，还可以利用上面转子磁链第二个方程，即

$$\frac{\mathrm{d}}{\mathrm{d}t}\psi_{2\beta} = -\frac{R_2}{L_2}(\psi_{2\beta} - L_m i_{1\beta}) - (\omega_1 - \omega)\psi_{2\alpha}$$

由于 $\psi_{2\beta} = 0$，自然 $\frac{\mathrm{d}}{\mathrm{d}t}\psi_{2\beta} = 0$，于是上式变为

$$0 = -(\omega_1 - \omega)\psi_{2\alpha} + \frac{R_2}{L_2}L_m i_{1\beta}$$

则

$$(\omega_1 - \omega)\psi_{2\alpha} = \frac{R_2}{L_2}L_m i_{1\beta}$$

于是有

$$(\omega_1 - \omega) = \frac{R_2}{L_2 \psi_{2\alpha}}L_m i_{1\beta} = \frac{1}{\frac{L_2}{R_2}\psi_{2\alpha}}L_m i_{1\beta} = \frac{L_m i_{1\beta}}{T_2 \psi_{2\alpha}}$$

稳定的转差角速度为

$$\omega_S = \Delta\omega = \frac{L_m i_{1\beta}}{T_2 \psi_2}$$

除此以外，也可以根据本书 6.4 节介绍的等效电路，使用分支电流比等于导纳比的原则，来推导出上述公式。即

$$\frac{i_{1\beta}}{i_{1\alpha}} = \frac{i_2'}{i_m} = \frac{g_2'}{b_m} = \frac{\frac{1}{\left(\frac{L_m}{L_2}\right)^2 \frac{R_2'}{s}}}{\frac{1}{\omega_1 \frac{L_m^2}{L_2}}} = \omega_1 \frac{L_m^2}{L_2}\left(\frac{L_2}{L_m}\right)^2 \frac{s}{R_2'} = \omega_1 \frac{L_2}{R_2'}s = \omega_1 T_2 s$$

所以有

$$i_\beta = \omega_1 T_2 s i_\alpha$$

调整后得

$$\omega_1 s = \frac{1}{T_2}\frac{i_\beta}{i_\alpha}$$

最后有

$$i_{1\alpha} = \frac{\psi_2}{L_m}$$

$$\omega_S = \frac{1}{T_2}\frac{i_\beta}{i_\alpha} = \frac{1}{T_2}\frac{L_m}{\psi_2}i_\beta = \frac{L_m}{T_2}\frac{i_\beta}{\psi_2}$$

可以发现，当转子磁场 ψ_2 一定时，电动机的角速度 ω（或者转差角速度 ω_S），只由定子电流的转矩分量 $i_{1\beta}$ 确定。

附录 I　关于判断电压空间矢量 u_{ref} 采样时所在扇区的方法

1. 判断方法

判断预期电压空间矢量 u_{ref} 采样时所在扇区，除了使用 θ 值以外，还可以使用在线检测三相电流 i_A、i_B、i_C 瞬时值的办法来间接计算。下面介绍具体方法。

1）使用互感器检测出三相定子电流 i_{1A}、i_{1B}、i_{1C}，详细内容下面将介绍。

2）利用克拉克变换求出在 α-β 坐标系下的电流标量值：

$$\begin{bmatrix} i_{1\alpha} \\ i_{1\beta} \end{bmatrix} = \sqrt{\frac{2}{3}} \begin{bmatrix} 1 & -\dfrac{1}{2} & -\dfrac{1}{2} \\ 0 & \dfrac{\sqrt{3}}{2} & -\dfrac{\sqrt{3}}{2} \end{bmatrix} \begin{bmatrix} i_{1A} \\ i_{1B} \\ i_{1C} \end{bmatrix}$$

3）使用电动机的电压平衡方程，定、转子电压与电流的标量平衡方程：

$$\begin{bmatrix} u_{1\alpha} \\ u_{1\beta} \\ u_{2\alpha} \\ u_{2\beta} \end{bmatrix} = \begin{bmatrix} R_1 + L_1 p & 0 & L_m p & 0 \\ 0 & R_1 + L_1 p & 0 & L_m p \\ L_m p & \omega_2 L_m & R_2 + L_2 p & \omega_2 L_2 \\ -\omega_2 L_m & L_m p & -\omega_2 L_2 & R_2 + L_2 p \end{bmatrix} \begin{bmatrix} i_{1\alpha} \\ i_{1\beta} \\ i_{2\alpha} \\ i_{2\beta} \end{bmatrix}$$

间接计算出 u_{ref} 在 α 轴和 β 轴的标量 $u_{1\alpha}$ 和 $u_{1\beta}$。

4）应用反克拉克变换算出三相坐标上的三相相电压值（标量）：

$$\begin{bmatrix} u_{1A} \\ u_{1B} \\ u_{1C} \end{bmatrix} = \sqrt{\frac{2}{3}} \begin{bmatrix} 1 & 0 \\ -\dfrac{1}{2} & \dfrac{\sqrt{3}}{2} \\ -\dfrac{1}{2} & -\dfrac{\sqrt{3}}{2} \end{bmatrix} \begin{bmatrix} u_{1\alpha} \\ u_{1\beta} \end{bmatrix}$$

式中，$u_A = u_{1A} = \sqrt{\dfrac{2}{3}} u_{1\alpha}$；$u_B = u_{1B} = \sqrt{\dfrac{2}{3}} \left(\dfrac{\sqrt{3}}{2} u_{1\beta} - \dfrac{1}{2} u_{1\alpha} \right)$；$u_C = u_{1C} = \sqrt{\dfrac{2}{3}} \left(-\dfrac{\sqrt{3}}{2} u_{1\beta} - \dfrac{1}{2} u_{1\alpha} \right)$。

5）根据 u_A、u_B、u_C 的具体数值，判断电压矢量的开关值：

① $u_A > 0$，则取开关值 $S_A = 1$，$u_A \leqslant 0$，则取开关值 $S_A = 0$；

② $u_B > 0$，则取开关值 $S_B = 1$，$u_B \leqslant 0$，则取开关值 $S_B = 0$；

③ $u_C > 0$，则取开关值 $S_C = 1$、$u_C \leqslant 0$，则取开关值 $S_C = 0$。

6）预期电压空间矢量 u_{ref} 采样时所在扇区：

$$No = 1S_A + 2S_B + 4S_C$$

2. 使用互感器检测三相定子电流的注意事项

1）本书及有关资料中提到的使用互感器测量三相电流，指的是信号提取而不是测量有效值。由于三相电流（电压）大小是时刻变化的，其在坐标系中的投影也是时刻变化的，但相与相之间的相位差保持不变。所以，三相电流才能在空间组成一个幅值不变的在空间呈正弦分布的旋转磁场（磁势和磁链），从而可以用一个空间磁链矢量按相序方向旋转来进行分析。由此可见，对于三相交流信号的瞬时值（自然包括相位）在输入和输出时，后续的控制环节都能做出反应并向下传递。例如，在通过 3/2 变换时，各相电流变化的瞬时值经三相坐标投影到 $\alpha\text{-}\beta$ 坐标系上的电流数值，也是随时间变化的，也是瞬时值。其合成矢量，刚好和三相坐标中三相电流瞬时值形成的脉动矢量合成的矢量，为同一空间矢量（近些年改用黑体小写字母代表空间矢量，小写字母表示瞬时值，黑体表示矢量，如 i_1、u_1、ψ_1 等）。空间矢量的幅值不变，它以同步速度依三相相序方向旋转。坐标变换阵代表坐标系变换关系。系数 $K_1 = \sqrt{\dfrac{2}{3}}$ 表示系统遵守能量守恒。各环节包括电动机，都是按瞬时值来用。这和用普通仪表测量值完全不是一个意思，请读者在阅读有关矢量分析和坐标变换及控制电路图和框图时务必注意。

2）普通的交流电流（电压）表只能测量稳定的有效值，电动机是对称负载，三相电流有效值是相同的。如需用仪表来测量三相电流的瞬时值，只有将通过三相互感器传过来的带有相位（时间）的信号，经过离散、采样（时刻）及相应的软件处理，才能在计算机或专用显示屏中以数字形式显示出来。传统的存储示波器只能显示交流波形，可供观察分析，但不能直接用于实时值的采样。

3）由于系统控制应用微处理器，通过互感器得到的三相电流信号将会经 A-D 转换进入 CPU，信号中包含瞬时大小和相位，即三相电流的矢量。控制软件将按预先设计好的离散、采样方案，在采样时将三相电流矢量送到该送的环节。下面以 u_{ref} 采样时所在扇区号判断为例，说明三相瞬时值的作用情况。三相电流矢量送到 3/2 变换器中，变换器的输出端就会输出 $i_{1\alpha}$ 和 $i_{1\beta}$；接着，软件会按程序进行电压平衡方程式运算，得到 $u_{1\alpha}$ 和 $u_{1\beta}$、$u_{1\alpha}$ 和 $u_{1\beta}$；再通过 3/2 变换器从而得到三相电压的矢量，包括瞬时值大小和相位（采样时刻）。控制程序将按三相电压瞬时值的大小来判断开关状态特征数，并使用扇区号计算公式算出该采样时刻电压矢量所在的扇区号，为系统控制软件下一步程序运行做准备。换句话说，交流电流和电压都是以变化着的瞬时值和相位来起作用的。这和直流电流与电压作用的方式没有什么区别。只不过在直流情况下，其作用值不变，易于用普通仪表直接检测出来；而交流因时刻变化的特性，普通仪表只能测量其有效值而不能测量其瞬时值。因瞬时值包括大小和相位，有关于时间的问题，即何时的数值，所以只有用上面提到的经过离散、采样处理才能准确表示出来，这是瞬时值测量的麻烦之处。这和一般文献中涉及的物理控制关系和数学表达不是同一概念，即作用和测量（包括人为计算）不是一回事。在实际的控制工程中，所有的精确测量和计算及控制，都是在微处理器和相关硬件及电路中，通过相关的软件程序来完成的，在此重申一下，以免在概念上引起误解。

附录 J　关于运动电动势在电压平衡方程中的正负号问题

下面介绍的是电子换向改进后直流电动机对应两坐标的电枢绕组和磁极的具体布置图，其中，电枢绕组是不动的，利用电子器件进行换向，磁极则规定按逆时针方向旋转，这和图 11-1 所示的双轴原型电动机模型图本质上完全相同。为了便于解释，可以视磁极不动，反过来就是电枢按顺时针方向旋转了，这和传统直流电动机就完全一样了（只不过采用的是电子换向）。在图 J-1 中，将磁极磁通 Φ 按 d、q 轴分解为 Φ_d 和 Φ_q，同样，电枢绕组也会产生磁场，它也按 d、q 轴分解为 Φ_D 和 Φ_Q，在此基础上，可将产生 Φ_D 的绕组作为 D 绕组，产生 Φ_Q 的绕组作为 Q 绕组。有了上述规定，便可以很容易地决定出电枢绕组电压平衡方程式中运动电动势的正负号。

1. 电枢 D 绕组（其轴线为 D 轴）在 q 轴磁场（Φ_Q、Φ_q）中旋转时产生的运动电动势示意图

首先，将定子、转子的磁通按 d、q 轴进行分解（Φ_D 和 Φ_Q、Φ_d 和 Φ_q），然后再按 D 轴取好此方向的绕组中的电流正方向，即上为"·"下为"×"，即依右手螺旋定则，与磁场的 D 轴分量的相吻合，然后，应用右手定则确定电枢 D 绕组的运动电势：手心向着磁通 Φ 的 Q 轴分量（Φ_Q、Φ_q），方向为向上，拇指为 D 绕组运动方向（由 n 决定其向右），四指方向即为运动电动势的方向为上为"·"下为"×"，恰与规定电流正方向相同，应取正值，但将其作为电压降则在平衡公式中便取负值，这可从传统直流电动机标准的电压平衡方程式相比较中看出。

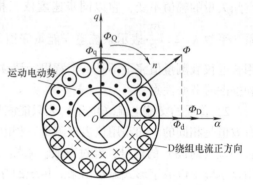

图 J-1　电枢 D 绕组在 q 轴磁场中旋转时产生运动电动势的示意图

$$U_a = I_a R_a + E_a$$

式中，E_a 为反电动势，因它的方向与电流实际方向相反，故被称为反电动势，应取负值，但是把它作为电压降，按极性又和电流方向相同，在公式右边应为正。

请记住：电枢 D、d 绕组在 Q 轴磁场中旋转，它们的运动电动势在电压平衡方程的右侧作为电压降应取负值。

2. 电枢 Q 绕组（其轴线为 Q 轴）在 d 轴磁场（Φ_D、Φ_d）中旋转时产生的运动电动势示意图

本示意图见图 J-2。

同理，将定子、转子的磁通按 d、q 轴进行分解（Φ_D 和 Φ_Q、Φ_d 和 Φ_q），然后再按 Q 轴取好此方向的绕组中的电流正方向，即左为"·"右为"×"，即依右手螺旋定则，与磁场的 Q 轴分量的相吻合，然后，应用右手定则确定电枢绕组的运动电动势：手心向着磁通 Φ 的 D 轴分量（Φ_D、Φ_d），方向为向上，拇指为 Q 绕组运动方向（由 n 决定其向下），四指方向即为运动电动势的方向，即右为"·"左为"×"，恰与规定电流正方向相反，应取负值，但将其作为电压降则在平衡公式中便应取正值，这也可从传统直流电动机标准的电压平衡方程式相比较中看出。

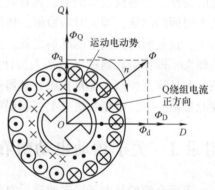

图 J-2　电枢 Q 绕组在 d 轴磁场中旋转时产生运动电动势的示意图

$$U_a = I_a R_a + E_a$$

式中，E_a 为反电动势，应取负值，但是把它作为电压降，按极性又和电流方向相同，在公式右边应为正。

据此请记住：电枢 Q、q 绕组在 D 轴磁场中旋转，它们的运动电动势在电压平衡方程的右侧作为电压降应取正值。

附录 K　磁链系数与互感的关系

定子绕组中的运动电动势，应由电磁感应定律中导体切割磁通的公式来计算，定子绕组中的互感电动势，应由电磁感应定律中绕组互感磁通发生变化的公式来计算。为了便于叙述，画出相应的示意图（见图 K-1 和图 K-2），一种为绕组导体切割按定子铁心内缘呈正弦分布的磁通产生运动电动势的情况，另一种为两相邻绕组间互感磁通产生互感电动势的情况，然后，两相对比，就可以求出运动电动势磁链系数与绕组互感之间的关系。

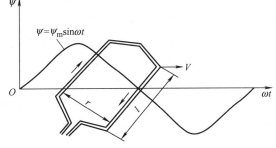

图 K-1　绕组切割磁链产生运动电动势

1）定子 D 绕组切割 Q 绕组的磁通，其产生的运动电动势为

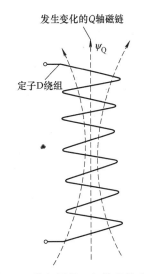

发生变化的 Q 轴磁链

定子 D 绕组

$$
\begin{aligned}
e_{DQ} &= Blv \times 2W \\
&= B_Q l\omega r \times 2W \\
&= \omega B_Q l \times 2rW \\
&= \omega B_Q SW \\
&= \omega \Phi_Q W \\
&= \omega \psi_Q \\
&= \omega \psi_{mQ} \sin\omega t \\
&= \omega G_{DQ} I_m \sin\omega t
\end{aligned}
\tag{K-1}
$$

而定子绕组中的互感电动势，则是指 D 绕组因相邻的另一个 Q 绕组的磁通穿过 D 绕组并发生变化，从而在 D 绕组中感应的互感电动势，应由电磁感应定律中绕组磁通发生变化的公式来计算。

图 K-2　绕组因另一相绕组的磁链发生变化而产生互感电动势

$$
\begin{aligned}
e_{DQ} &= -L_{DQ}\frac{di_Q}{dt} \\
&= -L_{DQ}\frac{dI_{mQ}\cos\omega t}{dt} \\
&= L_{DQ} I_{mQ} \sin\omega t \times \omega \\
&= \omega L_{DQ} I_{mQ} \sin\omega t
\end{aligned}
\tag{K-2}
$$

由于式（K-1）和式（K-2）对应的电动势相等，可以看出有如下关系：

$$
G_{DQ} = L_{DQ}
$$

由于定子绕组是电枢绕组，是一个环形封闭的绕组，分成相对的一个 D 绕组和一个 Q 绕组，其结构是完全相同的，因此，就绕组结构系数而言，应当是相等的，即 ψ_Q 在 D 绕组中感应的电动势，其大小和即 ψ_Q 在 Q 绕组中感应的电动势完全相等，即

$$G_{DQ} = L_Q$$

2）同理，定子 Q 绕组切割 D 绕组的磁通产生的切割运动电动势，与 Q 绕组磁通穿过 D 绕组并发生变化在 D 绕组中感应的互感电动势，也是相同的，即

$$G_{QD} = L_D$$

3）定子 D 绕组切割转子 q 绕组的磁通，其切割运动电动势为

$$e_{Dq} = \omega G_{Dq} I_m \sin\omega t \qquad (K\text{-}3)$$

而定子 D 绕组中若与转子 q 绕组的磁通相连，所产生的互感电动势，按（K-2）来计算应为

$$e_{Dq} = \omega L_{Dq} I_{mq} \sin\omega t \qquad (K\text{-}4)$$

同样，由于式（K-3）和式（K-4）对应的电动势相等，可以看出有如下关系：

$$G_{Dq} = L_{Dq}$$

同样，也是由于定子绕组中 D 和 Q 结构完全相同，绕组结构系数也是相等的，故 ψ_q 在 D 绕组中感应产生的互感电动势，其大小和 ψ_q 在 Q 绕组中感应产生的互感电动势数值上应该一样，即

$$e_{Dq} = \omega L_{Dq} I_{mq} \sin\omega t$$
$$= \omega L_{Qq} I_{mq} \sin\omega t$$

因此，应有

$$G_{Dq} = L_{Qq}$$

4）同理，定子 Q 绕组切割转子 d 绕组的磁通，与 d 绕组磁通穿过 Q 绕组并发生变化在 Q 绕组中感应的互感电动势，也是相同的，并计及定子绕组中的 D 和 Q 结构完全相同，它们的绕组结构系数也相等，于是也有关系：

$$G_{Qd} = L_{Dd}$$

磁链系数与互感的关系如下：

$$G_{Dq} = L_{Qq} \qquad G_{DQ} = L_Q$$
$$G_{Qd} = L_{Dd} \qquad G_{QD} = L_D$$